알기쉬운

정 역 학

허 영 · 노병철 · 박선준 · 엄장섭 · 양승현
양주경 · 윤일로 · 이재하 · 이태규 · 장대성
장일영 · 정건희 · 홍석우 공 저

도서출판
구미서관

정역학은 학생들이 접하는 첫 번째 역학과목으로, 학생들은 정역학 강의를 통해 어려운 이론 분야 중 하나인 역학을 처음으로 접하게 된다. 그 동안 외국에서 작성된 원서나 이들의 역서를 가지고 강의하면서, 외국과 다른 강의환경으로 인한 차이에서 오는 어려움을 느껴왔다.

가장 중요한 차이는 할당된 강의시간 수의 차이로, 우리나라에서는 대부분 외국보다 적은 주당 3시간의 강의시간으로 한 학기 동안 정역학을 강의하고 있다. 이러한 할당시간 수의 차이로 인해 우리의 실정에 맞는 보다 효율적인 교재의 필요로 인해 작성된 본 교재는 아래의 특징을 가지고 있다.

학생들의 이해를 돕기 위해, 가능한 한 많은 예제를 통한 이해를 강조하였다. 예제의 풀이에 대한 설명은 예제의 옆에 추가로 기술하여, 이해가 쉽도록 하였고, 독자들이 스스로 계산을 하게 하기 위해 가능한 한 숫자를 대입하는 풀이는 생략하였다. 대신 부호를 사용하여 기술함으로써, 응용능력을 키울 수 있도록 하였다.

예제는 기본예제와 응용예제를 구분하여, 기본예제를 통해서는 이론의 정확한 이해를 하고, 응용예제를 통해 응용능력을 함께 키울 수 있도록 하였다.

이와 함께 중요 용어는 한글용어와 함께 괄호 안에 영어 용어를 병기하였으며, SI 단위와 함께 미국상용단위계도 함께 사용하여, 독자들이 두 가지 단위체계에 익숙해지도록 하였다.

본서는 총 10장으로 구성되어 있으며 각 장마다 많은 예제와 연습문제를 수록하였고 부록에 연습문제에 대한 답을 수록하였다.

이러한 저술의도가 충분히 이 책에 반영되어 있기를 바랄 뿐이다. 끝으로 이 책을 쓰는데 도움을 준 많은 분들과 이 책이 발간되도록 협조하여 준 구미서관 관계자 여러 분들께도 깊은 감사 드린다.

2015년 1월

저자 일동

차 례 | Contents

차 례 | Contents

chapter 09 마 찰

chapter 10 가상일

부 록

학습목표

- 역학의 기본개념을 이해한다.
- 스칼라와 벡터의 정의와 적용방법을 습득한다.

STATICS

CHAPTER 01

역학의 기본개념 이해

1.1 개 요

정역학이란 힘이 작용하고 있는 물체의 정지상태 또는 운동상태를 취급하는 자연과학의 한 분야를 말한다. 자연과학에서 가장 오래된 분야이고 최초의 기록은 Archimedes(287~212 B.C.)의 지렛대의 원리에서 시작되었다고 볼 수 있다.

발전의 계기는 Stevinus(1548~1620)에 의한 힘의 벡터 합성 법칙의 공식화가 됨으로써 이루어졌고 동역학적 문제에 대한 최초연구는 Galileo(1564~1642)의 낙하하는 돌에 대한 실험에서 비롯되었으며 Newton(1642~1727)에 의하여 중력의 법칙과 같은 명확한 이론적 법칙이 수립되었다.

1.2 역학(Mechanics)

역학의 두 분야

- 정지되어 있는 물체를 해석하는 정역학
- 시간의 변화에 따른 물체의 위치변화를 해석하는 동역학

역학이란 힘이 작용하는 물체의 반응을 다루는 물리학의 한 분야이다. 이 분야는 기체, 액체 및 고체의 거동을 다루는 법칙에 관한 지식들로 이루어져 있다. 이러한 역학법칙은 항공학의 응용에서 많이 발견되고, 또한 공학적인 접근을 필요로 하는 구조물의 제작과정에 적용한다. 일반적으로, 역학은 강체역학, 변형체역학 및 유체역학의 3부분으로 나누곤 한다. 그 중, 강체역학은 정역학, 기구학 및 동역학으로 구분하여 취급한다.

정역학은 물체에 작용하는 하중이 평형을 이루고 있을 시, 정지되어 있거나 등

속도운동을 하는 경우, 그 물체에 작용하는 외력에 의하여 발생하는 직접적으로 또는 간접적으로 지지되는 부분에서의 내부 및 외부 반력을 계산하기 위한 분야이다.

기구학은 물체에 발생되는 움직임이 어떤 힘에 의해서 발생하는가를 생각하지 않고 다만 움직임의 과정만을 취급한다. 예를 들자면, 자동차에 사용되는 캠축, 기어, 커넥팅로드 등과 같이 기계의 부품이 서로 연결되어 움직이는 과정을 기하학적으로 해석하는 분야가 기구학의 한 예이다.

동역학은 물체에 작용하는 힘이나 모멘트가 불균형하여 발생하는 가속도에 의해서 속도에 변화가 발생하는 현상을 해석하는 분야이다.

추가로, 외부에서 작용하는 하중에 의하여 물체의 내부에서 변형이 발생하는 경우를 다루는 분야를 변형체역학 또는 재료역학이라 구분하여 다룬다.

1.3 기본개념

1.3.1 공간(Space)

- 그 위치가 좌표계의 기준점에 대하여 선(line)측정과 각(angle)측정에 의한 값으로 표시되는 물체들에 의하여 점유되는 기하학적 영역을 말한다.
- 3차원 문제의 공간 : 3개의 독립적인 좌표를 사용하여 표시한다.
- 2차원 문제의 공간 : 2개의 좌표를 사용하여 표시한다.

공간은 역학과 관련된 물리적 현상이 발생하는 기하학적인 영역이다. 이 영역은 끝없이 확장할 수 있다. 이러한 물리적 현상이 발생하는 영역의 크기를 설정하기 위해서 사용하는 기본 단위는 길이이다. 공간에 존재하는 한 점의 위치를 나타내기 위해서는 기준이 되는 원점을 설정한 후 좌표축의 종류에 따라 선 혹은 각 측정 방법을 이용하여 기준원점에 대한 상대좌표를 결정한다.

1.3.2 시간(Time)

- 사건들의 연속되는 척도
- 동력학에서는 기본적인 양
- 시간은 정역학 문제의 해석에서는 직접적으로 관련되지 않는다.

시간은 2개의 사건 사이의 간격으로 정의하기도 한다. 예를 들어 지구의 자전이나 태양을 중심으로 한 지구의 공전과 같은 반복될 수 있는 사건을 이용하여 사건사이의 간격을 결정하기도 한다. 즉, 우리가 사용하고 있는 태양력은 지구의 공전을 기준으로 한 것이다. 최근에는 진자의 흔들림이나 코일스프링의 진동 혹은 수정판의 진동 등을 통한 절대값을 이용하여 간격을 결정하는 시계를 사용하여 시간의 흐름을 측정한다. 특히 주기라고 하는 것은 똑같은 현상이 반복되어 나타내는 것을 말한다.

1.3.3 질량(Mass)

- 속도의 변화에 대한 저항을 나타내는 물체의 관성의 척도
- 질량은 모든 물체의 특성이고 이것에 의하여 다른 물체들에 의하여 상호 인력을 나타낸다.

공간상에서 크기를 소유하고 폐곡면으로 쌓여있는 것을 물체라고 한다. 아직까지는 질량이 존재하지 않는 물체는 없다. 이러한 물체는 어떠한 운동의 변화에 저항하는 성질이 있다. 이것을 관성(Inertia)이라고 한다. 즉, 질량은 관성의 양적인 크기이다. 평행운동에 대한 물체의 저항은 오직 질량의 크기만 관여하고, 회전운동에 대한 물체의 저항은 질량의 크기와 이 질량이 분포되어 있는 상태가 동시에 관여한다. 또한 질량은 서로의 물체 간에 작용하는 인력에 중요한 요소이다.

1.3.4 힘(Force)

- 한 물체의 다른 물체에 대한 작용. 힘은 작용방향으로 물체를 움직이려고 한다.
- 힘의 작용은 크기, 작용방향, 작용점에 의하여 특성지어진다.
- 즉, 힘은 벡터량으로 표시된다.

일상생활에 있어서 우리는 물체를 밀거나 당길 때 근육의 상호작용에 의한 느낌을 통해서 힘을 쉽게 경험할 수 있다. 즉, 서로 접하고 있는 두 물체사이에는 힘이 서로 작용하고 있다, 이 힘이 밀거나 당기는 지는 나중에 결정할 수 있지만. 이 힘은 서로 쌍으로 나타나며 크기가 같고 방향이 서로 반대이다.

1.3.5 질점(Particle)

- 상대적인 비교를 하였을 때 무시할만한 크기의 물체를 질점이라고 한다. 수학적인 의미에서 질점은 점질량으로 해석될 수 있을 만큼 그 크기가 영으로 접근하는 물체를 뜻한다.
- 물체의 크기가 그 물체에 작용된 힘들의 위치 또는 작용의 표시에 관계없을 때 그 물체를 질점으로 취급할 수 있다.

물리적으로 질점은 존재할 수 없다. 다만 정의를 할 뿐이지. 만약 질점이 존재한다면 어떻게 될까? 이런 경우, 밀도라는 정의를 생각해보자. 밀도는 단위부피당 질량을 뜻하므로 질점은 밀도가 무한대의 크기를 갖게 된다. 그러한 물체는 아직까지 없다. 질점으로 간주하거나 정의하는 이유는 그 물체의 크기가 해석하려는 현상에서 거의 영향을 미치지 않을 경우에 적용하기 위함이다. 예를 들어 지구 궤도상에서 움직이는 인공위성을 관찰할 때, 일반적으로 관찰자는 인공위성의 크기가 지구에 비하여 상대적으로 작기 때문에 크기는 고려의 대상이 되지 않는다. 이 경우에는 인공위성을 질점으로 정의할 수 있다. 그러나 지상에서 이 우주선을 제작하는 경우에는 문제가 다르다. 인공위성 내에 장착될 기기 및 장치 등을 고려한 크기와 형상이 중요한 요소가 될 수 있다. 이 경우는 질점이 아니라 물체로 간주해야 한다.

1.3.6 강체(Rigid Body)

- 소기의 목적을 위하여 한 물체의 각 부분간의 상대적인 이동을 무시할 수 있을 때 그 물체는 강체로 고려된다.

  예 하중을 받는 기중기의 봉을 지지하는 케이블의 인장력 계산을 위해서는 구조부재를 강체로 가정한다. 그러나 내부응력과 변형률을 구하기 위해서는 변형체(탄성체)로 취급해야 한다.
- 정역학은 평형상태에 있는 강체들에 작용하는 외력의 계산을 취급한다.

자연에서 발생하는 모든 현상은 시간의 흐름이 존재하는 3차원공간상에서 발생하며 질량을 갖는 물체가 외부에서 작용하는 힘에 의하여 현상이 변화하거나 일정한 상태로 유지될 수 있다.

또한 이러한 물체는 상대적인 조건에 따라서 크기가 없는 질점으로 간주하거나 크기는 존재하더라도 형상이 항상 일정한 강체로 보거나 경우에 따라서는 크기나

모양이 바뀌는 변형체로 간주하여 해석하기도 한다.

한 예로 골프공을 생각해보자. 골퍼가 골프채로 공을 쳐서 날아가는 경우, 우리는 단순히 강한 물체가 하늘을 가로지르며 원하는 잔디 위의 어느 위치에 안착하는 움직임을 보게 될 것이다. 그러나 골프공을 제작하는 사람은, 골프공이 골프채와 부딪혀서 엄청난 충격을 받아서 순간적으로 크게 변형하므로 이에 따른 재질의 변형과 모양을 주의 깊게 연구할 것이다. 이것이 강체와 변형체의 상대적 정의이다.

1.4 벡터(Vector)

- **벡터** : 벡터는 크기와 함께 방향을 가지며, 평행사변형 법칙에 따라 합과 차를 구한다.
  예 변위, 속도, 가속도, 힘, 모멘트, 운동량
- 벡터의 종류는 자유벡터, 미끄럼벡터 및 고정벡터가 있다.
- **스칼라** : 스칼라는 단지 크기에만 관련되는 양을 말한다.
  예 시간, 부피, 밀도, 속력, 에너지, 질량

1.4.1 벡터의 종류

1) 자유벡터(free vector)

그 작용이 공간에서 어느 하나의 특정된 선에 구속되거나 연관되지 않은 것을 말한다. 물체가 회전을 하지 않고 평행이동을 하는 경우에는 이 물체내부의 임의 위치의 움직임은 벡터로 표시할 수 있다. 물체내부의 모든 점에서의 벡터는 항상 크기와 방향이 같다. 이 경우, 자유벡터로 물체의 움직임을 나타낼 수 있다.

2) 미끄럼벡터(sliding vector)

그 양이 작용하는 방향을 따라 공간 내에서 어느 특정한 선이 유지되어야 하는 것을 말한다. 강체에 외력이 작용하는 경우, 이 힘이 작용하는 선상의 임의의 위치에 이 힘이 작용하는 것으로 나타낼 수 있다. 평형상태에 있는 구조물의 지지반력을 구하기 위해서는 작용력을 미끄럼벡터로 간주해서 평형조건식에 사용한다.

3) 고정벡터(fixed vector)

하나의 특정한 작용점이 정해진 것이며, 따라서 그 벡터는 공간에서 특정한 위치를 점유한다. 변형체에 작용하는 힘의 경우에는 고정벡터를 사용하여 해석해야 한다.

1.4.2 벡터의 표시방법

작용점, 작용방향, 크기의 값을 갖는다.
벡터는 두꺼운 글자체를 사용하거나 방향을 표시하는 화살표나 선분을 추가로 사용하여 표시한다.

벡터의 표현형태의 일반적인 예 ; **V**, $\underline{V}$, $\overrightarrow{V}$

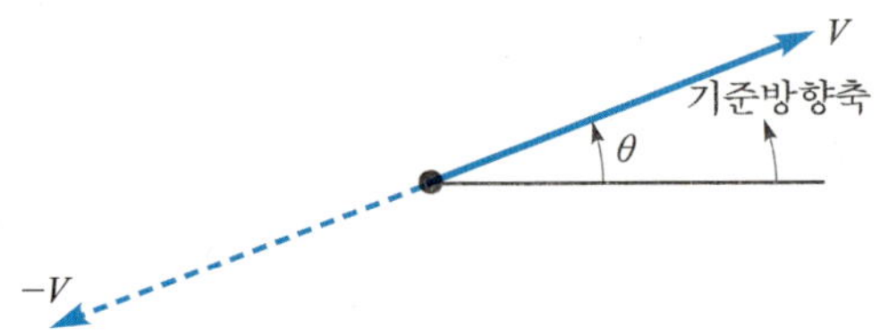

그림 1.1

벡터의 방향은 그림 1.1에 표시된 바와 같이 알려진 기준 방향으로부터의 각도 θ로 측정될 수 있다. 크기는 기준점에서 벡터의 끝점까지의 길이로 계산된다. 음(−)의 **V**는 **V**의 반대방향으로 향하는 벡터 −**V**로 나타낸다. 즉 크기가 같고 방향이 반대인 벡터로 표시한다.

1.4.3 벡터의 합성(더하기)

평행사변형법칙을 이용하여 벡터의 합과 차이를 계산한다.

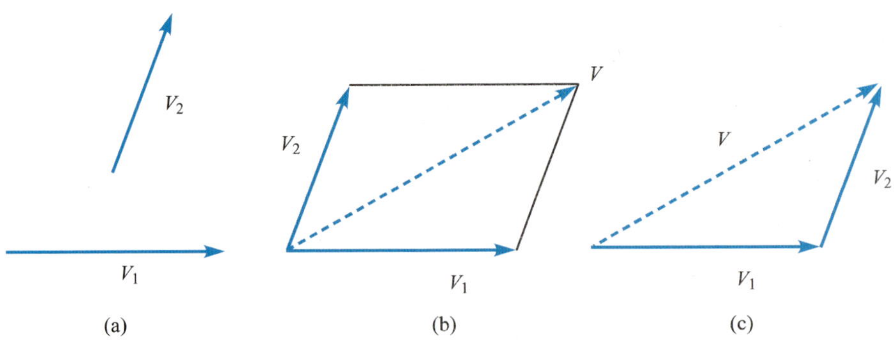

그림 1.2

그림 1.2(a)에서의 자유벡터를 그림 1.2(b)에 표시된 것과 같이 두 개의 벡터 $\mathbf{V}_1$과 $\mathbf{V}_2$를 두 변으로 하여 형성되는 평행사변형의 대각선으로 표시는 $\mathbf{V}$로 두 벡터의 합을 대치할 수 있다.

$$\text{벡 터 합} \quad \mathbf{V} = \mathbf{V}_1 + \mathbf{V}_2$$
$$\text{스칼라합} \quad V \neq V_1 + V_2 \ (\text{평형사변형의 기하에서})$$

다른 방법으로는 그림 1.2(c)에서와 같이 한 벡터의 머리에 다른 벡터의 꼬리를 연결하여 더하여질 수 있다.
벡터의 더하는 순서는 그 합에 영향을 미치지 않는다.

$$\mathbf{V}_1 + \mathbf{V}_2 = \mathbf{V}_2 + \mathbf{V}_1$$

1.4.4 벡터의 차이(빼기)

그림 1.3과 같이 삼각형 또는 평행사변형 법칙을 사용하여 $\mathbf{V}_1$에 $-\mathbf{V}_2$를 더하여 얻을 수 있다.

$$\mathbf{V}' = \mathbf{V}_1 - \mathbf{V}_2$$

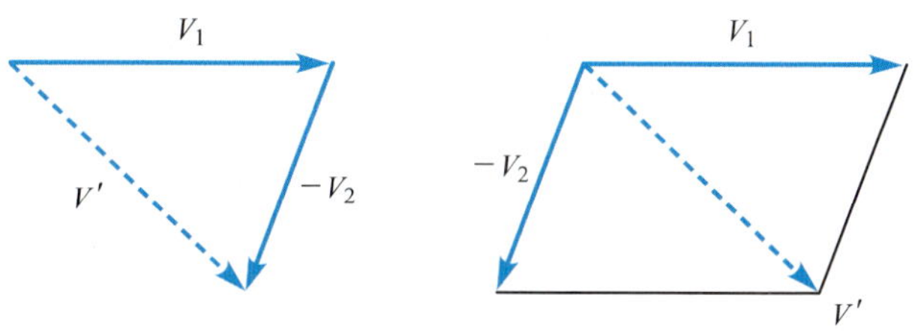

그림 1.3

그림 1.4와 같이 삼각형의 각 변의 길이가 A, B, C이고 변과 마주보는 꼭지각의 각도가 α, β 및 γ 인 경우 다음과 같은 법칙이 성립한다.
이 공식은 계산과정에서 자주 사용될 수 있으므로 암기하는 것이 좋다.

$$\cos \text{ 법칙} : C = \sqrt{A^2 + B^2 - 2AB\cos\gamma}$$

$$\sin \text{ 법칙} : \frac{A}{\sin\alpha} = \frac{B}{\sin\beta} = \frac{C}{\sin\gamma}$$

이 변이 이루는 벡터는 다음과 같은 합의 공식이 성립한다.

벡터합 : $\mathbf{A} = \mathbf{B} + \mathbf{C}$

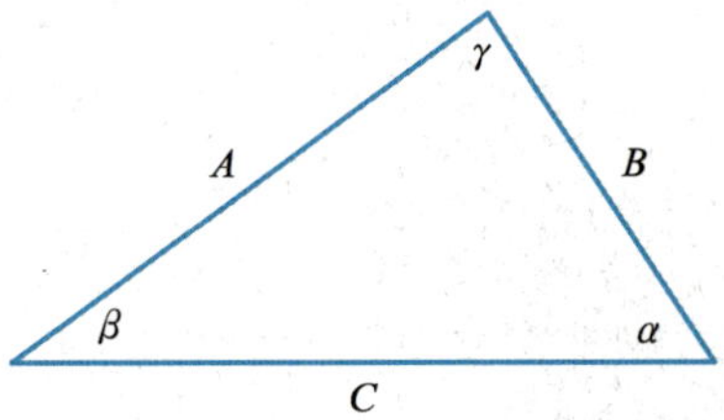

그림 1.4

1.4.5 직각성분과 단위벡터

그림 1.5(a)는 벡터 $\mathbf{V}$를 임의의 두 방향으로 $\mathbf{V}_1$, $\mathbf{V}_2$로 분리한 경우이고, 그림 1.5(b)는 벡터 $\mathbf{V}$를 $x-y$ 직교좌표축에 대하여 성분을 분리하여 $\mathbf{V}_x$, $\mathbf{V}_y$로 나타내었으며, 그림 1.5(c)는 회전된 다른 $x'-y'$ 직교좌표축에 대하여 $\mathbf{V}_{x'}$, $\mathbf{V}_{y'}$으로 성분을 분리하였다. 즉, 어떠한 좌표축을 택해서도 벡터를 분리할 수 있음을 나타내고 있다.

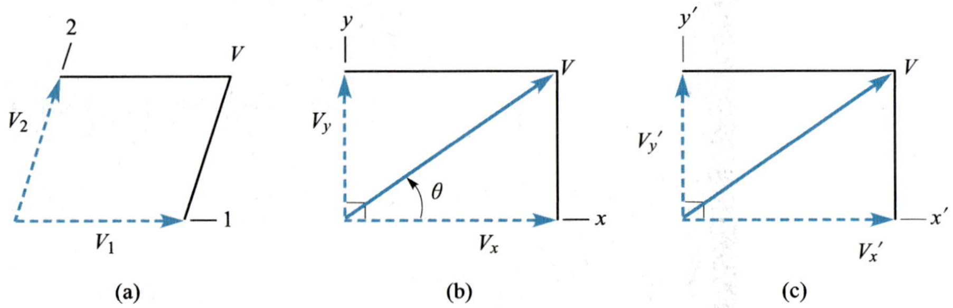

그림 1.5

그림 1.5(b)에서와 같이 직각 성분으로 표시되었을 때 x 축에 대한 벡터의 방향각 θ는 다음과 같이 계산된다.

$$\theta = \tan^{-1}\frac{V_y}{V_x}$$

1.4.6 단위벡터

단위벡터란 크기가 1인 벡터를 지칭한다.

벡터 **V**와 같은 방향인 단위벡터 **n**을 만들려면 **V**를 크기인 V로 나누어 주면 된다. 즉 다음과 같다.

$$\mathbf{n} = \frac{1}{V}\mathbf{V}$$

또한 벡터 **V**는 크기가 V이며 **V**의 방향과 일치하는 단위벡터 **n**을 곱하여 표시할 수 있다.

$$\mathbf{V} = V\mathbf{n}$$

1.4.7 3차원 벡터

벡터 **V**의 x, y 및 z 방향의 단위벡터를 각각 **i**, **j** 및 **k**라고 한다면 다음 그림과 같은 형태로 정의할 수 있다.

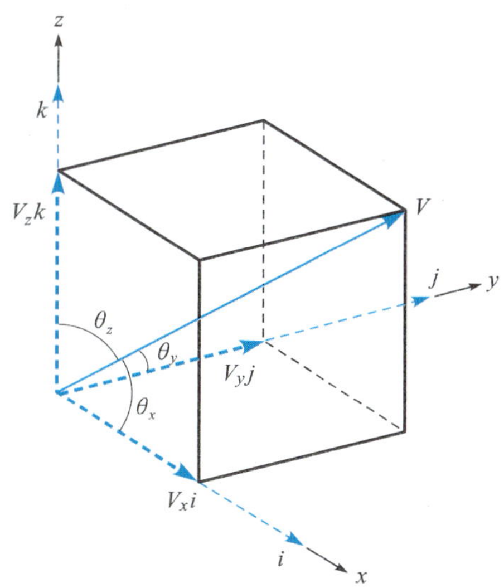

그림 1.6

벡터 **V**는 각각의 축 방향성분의 크기인 V_x, V_y 및 V_z에 단위벡터를 곱한 후 벡터 합을 이용하여 다음과 같이 표시할 수 있다.

$$\mathbf{V} = V_x\,\mathbf{i} + V_y\,\mathbf{j} + V_z\,\mathbf{k}$$

벡터 V와 단위벡터들이 이루는 사잇각을 θ_x, θ_y 및 θ_z라고 하면 방향여현(direction cosine)은 다음과 같이 정의된다.

$$l = \cos\theta_x,\ m = \cos\theta_y,\ n = \cos\theta_z$$

또한 기하학적으로는 다음의 공식이 성립된다.

$$l^2 + m^2 + n^2 = 1$$

벡터 V의 방향여현을 이용하면 다음과 같이 성분크기를 계산할 수 있다.

$$V_x = lV, \qquad V_y = mV, \qquad V_z = nV$$
$$V^2 = V_x^{\ 2} + V_y^{\ 2} + V_z^{\ 2}$$

1.5 Newton의 법칙

- 제 1 법칙 : 관성의 법칙
- 제 2 법칙 : 힘과 가속도의 법칙
- 제 3 법칙 : 작용과 반작용의 법칙

Issac Newton은 질점의 운동을 지배하는 기본 법칙들을 최초로 정확하게 표시하였으며 타당성이 있게 설명하였다. 또한 다음과 같이 요약할 수 있다.

1.5.1 제1법칙 : 관성의 법칙

질점에 불평형력이 작용하지 않으면 그 질점은 정지상태를 유지하거나 혹은 등속의 직선운동을 계속한다.

여기서 불평형력이 작용하지 않는다는 의미는 외력의 벡터합이 0이라는 것을 의미한다. 또한 관성(Inertia)이란 자기의 상태를 계속 유지하려는 경향을 나타내려는 물리적인 값을 의미한다(인간에게 있어서 관습과 비교하면 이해하기가 쉬울 듯).

1.5.2 제2법칙 : 힘과 가속도의 법칙

질점의 가속도는 그 질점에 작용하는 합력에 비례하며, 그 합력의 방향과 같다. 즉, 외부에서 작용하는 모든 외력의 합이 0이 아닌 값을 갖게 되는 경우에 나타나는 현상이다.

1.5.3 제3법칙 : 작용과 반작용의 법칙

상호 접촉하거나 연결되어 있는 물체들 간의 작용력과 반작용력은 크기가 같고 방향이 반대이며, 동일 직선상에 있다.

여기서, 1법칙과 2법칙을 동시에 나타내는 수학적 공식을 표시하면 다음과 같다.

$$\mathbf{F} = m\mathbf{a}$$

여기서 **F**는 질점에 작용하는 총합력이고 **a**는 가속도를 뜻한다. 위 공식에서 총합력이 0인 경우는 가속도가 없으므로 등속도운동이 발생한다. 또한 정지상태는 속도의 크기가 0인 등속도운동으로 간주하기도 한다. 또한 가속도는 힘에 비례하는 값으로서 크기와 방향이 존재하므로 벡터의 성질을 갖는다.

1.6 단 위

1.6.1 SI 단위(The System International of Units)

국제단위계이며 미국과 전 세계에서 통용되어 사용하는 단위로서 MKS 단위라고 부른다.

기본단위의 값에는 다음이 있다.

- **질량** : 킬로그램(kg)
- **길이** : 미터(m)
- **시간** : 초(sec, s)
- **힘** : 뉴톤(N), 1 N은 질량이 1 kg인 물체에 1 m /sec^{2}의 가속도를 발생시키는데 필요한 힘을 뜻한다.

1.6.2 미국 관용단위

미국 관용단위계 또는 영국 단위계이며 FPS(Foot Pound Second System)단위라고 부른다. 영어 사용국의 사업과 산업에 공통으로 관습적으로 사용한다.

기본단위의 값에는 다음이 있다.

- 질량 : 스러그(slug)
- 길이 : 푸트(ft)
- 시간 : 초(sec, s)
- 힘 : 파운드(l b), 1 lb는 정확히 0.4536 kg의 질량이 갖는 무게를 뜻한다. 즉 아래와 같다.

$$1\,\text{lb} = 0.4536\,\text{kg} \times 9.80665\,\text{m/s}^2 = 4.4482\,\text{N}$$

여기서 사용되는 중력가속도를 미국관용단위로 환산하면 32.174 ft/sec^2이 된다.

1.6.3 1 slug란?

1 lb의 힘이 작용하여 1 ft/sec^2의 가속도가 생길 때의 질량을 말하며 다음과 같은 공식이 성립한다.

$$1\,\text{slug} = \frac{1\,\text{lb}}{1\,\text{ft/sec}^2} = 1\,\text{lb}\cdot\text{s}^2/\text{ft}$$

질량의 단위로 lbm (pound-mass)이 사용되기도 하는데 이 값은 무게 1 lb를 갖게 하는 질량을 뜻한다. 즉 다음과 같다.

$$1\,\text{lbm} = \frac{1}{32.2}\,\text{slug}$$

1.6.4 중력가속도

중력가속도의 표준치는 위도 45°의 해면에서의 값을 사용한다.

- SI 단위계 $g = 9.80665\ \text{m/s}^2$(근사치 : $g = 9.81\ \text{m/s}^2$)
- 미국 단위계 $g = 32.1740\ \text{ft/s}^2$(근사치 : $g = 32.2\ \text{ft/s}^2$)

1.7 중력의 법칙

1.7.1 중력법칙

질량을 갖는 두개의 물체사이에는 서로 간에 끄는 힘이 존재한다는 만류인력의 법칙이 적용된다. 그러므로 우리가 사는 지구상에서는 모든 물체와 지구 사이에 서로 끄는 힘이 존재하게 되어 이 힘에 의하여 물체에 발생하는 가속도를 중력가속도라 한다.

Newton에 의하여 공식화 되었으며 다음과 같이 나타낸다.

$$F = G\frac{m_1 m_2}{r^2}$$

여기서, $F =$ 두 질점 사이의 상호인력

$G =$ 중력상수라고 알려진 만유인력상수

$m_1,\ m_2 =$ 두 질점의 질량

$r =$ 두 질점의 중심 간의 거리

상호인력 F는 크기가 같고 방향이 반대이며, 두 질점의 중심을 연결하는 선상에 있으므로 작용, 반작용의 법칙을 따른다.

만유인력상수는 $G = 6.673(10^{-11})\ \mathrm{m}^3/(\mathrm{kg}\cdot\mathrm{s}^2)$의 값을 갖는다.

1.7.2 물체의 무게

물체와 지구와의 사이에 발생하는 만류인력에 의하여 물체에 작용하는 지구중력에 의한 인력을 말한다.

직경이 100mm인 두 강철 구는 각각 37.1N의 중력으로 지구에 끌리며 이것을 무게라고 한다.

인력의 힘이므로 SI단위에서 뉴톤(N)으로 표시되어야 하나, 실제적으로 보통 질량의 단위인 킬로그램(kg)의 무게의 단위로 널리 사용하고 있다.

$$W = mg$$

1.8 정밀도, 한계, 근사값

원(circle)을 생각해보자. 원주의 길이를 지름의 길이로 나눈 값은 얼마인가? 그 값은 π라는 것을 알고 있다. 만약 그 계산 값이 각각 3.30141592와 3.1415로 나왔다면 어느 것이 정확한가? 당연히 3.1415가 정확한 값이고 대신에 3.30141592는 틀린 값이지만 유효숫자가 많아서 정밀하다고 말할 수 있다.

1.8.1 정확도

측정치가 정확치에 얼마나 근접해 있는지의 여부를 나타내며, 정확하다고 해서 정밀한 것은 아니다.

1.8.2 정밀도

측정치들이 얼마만큼 분포되어 있는가를 나타내지만 정밀하다고 해서 정확한 것은 아니다.

해답에 나타나는 유효숫자의 자릿수는 주어진 자료의 정밀도에 의하여 정의 될 수 있는 자릿수보다 더 크지 않아야 한다.

예를 들어 반경이 r이고 높이가 h 인 원형뿔기둥을 생각해보자. 꼭짓점에서 x 만큼 떨어져 있는 두께가 Δx 인 아주 작은 원형디스크의 부피 ΔV는 다음과 같은 공식으로 표현될 것이다.

$$\Delta V = \frac{\pi r^2}{h^2}\left[x^2 \Delta x + x(\Delta x)^2 + \frac{1}{3}(\Delta x)^3\right]$$

ΔV를 아주 작은 값으로 가정하여 dV로 생각하면 오른쪽 끝항의 2차 항과 3차 항은 1차 항의 값에 비하여 매우 작은 값이 되므로 무시하여 1차 항만 생각할 수 있으며 그 값은 다음과 같이 나타난다.

$$dV = \frac{\pi r^2}{h^2} x^2 dx$$

즉, 미소항(아주 작은 크기의 값)을 무시하는 방법을 알게 된다.

1.8.3 작은 각에 관련된 함수의 선형화

수열공식으로 $\sin x$를 나타내면 다음의 공식이 된다.

$$\sin x = x - \frac{x^2}{3!} + \frac{x^5}{5!} - \frac{x^7}{7!} + \cdots\cdots$$

만약 x가 매우 작은 값이라면 등식의 오른쪽에서 2번째 이하의 모든 항이 첫 번째 항과 비교하여 무시할 수 있을 정도로 작으므로 이 함수를 선형화시켜서 다음과 같이 나타낼 수 있다.

$$\sin x \cong x$$

예를 들어, 1도는 0.017453rad이므로 계산기를 사용하면 sin(0.017453rad) = 0.017452로 계산되므로 간편하게 선형화함수를 사용해도 좋다.

사용되는 함수의 값이 매우 작은 경우, 위와 같이 근사값을 사용하는 이유는 물체의 운동에 적용하는 함수의 관계가 일반적으로 비선형관계로 나타나게 되는데, 이것을 근사화하여 선형관계로 표시하게 되면 이렇게 표현된 선형관계식을 수학적으로 쉽게 해석할 수 있기 때문이다. 물론 선형화시킬 수 있는 조건은 물체의 변형이나 운동이 매우 작다는 가정하에서이다.

예를 들어 다음과 같은 2개의 함수의 합을 생각해 보자

$$f_1 = \sin(\theta_1),\ f_2 = \sin(\theta_2)$$
$$\Rightarrow f = f_1 + f_2 = \sin(\theta_1) + \sin(\theta_2)$$

이 상태에서는 산술적으로 쉽게 합을 구하기가 쉽지 않다.

그런데 변수값이 매우 작은 범위에서 사용된다면 선형함수화를 할 수 있다.

$$f = f_1 + f_2 = \sin(\theta_1) + \sin(\theta_2) \simeq \theta_1 + \theta_2$$

예제 1.1

그림 예 1.1과 같은 자동차의 질량이 1100 kg인 경우, (a) Newton값으로 무게를 계산하라. (b) slugs와 pounds로 질량과 무게의 단위를 환산하라. (c) 또한 lbm로 질량을 환산하라.

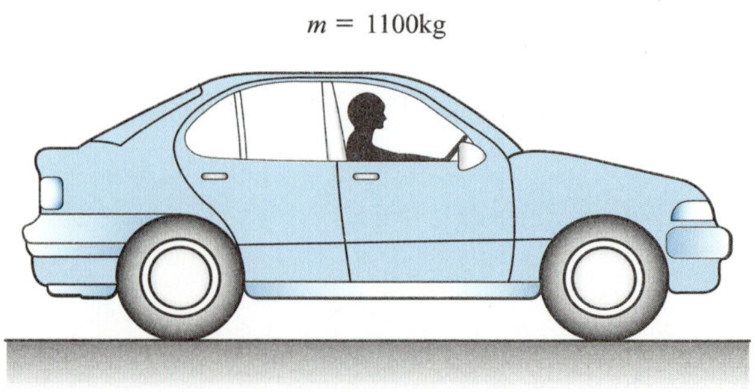

그림 예 1.1

(a) 중력의 법칙으로부터 다음과 같은 공식이 성립한다.

$$W = mg = 1100\ \text{kg}(9.81\ \text{m/s}^2) = 10{,}791\ \text{N}$$

미국 관용단위를 사용할 경우에는 단위의 혼잡을 막기 위해서 질량은 주로 slug를 사용하는 것이 좋다

(b) 단위환산표를 이용하면 1 slug가 14.594 kg이고 중력가속도는 32.2 ft/s^{2}인 것을 알 수 있다. 그러므로 자동차의 질량과 무게는 다음 값으로 환산된다.

$$m = 1100\ \text{kg}\left(\frac{1\ \text{slug}}{14.594\ \text{kg}}\right) = 75.37\ \text{slugs}$$

$$W = mg = (75.37)(32.2) = 2427\ \text{lb}$$

(c) kg을 lbm로 환산하면 다음과 같다.

$$m = 1100\ \text{kg}\left(\frac{1\ \text{lbm}}{0.4536\ \text{kg}}\right) = 2425\ \text{lbm}$$

예제 1.2

뉴톤의 만류인력법칙을 이용하여 (a) 지구표면에 서있는 질량이 70 kg인 사람의 무게를 계산하라. (b) 또한 중력가속도값을 이용하여 무게를 다시 계산하여 보라.

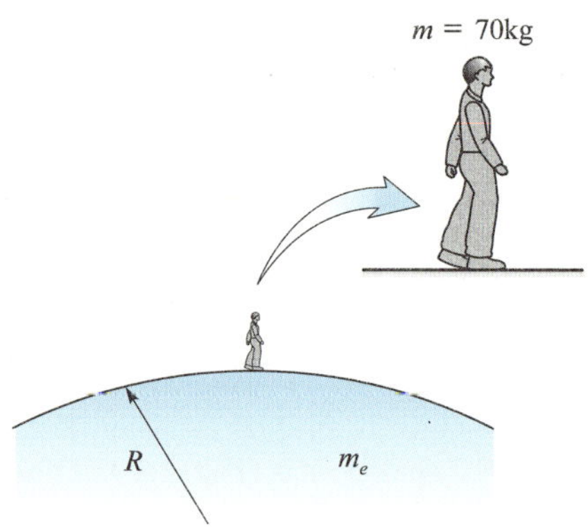

그림 예 1.2

(a) 만류인력상수와 지구의 질량 및 서로 간에 떨어진 거리를 중력의 법칙에 대입하면 아래와 같다.

$$W = \frac{Gm_e\, m}{R^2} = \frac{(6.673\,(10^{-11}))(5.976(10^{24}))(70)}{(6371(10^3))^2} = 688\ \text{N}$$

(b) 평균중력가속도를 이용하면 아래와 같다.

$W = mg = 70(9.81) = 686.7\ \text{N}$

두 공식에서 보는바와 같이 약간의 오차가 발생한다.

두 번째 계산에 사용된 중력가속도의 값이 정확한 값이 아니기 때문이다.

예제 1.3

속도 30 mph를 m/s로 환산하라

mph의 뜻은 miles per hour의 약자이므로 다음과 같이 전환된다.

$$30\,\text{mph} = \left(\frac{30\,\text{mi}}{\text{hour}}\right)\left(\frac{5280\,\text{ft}}{1\,\text{mi}}\right)\left(\frac{0.3048\,\text{m}}{1\,\text{ft}}\right)\left(\frac{1\,\text{h}}{3600\,\text{s}}\right) = 13.41\ \text{m/s}$$

속도환산표를 이용해도 쉽게 찾을 수 있다. 각자가 해보도록 한다.

예제 1.4

그림 예 1.4(1)과 같이 벡터 $\mathbf{V}_1$과 $\mathbf{V}_2$가 주어졌다.

(a) 두 벡터의 합인 $\mathbf{S} = \mathbf{V}_1 + \mathbf{V}_2$의 크기인 S를 코사인법칙을 이용하여 계산하라.

(b) x-축과 $\mathbf{S}$가 이루는 사잇각인 α를 사인법칙을 이용하여 계산하라.

(c) $\mathbf{S}$를 단위벡터 $\mathbf{i}$와 $\mathbf{j}$를 이용하여 나타내고 $\mathbf{S}$에 평행한 단위 벡터 $\mathbf{n}$을 이용하여 표시하라.

(d) 두 벡터의 차이 $\mathbf{D} = \mathbf{V}_1 - \mathbf{V}_2$를 계산하라.

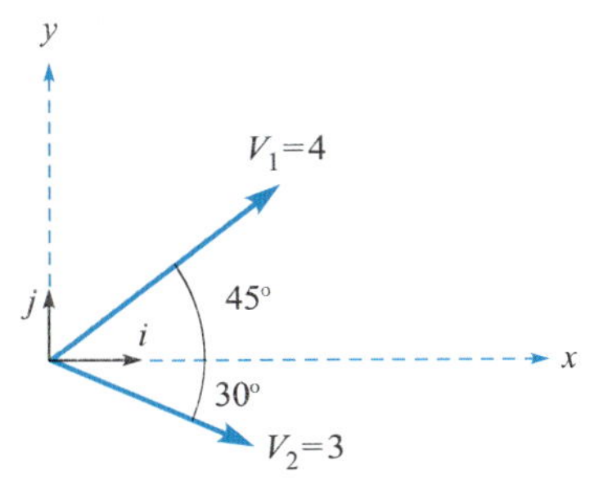

그림 예 1.4(1)

종종 코사인법칙과 사인법칙을 사용하는 것이 편리함으로, 가능하다면 공식을 암기하는 것이 좋다.

단위벡터는 원래의 벡터를 그 벡터의 크기로 나누어주면 계산된다. 그리고 단위벡터는 단위가 없다.

(a) 그림에 보이는 것과 같이 $\mathbf{V}_1$과 $\mathbf{V}_2$를 더한 평행사변형이 잘 표시되어 있다. 코사인 법칙을 이용하여 크기를 계산하면 다음과 같다.

$S^2 = 3^2 + 4^2 - 2(3)(4)\cos 105°$, $S = 5.59$

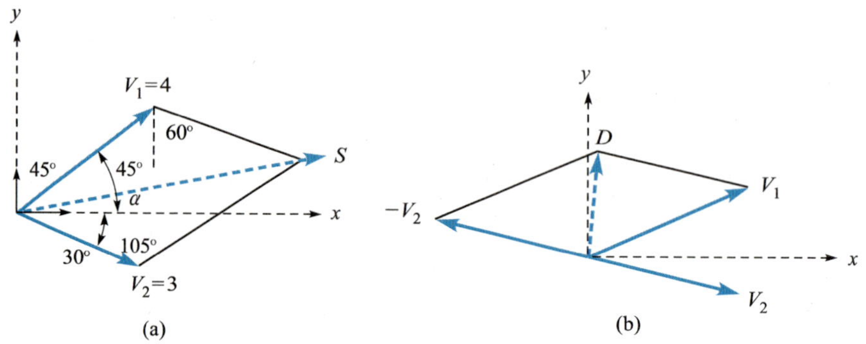

그림 예 1.4(2)

(b) 아래쪽 삼각형에 대하여 사인법칙을 적용하면 다음과 같이 계산된다.

$$\frac{\sin 105°}{5.59} = \frac{\sin(\alpha + 30°)}{4}$$

$\sin(\alpha + 30°) = 0.692$, $(\alpha + 30°) = 43.8°$, $\alpha = 13.76°$

(c) 위에서 계산한 S와 α를 이용하여 다음과 같이 표시할 수 있다.

$$\mathbf{S} = S(\mathbf{i}\cos\alpha + \mathbf{j}\sin\alpha)$$

$$= S(\mathbf{i}\cos 13.76° + \mathbf{j}\sin 13.76°) = 5.43\,\mathbf{i} + 1.328\,\mathbf{j}$$

$$\mathbf{n} = \frac{\mathbf{S}}{S} = \frac{5.43\,\mathbf{i} + 1.32\,\mathbf{j}}{5.59} = 0.971\,\mathbf{i} + 0.238\,\mathbf{j}$$

그러므로 $\mathbf{S} = S\mathbf{n} = 5.59\,\mathbf{n} = 5.59(0.971\,\mathbf{i} + 0.238\,\mathbf{j})$

(d) 벡터차이 $\mathbf{D}$는 다음과 같다.

$$\mathbf{D} = \mathbf{V}_1 - \mathbf{V}_2 = 4(\mathbf{i}\cos 45° + \mathbf{j}\sin 45°) - 3(\mathbf{i}\cos 30° - \mathbf{j}\sin 30°) = 0.230\,\mathbf{i} + 4.33\,\mathbf{j}$$

그림에서 $\mathbf{D} = \mathbf{V}_1 + (-\mathbf{V}_2)$를 보여주고 있다.

예제 1.5

다음 수의 유효자리수의 개수를 정하라

1230, 123000, 0.123, 0.00123

각각의 모든 수는 세 개의 유효숫자를 갖고 있는데, 여기서 0이 아닌 모든 수를 유효숫자로 취급한다.

예제 1.6

다음 계산의 결과치는 어떻게 표현되는가?

$$\pi \frac{3.456^2}{6}$$

분모에 위치한 숫자 6은 정확한 값이니까 정확도를 제한하지 않는다.
원주율 π는 일반적으로 8자리의 유효숫자를 갖는 것으로 정해져 있다. 또한 3.456은 4자리의 유효숫자를 갖고 있으므로 계산된 결과치는 최저 정확도인 4자리로 표시하면 된다. 즉,

$$\pi \frac{3.456^2}{6} = 6.253830 \cdots = 6.254$$

chapter 01 연습문제

1.1 어떤 물체의 질량이 750 kg일 때, 물체의 무게를 구하여라.

1.2 어떤 사람의 몸무게는 70 kgf이고 키는 175 cm일 때, 몸무게와 키를 SI단위와 미국상용단위로 각각 나타내어라.

1.3 자동차 경주에서 차량의 속도는 400 km/hr이다. 이 차량의 속도를 SI단위(m/sec)로 환산하여라.

1.4 어떤 자동차의 연료 소비율은 13 km/l이다. 이 자동차의 연료소비율을 미국 관용단위(mi/gal)로 환산하여라.

1.5 중력가속도 9.81 m/s^2을 미국 관용단위(ft/s^2)로 환산하여라.

1.6 자동차 타이어의 공기압은 30 Psi이다. 이 공기압을 SI단위(kPa)로 환산하여라.

1.7 비중량이 150 lb/ft^3인 콘크리트 시편의 밀도를 SI단위로 나타내어라.

1.8 다음에 주어진 각을 도(°)단위인 것은 rad단위로, rad단위는 도(°)단위로 환산하여라.

(a) 30° (b) 45°
(c) 70° (d) 130°
(e) 5°24′17″ (f) $\frac{\pi}{5}$
(g) $\frac{\pi}{3}$ (h) 0.0234

1.9 다음의 유효자리수를 정하여라.

(a) 5604.0 (b) 5.6040
(c) 0.564 (d) 0.0056

1.10 유효숫자를 세자리로 나타내고 적당한 접두사를 사용하여라.

(a) $23,430\ \mathrm{kN}$
(b) $354(10^4)\ \mathrm{mm}$
(c) $0.00786\ \mathrm{mg}$

1.11 다음 공식을 이용하여 원의 면적을 계산하여라.

$$\frac{\pi\ (1.764)^2}{4}$$

1.12 물체의 운동에너지를 구하는 식은 다음과 같다.

$$\mathrm{K.E} = \frac{\mathrm{W}v^2}{2\mathrm{g}}$$

여기서, K.E는 물체의 운동에너지, W는 물체의 무게, v는 물체의 속도, g는 중력가속도이다. K.E의 차원을 구하여라.

STATICS

학습목표

- 하중의 종류와 특성을 이해한다.
- 2차원 및 3차원의 해석방법을 습득한다.

CHAPTER 02

힘의 특성과 효과

2.1 개 요

공학적인 구조물과 기구에 작용하는 여러 종류의 힘들의 특성과 효과를 고찰한다. 역학 전반에 걸쳐 그리고 응력 해석, 구조물과 기계의 설계 및 유체유동과 같은 다른 분야의 학문에서 기본적으로 이용할 수 있다.

공학적이란 개념은 하중을 버텨주어야 하는 구조물이 경제적이며 가볍고 형상이 간단해야 함을 뜻한다. 힘의 종류에는 질량이 존재하는 모든 물체사이에 적용되는 만류인력의 법칙에 의한 힘과 전자기장에 의하여 발생하는 힘들이 있다.

특히 지구라는 커다란 물체와 일상생활에서 다루는 물체사이에 존재하는 중력이 그 대표적인 예이다. 우리가 다루는 거시적인 역학은 중력에 초점을 맞춘다. 또한 힘의 작용부위에 따라 한 점에 작용하는 집중하중, 넓은 영역에 분포하는 분포하중으로 종류를 구분한다.

중 력
집중하중, 분포하중

2.2 힘(Force)

2.2.1 힘의 정의

힘이란 정지하고 있는 물체를 움직이거나, 움직이는 물체에 가속도를 가하거나 또는 감속시키는 원인이 되는 것을 말한다. 좀 더 구체적인 구분을 한다면 물체의 운동 상태를 변화시키거나(동역학적 해석) 물체의 형태를 변형시키는 원인이 되는 것(재료역학)으로 구분한다.

가속도
물체의 변형

2.2.2 힘의 3요소

힘은 크기, 방향 및 작용점으로 구성되어 있으며 그림 2.1과 같이 벡터의 특성을 갖는다.

크기, 방향, 작용점

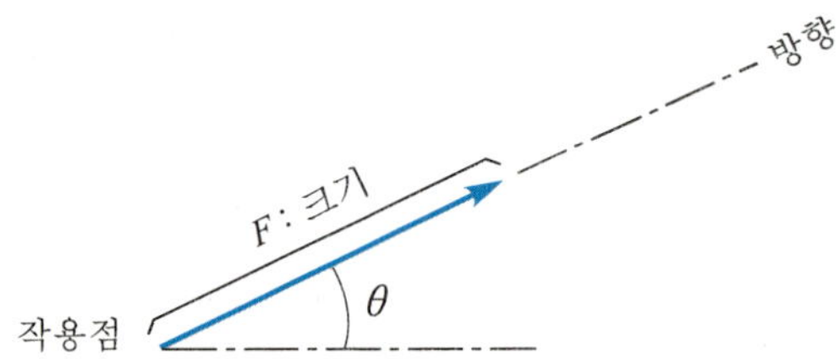

그림 2.1 힘의 3요소

그림 2.2에서 보는 바와 같이 벽면에 볼트로 고정된 고리에 작용하는 힘 P는 크기가 P이고 수평축과 θ의 각도를 이루며 A점에 작용하는 것을 알 수 있다. 즉, 크기, 방향 및 작용점을 갖게 된다.

만약 이 세 가지 요소 중 하나를 변화시키면 벽면에 고리를 고정시키는 볼트에 작용하는 힘의 값이 변화되거나 고리의 재료에 변화를 발생시키는 것과 같은 다른 현상이 발생한다. 그러므로 이 세 가지 요소가 모두 매우 중요한 역할을 하므로 이 힘벡터는 고정벡터로 간주하여야 한다.

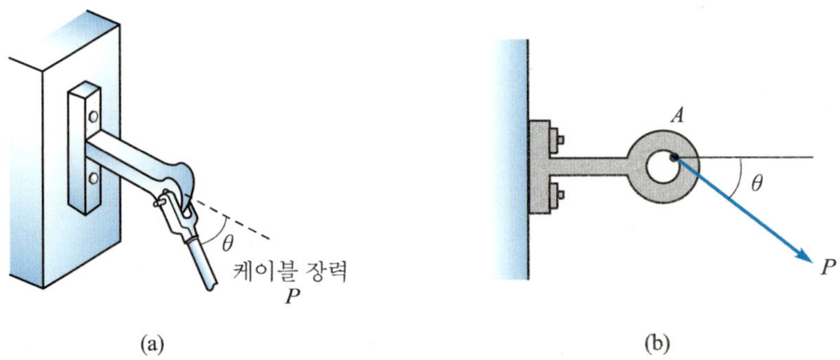

그림 2.2

2.2.3 내부 및 외부 효과

고리를 분리시켜 독립적으로 생각해보면, 힘 **P**는 고리에 작용하는 외력으로 간주된다. 그리고 이에 따른 내부 반발력이 고정점과 연결되었던 부분에 발생할 것이다. 또한 고정부위만을 본다면 반작용력으로 연결부위에 힘이 작용하는 것으로 볼 수 있다. 고리는 내부에서 외부하중에 대응하기 위해서 내부의 재료에 내부하중이 분포되어 재료의 물리적 성질에 따른 변형이 발생할 것이다. 이러한 내부의 변형은 재료역학, 탄성학 혹은 소성학에서 취급하는 분야이다.

2.2.4 전달법칙

만약 고리를 강체로 가정한다면 내부에서는 전혀 변형이 발생하지 않을 것이다. 이 경우는 오직 외력의 작용에 대한 평형만을 생각하면 될 것이다. 경험에 의하면 이러한 경우에는 외력의 작용점이 문제의 해석에 중요한 역할을 하지 않으므로 힘 벡터의 평행이동이 가능하다.

예를 들어, 그림 2.3과 같이 강체로 간주되는 물체에 작용하는 힘 **P**는 A, B 또는 작용선상의 어느 위치에 작용해도 된다. 이에 의한 지지점에서의 외부효과는 변함이 없다. 여기서 외부효과는 O점과 C점에서 발생하는 힘을 말한다.

이러한 방법으로 힘벡터가 작용선상으로 마음대로 이동이 가능하게 생각하는 것을 전달법칙(Principle of Transmissibility)이라고 한다. 즉, 작용점보다는 작용선이 중요한 역할을 한다.

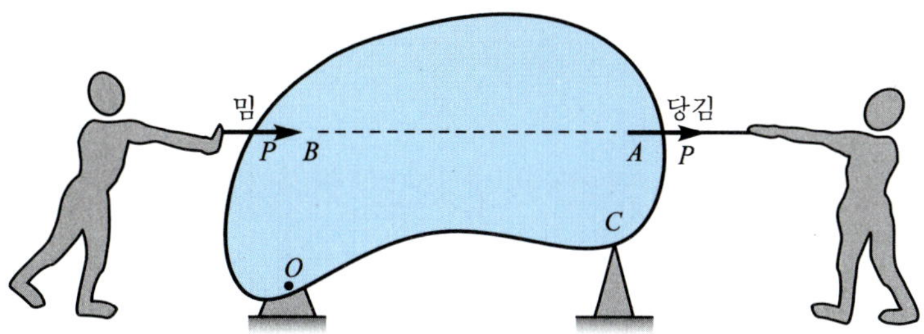

그림 2.3

2.2.5 힘의 종류

힘은 접촉력과 자중(body force)으로 나눈다. 접촉력은 물체간의 물리적인 실제의 접촉에 의하여 발생하는 힘으로 그 예는 표면에 접해 있는 물체에 작용하는 지지력이다. 자중은 중력장, 전기장 혹은 자기장과 같은 하중장(force field)내에서 물체의 위치에 의하여 발생되는 힘이다. 여러분의 몸무게가 그 한 예이다.

더 구분하자면 힘은 집중하중과 분포하중으로 나눌 수 있다. 모든 접촉력은 실제로 매우 좁은 면적에 작용하므로 분포하중이다. 그러나 물체의 크기에 비해서 접촉면적이 매우 작을 경우에는 마치 한점에 작용하는 집중하중으로 간주 할 수 있다.

분포하중은 접촉의 상태에 따라 면분포하중과 무게와 같은 부피분포하중 및 지지케이블에서와 같은 선분포하중으로 구분할 수 있다.

2.3 2차원의 힘계

2.3.1 직각분력

물체에 작용하는 힘은 3차원적인 상태로 나타나지만 만약 작용하는 모든 힘이 동일평면상에 놓이게 되면 2차원적인 평면좌표계를 사용하여 문제를 해석하기 위한 힘의 분포를 나타낼 수 있다. 이러한 경우, 가장 일반적인 좌표계인 직교좌표계를 사용하여 힘을 각각의 좌표축방향으로의 성분으로 분리할 수 있다. 즉, 힘 벡터의 가장 일반적인 2차원 분해는 직교좌표계를 이용한 직각분력으로 분리하는 것이다.

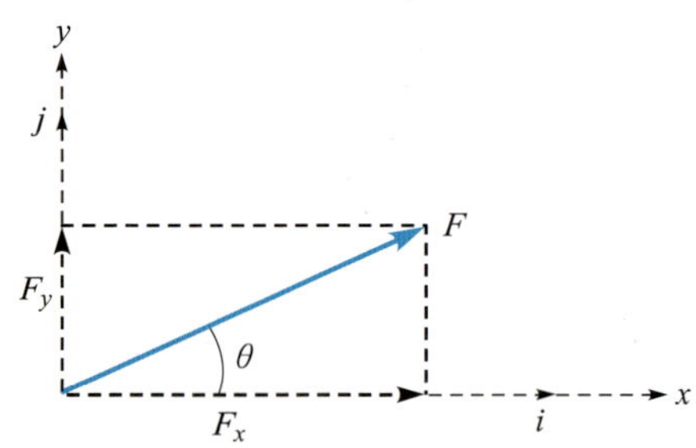

그림 2.4

평행사변형 법칙으로부터 그림 2.4의 벡터 **F**는 2개의 직교벡터분력의 합으로 나타낸다.

$$\mathbf{F} = \mathbf{F}_x + \mathbf{F}_y$$

여기서, $\mathbf{F}_x$와 $\mathbf{F}_y$는 $\mathbf{F}$의 x, y 축의 벡터분력이다.

두 벡터의 분력을 각각 스칼라와 단위벡터 $\mathbf{i}$와 $\mathbf{j}$를 곱하여 나타내면 다음과 같다.

$$\mathbf{F} = F_x\mathbf{i} + F_y\mathbf{j}$$

여기서, F_x와 F_y는 벡터 $\mathbf{F}$의 각각 x, y 축의 스칼라분력이다.

힘 벡터는 x와 y의 스칼라 분력이 모두 양(+)이고 $\mathbf{F}$의 크기와 방향에 의하여 다음과 같이 나타내어진다.

$$F_x = F\cos\theta \qquad F_y = F\sin\theta$$

$$F = \sqrt{F_x^{\,2} + F_y^{\,2}} \qquad \theta = \tan^{-1}\frac{F_y}{F_x}$$

2.3.2 2차원 힘계의 임의 분해 예

그림 2.5에서 보는 바와 같이 직교분력을 나타내기 위한 좌표축의 방향은 항상 수평방향과 수직방향을 고집할 필요가 없이 문제를 해석하려는 사람의 편의에 따라 방향을 정하면 된다.

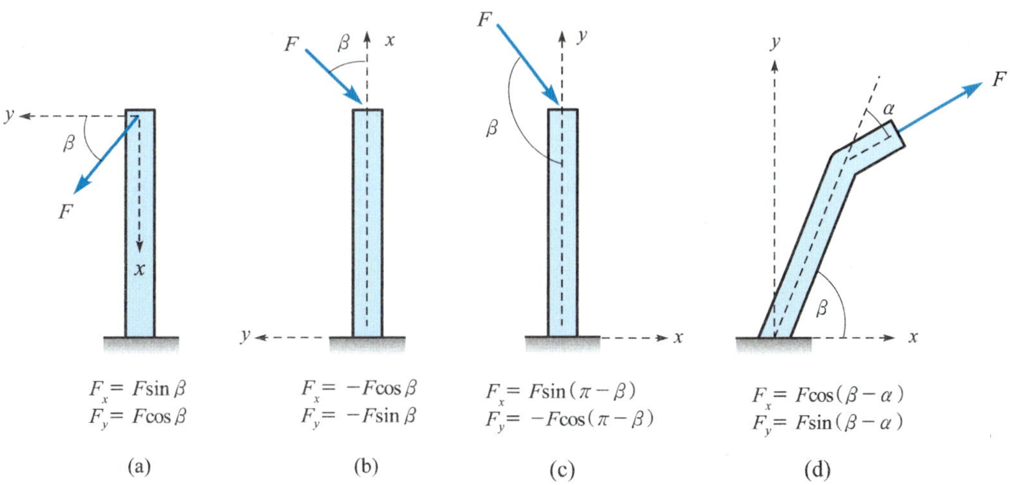

그림 2.5

2.3.3 두 힘의 합력 R을 구하는 문제

그림 2.6(a)처럼 원래 원점 O를 동시에 출발점으로 하는 두 힘 $\mathbf{F}_1$과 $\mathbf{F}_2$를 고려하자.

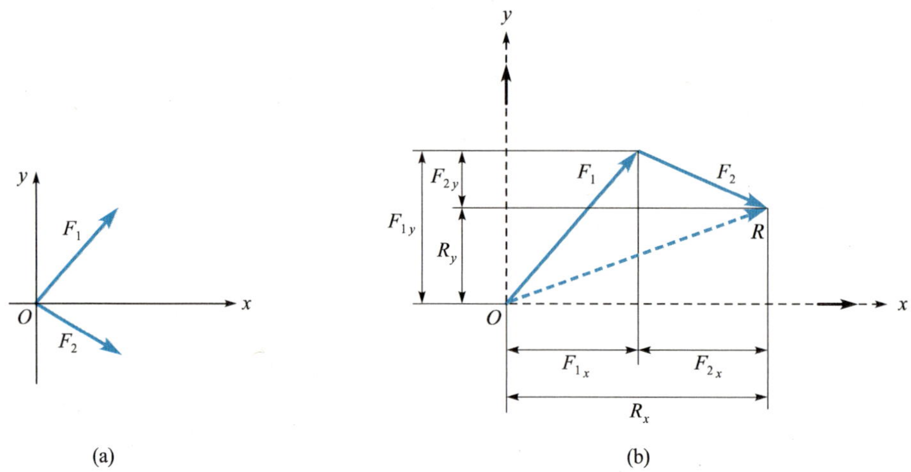

그림 2.6

그림 2.6(b)와 같이 $\mathbf{F}_2$의 작용선을 삼각형법칙에 따라 O점에서 $\mathbf{F}_1$의 끝점으로 평행이동 시켰다. 힘 벡터 $\mathbf{F}_1$와 $\mathbf{F}_2$를 더하면 아래의 공식이 된다.

$$\mathbf{R} = \mathbf{F}_1 + \mathbf{F}_2 = (F_{1x}\,\mathbf{i} + F_{1y}\,\mathbf{j}) + (F_{2x}\,\mathbf{i} + F_{2y}\,\mathbf{j})$$

혹은

$$R_x\,\mathbf{i} + R_y\,\mathbf{j} = (F_{1x} + F_{2x})\,\mathbf{i} + (F_{1y} + F_{2y})\,\mathbf{j}$$

이것으로부터 다음의 공식이 유도된다.

$$R_x = F_{1x} + F_{2x} = \Sigma F_x$$
$$R_y = F_{1y} + F_{2y} = \Sigma F_y$$

ΣF_x와 같은 항은"x 스칼라분력의 대수적인 합이다."

위의 예에서 스칼라분력 F_{2y}는 음이다.

2.4 모멘트(Moment, 회전력)

물체에 힘이 작용하면 이 힘의 작용방향으로 물체를 움직이려는 경향이 나타날 뿐 아니라 어떤 축을 중심으로 이 물체를 회전시키려는 경향이 발생한다. 이렇게 회전시키려는 경향을 모멘트 혹은 토크라고 정의한다.

예를 들어 자동차의 바퀴를 고정시키는 볼트를 생각해 보자. 이 볼트를 풀기 위해서 아무리 강한 힘을 사용해도 쉽게 풀 수가 없다. 그러나 작은 힘이라도 이 볼트에 수직으로 길게 되어있는 기구의 끝 부분에 작용시키면 회전력에 의하여 쉽게 볼트를 풀 수 있다. 또한 예로 놀이터의 시소를 생각해보라.

2.4.1 정 의

모멘트의 크기 혹은 물체를 회전시키려고 하는 회전력의 특성은 힘의 크기 F와 모멘트 팔 d에 비례한다.

$$M = Fd$$

여기서, 모멘트 팔 길이는 축으로부터 힘의 작용선까지의 수직거리를 나타낸다.

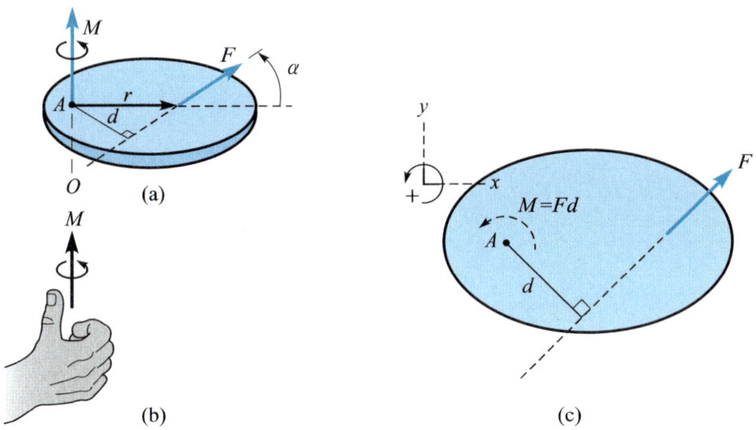

그림 2.7

모멘트 M은 벡터합의 모든 법칙을 따르며 모멘트 축과 일치하는 작용선을 갖는 미끄럼 벡터이다.

그림 2.7(a)의 A점에 대한(혹은 A점을 지나는 z축에 대한) **F**의 모멘트는 외적(cross product)으로 표시할 수 있다.

$$\mathbf{M} = \mathbf{r} \times \mathbf{F}$$

여기서, **r**은 모멘트 기준점 A로부터 **F**의 작용선상의 임의 점을 향하는 위치벡터이다.

이 식의 크기는 모멘트의 순수 크기로 나타내며 다음과 같다.

$$M = Fr\sin\alpha = Fd$$

2.4.2 모멘트의 방향

F가 물체를 회전시키려고 하는 방향에 따른다. 일명 오른손법칙이라고 하며 양의 부호 (+)는 반시계방향 모멘트를 나타내고, 음의 부호 (−)는 시계방향 모멘트를 나타낸다.

2.4.3 모멘트의 단위

SI 단위계에서 모멘트의 기본단위 : newton−meter(N · m)
미국관용단위계에서 모멘트의 기본단위 : pound−feet(lb · ft)

주의할 점은 일이나 에너지의 단위는 Joule인데 이것은 힘과 거리의 곱으로서 모멘트의 단위와 혼동되기 쉽다. 그러므로 모멘트의 단위는 일의 단위와 구별하기 위해서 N · m로 표시한다.

2.4.4 Varignon의 정리

임의의 점에 대한 힘의 모멘트는 그 점에 대한 힘의 분력에 의하여 계산된 각각의 모멘트의 합과 같다.

그림 2.8(a)에서와 같이 물체에 작용하는 힘 **R**은 서로 직각이 아닌 두 힘 **P**와 **Q**로 나눌 수 있다.

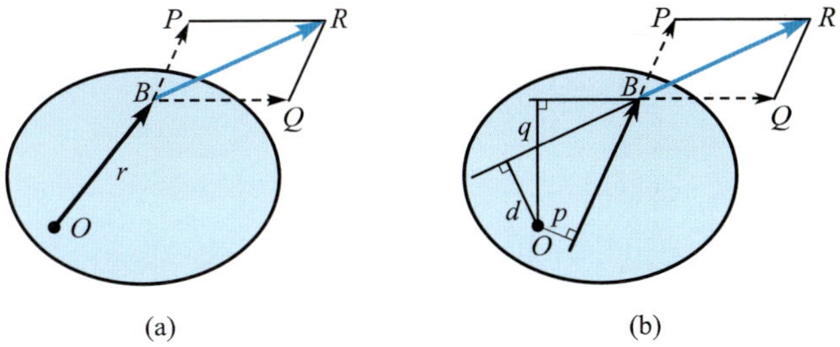

그림 2.8

O점에 대한 R의 모멘트는 다음과 같다.

$$\mathbf{M}_\mathrm{O} = \mathbf{r} \times \mathbf{R}$$

$\mathbf{R} = \mathbf{P} + \mathbf{Q}$ 이므로

$$\mathbf{r} \times \mathbf{R} = \mathbf{r} \times (\mathbf{P} + \mathbf{Q})$$

$$\therefore\ \mathbf{M}_\mathrm{O} = \mathbf{r} \times \mathbf{R} = \mathbf{r} \times \mathbf{P} + \mathbf{r} \times \mathbf{Q} = \mathbf{M}_\mathrm{OP} + \mathbf{M}_\mathrm{OQ}$$

반시계방향을 양으로 하여 O점에서 힘에 수직거리를 나타낸 그림 2.8(b)를 참조하여 벡터표현을 스칼라로 쓰면 아래와 같다.

$$\mathrm{M}_\mathrm{O} = -Rd = pP - qQ \text{ (시계방향 양)}$$

여기서 R, P, Q는 힘의 크기이고 d, p, q는 각각의 힘에 수직거리를 나타낸다.

예제 2.1

브라켓의 A점에 작용하는 힘 $\mathbf{F}_1$, $\mathbf{F}_2$ 및 $\mathbf{F}_3$가 서로 다른 방법으로 그 값이 표시되어 있다. 이 힘들의 x 및 y방향 성분을 각각 계산하여라.

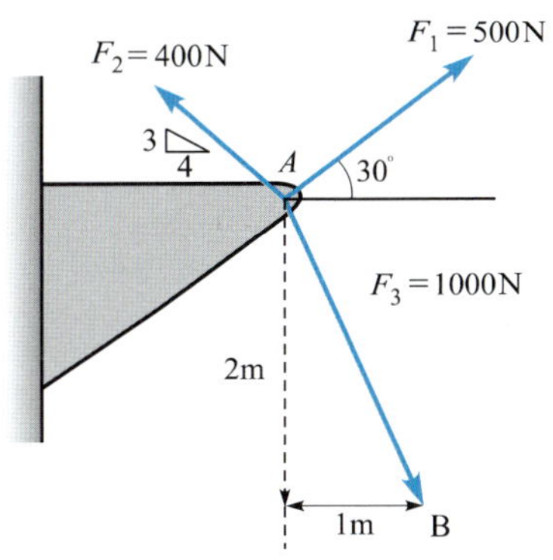

그림 예 2.1(1)

그림 예 2.1(2)(a)로부터 $\mathbf{F}_1$의 스칼라성분은 다음과 같이 계산된다.

$$F_{1x} = 500\cos 30° = 433 \text{ N}$$

$$F_{1y} = 500\sin 30° = 250 \text{ N}$$

그림 예 2.1(2)(b)로부터 $\mathbf{F}_2$의 스칼라성분은 x축과의 각도를 계산할 필요가 없이 직각삼각형의 변의 비를 이용하여 쉽게 계산된다.

$$F_{2x} = -400\frac{4}{5} = -320 \text{ N}$$

$$F_{2y} = 400\frac{3}{5} = 240 \text{ N}$$

그림 예 2.1(2)(c)에서 사잇각 α를 먼저 계산한 후 $\mathbf{F}_3$의 스칼라성분은 다음과 같이 계산된다.

$$a = \tan^{-1}\frac{1}{2} = 26.6°$$

$$F_{3x} = F_3\sin a = 1000 \sin 26.6° = 447 \text{ N}$$

$$F_{3y} = -F_3\cos a = -1000 \cos 26.6° = -894 \text{ N}$$

문제를 쉽게 해석하기 위해서는 좌표축에 따른 방향성분을 계산하는 싸인, 코싸인 법칙을 암기해 두는 것이 좋다.

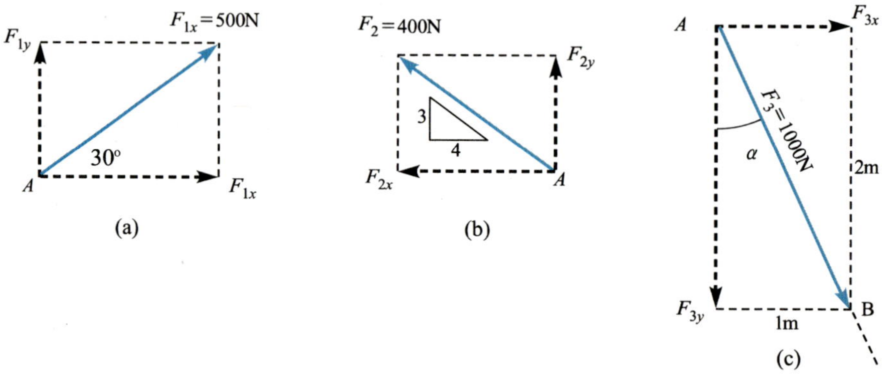

그림 예 2.1(2)

다른 방법을 사용한다면, 벡터의 방향인 AB선의 방향으로 나타내어지는 단위벡터에 크기를 곱한 형태로 표시하여 $\mathbf{F}_3$를 나타낼 수 있다. 즉

$$\mathbf{F}_3 = F_3\mathbf{n}_{AB} = F_3\frac{\overrightarrow{AB}}{AB} = 1000\left[\frac{1\mathbf{i} - 2\mathbf{j}}{\sqrt{1^2 + (2)^2}}\right]$$

$$= 1000[0.447\,\mathbf{i} - 0.894\,\mathbf{j}] = 447\,\mathbf{i} - 894\,\mathbf{j}$$

$$F_{3x} = 447 \text{ N}$$

$$F_{3y} = -894 \text{ N}$$

같은 결과를 갖게 된다.

단위벡터의 정의를 확실히 이해하고 원래의 벡터를 그 방향의 크기로 나누어서 생성할 수 있음을 다시 한 번 숙지하는 것이 좋다.

예제 2.2

그림 예 2.2(1)과 같이 구조물의 한 점 B에 두 힘 **P**와 **T**가 동시에 작용하는 경우, 단일의 합력 **R**로 표시하여라.

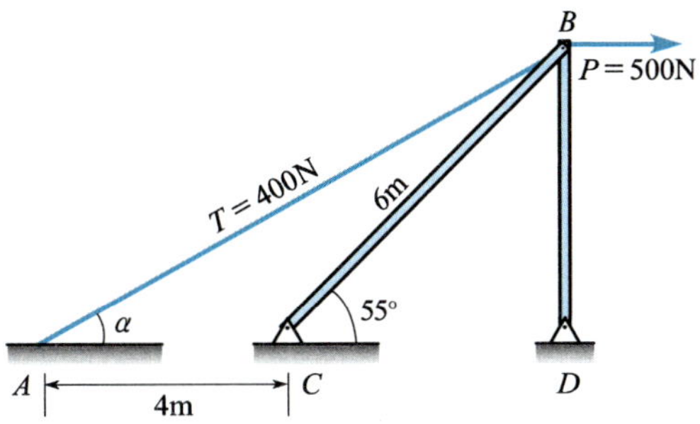

그림 예 2.2(1)

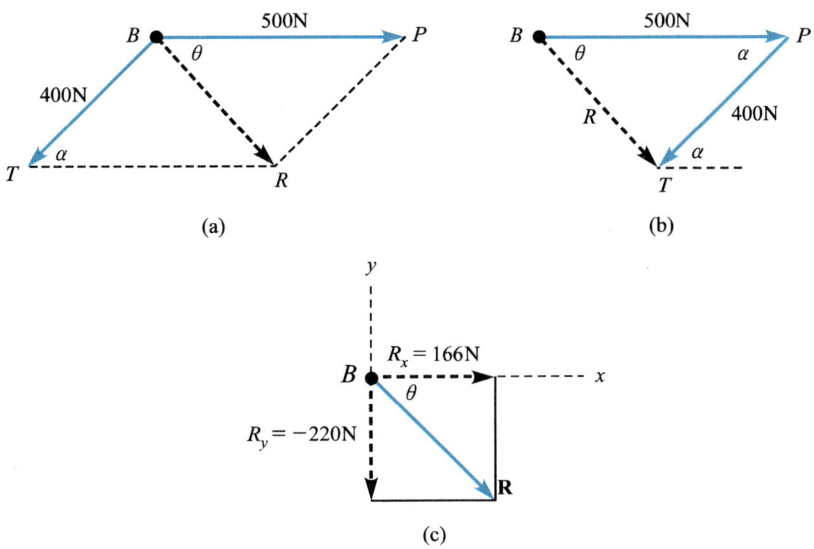

그림 예 2.2(2)

그래프를 사용하여 계산한 값은 정확하지는 않지만 정답에 가깝다. 즉, 정확한 비율의 그래프를 작성하여 쉽게 근삿값을 얻을 수 있다.

3차원적인 문제를 해석하기 위해서는 벡터성분으로 분리 및 합성하는 능력을 배양해야 한다.

(a) 도식적으로 해석하면, 그림 예 2.2(2)(a)에서와 같이 힘 **P**와 **T**를 평행사변형법칙을 이용하여 그 합을 구할 수 있다. 실제의 크기에 대하여 같은 비율을 적용하여 그림을 그려서 계산한다. 먼저 각도 α를 계산해야 하는데 아래와 같다.

$$\tan\alpha = \frac{\overline{BD}}{\overline{AD}} = \frac{6\sin 55°}{4+6\cos 55°} = 0.66 \qquad \alpha = 33.4°$$

그림 예 2.2(2)(a)에서 길이 R과 각도 θ를 근사적으로 측정하면 다음과 같다.

$R = 277\text{ N} \quad \theta = 53°$

(b) 도형학을 적용하면, 삼각형의 합성으로 표시된 것은 그림 예 2.2(2) (b)이다. 여기서 각도 α는 위에서 이미 계산되었고 코사인법칙을 적용하여 R을 계산할 수 있다.

$$R^2 = 400^2 + 500^2 - 2(400)(500)\cos 33.4° = 76{,}061$$

$$R = 276 \text{ N}$$

사인법칙을 적용하면 다음과 같다.

$$\frac{400}{\sin\theta} = \frac{276}{\sin 33.4°} \qquad \sin\theta = 0.80 \qquad \theta = 52.9°$$

(c) 대수학을 적용하면, 각각의 힘에 대한 x 및 y성분으로 분리한 후 그 합을 계산한다.

$$R_x = \Sigma F_x = 500 - 400\cos 33.4° = 166 \text{ N}$$

$$R_y = \Sigma F_y = -400\sin 33.4° = -220 \text{ N}$$

합력의 크기와 방향각은 다음과 같다.

$$R = \sqrt{R_x^2 + R_y^2} = \sqrt{(166)^2 + (-220)^2} = 276 \text{ N}$$

$$\theta = \tan^{-1}\frac{|R_y|}{|R_x|} = \tan^{-1}\frac{220}{166} = 52.9°$$

벡터성분으로 표시하면 다음과 같다.

$$\mathbf{R} = R_x\,\mathbf{i} + R_y\,\mathbf{j} = (166\,\mathbf{i} - 220\,\mathbf{j}) \text{ N}$$

예제 2.3

그림 예 2.3(1)과 같이 수직막대에 1000 N의 장력 T가 작용하고 있다.

(a) 이 힘을 $x-y$축 방향의 단위벡터를 이용하여 표시하라.

(b) $x'-y'$축의 방향으로 표시할 경우 각각의 스칼라 성분을 계산하라.

(c) 또한 $x-y'$축의 방향으로 표시하는 경우의 스칼라성분을 계산하라.

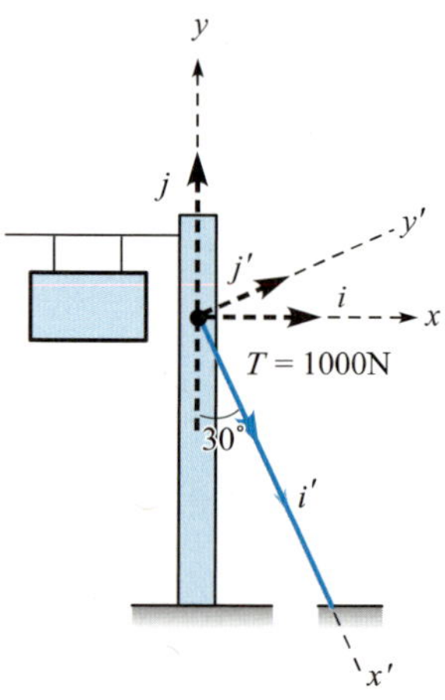

그림 예 2.3(1)

(a) 다음과 같이 표시할 수 있다.

$$\mathbf{T} = (T\cos\theta)\,\mathbf{i} - (T\sin\theta)\,\mathbf{j}$$
$$= (1000\cos 60^{o})\,\mathbf{i} - (1000\sin 60^{o})\,\mathbf{j}$$
$$= (500\,\mathbf{i} - 866\,\mathbf{j})\ \mathrm{N}$$
$$T_x = 500\ \mathrm{N},\ T_y = -866\ \mathrm{N}$$

(b) 힘이 x'축의 방향으로만 존재하므로 쉽게 표현할 수 있다.

$$T_{x'} = 1000\ \mathrm{N},\ T_{y'} = 0\ \mathrm{N}$$

(c) 그림 예 2.3(2)와 같이 $x-y'$ 방향의 분력은 직각분력이 아니다. 그러므로 평행사변형법칙과 사인법칙을 적용하여 다음과 같이 계산할 수 있다.

$$\frac{|T_x|}{\sin 90°} = \frac{1000}{\sin 30°} \qquad |T_x| = 2000\ \mathrm{N}$$
$$\frac{|T_{y'}|}{\sin 60°} = \frac{1000}{\sin 30°} \qquad |T_{y'}| = 1732\ \mathrm{N}$$
$$T_x = 2000\ \mathrm{N}, \qquad T_{y'} = -1732\ \mathrm{N}$$

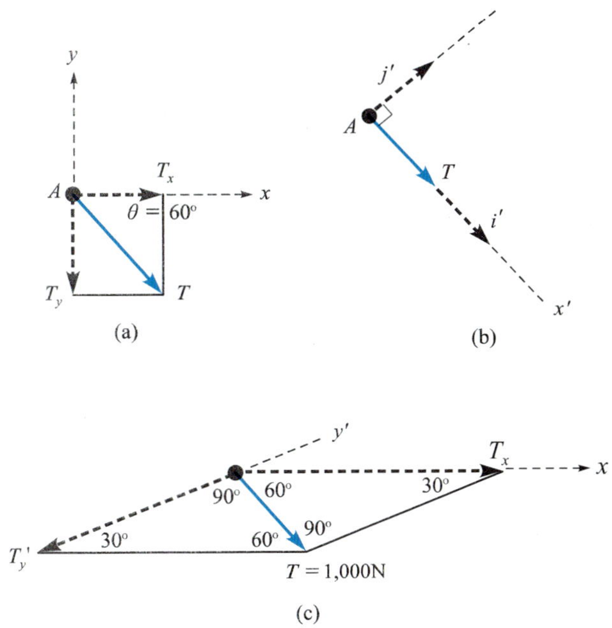

그림 예 2.3(2)

예제 2.4

그림 예 2.4(1)과 같이 힘 $\mathbf{F}_1$과 $\mathbf{F}_2$가 작용하고 있다.

(a) 합력의 크기와

(b) b축 방향의 합력 R의 투사성분 F_b를 계산하라.

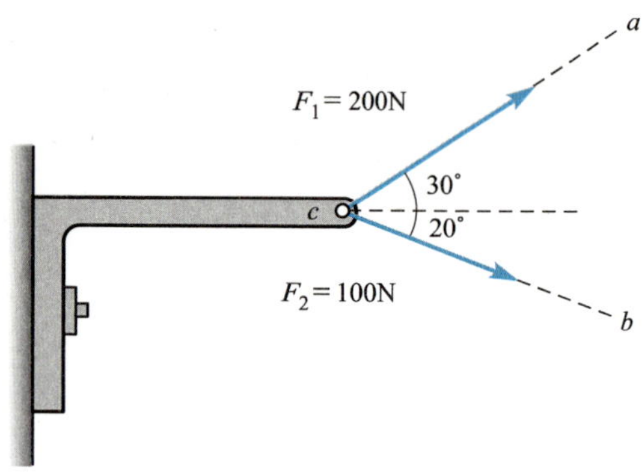

그림 예 2.4(1)

(a) 먼저 합력의 크기를 계산한다.

$$R^2 = (100)^2 + (200)^2 - 2(100)(200)\cos 130°$$

$$R = 275.2\ \text{N}$$

(b) 각각의 힘의 투사성분을 계산한 후 그 합을 계산하여 F_b를 계산한다.

$$F_b = 100\cos 0° + 200\cos 50° = 228.6\ \text{N}$$

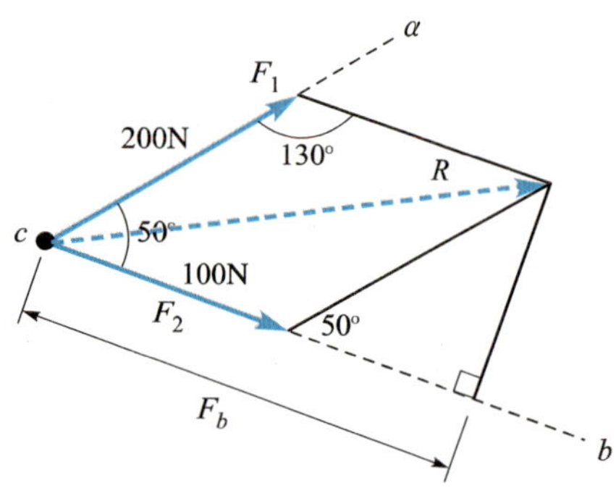

그림 예 2.4(2)

예제 2.5

그림 예 2.5(1)과 같이 힘이 작용하는 경우, 바닥점 O에 대한 모멘트의 크기를 여러 가지 방법으로 계산하라.

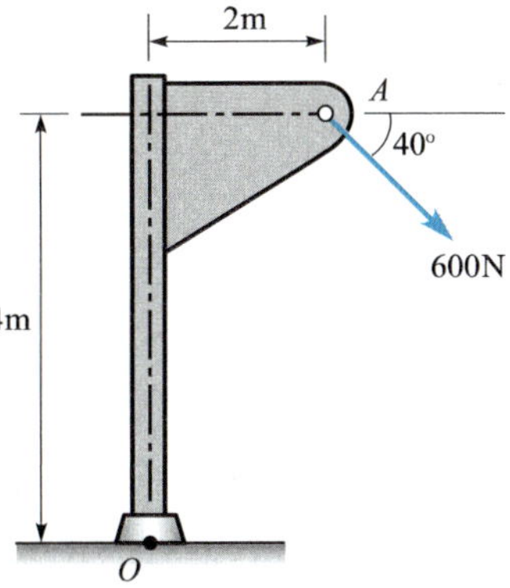

그림 예 2.5(1)

(a) 600N에 대한 모멘트팔은 다음과 같다.

$d = 4\cos 40° + 2\sin 40° = 4.35\ \text{m}$

모멘트의 크기는 $M = Fd$이고 시계방향의 값을 갖는다.

$M_o = 600(4.35) = 2610\ \text{N} \cdot \text{m}$

(b) A에서 힘의 직교성분은 다음과 같다.

$F_1 = 600\cos 40° = 460\ \text{N}$ $F_2 = 600\sin 40 = 386\ \text{N}$

Varignon의 정리를 이용하여 모멘트를 계산한다.

$M_o = 460(4) + 386(2) = 2610\ \text{N} \cdot \text{m}$

(c) 이동법칙을 적용하여 힘의 작용선을 따라 B점으로 이동하면 힘 성분 F_2에 의한 모멘트는 없어지게 된다. 그러므로 모멘트팔 d_1과 힘 성분 F_1에 의한 모멘트는 다음과 같다.

$d_1 = 4 + 2\tan 40° = 5.68\ \text{m}$

$M_o = 460(5.68) = 2610\ \text{N} \cdot \text{m}$

(d) 이동법칙을 적용하여 힘의 작용선을 따라 C점으로 이동하면 힘성분 F_1에 의한 모멘트는 없어지게 된다. 그러므로 모멘트팔 d_2과 힘 성분 F_2에 의한 모멘트는 다음과 같다.

$d_2 = 2 + 4\cot 40° = 6.77\ \text{m}$

$M_o = 386(6.77) = 2610\ \text{N} \cdot \text{m}$

(e) 벡터성분을 이용한 외적을 이용하여 계산하면 다음과 같다.

$\mathbf{M}_o = \mathbf{r} \times \mathbf{F} = (2\,\mathbf{i} + 4\,\mathbf{j}) \times 600(\mathbf{i}\cos 40° - \mathbf{j}\sin 40°) = -2610\ \mathrm{kN{\cdot}m}$

여기서 음의부호는 시계방향의 회전을 뜻한다. 그리고 모멘트의 크기는 다음과 같다.

$M_o = 2610\ \mathrm{N \cdot m}$

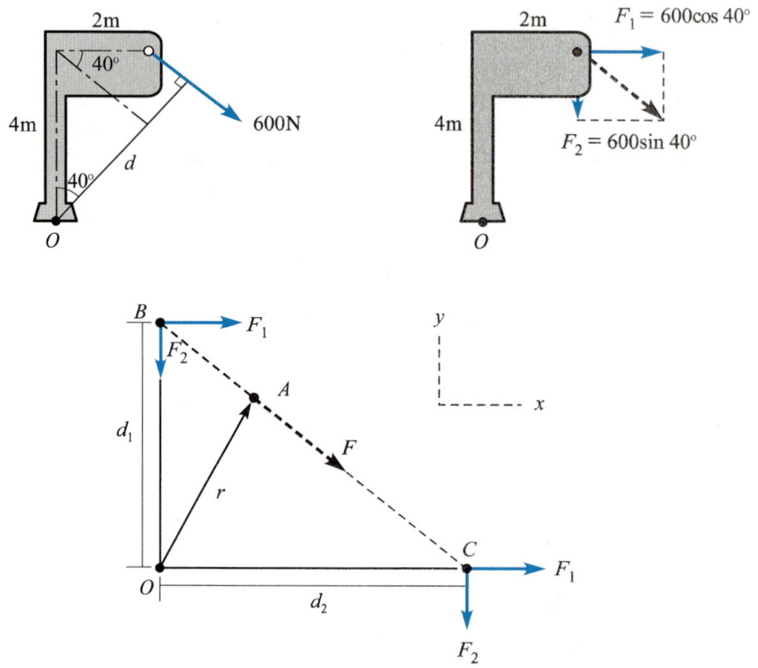

그림 예 2.5(2)

2.5 우력(Couple, 짝힘)

2.5.1 우력의 정의

크기가 같고 방향이 반대이며 동일직선상에 놓여있지 않은 2개의 힘에 의하여 생기는 모멘트를 말한다.

모든 방향으로의 힘의 합은 0이므로 우력에 의한 효과는 전적으로 회전만을 일으키려고 한다.

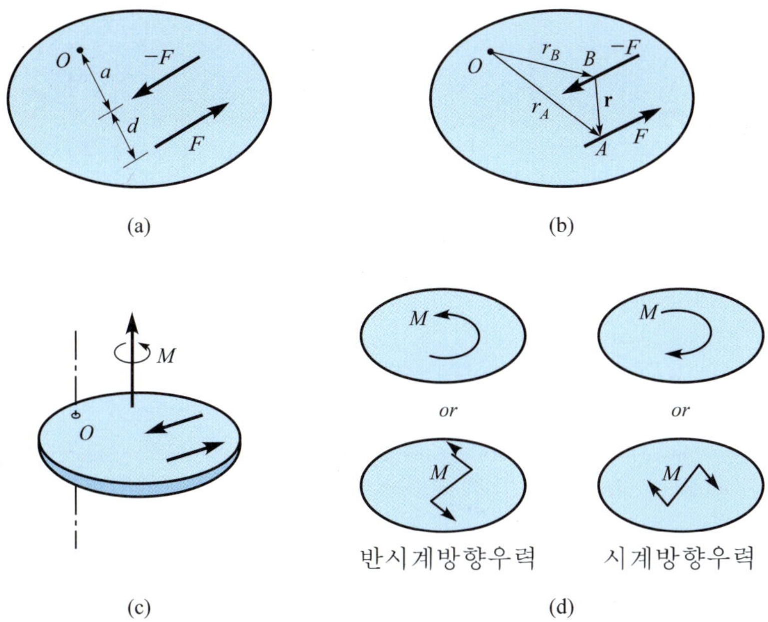

그림 2.9

우력(모멘트)을 벡터의 수식으로 나타내면 다음 식과 같다.

$$\mathbf{M} = \mathbf{r}_A \times \mathbf{F} + \mathbf{r}_B \times (-\mathbf{F}) = (\mathbf{r}_A - \mathbf{r}_B) \times \mathbf{F}$$

여기서, $\mathbf{r}_A$, $\mathbf{r}_B$는 기준점에서 임의의 점 A, B까지의 위치벡터이고 $\mathbf{r}_A - \mathbf{r}_B = \mathbf{r}$이므로 모멘트는 다음과 같은 공식이 된다.

$$\mathbf{M} = \mathbf{r} \times \mathbf{F}$$

그림 2.9(c)와 같이 자유벡터에 의하여 $\mathbf{M}$을 표시할 수 있다. 이 값은 오른손법칙을 이용하면 쉽게 이해할 수 있다. 즉, 으뜸을 나타내는 모양으로 오른손을 표시하면 엄지손가락의 방향이 우력의 벡터방향이고 실제의 회전모멘트는 나머지 손가락이 감기는 방향이다.

주어진 우력은 그들의 곱이 일정하게 유지되는 한 F와 d의 값을 변화하여도 바뀌어지지 않는다.

그림 2.11에서와 같이 A점에 힘 F가 작용하는 경우를 생각해 보자. 그런데 B점에 같은 크기의 방향이 반대인 한 쌍의 힘을 추가시켜도 이 시스템은 움직임에 있어서 전혀 문제가 발생하지 않는다(다만 물체 내부에서 발생하는 내부 힘은 달라질 수 있다.).

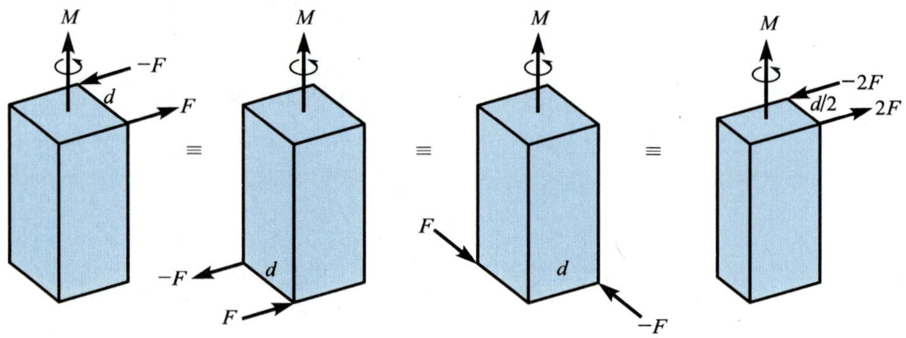

그림 2.10 같은 크기의 우력 M의 서로 다른 적용의 경우

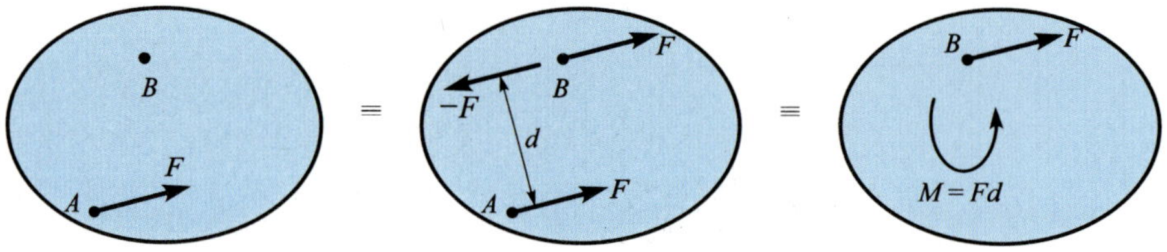

그림 2.11

이렇게 힘을 추가로 작용시킨 상태에서 우력을 발생시키는 A점과 B점에 작용하는 우력을 발생시키는 한 쌍의 힘을 별도로 생각할 수 있다. 그렇게 되면 마치 B점에 힘 $\mathbf{F}$가 작용하고 물체 전체에 모멘트(우력) $M = Fd$가 추가로 작용하는 시스템으로 전환된다.

즉, 기존에 힘이 작용하는 시스템을 작용선에 수직한 방향으로 이동시키면 이에 따라 등가의 우력이 추가로 작용하는 시스템으로 전환시킬 수 있다. 이것이 우력의 대표적인 사용 예이다.

2.6 합력(Resultants)

다시 언급하자면, 물체에 작용하는 모든 합력이 0이면 정역학적인 관점에서 해석하는 것이고 0이 아니면 동역학적인 관점에서 해석한다.

또한 이렇게 외부에서 복잡한 종류의 힘과 모멘트가 동시에 작용하는 경우에는 힘이 작용하고 있는 강체에 대한 힘의 외부효과를 바꾸지 않는 등가인 힘으로 대치할 수 있는 가장 간단한 방법이 힘의 합성이다. 아래의 공식과 같이 벡터의 합으로 혹은 성분의 합으로 나타낼 수 있다.

물체의 평형은 물체에 작용하고 있는 모든 힘과 모멘트의 합이 각각 영(0)인 상태이다. 즉 물체가 직선가속도나 회전가속도를 전혀 받지 않는 상태이다.

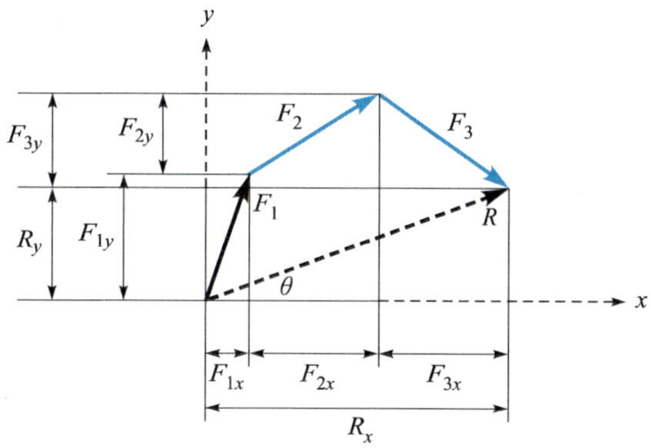

그림 2.12

$$\mathbf{R} = \mathbf{F}_1 + \mathbf{F}_2 + \mathbf{F}_3 + \cdots = \sum \mathbf{F}$$

$$R_x = \sum F_x \qquad R_y = \sum F_y$$

$$R = \sqrt{(\sum F_x)^2 + (\sum F_y)^2}$$

$$\theta = \tan^{-1}\frac{R_y}{R_x} = \tan^{-1}\frac{\sum F_y}{\sum F_x}$$

2.6.1 모멘트의 원리

그림 2.13(a)에서와 같이 한 점에서 교차하지 않는 힘계(nonconcurrent system of force system)에 대하여 생각해보자.

임의의 기준점 O에 대하여 각각의 거리 d_1, d_2, d_3만큼씩 수직으로 떨어져 있는 경우에 각각의 힘에 대해서 O점을 기준으로 등가의 우력 $M_1 = F_1 d_1$, $M_2 = F_2 d_2$ 및 $M_3 = F_3 d_3$를 작용시키고 원래의 힘을 O점으로 이동시킬 수 있다.

그러면 그림 2.13(c)처럼 합력으로 표시되고 오직 힘만 작용하는 것으로 나타낸다면 그림 2.13(d)처럼 O점을 기준으로 수직으로 d만큼 떨어진 위치에 힘 $\mathbf{R}$이 작용하는 것과 등가의 시스템이 된다. 이것을 수식으로 집약하면 다음의 공식과 같다.

$$\mathbf{R} = \sum \mathbf{F} \qquad M_o = \sum M_i = \sum (F_i d_i) \qquad Rd = M_o$$

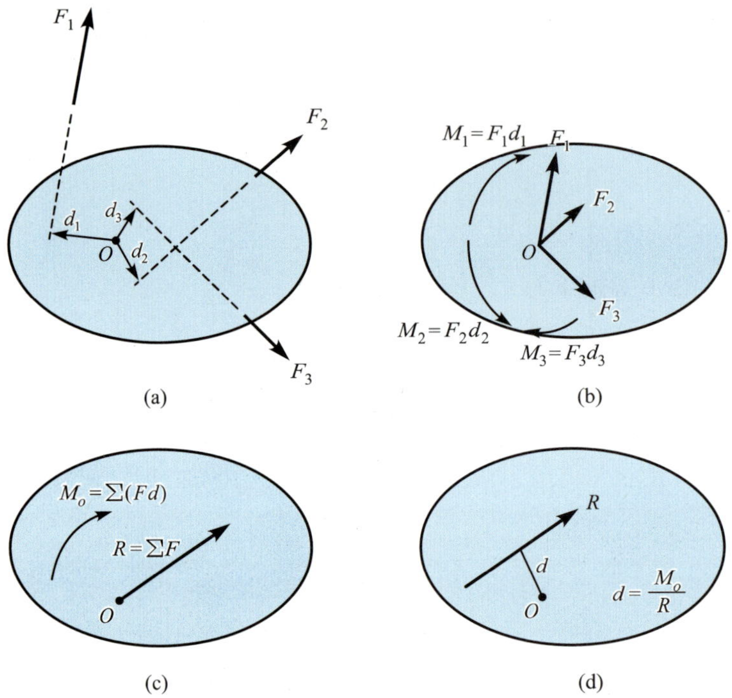

그림 2.13

2.7 3차원 힘계

2.7.1 직각분력

일반적이 경우인 3차원좌표계에서 직교좌표계에 대한 성분값으로 각각의 값을 표시하면 2차원좌표계에서 유도한 공식을 쉽게 연장시켜서 아래와 같은 성분별 분력을 구할 수 있다.

$$F_x = F\cos\theta_x \qquad F = \sqrt{F_x^{\,2} + F_y^{\,2} + F_z^{\,2}}$$

$$F_y = F\cos\theta_y \qquad \mathbf{F} = F_x\,\mathbf{i} + F_y\,\mathbf{j} + F_z\,\mathbf{k}$$

$$F_z = F\cos\theta_z \qquad \mathbf{F} = F(\mathbf{i}\,\cos\theta_x + \mathbf{j}\,\cos\theta_y + \mathbf{k}\,\cos\theta_z)$$

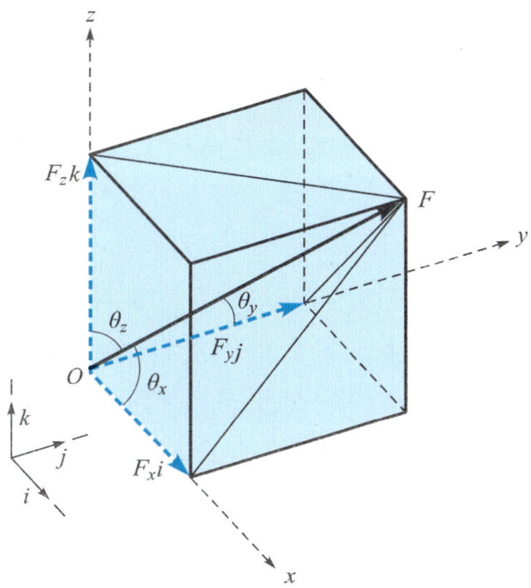

그림 2.14

단위벡터 **i**, **j** 및 **k**는 각각 x, y 및 z축 방향이고 아래와 같은 방향코사인(여현)의 관계를 사용하여 정리하면 힘을 간단히 표시할 수 있다.

$$\ell = \cos\theta_x,\ m = \cos\theta_y,\ n = \cos\theta_z,\ \ \ell^{\,2} + m^2 + n^2 = 1$$

$$\mathbf{F} = F(l\,\mathbf{i} + m\,\mathbf{j} + n\,\mathbf{k})$$

2.7.2 벡터의 내적(Dot Product)

두 개의 벡터에 의하여 이루어지는 계산 중에서 내적이라는 정의를 이용하고자 한다. 즉, 그림 2.15의 벡터 **P**와 **Q** 및 그 사이 각 α에 의하여 이루어지는 스칼라 값인 벡터의 내적은 다음과 같다.

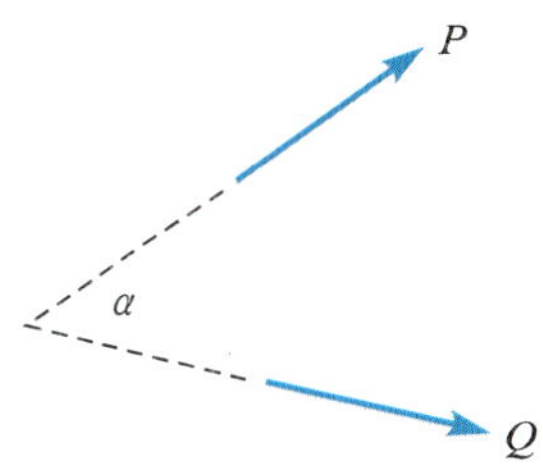

그림 2.15

$$\mathbf{P} \cdot \mathbf{Q} = PQ\cos\alpha = (P\cos\alpha)Q = P(Q\cos\alpha)$$

두 벡터 사이의 각 $\alpha = \cos^{-1}\dfrac{\mathbf{P} \cdot \mathbf{Q}}{PQ}$

우리가 일반적으로 취급하는 하중은 두 가지 종류를 다룬다.

첫 번째는 힘으로서, 작용하는 힘에 의해서는 물체에 속력의 변화를 발생시키는 직선가속도가 발생하고, 두 번째는 모멘트로서 물체에 회전운동의 빠르기를 조절

한다. 즉, 회전가속도를 증가시키는 직접적인 영향을 미친다. 여기서, 힘과 모멘트는 둘 다 크기와 방향을 갖는 벡터의 성질을 갖고 있다.

2.8 모멘트와 우력

2차원계에서는 모멘트-팔 법칙에 의한 스칼라곱에 의하여 모멘트의 크기를 쉽게 결정할 수 있지만, 3차원에서는 도식적으로 각각의 값을 구하기가 매우 복잡하고 귀찮기 때문에 벡터를 이용한 외적공식을 사용하는 것이 매우 간편하다.

2.8.1 모멘트

아래의 그림 2.16에서와 같이 임의의 물체에 작용하는 힘 **F**를 생각해 보자. 여기서 O점은 힘 **F**와 동일선상에 놓여있지 않다.

그러므로 **F**와 O로 이루어지는 평면 A를 생각할 수 있다. O점을 기준으로 힘 **F**에 의한 모멘트 **M**의 크기는 Fd가 될 것이다.

그런데 벡터의 특성을 이용하면 매우 간단한 표현 값으로 나타낼 수 있다. 즉, O점에서 **F**벡터에 이르는 임의의 벡터 **r**을 생각하면 두 벡터의 외적공식을 이용하여 그 크기가 스칼라 값과 같고 방향이 모멘트의 회전방향과 일치하는 다음과 같은 공식으로 표현할 수 있다.

$$\mathbf{M}_o = \mathbf{r} \times \mathbf{F}$$

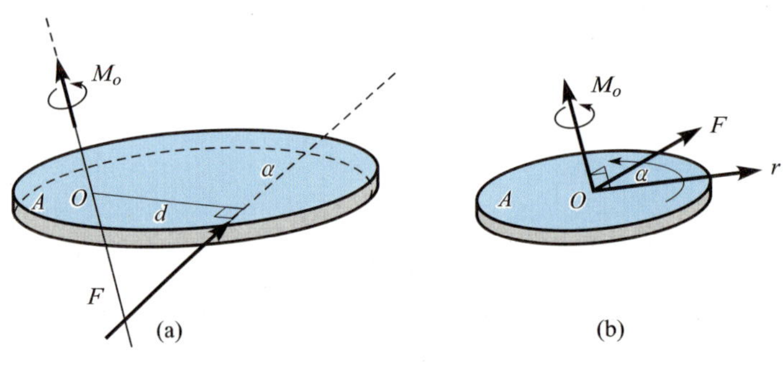

그림 2.16

위에서 표시한 모멘트를 단위벡터 i, j, k에 대한 성분의 값으로 표현하면 아래와 같은 행렬식의 계산(determinant)으로 $\mathbf{M}_o$에 대한 크로스곱(외적)이 표현된다.

$$\mathbf{M}_o = \begin{vmatrix} \mathbf{i} & \mathbf{j} & \mathbf{k} \\ r_x & r_y & r_z \\ F_x & F_y & F_z \end{vmatrix}$$

$$\begin{aligned} \mathbf{M}_o &= \mathbf{M}_x + \mathbf{M}_y + \mathbf{M}_z \\ &= M_x\,\mathbf{i} + M_y\,\mathbf{j} + M_z\,\mathbf{k} \\ &= (r_y F_z - r_z F_y)\,\mathbf{i} + (r_z F_x - r_x F_z)\,\mathbf{j} + (r_x F_y - r_y F_x)\,\boldsymbol{k} \end{aligned}$$

아래 그림 2.17과 같이 O를 통과하는 축 λ에 관한 **F**의 모멘트 $\mathbf{M}_\lambda$는 아래와 같이 $\mathbf{M}_o$의 모멘트의 축 λ 방향의 성분만 생각하면 된다.

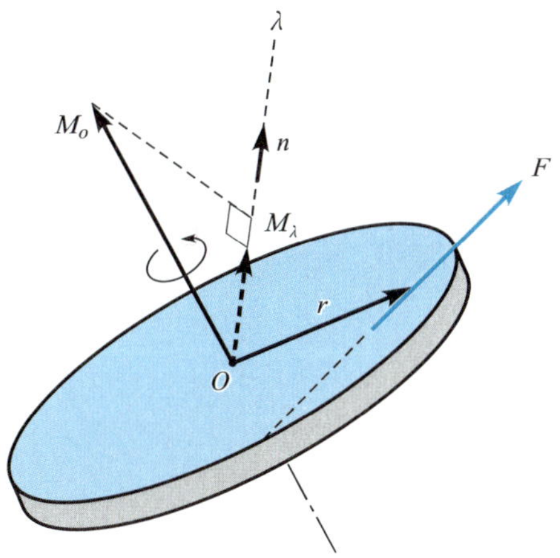

그림 2.17

$$\mathbf{M} = \mathbf{r} \times \mathbf{F}$$

$$\mathbf{M}_\lambda = (\mathbf{r} \times \mathbf{F} \cdot \mathbf{n})\,\mathbf{n}$$

$$|\mathbf{M}_\lambda| = M_\lambda = \begin{vmatrix} r_x & r_y & r_z \\ F_x & F_y & F_z \\ \alpha & \beta & \gamma \end{vmatrix}$$

여기서, α, β, γ는 단위벡터 **n**의 방향여현이다.

2.8.2 우 력

우력은 자유 벡터이지만, 한 점에 관한 힘의 모멘트(또한 이것은 그 점을 통과하는 정의된 축에 대한 모멘트임)는 방향이 그 점을 통과하는 축에 따르는 미끄럼 벡터이다. 2차원의 경우와 같이 우력의 작용은 우력을 이루는 힘의 평면에 수직인 축에 대하여 물체의 순수회전을 발생시킨다.

$$\mathbf{M} = \mathbf{r}_A \times \mathbf{F} + \mathbf{r}_B \times (-\mathbf{F}) = (\mathbf{r}_A - \mathbf{r}_B) \times \mathbf{F}$$

$$\mathbf{M} = \mathbf{r} \times \mathbf{F}$$

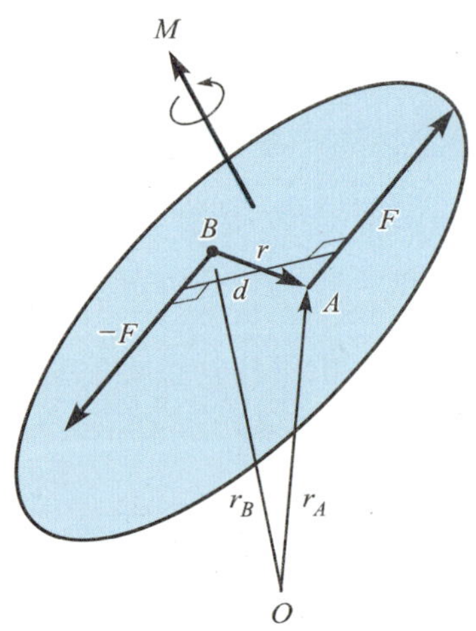

그림 2.18

2.9 합 력

3차원에서도 2차원문제와 같이 물체에 작용하는 합력은 각각의 작용하는 모든 외력을 벡터의 합으로 나타내고 모멘트합력도 각각의 모멘트 값을 계산한 후 그 합으로 나타낼 수 있다. 벡터성분 혹은 스칼라성분으로 표시하면 결과식은 다음과 같다.

$$\mathbf{R} = \mathbf{F}_1 + \mathbf{F}_2 + \mathbf{F}_3 + \ldots = \Sigma \mathbf{F}_i$$

$$\mathbf{M} = \mathbf{M}_1 + \mathbf{M}_2 + \mathbf{M}_3 + \ldots = \Sigma (\mathbf{r}_i \times \mathbf{F}_i)$$

$$R_x = \Sigma F_x,\ R_y = \Sigma F_y,\ R_z = \Sigma F_z$$

$$R = \sqrt{(\Sigma F_x)^2 + (\Sigma F_y)^2 + (\Sigma F_z)^2}$$

$$M_x = \sum (r_i \times F_i)_x$$
$$M_y = \sum (r_i \times F_i)_y$$
$$M_z = \sum (r_i \times F_i)_z$$
$$M = \sqrt{M_x^{\,2} + M_y^{\,2} + M_z^{\,2}}$$

예제 2.6

그림 예 2.6(1)과 같이 강체구조물의 끝단을 1000 N의 힘으로 밀고 있다. 그런데 이 힘이 회전의 중심인 O점에 작용하는 경우로 전환시킨다면 어떠한 크기의 힘과 우력이 작용하는 것으로 간주해야 하나?

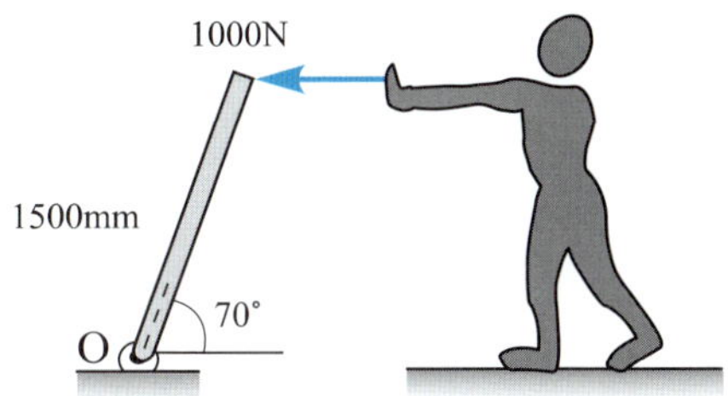

그림 예2.6(1)

두 개의 크기가 같고 방향이 반대인 1000 N의 힘을 O점에 작용시킨다. 그래도 시스템의 하중의 평형조건에는 전혀 위배되지 않는다. 그러면, 끝단에 작용하는 힘과 O점에 작용하는 한 개의 힘은 서로 평형을 이루고 시계반대방향으로 작용하는 모멘트가 발생하게 된다. 즉,

$$M = Fd = 1000(1.5\sin 70°) = 1410\ \text{N} \cdot \text{m}$$

그러므로 최초에 끝단에 힘이 작용하는 시스템이 마치 회전 점에 같은 힘이 그대로 이동하고 추가의 우력이 작용하는 등가의 시스템으로 전환된다.

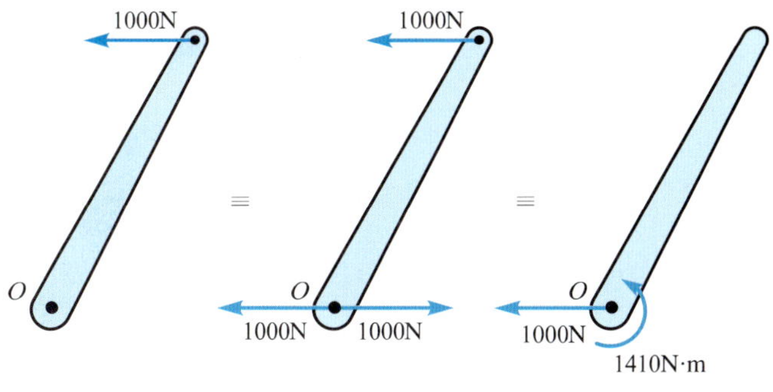

그림 예 2.6(2)

이 문제를 역으로 생각해 본다면 끝단에 힘만 작용시키는 것이 회전 중심에서 볼 때 큰 모멘트를 발생시키므로 기구의 회전운동에는 더 효과적인 것을 알 수 있다.

예제 2.7

그림 예 2.7(1)과 같이 여러 개의 힘과 우력이 작용하는 경우를 합력이 작용하는 경우로 단순화 시켜라.

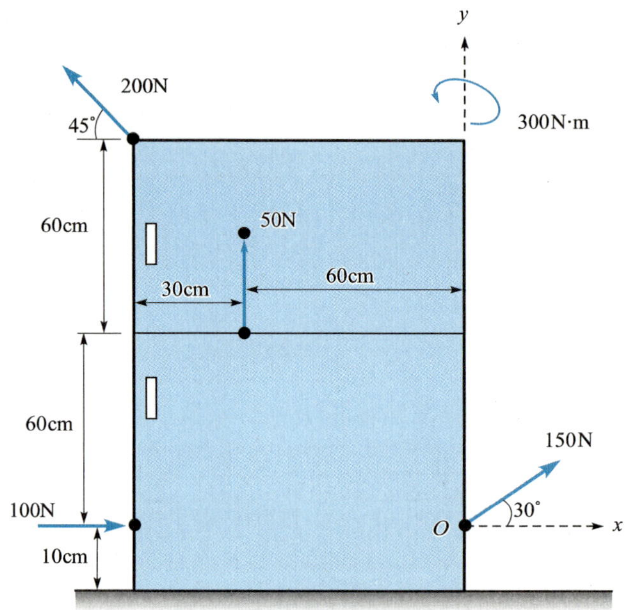

그림 예 2.7(1)

O점을 편의상 기준점으로 택하여 합력을 계산한다.

$$R_x = \Sigma F_x = 100 + 150\cos 30° - 200\cos 45° = 88.5\text{ N}$$

$$R_y = \Sigma F_y = 50 + 150\sin 30° + 200\sin 45° = 266\text{ N}$$

$$R = \sqrt{R_x^2 + R_y^2} = \sqrt{(88.5)^2 + (266.0)^2} = 280.0\text{ N}$$

$$\theta = \tan^{-1}\frac{R_y}{R_x} = \tan^{-1}\frac{266.0}{88.5} = 71.6°$$

$$M_o = \Sigma(Fd) = 300 - 50(0.6) + 200\cos 45°(1.2) - 200\sin 45°(0.9)$$

$$= +312.4\text{ N}\cdot\text{m}$$

그림 예 2.7(2)(a)는 합력 R과 M_o로 표시되는 힘-모멘트계를 보여준다.

이 시스템을 오직 합력 R만 임의의 점에 작용하는 경우로 변환시켜보자.

$$d = \frac{|M_o|}{R} = \frac{312.4}{280} = 1.12\text{ m}$$

즉, 크기가 280.0 N인 힘이 수직거리 1.12 m인 지점에 71.6°의 각도로 작용하고 있게 된다. 그림 예 2.7(2)(b)에 표시되어 있다.

다른 경우로서, x 축상의 임의의 점에 힘이 작용하는 경우로 생각한다면 외적공식을 사용하여 해석하는 것이 더 쉽다.

$$\mathbf{r} \times \mathbf{F} = \mathbf{M}_o$$

$$(x\,\mathbf{i} + y\,\mathbf{j}) \times (88.5\,\mathbf{i} + 266.0\,\mathbf{j}) = +312.4\,\mathbf{k} = (266x - 88.5y)\,\mathbf{k}$$

$$266x - 88.5y = +312.4$$

위 식에서 $y=0$을 만족하는 x는 $+1.173$이므로 그림 예 2.7(2)(c)와 같은 위치에 합력만 작용하는 경우로 생각할 수 있다.

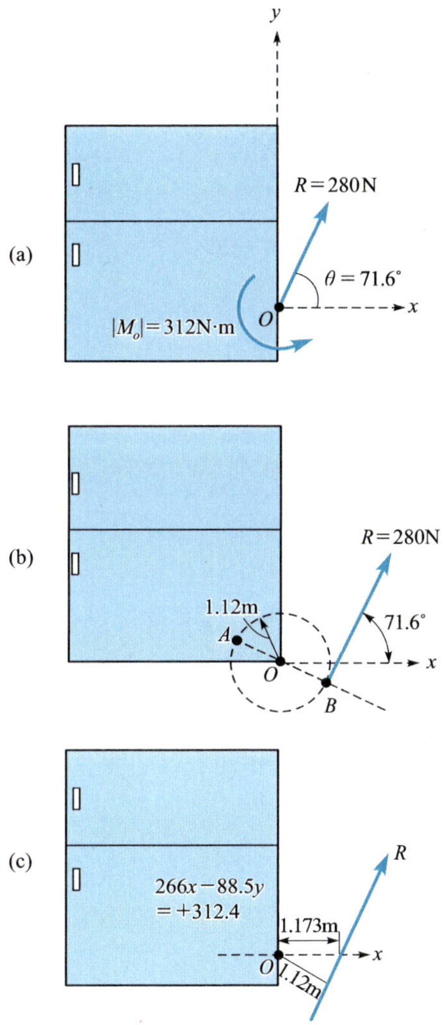

그림 예 2.7(2)

외적공식에서 벡터의 부호가 나타내는 회전방향을 숙지하는 것이 우선이다.

복잡한 시스템의 해석에는 벡터공식이 더 편리하다.

예제 2.8

그림 예 2.8(1)과 같이 3차원 좌표축상에 힘이 작용하고 있다. 이 경우, (a) 힘의 각각의 좌표축성분을 구하고 (b) $x-y$ 평면상에 투사된 F_{xy}와 (c) OB선을 따른 힘의 성분 F_{OB}를 계산하라.

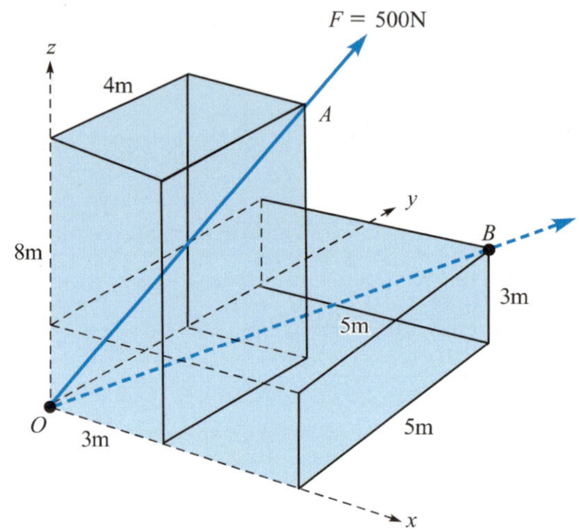

그림 예 2.8(1)

(a) 단위벡터를 사용하여 힘을 표시할 수 있다.

$$\mathbf{F} = F\,\mathbf{n}_{OA}$$

$$= F\frac{\overrightarrow{OA}}{OA} = 500\left[\frac{3\ \mathbf{i}\ +4\ \mathbf{j}\ +8\ \mathbf{k}}{\sqrt{3^2+4^2+8^2}}\right]$$

$$= 500\,[0.318\ \mathbf{i}\ + 0.424\ \mathbf{j}\ + 0.848\ \mathbf{k}]$$

$$= (159\ \mathbf{i} + 212\ \mathbf{j} + 424\ \mathbf{k})\ \mathrm{N}$$

성분은 다음과 같다.

$F_x = 159\ \mathrm{N}$, $F_y = 212\ \mathrm{N}$, $F_z = 424\ \mathrm{N}$

(b) $x-y$ 평면과 힘 $\mathbf{F}$ 사이에 이루어지는 각도 θ_{xy}에 의한 코사인은 다음과 같다.

$$\cos\theta_{xy} = \frac{\sqrt{3^2+4^2}}{\sqrt{3^2+4^2+8^2}} = 0.53$$

그러므로 F_{xy}는 아래와 같다.

$$F_{xy} = F\cos\theta_{xy} = 500(0.53) = 265\ \mathrm{N}$$

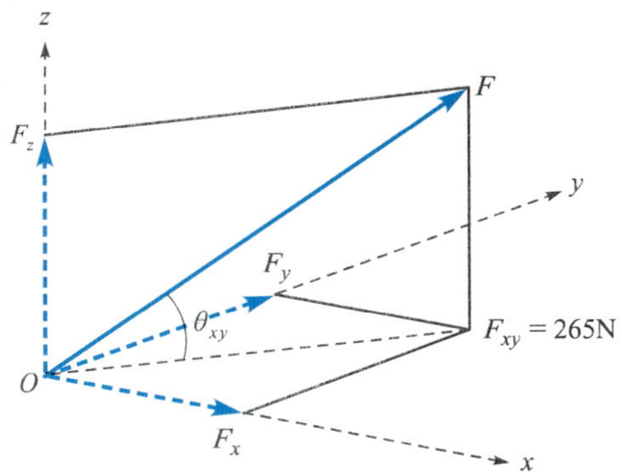

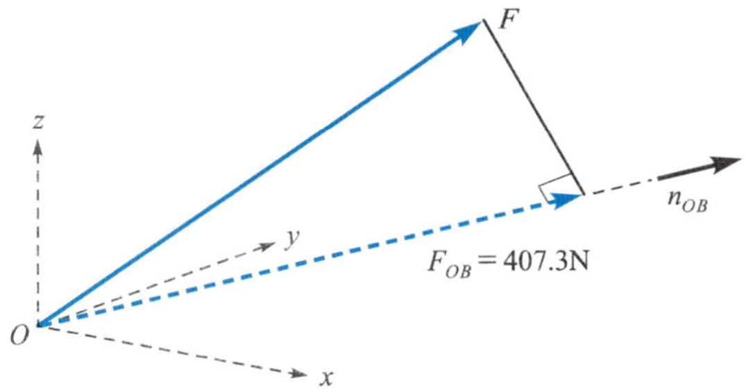

그림 예 2.8(2)

(c) OB를 따른 단위벡터는

$$\mathrm{n_{OB}} = \frac{\overrightarrow{OB}}{\overline{OB}} = \frac{5\ \mathrm{i} + 5\ \mathrm{j} + 3\ \mathrm{k}}{\sqrt{5^2+5^2+3^2}} = 0.651\ \mathrm{i} + 0.651\ \mathrm{j} + 0.391\ \mathrm{k}$$

$$\begin{aligned}\mathbf{F}_{\mathrm{OB}} &= \mathbf{F} \cdot \mathbf{n}_{\mathrm{OB}} \\ &= (159\ \mathrm{i} + 212\ \mathrm{j} + 424\ \mathrm{k}) \cdot (0.651\ \mathrm{i} + 0.651\ \mathrm{j} + 0.391\ \mathrm{k}) \\ &= (159)(0.651) + (212)(0.651) + (424)(0.391) \\ &= 407.3\ \mathrm{N}\end{aligned}$$

이 값을 벡터로 나타내면 다음과 같다.

$$\begin{aligned}\mathbf{F}_{\mathrm{OB}} &= (\mathbf{F} \cdot \mathbf{n}_{\mathrm{OB}})\mathbf{n}_{\mathrm{OB}} \\ &= 407.3(0.651\ \mathrm{i} + 0.651\ \mathrm{j} + 0.391\ \mathrm{k}) \\ &= (265.2\ \mathrm{i} + 265.2\ \mathrm{j} + 159.3\ \mathrm{k})\ \mathrm{N}\end{aligned}$$

예제 2.9

그림 예 2.9와 같은 시스템의 합력과 모멘트를 계산하라.

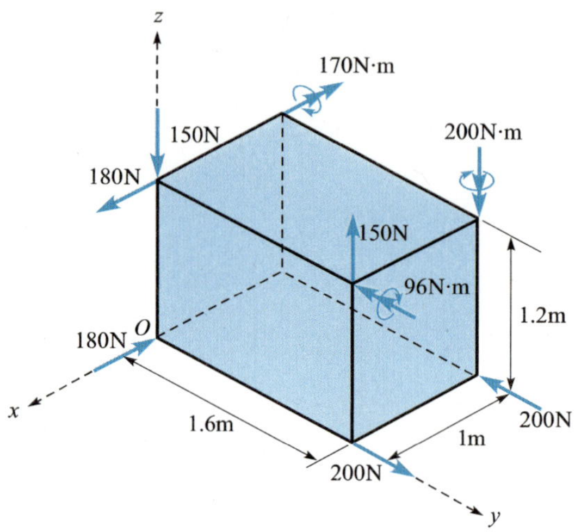

그림 예 2.9

작용하는 힘은 없고 오직 우력만 발생하고 있다. 이 문제도 벡터공식을 쓰면 쉽게 계산된다.

편의상, O점을 기준으로 계산한다. 먼저, 합력은

$$\mathbf{R} = \Sigma \mathbf{F} = (180-180)\,\mathbf{i} + (200-200)\,\mathbf{j} + (150-150)\,\mathbf{k} = 0\,\mathrm{N}$$

O점에 대한 모멘트는 다음과 같다.

$$\mathbf{M}_o = [150(1.6)-170]\,\mathbf{i} + [180(1.2)-96]\,\mathbf{j} + [200(1)-200]\,\mathbf{k}$$
$$= (70\,\mathbf{i} + 120\,\mathbf{j})\,\mathrm{N}\cdot\mathrm{m}$$

chapter 02 연습문제

2.1 그림과 같은 힘 F를 x, y축에 대한 성분으로 분해하고, 단위벡터로 표시하여라.

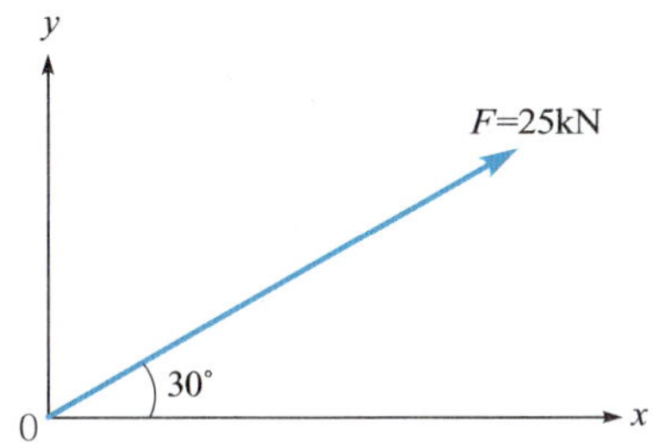

2.2 그림과 같은 힘 F를 x, y축에 대한 성분으로 분해하고, 단위벡터로 표시하여라.

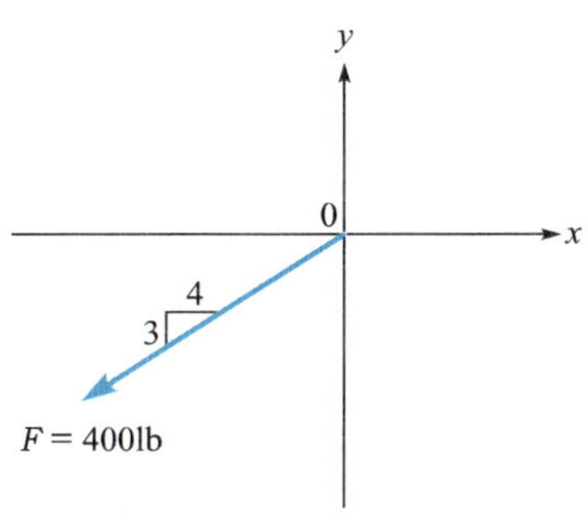

2.3 그림과 같이 작용하고 있는 300 N의 힘을 x, y축에 대한 직각성분으로 분해하고, 단위벡터로 표시하여라.

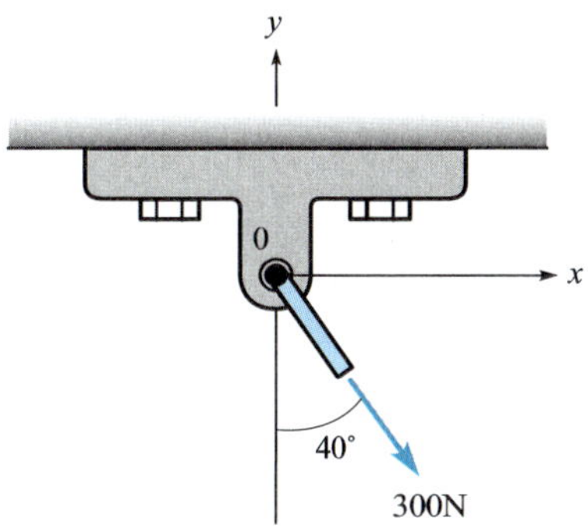

2.4 그림과 같은 힘계와 동등한 합력의 크기와 방향을 각각 구하여라.

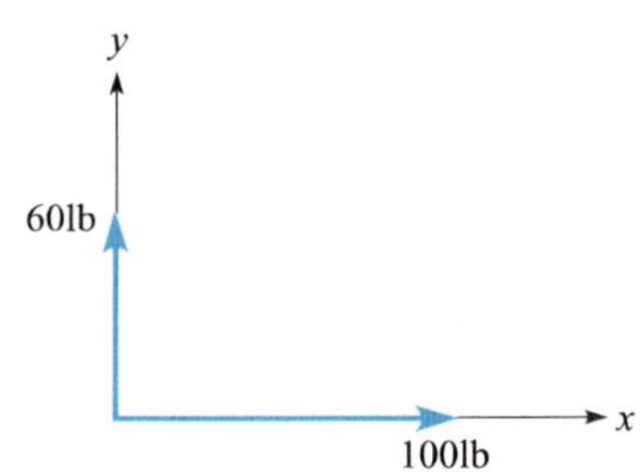

2.5 그림과 같은 힘계와 동등한 합력의 크기와 방향을 구하여라.

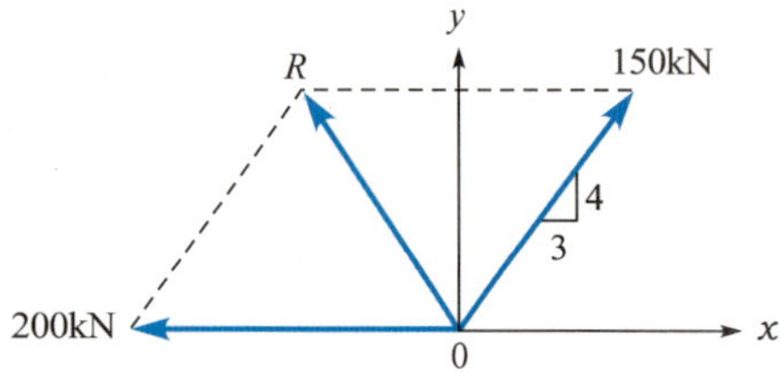

2.6 그림과 같은 힘계와 동등한 합력의 크기와 방향을 구하여라.

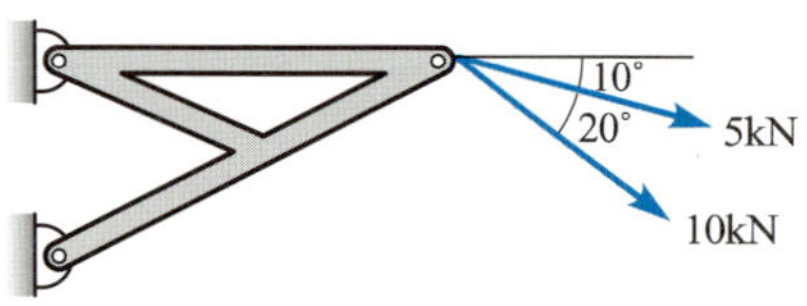

2.7 그림과 같은 힘계와 동등한 합력의 크기와 방향을 구하여라.

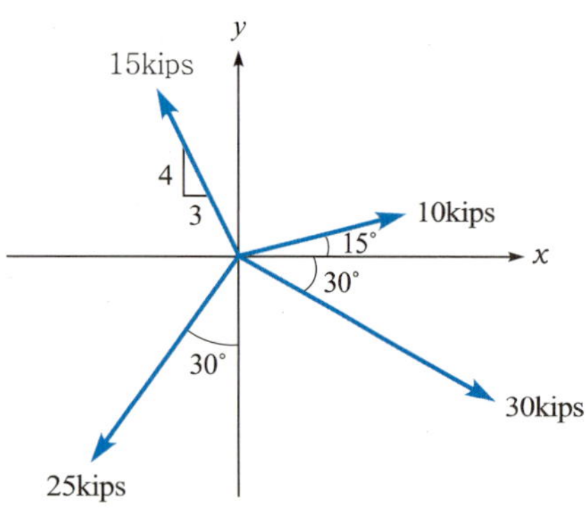

2.8 그림과 같은 힘계와 동등한 합력의 크기와 방향을 구하여라.

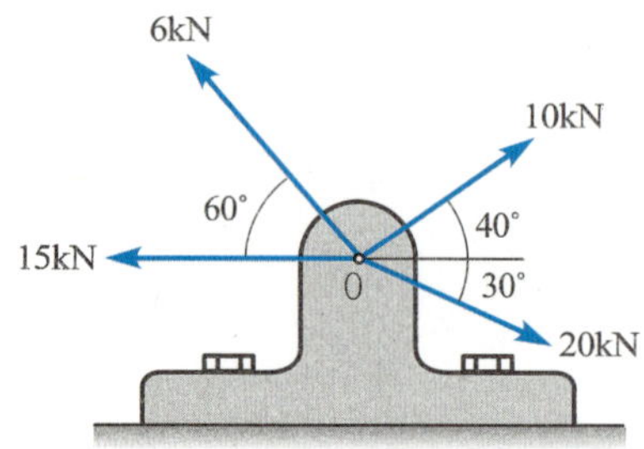

2.9 수직하중 20 kN로 인한 고정지점 A에 대한 모멘트를 구하여라.

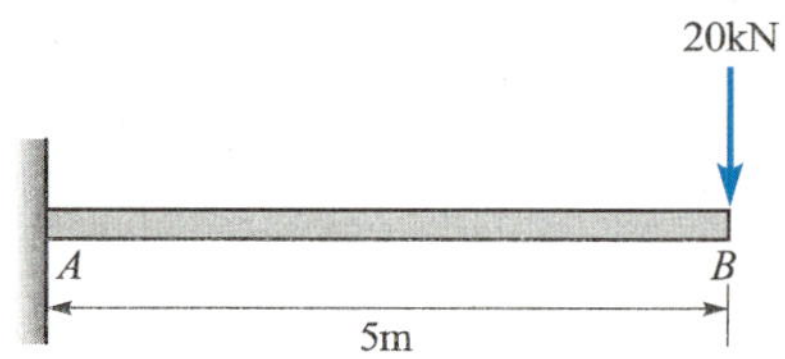

2.10 그림과 같은 구조물에서 고정지점 A에 대한 모멘트를 구하여라.

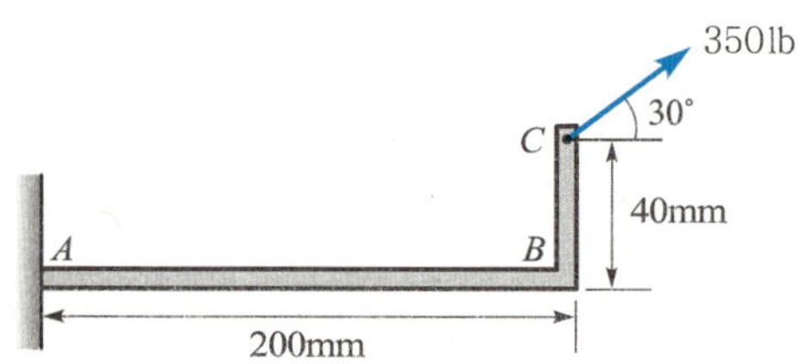

2.11 한 변이 0.1 m인 정사각형으로 구성된 평판의 점 A에 그림과 같이 20 kN의 힘이 작용한다. 점 B에 대한 모멘트를 구하여라.

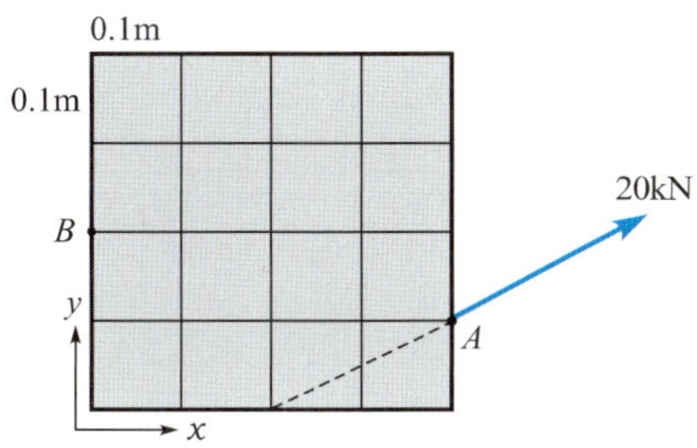

2.12 그림과 같은 구조물에서 400 lb의 힘에 의한 점 O에 대한 모멘트를 구하여라.

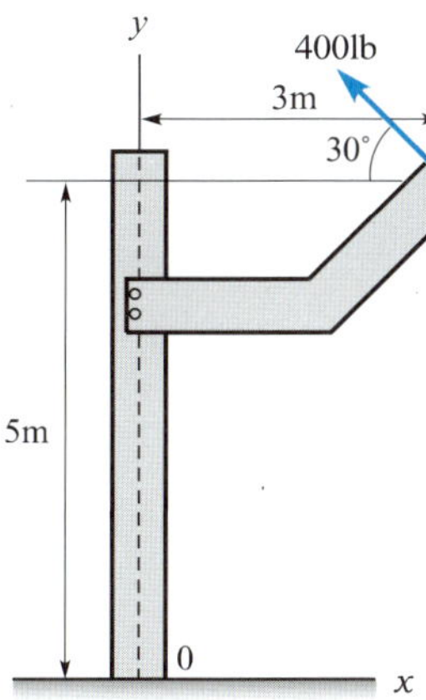

2.13 그림과 같은 100 kN의 힘에 대하여 점 O와 점 B에 대한 모멘트를 각각 구하여라.

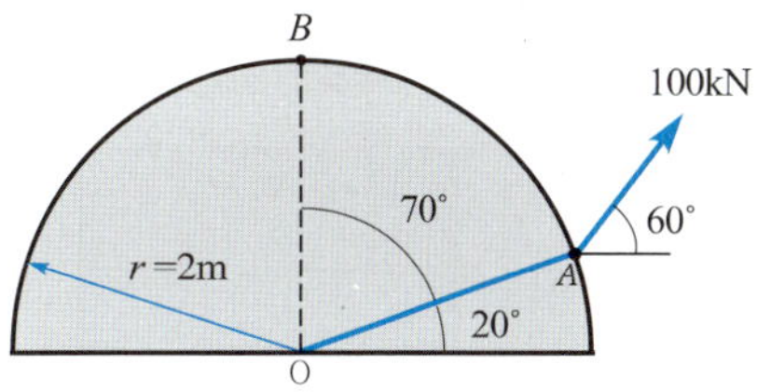

2.14 그림과 같은 우력의 모멘트를 구하고, 두 힘 사이의 수직거리를 구하여라.

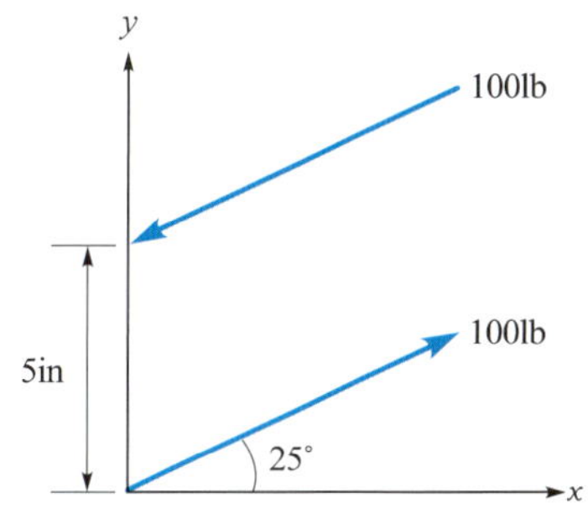

2.15 그림과 같은 사각판에 우력이 작용할 때, 모멘트를 구하고 두 힘 사이의 수직거리를 구하여라.

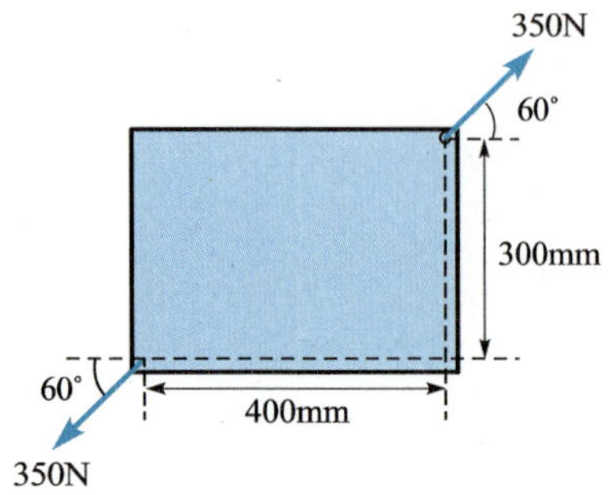

2.16 그림에 나타낸 세 힘을 점 B에서 등가인 힘-우력계로 대치하여라.

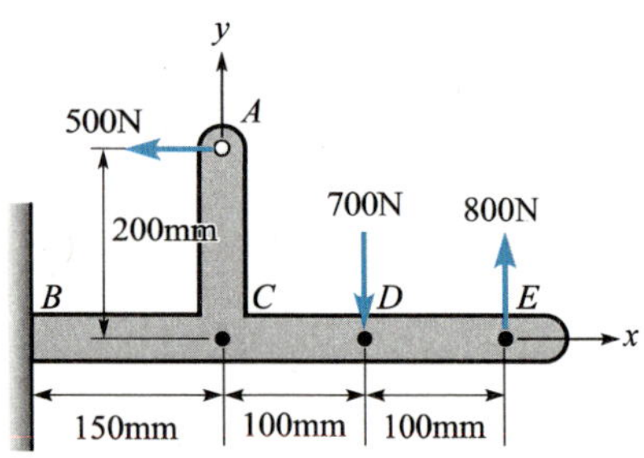

2.17 그림에 나타낸 보에 세 힘이 작용한다. 세 힘의 합력 R과 지지점 A에 대한 합력의 작용선의 위치를 구하여라.

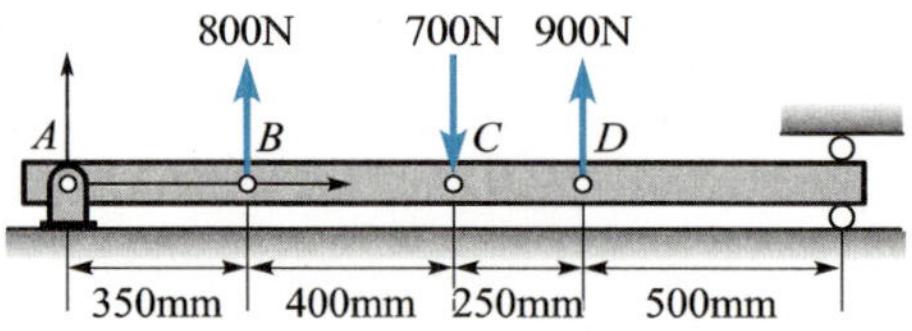

2.18 그림에 나타난 봉에 세 힘이 작용한다. 세 힘의 합력 R과 지지점 B에 대한 합력의 작용선의 위치를 구하여라.

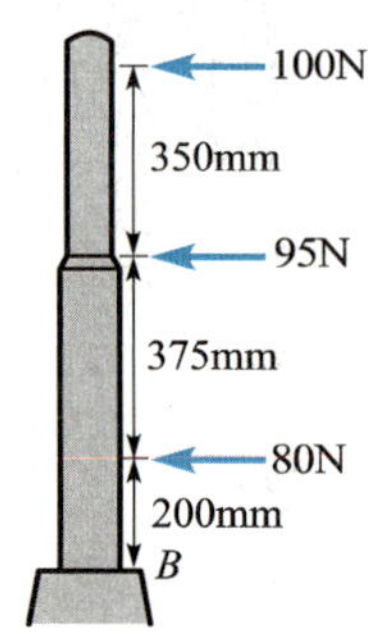

2.19 그림에 나타낸 평행력의 합력을 구하여라. 그리고 x, y평면과 합력의 작용선이 만나는 점의 위치를 구하여라.

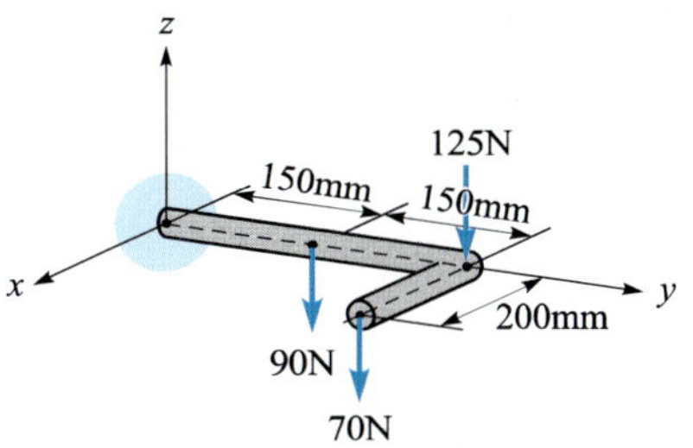

2.20 그림에 나타낸 막대의 점 A, B, C에 힘이 작용하고 있다. 이와 같은 역계를 점 O를 통과하는 힘 R과 우력 C로 대치하여라.

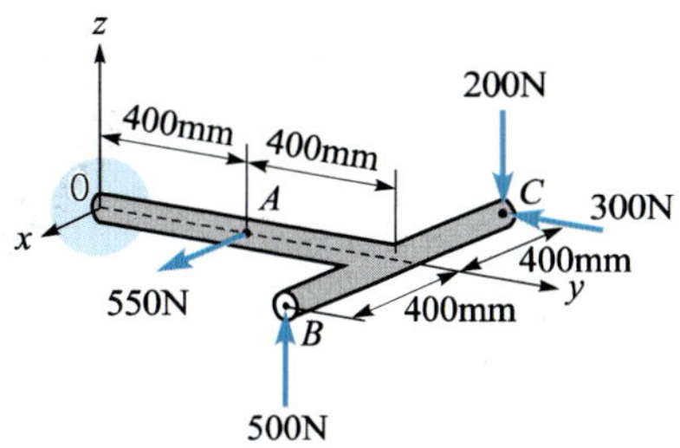

학습목표

- 평형조건 작성법을 이해한다.
- 자유물체도 개념을 이해한다.
- 평형조건식을 사용하여 평면력계의 평형 문제 풀이방법을 배운다.

3.1 개 요

3.2 평형조건

3.3 자유물체도

3.4 지점의 종류

3.5 평형조건식의 적용 : 2차원

STATICS

CHAPTER 03

평면력계의 평형

3.1 개 요

정역학의 주요 목적은 움직이지 않는 구조물에서의 힘의 분포상태를 파악하기 위한 것이다.

여기서 구조물이 움직이지 않는 상태란, 물체에 작용하는 힘의 합이 0(zero)일 때 가능하며, 이 경우 그 물체는 뉴톤의 운동 제1법칙에 따라 정지해 있거나 또는 등속 운동을 지속한다.

정역학에서는 정지해 있는 물체에 대해 다룬다.

3.2 평형조건

질점에 작용하는 힘의 합이 0(zero)이면 그 질점은 평형상태에 있다고 한다.

평형이란 일반적으로 정적 평형 즉, 질점이 움직이지 않는 상태에서의 평형을 말하며, 이 때 물체에 작용하는 힘들의 합은 아래의 식을 만족시킨다.

$$\mathbf{R} = \Sigma \mathbf{F} = 0 \tag{3-1}$$

식 (3-1)에서 $\Sigma\mathbf{F}$는 질점에 작용하는 모든 힘들의 벡터 합을 의미한다. 따라서 질점에 작용하는 모든 힘들의 합 $\mathbf{R}$이 0이면 그 질점은 평형상태에 있음으로, 식 (3-1)은 질점이 평형상태에 있기 위한 조건이 되며, 이를 평형조건이라 한다.

3.3 자유물체도

3.3.1 자유물체도의 정의

질점이 평형상태에 있는지를 알기 위해서는, 질점이 식 (3-1)의 평형조건을 만족시키는지를 검토하여야 한다. 따라서 질점에 작용하는 모든 힘을 질점에 표시하여 그 힘들의 합이 0이 되는지를 구해야 한다.

질점에 작용하는 모든 힘을 질점 위에 그린 그림을 자유물체도라 하며, 이를 정의하면 아래와 같다.

자유물체도(Free Body Diagram)
구조물의 일부 또는 전체를 구속조건으로부터 분리하여, 분리된 구조물에 작용하는 모든 힘(외력 : 작용력, 반력)을 표시한 그림

그림 3.1(a)에는 보 AB가 지점 B에 힌지로 연결되어 있고, A지점에 연결된 케이블 AD와 강봉 CE에 의해 지지되어 있으며, 이 구조물의 여러 가지 자유물체도가 그림 3.1(b), (c), (d)에 제시되어 있다. 그림 3.1(b)는 지점 B, D, E에서 분리된 전체 구조물의 자유물체도이며, 그림 3.1(c)는 지점 B, E와 케이블을 제외하고 그린 자유물체도이다. 그림 3.1(d)는 특히 강봉만의 자유물체도로, 강봉이 주관심대상인 경우 사용할 수 있다.

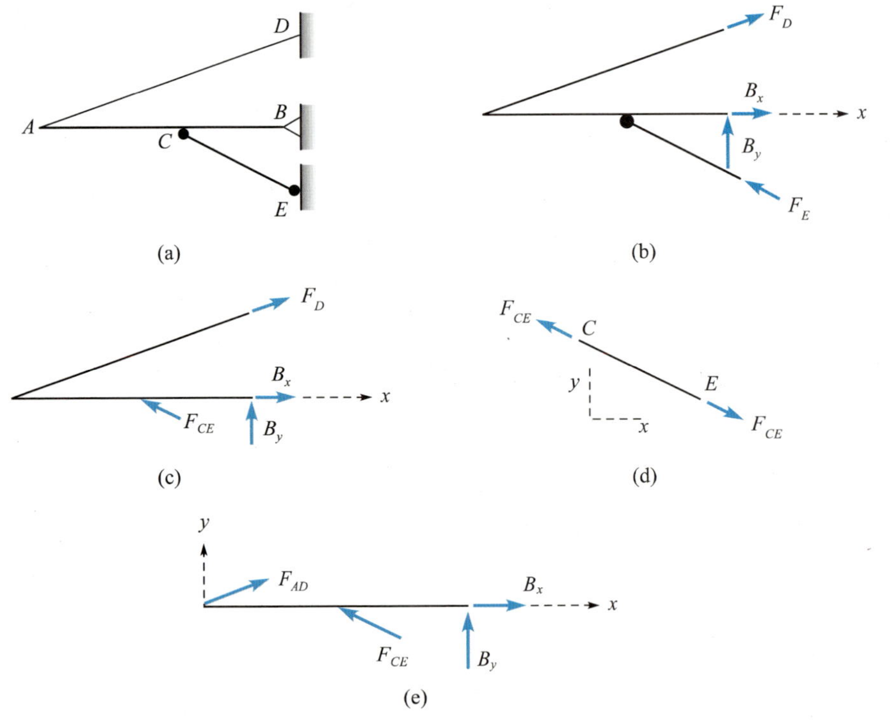

그림 3.1

이와 같이 한 구조물의 자유물체도는 하나가 아니며 우리가 어느 부분을 관찰하는가에 따라 여러 개의 자유물체도의 작성이 가능하다.

그림 3.1(e)는 수평부재 AB만을 분리하여 그린 자유물체도로 특히 수평부재의 역학적 거동을 알고 싶은 경우, 사용할 수 있다. 이 자유물체도에서는 수평부재와 연결된 부재들은 수평부재에 대해 수평부재를 지지하기 위한 구속조건으로 취급된다. 따라서 케이블과 수평부재를 연결하는 점인 A점과, 수평부재와 강봉을 연결하는 점인 B점은 수평부재에 대해 지점으로 생각할 수 있다.

케이블과의 연결점인 A점은 케이블이 인장에 대해서만 저항함으로, 반력을 케이블의 인장방향으로 가정하고, 강봉과의 연결점인 C점은 힌지이므로 회전에 대한 저항은 없고, E점도 힌지이므로 강봉의 축방향으로만 반력이 발생한다.

3.3.2 자유물체도 그리는 순서

자유물체도의 정의에 따라 자유물체도를 그리는 단계를 아래와 같이 구분할 수 있다.

- 단계 1 : 구조물과 외력의 방향을 적절히 표현할 수 있는 좌표계를 도입한다.
- 단계 2 : 자유물체도를 그리고자 하는 부분을 결정하고, 그 부분에 작용하는 작용력과, 그 부분을 평형으로 유지하기 위한 반력의 종류를 결정한다.
- 단계 3 : 작용하는 모든 외력(작용력, 반력)을 표시한다.

반력은 미지의 값으로, 반력의 종류는 지점의 종류에 따라 결정되며, 작용방향은 좌표축의 + 방향으로 가정하거나, 물리적으로 타당한 방향으로 가정하는 것이 좋다.

1) 힘이란?

힘은 외력과 내력으로 구분되며, 구조물의 외부에 위치하는 힘인 외력은 작용력과 반력으로 나뉜다. 내력은 구조물을 구성하고 있는 부재의 내부에 존재해, 부재의 변형에 저항하는 힘으로, 부재력이라고도 하며, 축력, 전단력, 휨력(모멘트, 모멘트력) 등이 있다.

2) 적절한 좌표계란?

좌표계를 도입하는 경우, 그림 3.2(a)와 (b)에서처럼 가능한 한 음(−)의 좌표가 생기지 않도록 좌표축을 결정하는 것이 사용에 용이하다. 그러나 그림 3.2(c)와 같이 대칭구조의 경우, 대칭축 상에 좌표원점을 정의해도 좋다.

3) 물리적으로 타당한 방향이란?

예를 들어 케이블의 경우, 케이블은 인장력만 받을 수 있음으로 케이블의 인장방향이 케이블에 발생하는 힘을 표시하기 위한, 물리적으로 타당한 방향이 된다.

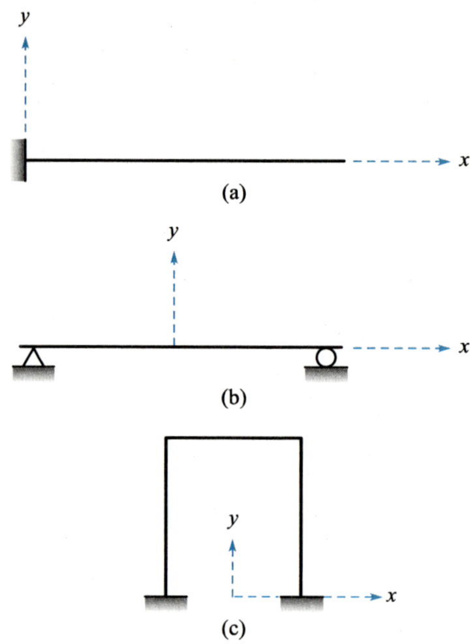

그림 3.2

3.4 지점의 종류

3.4.1 지점이란?

구조물의 지점이란 구조물의 운동을 제한하기 위하여 구조물에 연결된 장치이다. 예를 들어 경사면에 서있는 자동차가 아래로 굴러 내려가는 것을 막기 위해 자동차 바퀴에 돌을 고여 놓아 자동차의 움직이는 것을 막는 경우, 돌이 자동차의 이동을 막는 지점으로 작용한다.

3.4.2 지점 종류

일반적으로 자주 사용되는 지점으로는 롤러지점, 힌지지점, 고정지점이 있다.

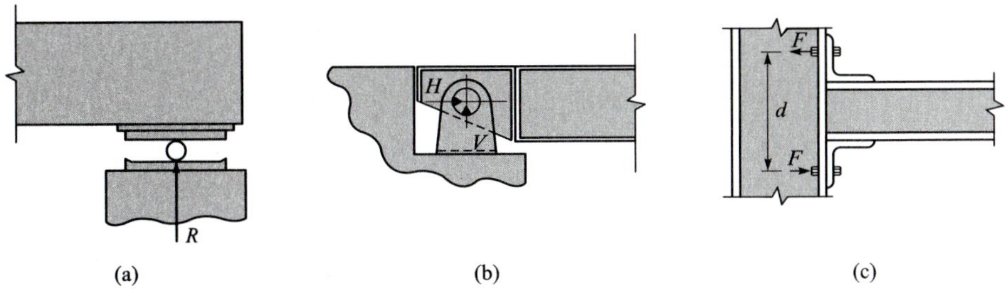

그림 3.3

그림 3.3(a)에 나타낸 롤러지점의 경우, 구조물의 수직움직임만을 구속하며, 그림 3.3(b)의 힌지지점은 지점에서 구조물의 수평 및 수직 움직임을 구속한다. 그림 3.3(c)는 고정지점으로, 지점의 모든 움직임을 구속하는 지점으로, 수평 및 수직 반력과 함께 아래, 위 볼트의 수평력에 의해 회전운동을 억제하기 위한 반력을 만들어낸다.

예제 3.1

그림 예 3.1(1)에 나타낸 단순보의 자유물체도를 그려라.

> 자유물체도의 정의를 기억하라!

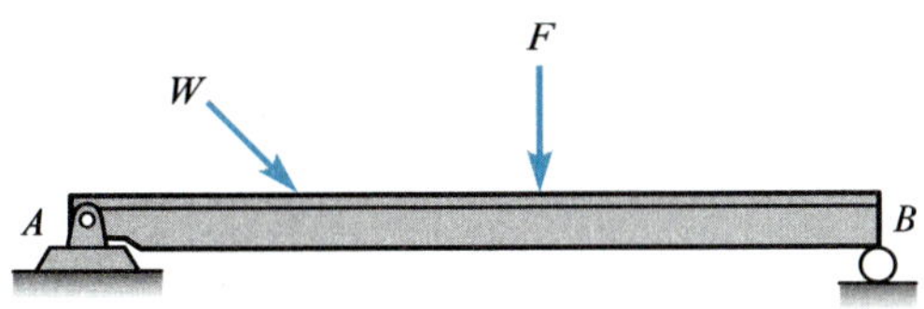

그림 예 3.1(1)

> 단순보에 작용하는 수직하중 **F** 와 경사하중 **W**가 좌측의 힌지지점에 수평 및 수직 반력을, 오른 쪽 롤러지점에서는 수직반력을 만들어낸다.

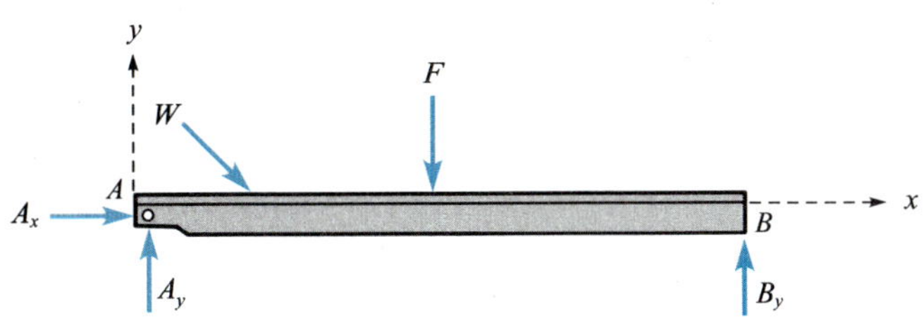

그림 예 3.1(2)

> 좌표축을 적절히 결정하여 반력의 방향을 좌표의 + 방향으로 가정한다.

보를 선으로 그릴 수 있는 정확한 이유는 보의 역학적 거동을 표현하기 위해 어떤 가정을 사용하는가에 달려있다.

정역학에서는 구조물을 강체로 가정함으로, 그림 예 3.1(2)의 자유물체도에서 보를 간단히 선으로 그림 예 3.1(3)에서와 같이 나타내어도 된다.

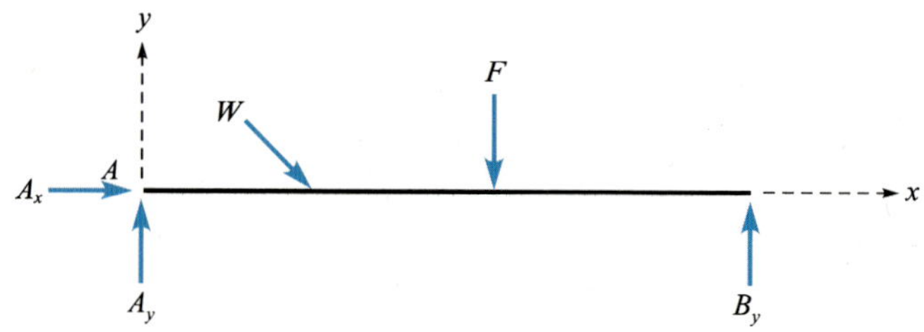

그림 예 3.1(3)

예제 3.2

이 예제에서는 부재의 질량이 주어졌음으로, 부재의 자중을 고려하여야 한다.

그림 예 3.2(1)에 나타낸 캔틸레버 보의 자유물체도를 그려라. 보의 질량은 150 kg이다. 보의 단면은 균일하다.

그림 예 3.2(1)은 보가 고정지점으로 벽에 연결된 구조물로, 캔틸레버라고도 부른다.

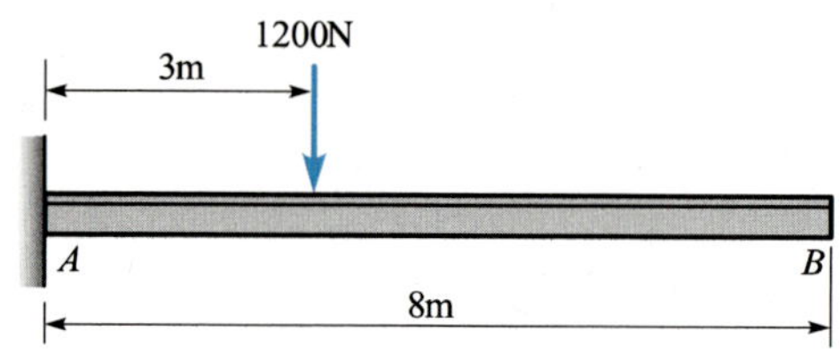

그림 예 3.2(1)

부재의 자체 무게(자중)를 구한다.

- 부재의 자중 계산

  자중 $F = 150\ \text{kg} \times 9.81\ \text{m/sec}^2 = 1472\ \text{N}$

  분포하중 $W = 1472/8 = 184\ \text{N/m}$

- 자유물체도 작성

  자유물체도 1

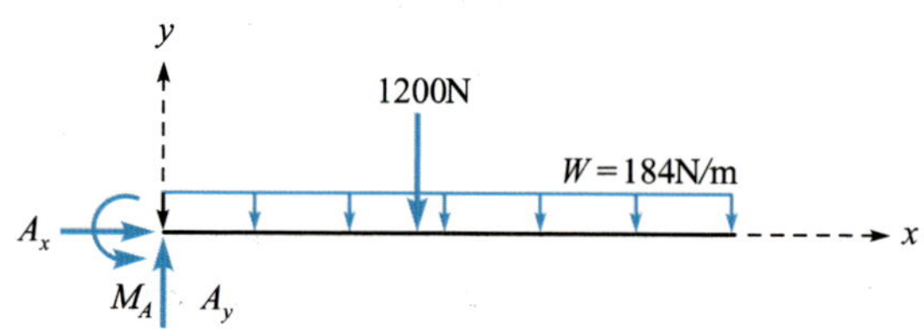

그림 예 3.2(2)

자유물체도 2

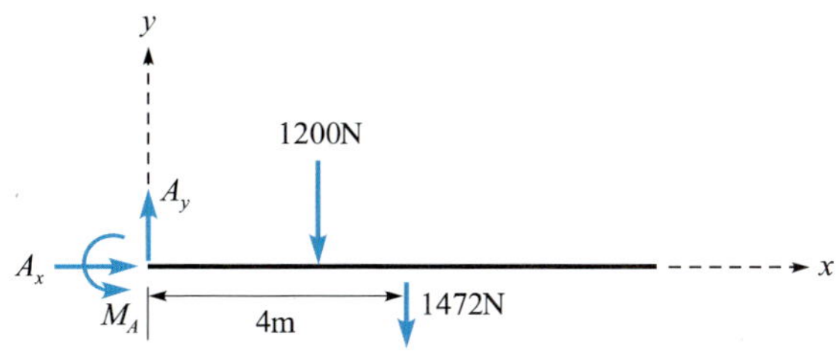

그림 예 3.2(3)

보의 길이방향으로 균등하게 분포되어 작용하는 자중을 보의 중심에 작용하는 집중력으로 표현할 수 있다.

생각하기!!

왼쪽의 고정지점에서는 구조물의 모든 움직임, 즉 수평운동, 수직운동, 회전운동을 구속하며, 이에 따라 고정지점에서는 수평반력, 수직반력, 회전반력(모멘트)이 발생한다.

예제 3.3

그림 예 3.3(1)에 나타낸 끝단에 100 kg중의 물체가 매달려 있는 균일 단면인 내민보의 자유물체도를 그려라. 보의 자중은 5 kgf/m이다.

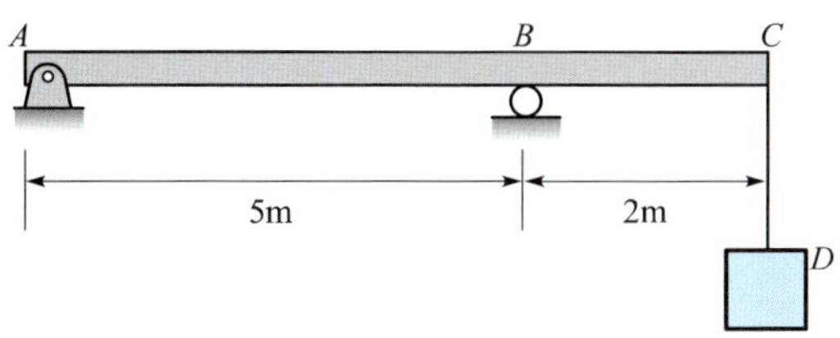

그림 예 3.3(1)

먼저 어느 부분을 지유물체도로 그릴 것인지 결정하여야 한다.

(a) 전체 구조물의 자유물체도

보의 자중 : $W = (5\ \text{kg/m})(7\ \text{m})(9.81\ \text{m/sec}^2) = 343\ \text{N}$

물체의 무게 : $M = (100\ \text{kg})(9.81\ \text{m/sec}^2) = 981\ \text{N}$

보의 무게가 길이당의 무게로 주어져 있음으로, 전체 무게를 구해 보의 중심에 작용하는 하중으로 취급한다.

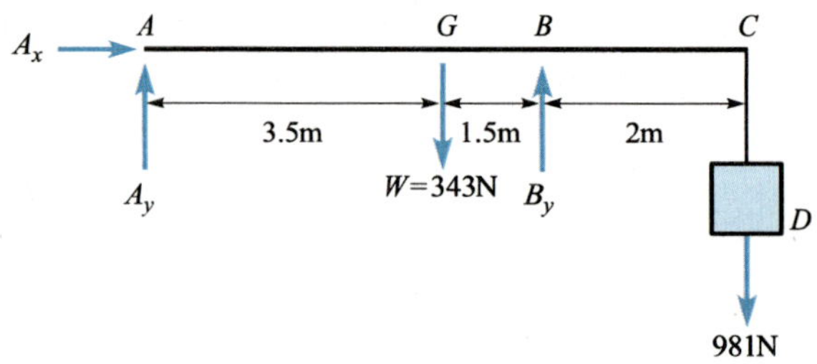

그림 예 3.3(2)

(b) 보와 질량을 분리한 자유물체도

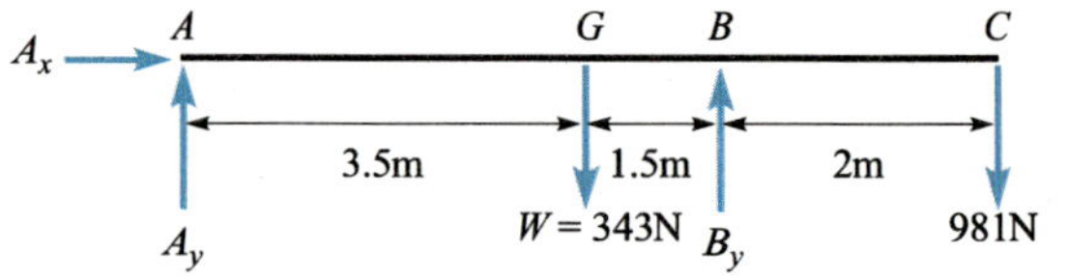

그림 예 3.3(3)

매달려 있는 물체를 자유물체도에 포함시키지 않기 위해, 케이블을 절단하여 케이블을 통해 빔에 작용하는 힘을 빔의 외력으로 취급한다.

생각하기!!

케이블을 통해 보에 작용하는 힘을 인장력으로 가정하여 표시하는 것이 물리적으로 타당한 방향이다.

예제 3.4

그림 예 3.4(1)에 나타낸 보의 자유물체도를 아래의 두 가지 조건에 대해 작성하여라.

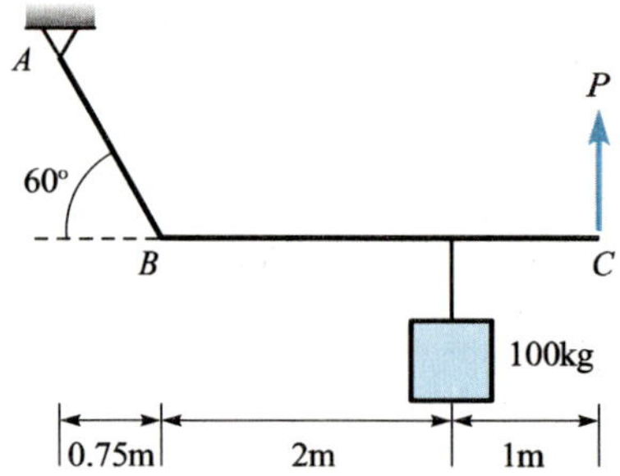

그림 예3.4(1)

(a) 보의 자중을 무시하라.

(b) 보의 질량이 10 kg/m일 때, 자중을 고려하여 자유물체도를 작성하라.

(a) 보의 자중을 무시한 경우

질량의 무게 : $W = (100\ \text{kg})(9.81\ \text{m/sec}^2) = 981\ \text{N}$

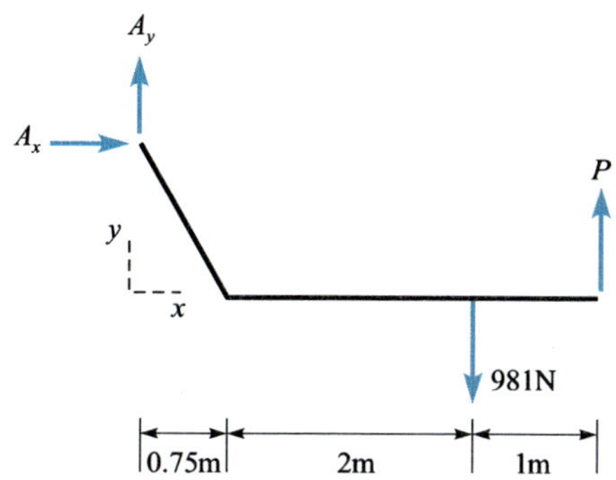

그림 예 3.4(2)

보에 작용하는 외력으로는 ①작용력인 힘 P, ② 질점의 무게, ③지점 A에서의 반력이 있다.

(b-1) 보의 자중을 두 부분으로 나누어 고려

경사부재 무게 : 길이 $0.75\ \text{m}/\cos 60^\circ = 1.5\ \text{m}$

$$W_{AB} = (10\ \text{kg/m})(1.5\ \text{m})(9.81\ \text{m/sec}^2) = 147\ \text{N}$$

수평부재 무게 : $W_{BC} = (10\ \text{kg/m})(3\ \text{m})(9.81\ \text{m/sec}^2) = 294\ \text{N}$

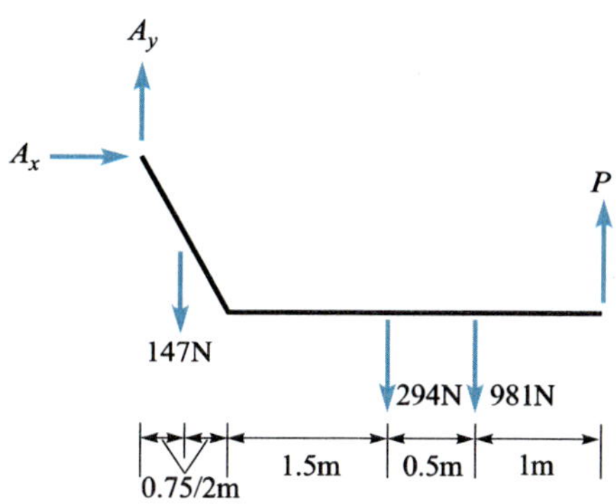

그림 예 3.4(3)

보에 작용하는 외력으로는 ① 작용력인 힘 P, ② 질점의 무게, ③ 지점 A에서의 반력과 함께 ④보의 자중이 있다.

그림 예 3.4(3)에서 베리그농의 정리에 의해 보의 자중을 하나의 힘으로 표시할 수 있다.

(b-2) 보의 자중을 하나로 고려

보 전체 무게 : $W = W_{AB} + W_{BC} = 147\ \text{N} + 294\ \text{N} = 441\ \text{N}$

보 전체 무게의 작용점 결정 : $441\bar{x} = 147(0.75/2) + 294(0.75 + 1.5)$

$\bar{x} = 1.6\ \text{m}$

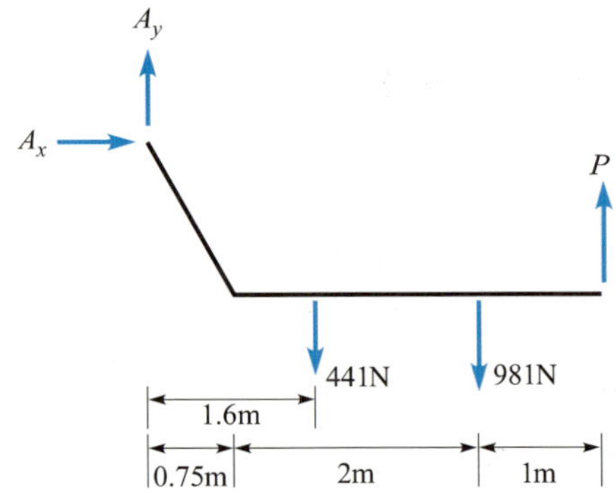

그림 예 3.4(4)

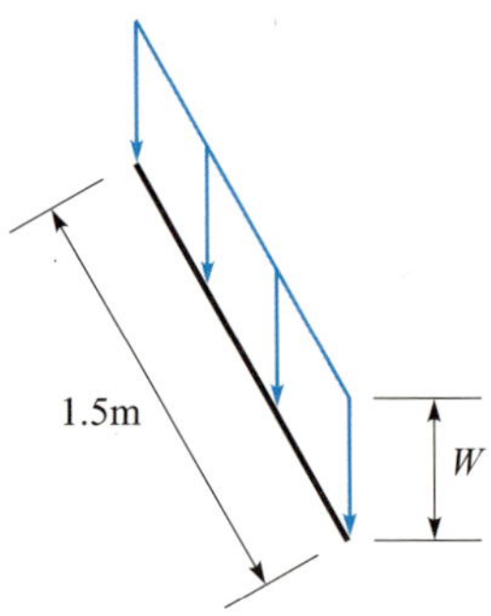

그림 예 3.4(5)

생각하기!!

경사부재 AB의 자중을 등분포하중으로 그림 예 3.4(5)와 같이 표현할 수 있다.

$W=(10\ \mathrm{kg/m})(9.81\ \mathrm{m/sec^2})=98.1\ \mathrm{N/m}$

베리그농의 정리

한 물체에 여러 개의 힘이 작용할 때, 그 힘들이 한 점에 대해 만드는 모멘트의 합은 그 힘들의 합력이 그 점에 대해 만드는 모멘트의 크기와 같다.

3.5 평형조건식의 적용 : 2차원

엄밀히 말하면 구조물 뿐 아니라, 구조물에 작용하는 하중의 분포상태와 작용방법 등은 모두 3차원적인 특성을 갖는다. 그러나 구조물이나 하중의 3차원적인 효과를 무시할 수 있는 경우에는 2차원 문제로 취급하여도 된다.

3.5.1 2차원에서의 평형조건식

$x-y$ 직각 좌표면으로 정의된 평면상에 위치하는 구조물의 2차원 운동은 x, y방향으로의 두 개의 병진운동과 $x-y$면에 직각 축인 z축 주위로의 회전운동으로 표현되며, 구조물에 작용하는 힘들 역시 x방향 및 y방향의 병진력과 z축 주위로의

회전력으로 표현된다.

따라서 구조물이 평형상태에 있기 위하여는 x 및 y방향으로의 병진력의 합이 각각 0이고 z축 주위로의 회전력의 합이 0이 되어야 하며, 이를 2차원에서의 평형조건이라 한다.

위에서 언급한 평형조건을 식으로 나타내면 식 (3-2)와 같으며, 이를 평형조건식이라 한다.

여기서 회전력의 합인 $\sum M_z = 0$의 식은 임의의 점에 대해 모두 성립되어야 한다.

2차원 평형조건식

병진력의 합 $\sum F_x = 0, \ \sum F_y = 0$ (3-2a)

회전력의 합 $\sum M_z = 0$ (3-2b)

3.5.2 2차원 평형의 종류

힘이 동일평면 상에 분포되어 있는 경우, 평형조건식의 적용을 연습하기 위해 그림 3.4와 같은 경우들에 대해 생각해 보기로 하자.

경우 1에서는 병진력만 존재하며 이 병진력들이 모두 동일 작용선상에 위치하는 경우로, 이 힘들은 회전력을 만들어 내지 않음으로, 힘들의 작용선을 x-좌표로 할 때, $\sum F_x = 0$식만 만족시키면 평형이 된다.

경우 2에서는 병진력만 존재하며 이 병진력들이 모두 동일한 점에 작용하는 경우로, 이러한 힘들을 절점력이라 한다.

이 힘들은 경우 1에서와 같이 회전력을 만들어 내지 않으므로, 병진력에 의한 평형조건인 $\sum F_x = 0, \ \sum F_y = 0$만 만족시키면 평형이 된다.

경우 1 : 동일 작용선 상의 병진력

평형조건식 : 병진력의 합 $\sum F_x = 0$

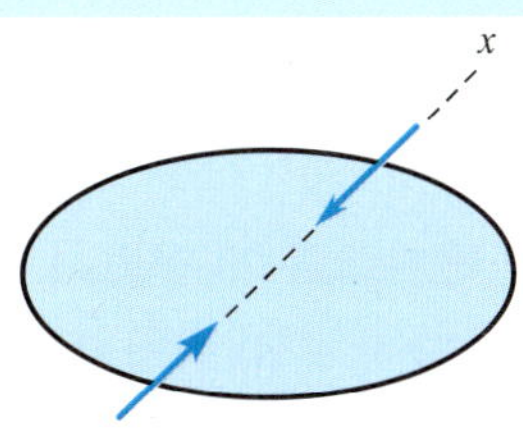

그림 3.4(a)

경우 2 : 한점에 작용하는 병진력

평형조건식 : $\Sigma F_x = 0$, $\Sigma F_y = 0$

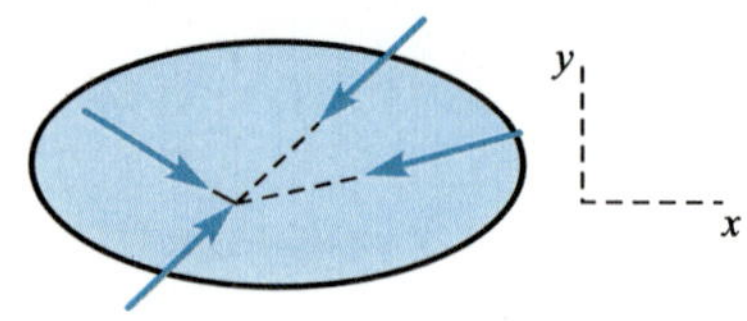

그림 3.4(b)

경우 3에서는 병진력들이 서로 평행인 경우로, 힘의 작용 방향을 x-좌표로 할 때, 힘 방향의 평형조건식인 $\Sigma F_x = 0$와 회전력 $\Sigma M_z = 0$을 만족시켜야 한다.

경우 4는 회전력만 작용하는 경우로, 회전력의 합 $\Sigma M_z = 0$만 만족시키면 된다.

경우 3 : 평행 병진력

평형조건식 : $\Sigma F_x = 0$, $\Sigma M_z = 0$

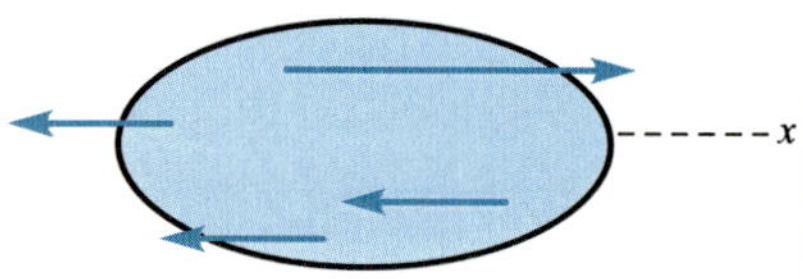

그림 3.4(c)

경우 4 : 회전력만 있는 경우

평형조건식 : $\Sigma M_z = 0$

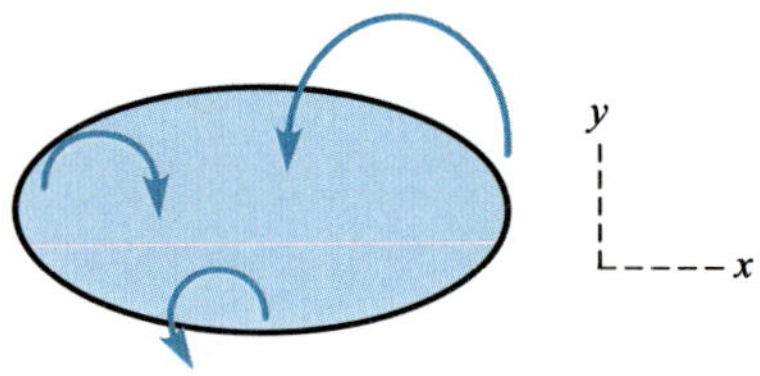

그림 3.4(d)

경우 5는 병진력과 회전력이 임의의 방향으로 작용하는 경우로, 병진력의 합 $\Sigma F_x = 0$, $\Sigma F_y = 0$와 회전력의 합 $\Sigma M_z = 0$를 모두 만족시켜야 한다.

경우 5 : 병진력과 회전력이 모두 있는 일반적인 힘

평형조건식 :

$\Sigma F_x = 0$

$\Sigma F_y = 0,\ \Sigma M_z = 0$

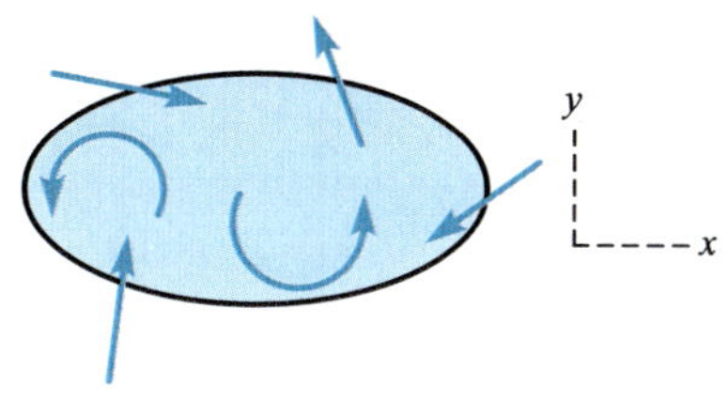

그림 3.4(e)

생각하기!!

경우 1에서 x, y좌표축을 작용하는 힘과 평행하지 않게 정의하면, 각 힘들의 x방향 분력과 y방향 분력의 합들이 각각 0이어야 한다.

$$\Sigma F_x = 0,\ \Sigma F_y = 0$$

예제 3.5

질량 100 kg의 블럭이 그림 예 3.5(1)과 같이 케이블로 C점과 D점의 도르래를 통해 A점에 연결되어 있다. B−C가 강봉인 경우, B점에서의 반력을 구하여라.

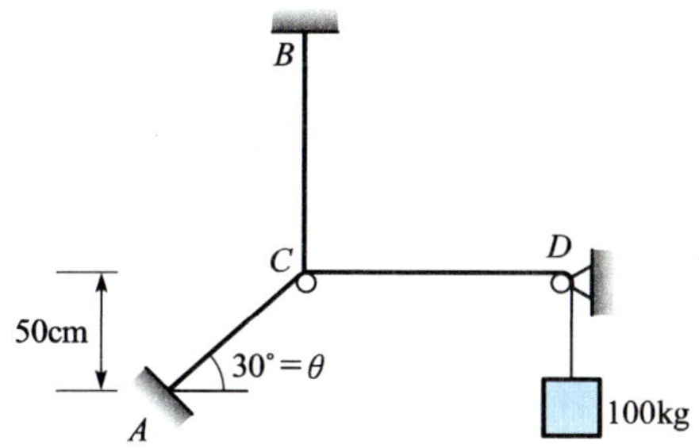

그림 예 3.5(1)

B점에서의 반력을 구하기 위한 가장 간단한 자유물체도는 C점에서의 자유물체도이다.

평형이기 위해서는 점 C에 작용하는 힘들이 닫힌 삼각형이 되어야 함으로, 그림 예 3.8(2)를 그림 예 3.8(3)과 같이 힘의 삼각형으로 그려 sin 법칙을 적용하면 계산이 간단해진다.

• C점에서의 자유물체도 :

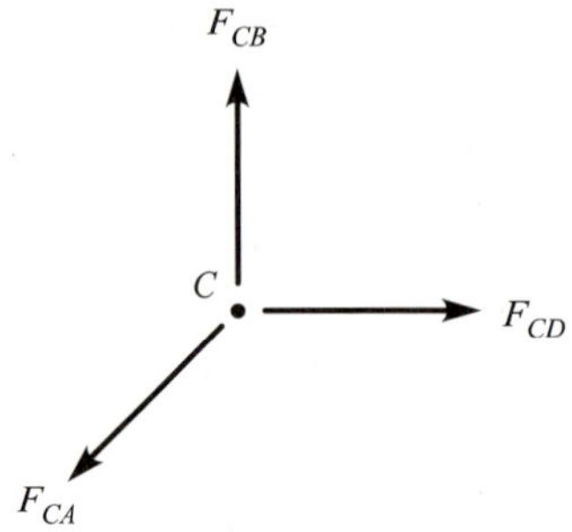

그림 예 3.5(2)

• 힘의 삼각형 :

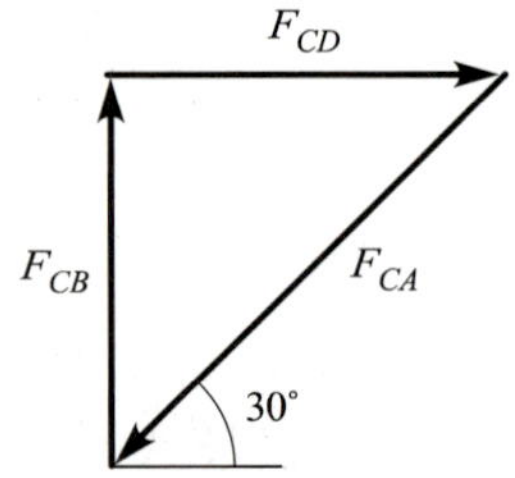

그림 예 3.5(3)

$$\frac{F_{CD}}{\sin 60^\circ} = \frac{F_{CB}}{\sin 30^\circ}$$

$$R_B = F_{CB} = F_{CD}\frac{\sin 30^\circ}{\sin 60^\circ} = 566.4\ \text{N}$$

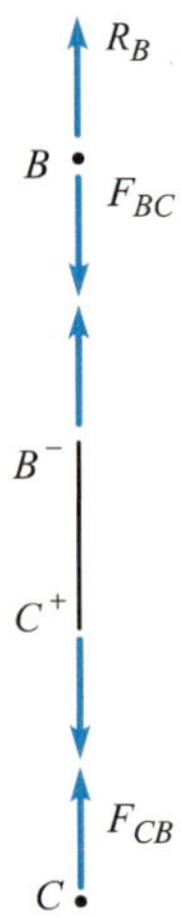

그림 ①

생각하기!!

$R_B = F_{CB}$인 이유?

그림 ①에서 B^-는 점 B를 바로 못 미친 점이며, C^+는 점 C를 바로 지난 점을 의미한다. 따라서 점 C와 점 C^+를 연결하면, 평형이 되어야 함으로, 점 C에서 상향으로 작용하는 힘은 점 C^+에서는 하향으로 작용하여야 한다.

점 B^-에서는 C^+-B^-에 구간에서도 평형이 성립하여야 함으로, 점 C^+에서 하향으로 작용하는 힘으로 인해 점 B^-에서는 상향의 힘이 작용하여야 한다. 따라서 점 B에는 하향으로의 힘이 작용하며 점 B에서의 반력인 RB는 FCB와 같은 방향임을 알 수 있다.

또한 C점에서 나가는 방향으로 F_{CB}를 가정한 것이 부재 BC(그림①에 B^-C^+로 표시)에는 인장력을 만드는 것을 알 수 있으며, 이것은 B점에 대해서도 마찬가지이다. 부재력을 모르는 경우, 인장력으로 가정하기 위해서 꼭 이해하여야 하는 내용이다.

예제 3.6

예제 3.5의 그림 예 3.5(1)에서 B–C를 스프링 상수 10 kN/m의 스프링으로 교체한 경우, A점에서의 반력을 구하시오.

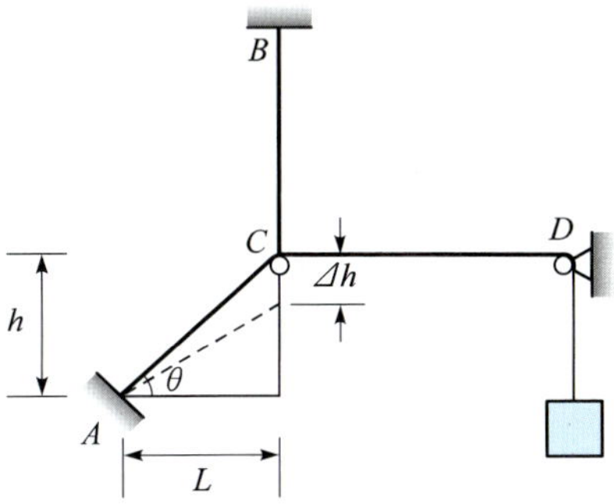

그림 예 3.6(1)

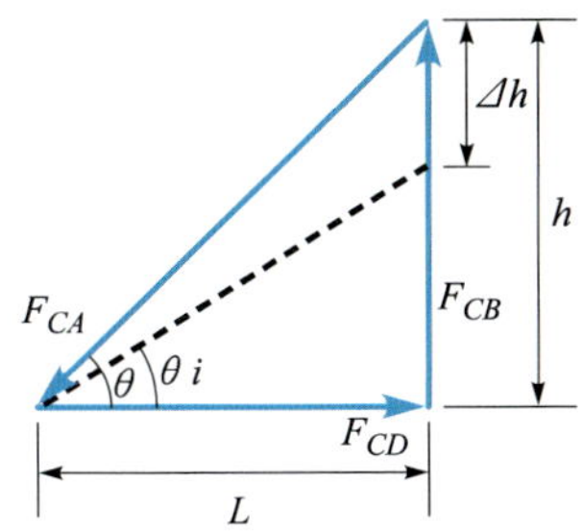

그림 예 3.6(2)

$L = h/\tan(\theta) = 86.6$ cm
스프링에 작용하는 힘 $F_{CB} = 566.4$ N(예제 3.5)

(a) 1st Iteration
 스프링이 늘어난 길이 : $\Delta h_1 = F_{CB}/\mathrm{k} = 566.4/100 = 5.7$ cm
 $h_1 = h - \Delta h_1 = 44.3$ cm
 $\theta_1 = \tan^{-1}(h_1/L) = 27.1°$
 $(F_{CA})_1 = F_{CD}/\cos(\theta_1) = 1{,}102$ N
 스프링에 작용하는 힘 $(F_{CB})_1 = (F_{CA})_1 \cdot \sin\theta_1 = 502.2$ N

(b) 2nd Iteration
 스프링이 늘어난 길이 : $\Delta h_2 = (F_{CB})_1/k = 5.0$ cm
 $h_2 = h - \Delta h_2 = 45.0$ cm
 $\theta_2 = \tan^{-1}(h_2/L) = 27.4°$
 $(F_{CA})_2 = F_{CD}/\cos(\theta_2) = 1{,}106.354$ N
 스프링에 작용하는 힘 $(F_{CB})_2 = (F_{CA})_2 \cdot \sin\theta_2 = 508.5$ N

(c) 3rd Iteration
 스프링이 늘어난 길이 : $\Delta h_3 = (F_{CB})_2/k = 5.1$ cm
 $h_3 = h - \Delta h_3 = 44.9$ cm
 $\theta_3 = \tan^{-1}(h_3/L) = 27.4°$
 $(F_{CA})_3 = F_{CD}/\cos(\theta_3) = 1{,}105.019$ N
 스프링에 작용하는 힘 $(F_{CB})_3 = (F_{CA})_3 \cdot \sin\theta_3 = 508.52$ N

(d) Iteration의 계속 필요 여부 판단 :
 $[(F_{CA})_2 - (F_{CA})_3]/(F_{CA})_3 = 0.12\%$

문제의 핵심 : 스프링에 작용하는 힘에 의해 스프링의 길이가 변함으로, C점은 Δh 만큼 아래로 내려온다. 따라서 각 요소에 작용하는 힘의 크기도 변한다.

스프링력에 의한 스프링 길이 변화 Δh를 구한다.

그림 예 3.6(2)는 그림 예 3.5(3)과 동일한 힘의 삼각형이다.

스프링 상수의 단위 변환 :
$k = 10\mathrm{kN/m}$
$= 10 \cdot 10^3 \cdot 10^{-2}\mathrm{N/cm}$
$= 100\mathrm{N/cm}$

앞 결과와의 차이가 0.03%이므로 더 이상의 정확한 계산은 필요 없다.

예제 3.7

부재의 양끝이 힌지로 되어 있고 부재 끝(절점)에만 힘이 작용하는 경우, 그 부재에는 축력만이 작용한다. 이를 이력부재라 하며, 이유에 대해서는 5장에서 배운다.

그림 예 3.7(1)과 같이 링크 BD가 연결된 구조에 $P = 100$ kN의 힘이 작용할 때, 링크의 축방향력과 지점 A에서의 반력을 구하여라.

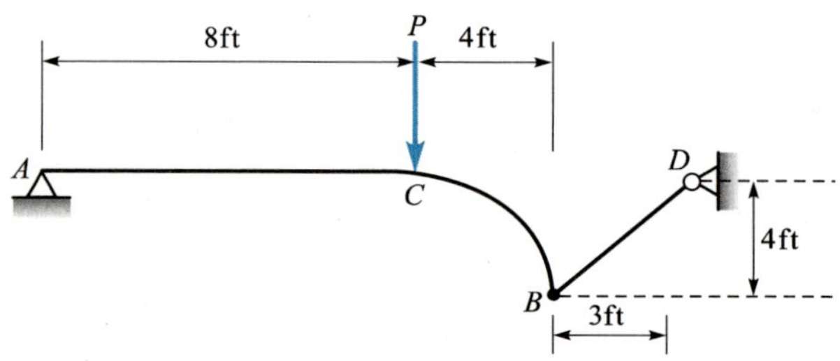

그림 예 3.7(1)

그림 예 3.7(2)의 자유물체도를 보면, F_{BD}는 부재 BD가 이력부재이므로, 부재력 F_{BD}의 방향은 부재 BD의 방향이다. 그러므로 P와 F_{BD}가 만나는 점 O를 모멘트 중심으로 하는 평형식인 $\Sigma M_o = 0$을 만족시키기 위해서는 R_A도 점 O를 통과하여야 한다. 따라서 세 개의 힘 P, F_{BD}, R_A는 그림 예 3.7(4)와 같이 닫힌 삼각형이 되어야 한다.

1) 도해법(힘의 삼각형을 이용)

- 자유물체도

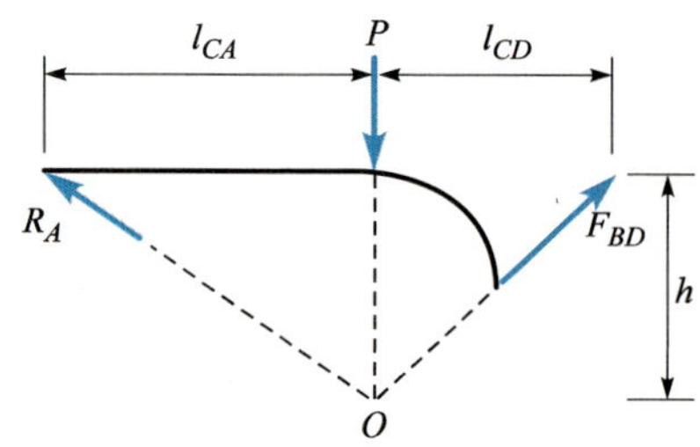

그림 예 3.7(2)

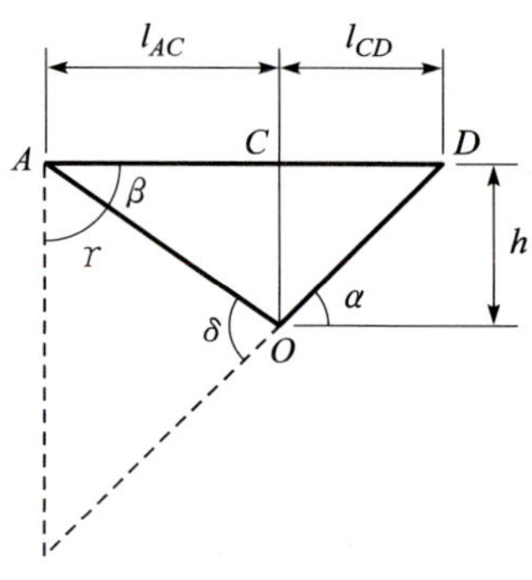

그림 예 3.7(3)

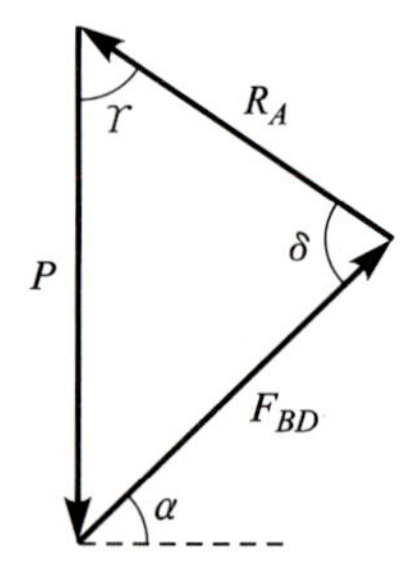

그림 예 3.7(4)

① 각도 산정 :

$$\alpha = \tan^{-1}\left(\frac{4}{3}\right) = 53.1^\circ$$

$$l_{CD} = 7\text{ ft}$$

$$h = l_{CD}\tan\alpha = 9.3\text{ ft}$$

$$l_{OD} = \sqrt{h^2 + l_{CD}^2} = 11.7\text{ ft}$$

$$l_{OA} = \sqrt{8^2 + h^2} = 12.3\text{ ft}$$

$$\frac{l_{OD}}{\sin\beta} = \frac{l_{OA}}{\sin\alpha} \rightarrow \beta = 49.4^\circ$$

$$\gamma = 90^\circ - \beta = 40.6^\circ$$

$$\delta = 180 - \gamma - (90 - \alpha) = 102.5^\circ$$

α, l_{OD}, l_{OA}, β, γ, δ 등의 값을 기하학적 또는 사인법칙을 이용하여 구할 수 있다.

② 반력 산정

$$\frac{F_{BD}}{\sin\gamma} = \frac{P}{\sin\delta} \rightarrow F_{BD} = 66.7\text{ kN}$$

$$\frac{R_A}{\sin(90^\circ - \alpha)} = \frac{P}{\sin\delta} \rightarrow R_A = 61.5\text{ kN}$$

2) 평형조건식을 이용하는 풀이 방법

- 자유물체도

계산을 쉽게 하기 위해, 링크의 축방향력 F_{BD}과 지점반력 R_A를 수직과 수평방향 성분으로 나타낸다.

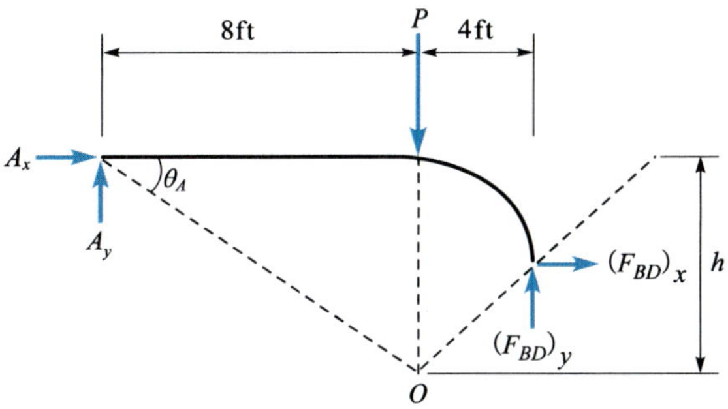

그림 예 3.7(5)

$P = 100\text{kN}$을 대입하여 $(F_{BD})_x$를 구한다.

- 평형조건식 적용 :

$$\Sigma M_A = -P(8') + (F_{BD})_x(4') + (F_{BD})_y(8' + 4') = 0\ (+) \qquad ①$$

$$(F_{BD})_y = \frac{4}{3}(F_{BD})_x \qquad ②$$

②를 ①에 대입 :

$$-P(8') + (F_{BD})_x(4') + (F_{BD})_x(4/3)(8' + 4') = 0$$

$$(F_{BD})_x = 40.0,\ (F_{BD})_y = 53.3 \rightarrow F_{BD} = 66.7$$

$$\Sigma F_x = (F_{BD})_x + A_x = 0 \rightarrow A_x = -40.0\text{ kN}$$

$$\Sigma F_y = -P + (F_{BD})_y + A_y = 0 \rightarrow A_y = 46.7\text{ kN}$$

A_x의 부호가 -인 것은, A_x가 가정한 방향과 반대로 작용하는 것을 의미한다.

$$R_A = \sqrt{(A_x^2 + A_y^2)} = 61.5\text{ kN} \qquad \theta_A = \tan^{-1}\left(\frac{A_y}{A_x}\right) = 49.4^\circ$$

R_A의 방향에 대해 생각해 보라.

예제 3.8

그림 예 3.8(1)의 교통표지판의 지점에 발생하는 반력을 구하시오. 기둥과 빔의 무게는 50 kg중/m이며, 표지판의 무게는 200 kg중이다.

> 여기에서는 무게를 kg으로 말하였으나, 무게도 힘이므로 무게의 정확한 단위는 힘(N, lb)의 단위이다.

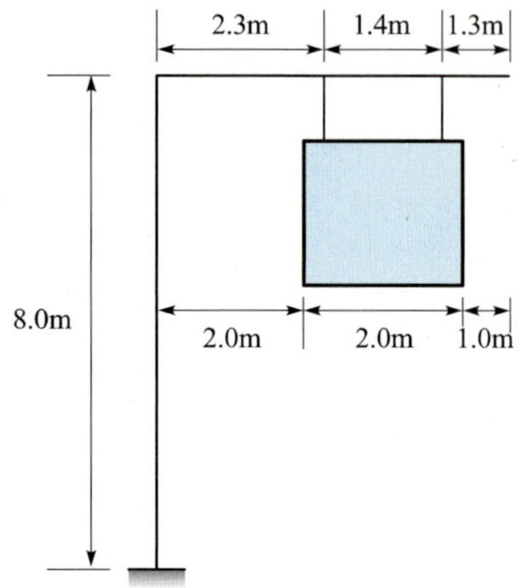

그림 예 3.8(1)

표지판을 제외한 자유물체도를 이용

> 그림 예 3.8(2)와 같이 표지판을 제외한 자유물체도를 이용하는 것이 좋다.

> 작용하는 힘들을 적절히 표현한다.
> F_P : 판의 무게
> F_B : 수평부재의 무게
> F_C : 수직부재의 무게

> 중요한 점들을 기호로 표시한다.
> A, B, C

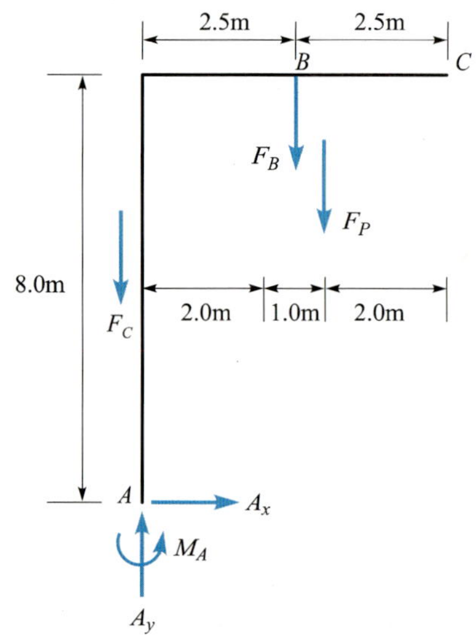

그림 예 3.8(2)

$F_B = (50\ \text{kg/m})(9.81\ \text{m/sec}^2)(5\ \text{m}) = 2{,}453\ \text{N}$

$F_C = (50\ \text{kg/m})(9.81\ \text{m/sec}^2)(8\ \text{m}) = 3{,}924\ \text{N}$

$F_P = (200\ \text{kg})(9.81\ \text{m/sec}^2) = 1{,}962\ \text{N}$

$\sum F_y = F_B + F_P + F_C - A_y = 0\,(+\!\!\downarrow)$

$A_y = 8{,}339\ \text{N}$

$\sum M_A = F_B(2.5) + F_P(3.0) - M_A = 0\ (\circlearrowright\!+)$

$M_A = 12{,}017\ \text{N}\cdot\text{m}$

$\sum F_x = A_x = 0$

[검산]

$\sum M_C = F_B(2.5) + F_P(2.0) + F_C(5) - A_y(5) + M_A = 0\ (\circlearrowright\!+)$

$(2{,}453)(2.5) + (1{,}962)(2.0) + (3{,}924)(5) - (8{,}339)(5) + 12{,}017 = 0$

검산을 위해 다른 점에서의 모멘트 합이 0이 되는지를 체크한다.

예제 3.9

그림 예 3.9(1)처럼 절점 A에서 힌지로 연결된 두 개의 봉 AB와 AC가 1000 lb의 수평력과 1500 lb의 수직력을 받고 있다. 이 두 봉은 각각 회전지점 B와 C에서 벽에 연결되어 있다. 지점 B와 C에서의 반력을 구하여라.

부재 AB와 AC는 이력부재이다.

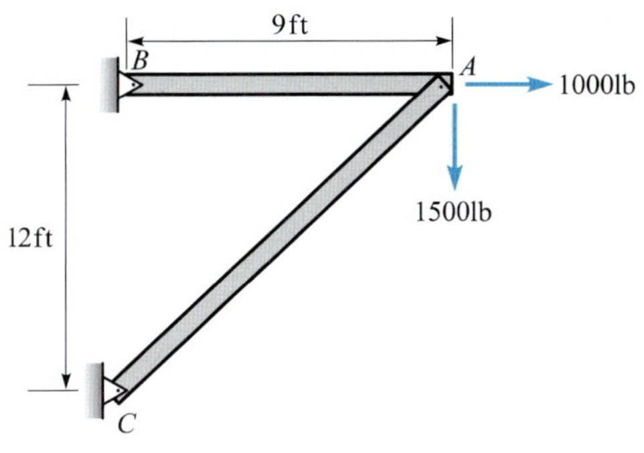

그림 예 3.9(1)

절점 A에서의 자유물체도로 해석

절점 A에서의 자유물체도를 그리면, 부재 AB와 AC는 절점 A에 대해 지점의 역할을 한다.

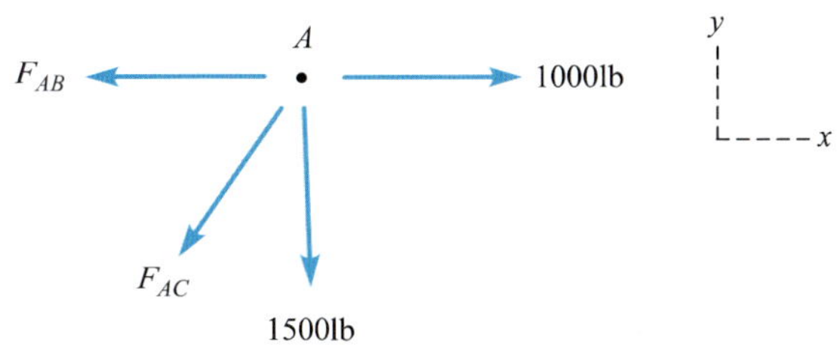

그림 예 3.9(2)

부재의 축력을 인장력으로 가정한다. 계산을 간단히 하기 위해, ΣF_y를 먼저 작성하였다.

모든 힘이 점 A를 통과함으로, 회전력에 의한 평형조건식은 쓸 수가 없다.

부재 AB와 AC는 이력부재임.

$$\Sigma F_y = 1500 + (F_{AC})_y = 0\,(+\uparrow), \quad F_{AC} = -1{,}875\ \text{lb}$$
$$\Sigma F_x = 1000 - F_{AB} - (F_{AC})_x = 0\,(\rightarrow), \quad F_{AB} = 2125\ \text{lb}$$

그림 예 3.9(2)에서 절점A에서의 자유물체도를 그린 것과 달리, 부재를 포함한 자유물체도는 그림 예 3.9(3)과 같다. 그러나 이 자유물체도에 작용하는 모든 힘은 절점 A를 지남으로, 부재 AB와 AC를 포함하여 그린 자유물체도인 그림 예 3.9(3)에서 작성 가능한 평형조건식은 병진력에 의한 평형조건식인 ΣF_x, ΣF_y만인 것을 알 수 있다. 따라서 그림 예 3.9 (3)으로도 그림 예 3.9(2)와 동일한 결과를 얻게 된다.

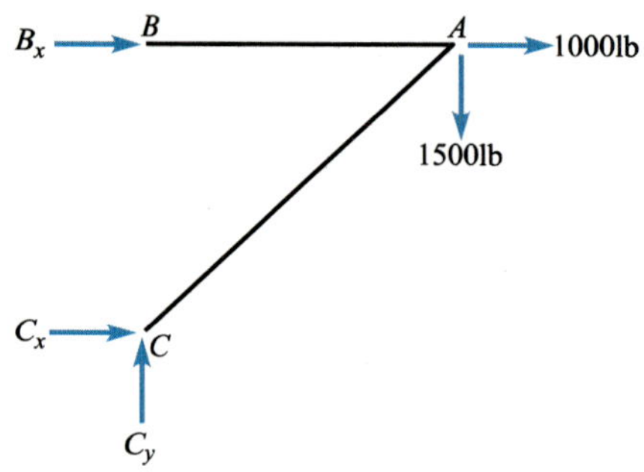

그림 예 3.9(3)

생각하기!!

F_{AC}가 음(−)의 값이 나온 것은 F_{AC}의 작용방향이 가정한 방향과 반대라는 의미이다.
부재 AB와 AC의 부재력을 모두 인장력으로 가정하였음으로, 음의 값이 구해진 부재 AC에는 압축력, 양의 값이 나온 부재 AB에는 가정과 같이 인장력이 발생함을 알 수 있다.

예제 3.10

브라켓 ABC가 A점의 롤러지점과 C점의 힌지 지점에 의해 그림 예 3.10 (1)과 같이 지지되어 있다. 이때의 반력을 구하여라. 지점 A에서의 마찰은 무시하라.

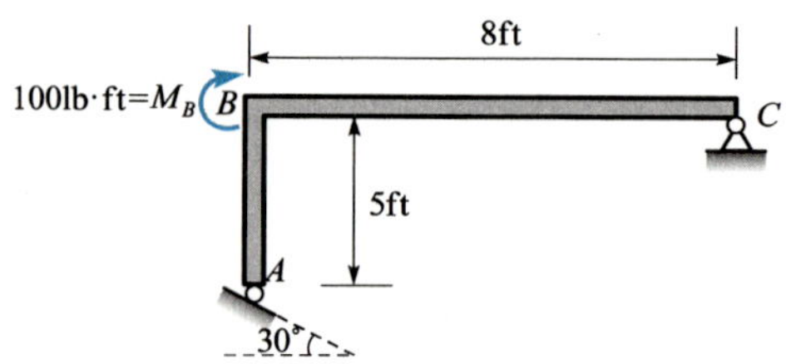

그림 예 3.10(1)

1) 병진력과 회전력의 평형조건식으로 품

• 자유물체도

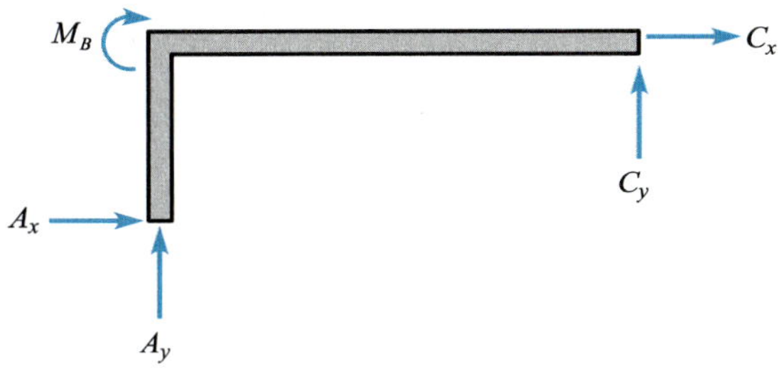

그림 예 3.10(2)

기하학적 조건으로부터,

$A_x = A_y \tan(30°)$ ①

• 평형조건식

$\Sigma M_A = C_y(8) - C_x(5) - M_B = 0$(↺+) ②

$\Sigma F_x = A_x + C_x = 0$(+→) ③

$\Sigma F_y = A_y + C_y = 0$(+↑) ④

①을 ③에 대입 : $A_y \tan(30°) + C_x = 0$ ⑤

$\tan(30°)$×④−⑤ : $C_y(\tan 30°) - C_x = 0$ ⑥

5×⑥−② : $5C_y \tan 30° - 8C_y + M_B = 0 \rightarrow C_y = -19.6\,\text{lb}$

C_y를 ⑥에 대입 : $C_x = -11.3\,\text{lb}$

C_x를 ③에 대입 : $A_x = -C_x = 11.3\,\text{lb}$

C_y를 ④에 대입 : $A_y = 19.6\,\text{lb}$

• 검산 : $A_x = A_y \tan 30° = 11.3$ ✔

2) 회전력만의 평형조건식으로 품

$h = (8)\tan 60° = 13.9$

$\Sigma M_D = C_x(h-5) - M_B = 0,$

$C_x = -11.3$

$\Sigma M_E = A_y(8) + C_x(5) + M_B = 0,$

$A_y = 19.6$

$\Sigma M_A = C_y(8) - C_x(5) - M_B = 0,$

$C_y = -19.6$

$A_x = A_y \tan 30° = 11.3$

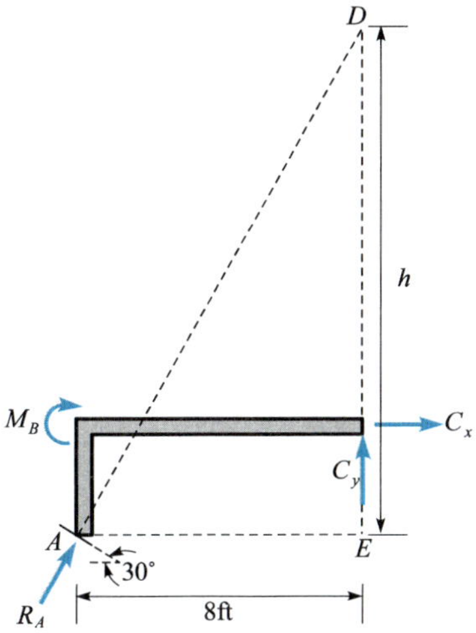

그림 예 3.10(3)

경사면과 이동지점 사이의 마찰을 무시하는 경우, 이동지점 A의 반력 R_C는 경사면에 직각이다.

계산의 편이를 위해 지점 A에서의 반력을 수평력 A_x와 수직력 A_y로 표시한다.

A_x와 A_y는 서로 종속인 값으로, 둘 중 하나가 결정되면 다른 하나가 구해진다. 그러므로 미지수의 수는 지점 C에서의 반력인 C_x, C_y와 함께 모두 세 개이다. 따라서 이 구조물은 정정구조물이다.

평형조건식 작성을 연습하기 위해, 회전력에 의한 평형조건식 만을 사용하여 반력을 구하였다.

회전력만에 의한 평형조건식을 간단히 쓰기 위해, 그림 예 3.10(3)에서 A, D 및 E점에서의 회전력만에 의한 평형조건식을 작성하여 구하였다.

chapter 03 연습문제

3.1 그림의 나타낸 캔틸레버 보의 자유물체도를 그려라. 보의 질량은 120 kg이다.

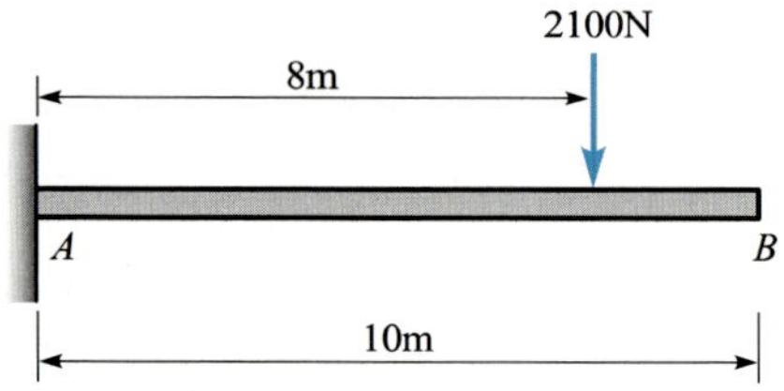

3.2 그림에서 경사면 위의 무게 W의 물체를 P라는 힘으로 밀어올릴 때 평형상태에서 자유물체도를 작성하라.

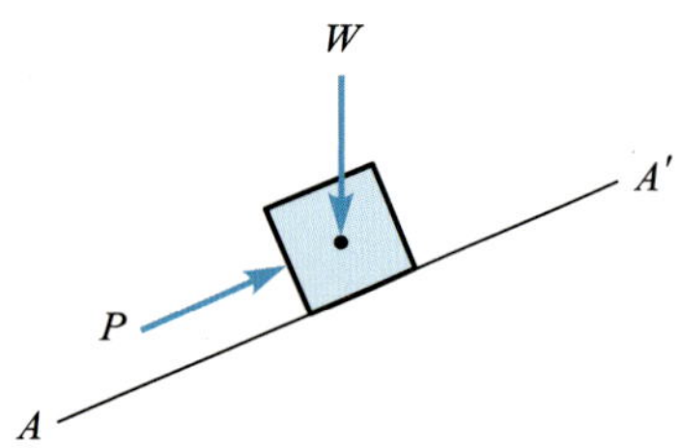

3.3 절점이 평형을 이루기 위한 힘 F_4의 크기와 방향(각 θ)을 구하여라.

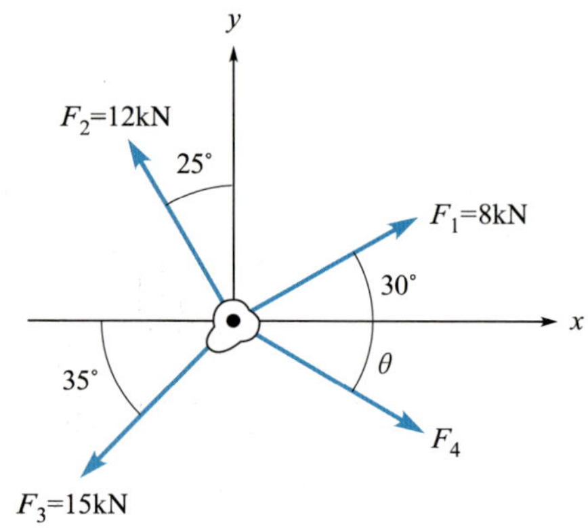

3.4 그림과 같은 게르버보에서 가장 큰 반력이 생기는 지점을 구하여라.

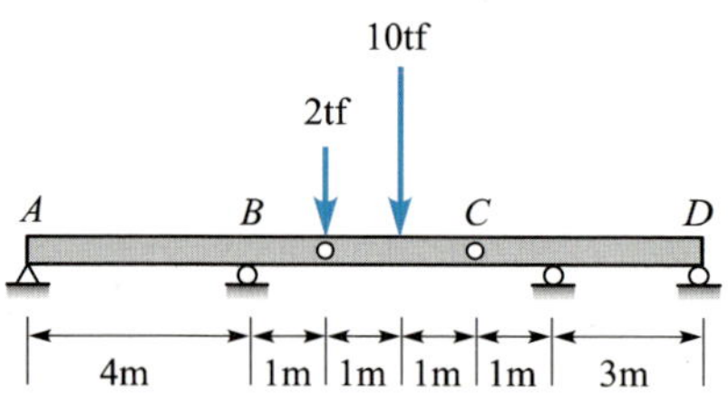

3.5 그림과 같은 용접접합부가 네 힘에 의해 평행을 이루고 있다. $F_A = 8\,\mathrm{kN}$, $F_D = 12\,\mathrm{kN}$일 때 다른 두 힘의 크기를 구하여라.

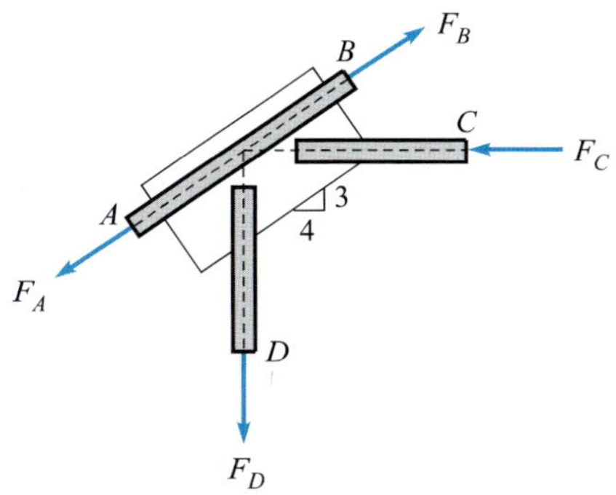

3.6 다음 단순보에서 A점의 반력을 구하여라.

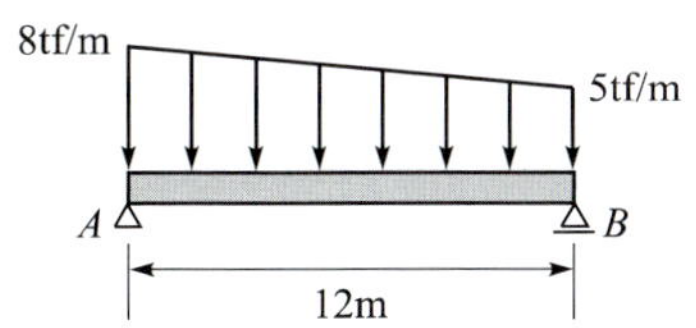

3.7 연속보를 삼연모멘트 방정식을 이용하여 B점의 모멘트 $M_b = -91.3\,\mathrm{tf{\cdot}m}$를 구하였다. B점의 수직반력을 구하여라.

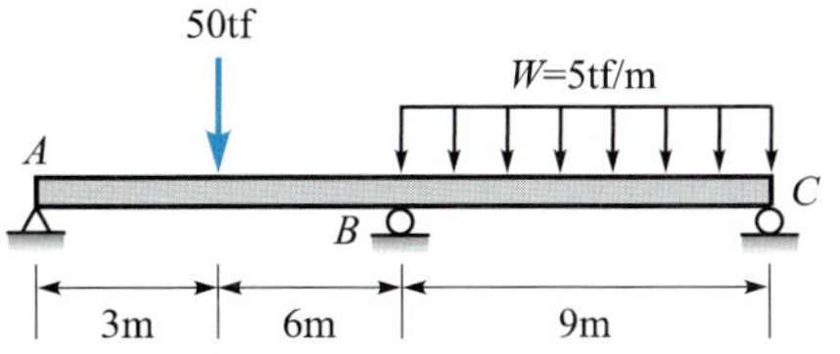

3.8 그림과 같이 천장에 두 끈을 매고, $15\,\mathrm{kgf}$의 물체를 매달았을 때 두 끈의 인장력 F_1, F_2의 합을 구하여라.

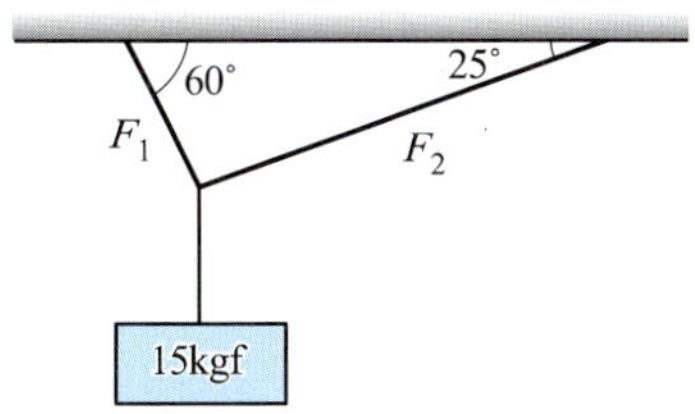

3.9 질점이 평형을 이루기 위한 힘 F의 크기와 방향 각 θ를 구하여라.

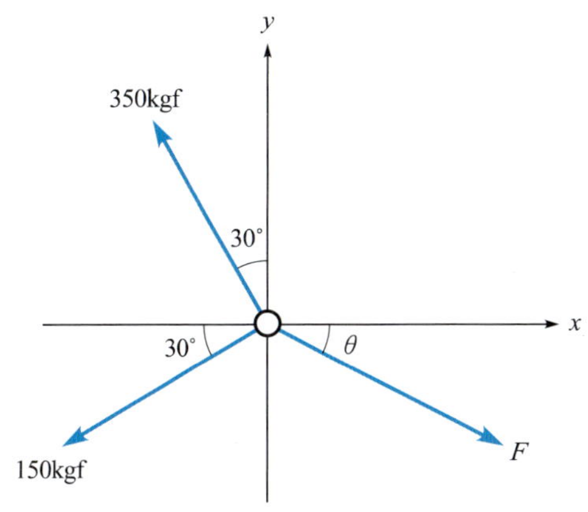

3.10 그림과 같은 구조물 F_2부재가 13tf의 힘을 받을 때 하중 P를 구하여라.

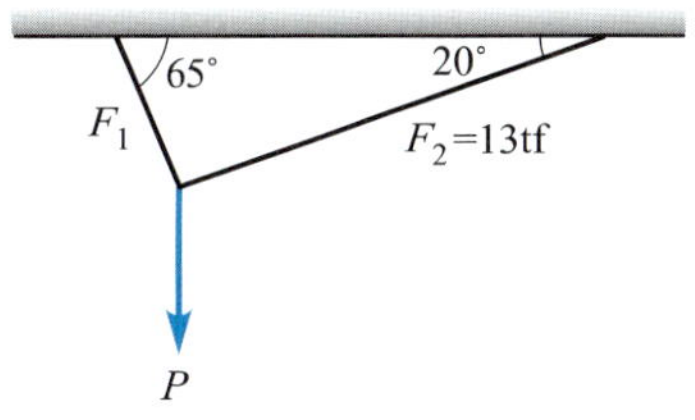

3.11 그림과 같은 구조물의 C점에 500 kgf의 물체가 매달려 있으면 F_2부재가 받는 힘을 구하여라.

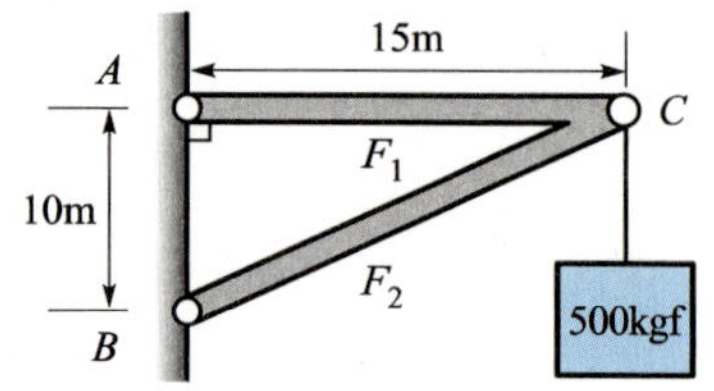

3.12 다음 그림에서 부재 AB가 받는 힘을 구하여라.

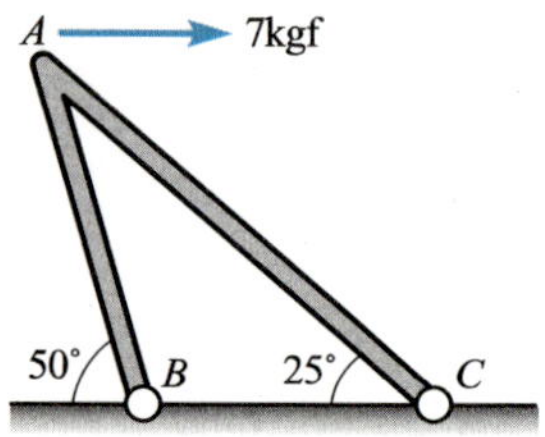

3.13 A지점의 핀에 작용하는 힘의 크기와 지지케이블의 인장력 T의 크기를 구하여라(보 AB는 길이 당 80 kg의 질량을 가진 0.5 m의 I형 표준보이다.).

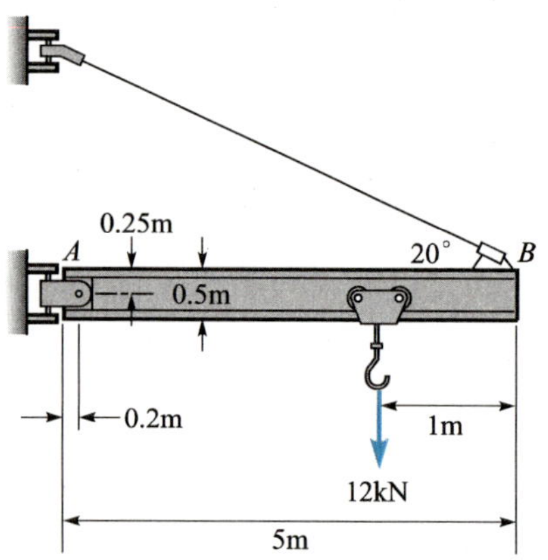

3.14 보의 무게를 무시하고 $P = 30$ kN일 때 점 A와 B에서의 반력을 구하여라(단, 점 A에서 롤로, 점 B에서 핀에 의해지지).

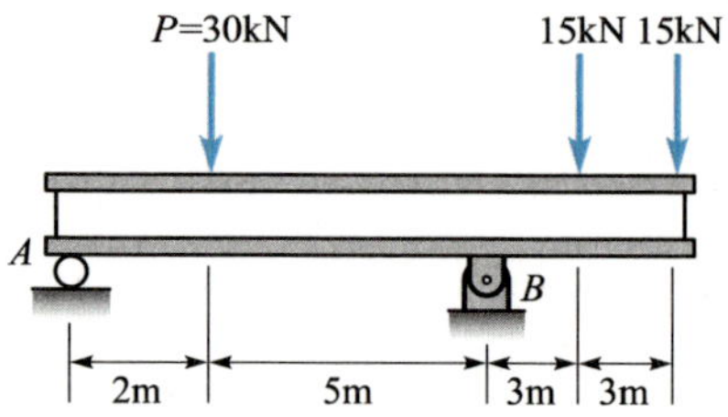

3.15 절점이 평형을 이루도록 F의 크기와 방향, 각 θ를 구하여라.

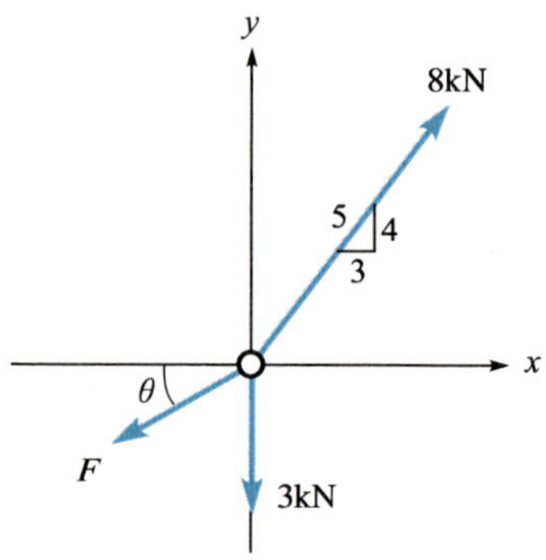

3.16 절점이 평행을 이루도록 F의 크기와 방향, 각 θ를 구하여라.

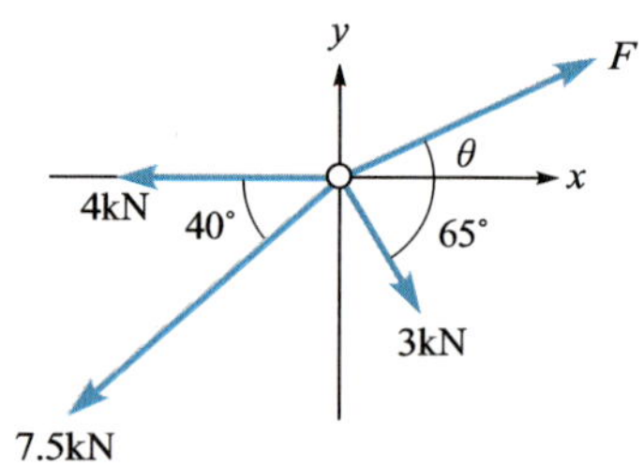

3.17 다음 그림을 보고 케이블 AC와 케이블 BC에 작용하는 인장력을 구하여라.

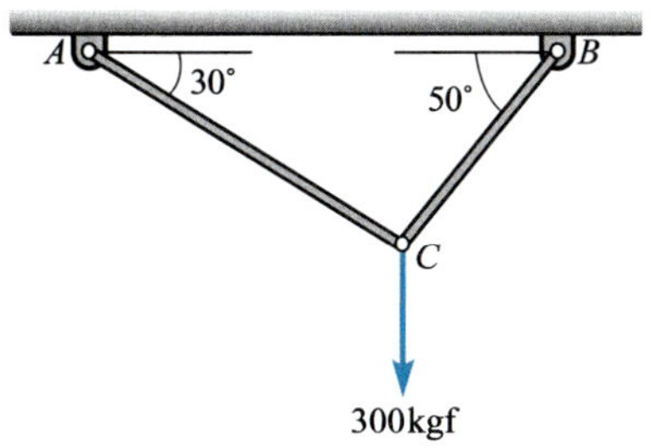

3.18 오른쪽 그림에서와 같이 세 가지 다른 힘이 있을 때 교량 트러스 접합부 x와 y축에 작용하는 C와 T의 힘의 크기를 구하여라.

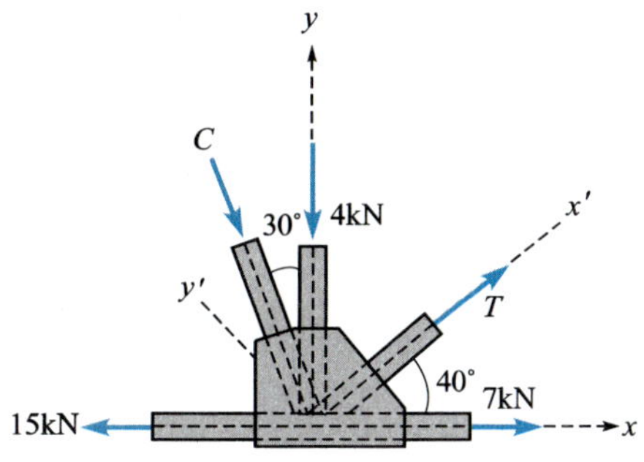

3.19 그림과 같은 구조물(FRAME)이 작은 건물의 지붕에서 일부를 지지하고 있다. 케이블의 인장력이 200 kN임을 알고 고정단 E에서의 반력을 구하여라.

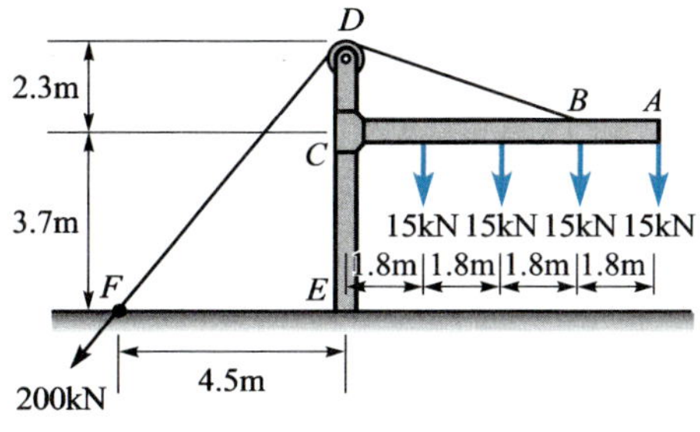

3.20 다음과 같이 보 위에 선형 분포하중이 작용 할 때 지점의 반력을 구하여라.

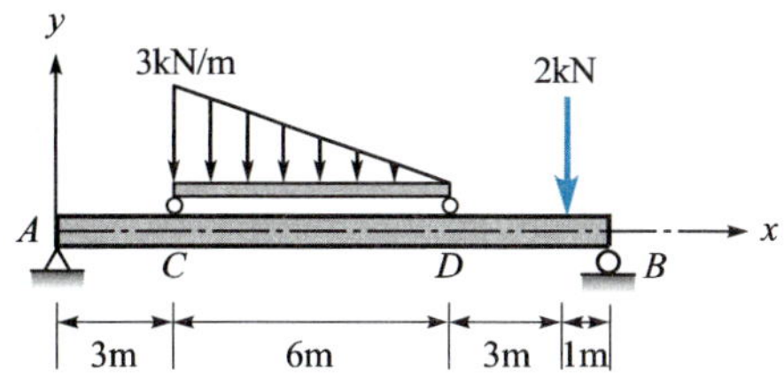

3.21 크레인으로 상자를 옮기려 하는데, 23 kN의 상자가 케이블에 의해 매달려 있고 로프를 점 A에 묶어 상자가 원하는 위치에 중심이 오도록 끌어당기고 있다. 자유물체도와 로프의 인장력을 구하여라.

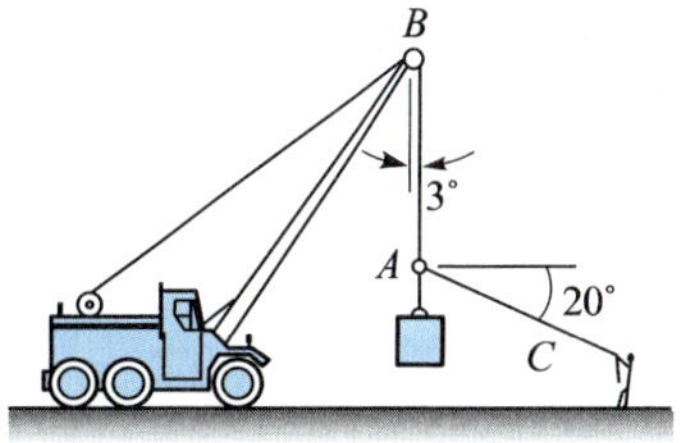

3.22 그림과 같이 무게가 3000 N인 롤러의 지름이 1 m이다. 높이 0.2 m의 장애물을 넘어가기 위해서 최소로 필요한 수평력을 구하여라.

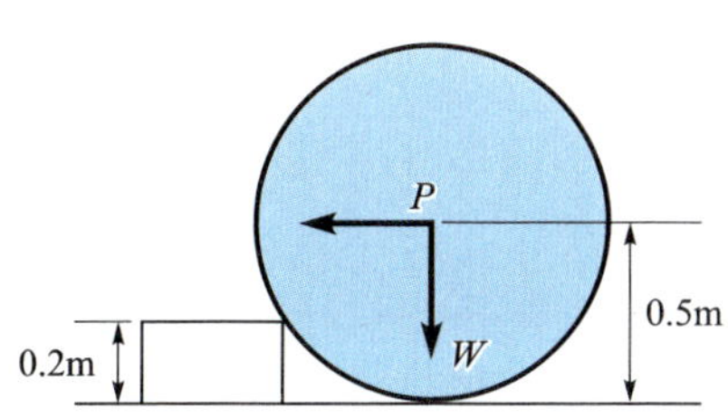

3.23 그림과 같이 자중 1500 kg인 고정크레인으로 3000kg인 상자를 들어올리고 있다. A는 핀으로, B는 로커에 의하여 지지되고 있다. G는 크레인의 중심이다. A와 B에서의 반력을 구하여라.

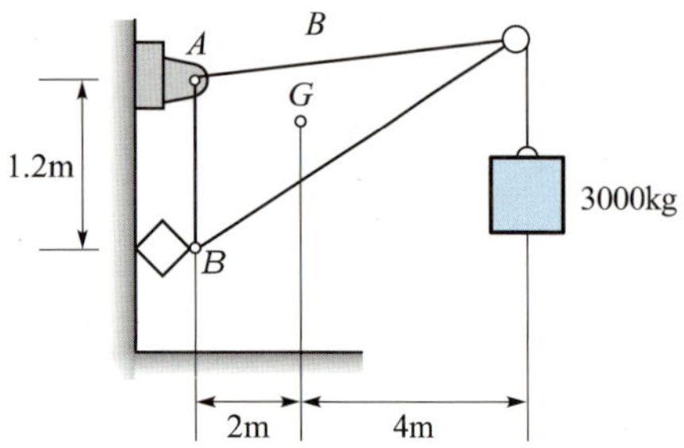

3.24 그림과 같이 밀도가 균일하고 무게가 70 kg인 구가 마찰이 없는 두 벽면사이에 놓여 있을 때 반력 R_A의 크기를 구하여라.

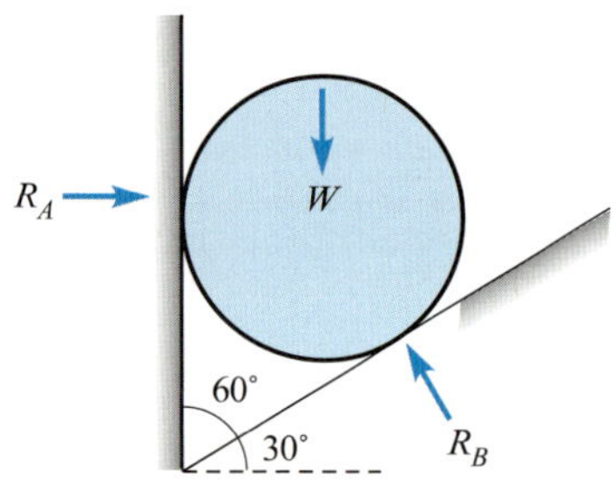

3.25 그림과 같이 내민 부분을 가지는 단순보의 C점에 15tf의 집중하중이 작용할 때 B지점에 일어나는 반력 R_B를 구하여라.

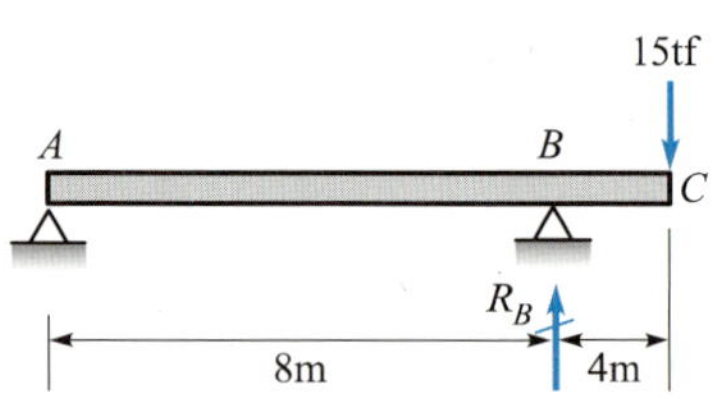

3.26 다음 내민보를 가진 단순 지지보의 B점에서 반력을 구하여라.

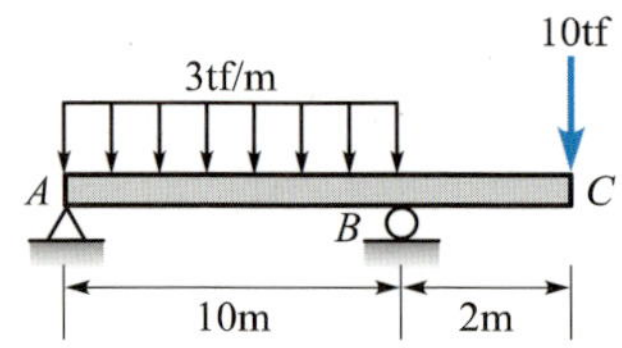

3.27 그림과 같은 아치의 지점 반력 H_A를 구하여라.

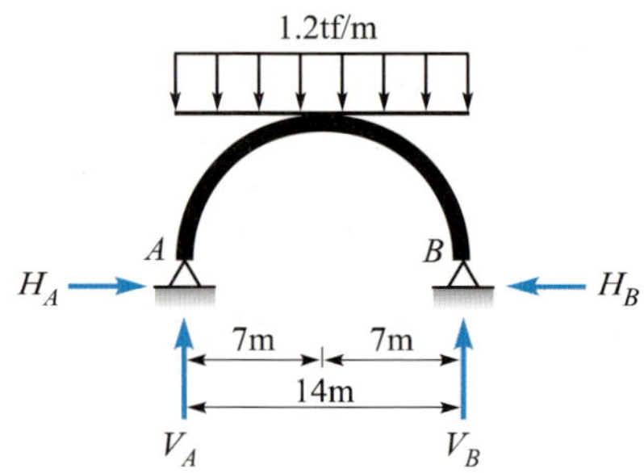

3.28 다음 그림과 같은 보에서 B점의 반력을 구하여라.

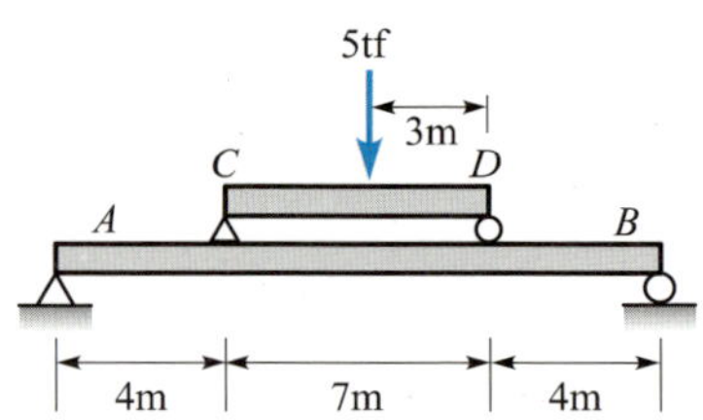

3.29 다음 그림과 같은 보의 지점 B의 반력을 구하여라.

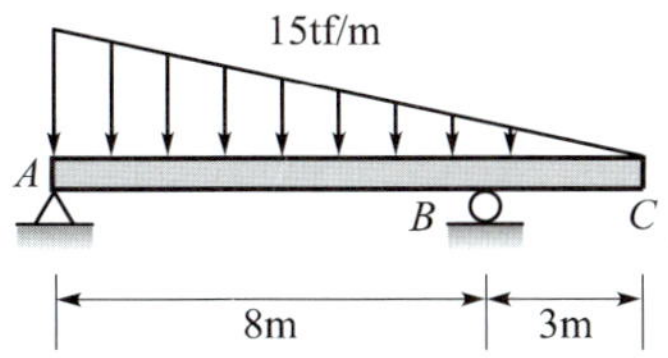

3.30 다음 그림과 같은 구조물에서 지점 A에서의 수직반력의 크기를 구하여라.

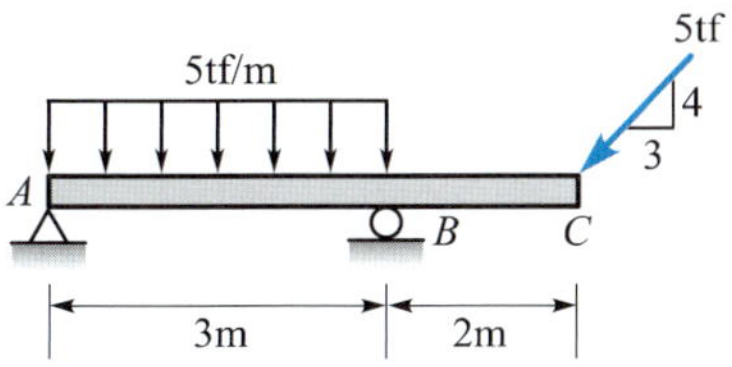

3.31 다음과 같이 D점이 힌지인 겔버보에서 A점의 반력을 구하여라.

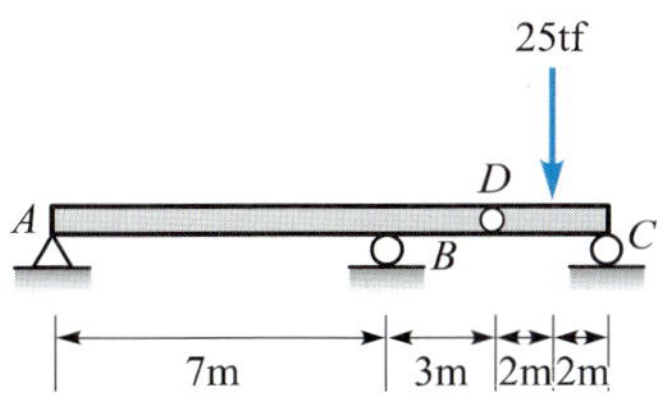

3.32 그림과 같은 보를 A, B점에서 점접촉에 의하여 지지한다고 할 때 지지점 A, B에서의 반력을 구하여라.

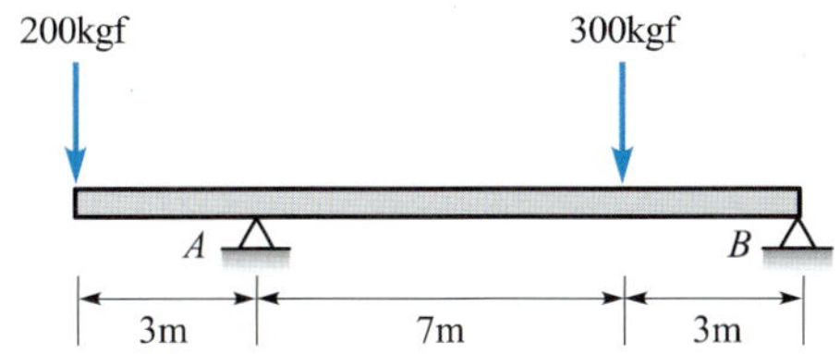

3.33 절점 P가 평형을 이루도록 F_1과 F_2의 크기를 구하여라.

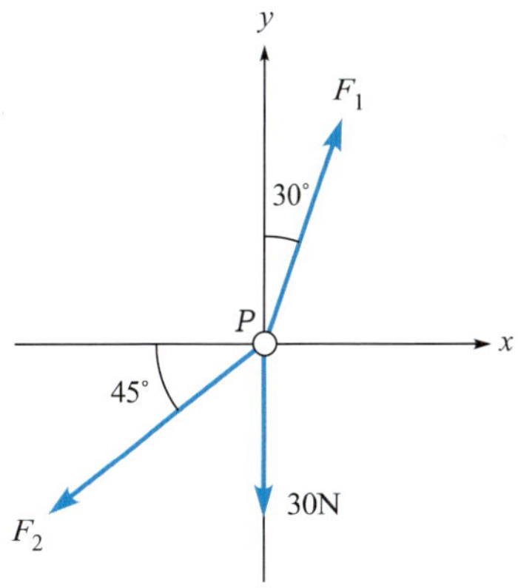

학습목표

- 평면력계의 평형 개념을 바탕으로, 공간력계의 평형 개념을 이해한다.
- 성분표현에 의한 공간력계의 연산방법을 배운다.
- 공간력계의 평형 문제 풀이방법을 학습한다.

STATICS

공간력계의 평형

CHAPTER 04

4.1 개 요

제3장에서는 평면력계에 대해 다루었다. 그러나 힘들이 3차원적으로 분포되어 있고, 이들을 2차원으로 가정하기에는 무리가 있는 경우, 이 힘들은 3차원 문제로 다루어져야 한다. 이러한 3차원적으로 분포되어 있는 힘들을 공간력계(spatial force system)라 하며, 모든 힘들이 하나의 점을 통과하는 경우인 절점공간력계와 임의로 분포되어 있는 경우인 비절점공간력계로 구분될 수 있다.

평면력계와 달리 공간력계의 경우, 도식적 표현의 어려움으로 인해, 성분 표현에 의한 연산방법의 이해가 매우 중요하다.

4.2 공간력계의 평형조건

평면력계에서와 같이, 물체가 공간력계에서 평형상태에 있기 위해서는 뉴톤의 운동제1법칙에 따라 물체에 작용하는 모든 힘들의 벡터 합이 0이여야 한다는 평형조건이 만족되어야 한다.

$$\mathbf{R} = \Sigma\mathbf{F} = 0 \tag{4-1}$$

식 (4-1)에서 $\mathbf{F}$는 3차원 벡터로 $\Sigma\mathbf{F}$는 질점에 작용하는 모든 힘들의 벡터 합을 의미한다.

4.2.1 직각좌표에서의 성분 표현

그림 4.1의 힘 $\mathbf{F}$는 직각좌표계인 xyz-좌표계의 원점 O를 통과하는 공간력이다. 여기서 공간력이란 3차원 공간에 위치하는 힘을 의미하는 것으로, 일반적으로 x, y, z-성분 모두를 가지고 있다.

이 힘 **F**를 각 좌표축방향으로의 성분으로 표현하기 위해, 먼저 힘 **F**의 끝점 A를 xz−면에 직각 투영하여 만들어지는 점 B와 원점 O를 이으면 힘 **F**의 xz−면 상의 성분 F_{xz}가 만들어진다. 또한 끝점 A를 y−좌표축에 직각 투영하여 만들어지는 점 C와 원점 O를 이으면 F_y가 된다. 다음 단계로 xz−면의 F_{xz}를 x축 및 z축 방향 성분으로 표현하여 F_x와 F_z로 나타낼 수 있으며, 이들은 식 (4−2)의 관계를 갖는다.

$$F = \sqrt{F_x^{\ 2} + F_y^{\ 2} + F_z^{\ 2}} \tag{4-2}$$

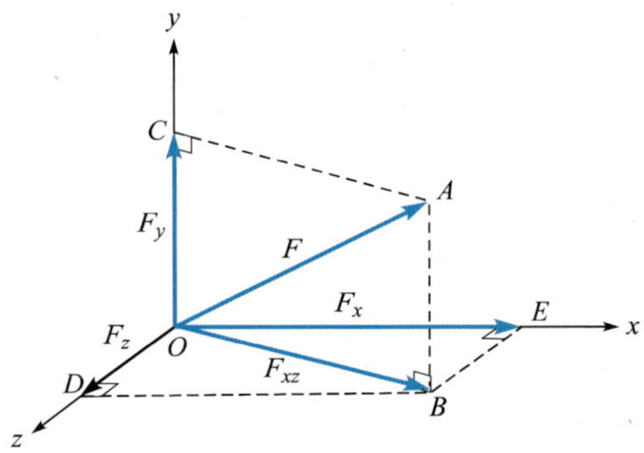

그림 4.1

• 식 (4−2)의 유도

그림 4.1로부터

$$F^2 = F_{xz}^{\ 2} + F_y^2 \quad ①$$

$$F_{xz}^{\ 2} = F_x^{\ 2} + F_z^{\ 2} \quad ②$$

임을 알 수 있다.

②를 ①에 대입하면

$$F^2 = F_{xz}^{\ 2} + F_y^{\ 2} = F_x^{\ 2} + F_y^{\ 2} + F_z^{\ 2}$$ 가 되며

이로부터

$$F = \sqrt{F_x^{\ 2} + F_y^{\ 2} + F_z^{\ 2}}$$ 이 구해진다.

4.2.2 방향각, 방향코사인

그림 4.2는 힘 **F**의 세 분력 F_x, F_y, F_z를 변으로 갖는 직육면체로 여기서 힘 **F**와 각 좌표축과의 사잇각을 θ_x, θ_y, θ_z라 하면 그림으로부터 다음과 같은 식의 표현이 가능함을 알 수 있다.

$$F_x = F\cos\theta_x,\ F_y = F\cos\theta_y,\ F_z = F\cos\theta_z \tag{4-3}$$

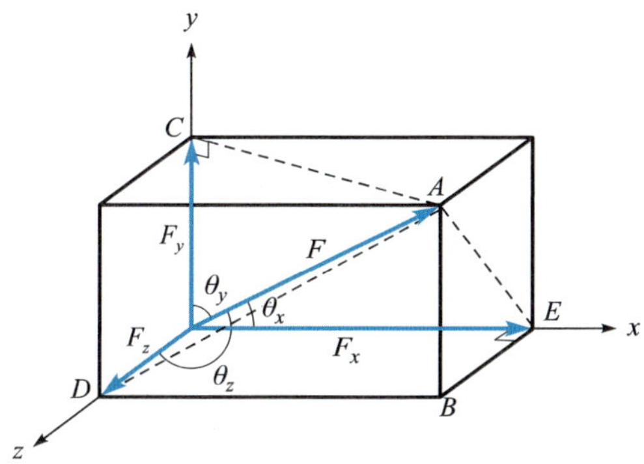

그림 4.2

θ_x, θ_y, θ_z를 힘 **F**의 방향각(direction angle)이라 하며, $\cos\theta_x$, $\cos\theta_y$, $\cos\theta_z$를 힘 **F**의 방향코사인(direction cosine)이라 한다. 방향코사인은 식 (4-3)으로부터 아래와 같이 정의된다.

$$\cos\theta_x = \frac{F_x}{F},\ \cos\theta_y = \frac{F_y}{F},\ \cos\theta_z = \frac{F_z}{F} \tag{4-4}$$

또한 방향코사인은 식 (4-5)와 같은 특징을 갖으며, 이 식으로부터 방향코사인 두 개를 아는 경우 다른 하나의 방향코사인을 구할 수 있다.

$$\cos^2\theta_x + \cos^2\theta_y + \cos^2\theta_z = 1 \tag{4-5}$$

- 식 (4-5)의 유도

식 (4-3)은 힘 **F**의 직각성분과 방향코사인과의 관계를 나타낸다.

$$F_x = F\cos\theta_x,\ F_y = F\cos\theta_y,\ F_z = F\cos\theta_z \tag{4-3}$$

식 (4-3)으로 나타낸 각 직각성분의 자승의 합은

$$F^2 = F_x^{\ 2} + F_y^{\ 2} + F_z^{\ 2} = F^2(\cos^2\theta_x + \cos^2\theta_y + \cos^2\theta_z)$$

라고 쓸 수 있다.

그러므로 양변이 같기 위해서는 $\cos^2\theta_x + \cos^2\theta_y + \cos^2\theta_z = 1$이어야 한다.

4.2.3 3차원 평형조건

3차원 공간상에 존재하는 물체가 평형상태에 있기 위해서는 x, y, z축 방향으로의 병진운동 3가지와 각 축 주위로의 회전운동 3가지가 발생하지 않아야 한다.

이를 위해서 병진력과 회전력 각각 3개씩 총 6개의 평형조건식을 만족시켜야 한다.

> 3차원 평형조건식
>
> 병진력 : $\Sigma F_x = 0$, $\Sigma F_y = 0$, $\Sigma F_z = 0$
>
> 회전력 : $\Sigma M_x = 0$, $\Sigma M_y = 0$, $\Sigma M_z = 0$

예제 4.1

그림 예 4.1에서 힘 F의 직각 분력을 구하여라.

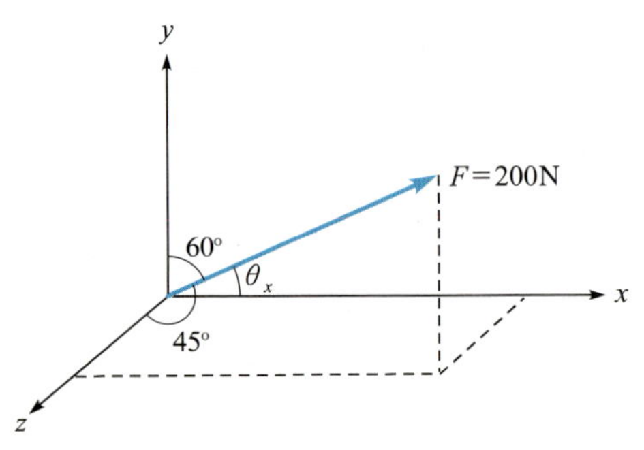

그림 예 4.1

θ_y와 θ_z를 그림에서 읽는다.

$\theta_y = 60°$, $\theta_z = 45°$

$\cos^2\theta_x = 1 - (\cos^2\theta_y + \cos^2\theta_z) = 1 - (\cos^2 60° + \cos^2 45°) = 0.25$

$\cos\theta_x = \pm 0.5$

$\theta_x = \cos^{-1}(0.5) = 60°$ 또는 $120°$

그림 예 4.1에서 θ_x는 예각이므로 $\theta_x = 60°$

식 (4-3)으로부터
$F_x = F\cos\theta_x = 100$ N, $F_y = F\cos\theta_y = 100$ N, $F_z = F\cos\theta_z = 141$ N

식 (4-5)을 이용하여, 미지의 방향코사인 값 $\cos\theta_x$을 구한다.

그림 예 4.1을 보면 힘 F의 모든 성분은 양의 방향인 것을 알 수 있으며, 이로부터 θ_x는 예각임을 알 수 있다.

예제 4.2

힘 F의 세 직각분력 F_x, F_y, F_z가 각각 10.5 lb, 18.2 lb, 30.4 lb일 때의 힘 F의 크기와 방향코사인 $\cos\theta_x$, $\cos\theta_y$, $\cos\theta_z$을 구하여라.

- 합력 산정

$$F = \sqrt{F_x^2 + F_y^2 + F_z^2} = \sqrt{10.5^2 + 18.2^2 + 30.4^2}$$
$$F = 37.0 \text{ lb}$$

- 방향각 산정

$$\theta_x = \cos^{-1}(F_x/F) = 73.5°,\ \theta_y = \cos^{-1}(F_y/F) = 60.5°,\ \theta_z = \cos^{-1}(F_z/F) = 34.7°$$

[검산] $\cos^2(73.5°) + \cos^2(60.5°) + \cos^2(34.7°) = 1.0$ ✔

방향각을 구하는 식인 식 (4-4)를 이용하기 위해, 식 (4-2)로 합력 F를 구한다.

식 (4-5)을 이용하여 검산할 수 있다.

예제 4.3

크기 120 kN의 힘 F의 방향코사인 $\cos\theta_x$, $\cos\theta_y$이 각각 78°와 45°인 경우, 방향코사인 $\cos\theta_z$와 세 직각분력을 구하여라.

$$\cos^2(\theta_z) = 1 - [\cos^2(\theta_x) + \cos^2(\theta_y)] = 0.457$$
$$\cos(\theta_z) = 0.676$$
$$\theta_z = \cos^{-1}(\theta_z) = 47.5°$$

$$F_x = F\cos(\theta_x) = 24.9 \text{ kN},\ F_y = F\cos(\theta_y) = 84.9 \text{ kN},\ F_z = F\cos(\theta_z) = 81.1 \text{ kN}$$

[검산] $F = (F_x^2 + F_y^2 + F_z^2)^{1/2} = 120.0$ kN ✔

직각분력을 구하기 위해 미지의 방향코사인 $\cos\theta_z$를 먼저 구하여야 한다.

각 직각성분은 식 (4-3)을 이용하여 구할 수 있다.

검산을 위해 식 (4-2)를 이용한다.

4.3 두 점을 통과하는 힘

그림 4.3에서와 같이 힘 **F**가 공간상의 두 점 A, B를 통과하는 경우, 힘 **F**가 선분 AB 상에 존재함으로, 두 점 A와 B를 잇는 벡터 **d**의 방향은 힘 **F**의 방향과 같다.

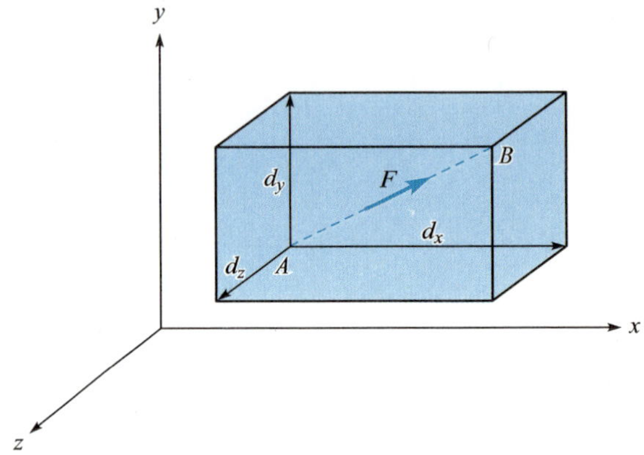

그림 4.3

두 점 A와 B의 좌표가 $(x_A,\ y_A,\ z_A)$와 $(x_B,\ y_B,\ z_B)$일 때, 선벡터 $\overline{\boldsymbol{AB}}$ 의 x, y, z 방향 성분 d_x, d_y, d_z는 식 (4–6)으로 표현된다.

$$d_x = x_B - x_A,\ d_y = y_B - y_A,\ d_z = z_B - z_A \tag{4–6}$$

따라서 $\overline{\boldsymbol{AB}}$ 의 길이 d와 방향코사인은 식 (4–7)과 (4–8)로 쓸 수 있다.

$$d = \sqrt{{d_x}^2 + {d_y}^2 + {d_z}^2} \tag{4–7}$$

$$\cos\theta_x = \frac{d_x}{d},\quad \cos\theta_y = \frac{d_y}{d},\quad \cos\theta_z = \frac{d_z}{d} \tag{4–8}$$

힘 **F**의 방향코사인은 $\overline{\boldsymbol{AB}}$ 의 방향코사인과 같음으로, 힘 **F**의 직각방향 성분 F_x, F_y, F_z은 $\overline{\boldsymbol{AB}}$ 의 방향코사인을 이용하여 식 (4–9)과 같이 쓸 수 있다.

$$F_x = \frac{d_x}{d}F,\quad F_y = \frac{d_y}{d}F,\quad F_z = \frac{d_z}{d}F \tag{4–9}$$

예제 4.4

그림 예 4.4의 15 kN의 힘 **F**는 점 A(0, 3, 0)에서 점 B(6, 0, 4)를 통과하는 선분 상에 있다. 이 힘 **F**의 직각분력을 구하여라.

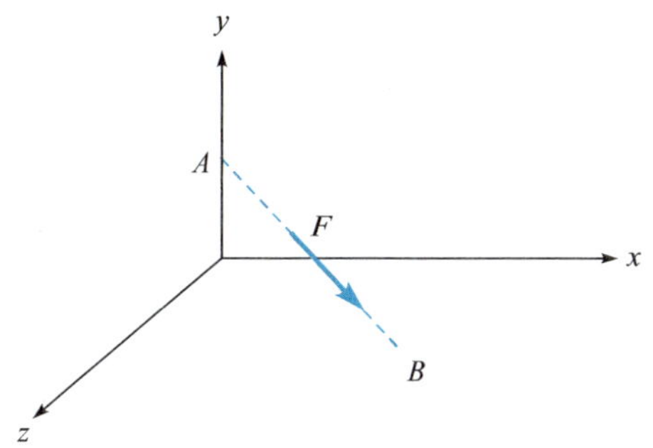

그림 예 4.4

$F = 15\,\text{kN}$

AB 벡터

		x	y	z
	B	6	0	4
−)	A	0	3	0
		6	−3	4

$d_x = 6$, $d_y = -3$, $d_z = 4$

$d = \sqrt{{d_x}^2 + {d_y}^2 + {d_z}^2} = 7.8$

$F_x = (d_x/d)F = 12\,\text{kN}$, $F_y = (d_y/d)F = -6\,\text{kN}$, $F_z = (d_z/d)F = 8\,\text{kN}$

벡터의 방향이 A에서 B로 향함으로 B의 좌표에서 A의 좌표를 빼야한다.

예제 4.5

A(600, 0, 400)에서 B(0, 300, 600)를 통과하는 힘 P와 A에서 C(600, 300, 0)를 통과하는 힘 Q의 합력을 구하시오. P는 7 kN이고 Q는 5 kN이다.

• AB선분 :

	B	0	300	600
−)	A	600	0	400
		−600	300	200

$d_{ABx} = -600$, $d_{ABy} = 300$, $d_{ABz} = 200$

$d_{AB} = \sqrt{(d_{ABx})^2 + (d_{ABy})^2 + (d_{ABz})^2} = \sqrt{-600^2 + 300^2 + 200^2} = 700$

• P의 성분 :

$$P_x = P(d_{ABx}/d_{AB}) = -6\text{ kN}$$
$$P_y = P(d_{ABy}/d_{AB}) = 3\text{ kN}$$
$$P_z = P(d_{ABz}/d_{AB}) = 2\text{ kN}$$

• AC선분 :

C	600	300	0
−) A	600	0	400
	0	300	−400

$$d_{ACx} = 0,\ d_{ACy} = 300,\ d_{ACz} = -400$$
$$d_{AC} = \sqrt{(d_{ACx})^2 + (d_{ACy})^2 + (d_{ACz})^2} = \sqrt{0^2 + 300^2 + (-400)^2} = 500$$

• Q의 성분 :

$$Q_x = Q(d_{ACx}/d_{AC}) = 0\text{ kN}$$
$$Q_y = Q(d_{ACy}/d_{AC}) = 3\text{ kN}$$
$$Q_z = Q(d_{ACz}/d_{AC}) = -4\text{ kN}$$

• P와 Q의 합 :

$$F_x = P_x + Q_x = -6\text{ kN}$$
$$F_y = P_y + Q_y = 6\text{ kN}$$
$$F_z = P_z + Q_z = -2\text{ kN}$$
$$F = \sqrt{(F_x)^2 + (F_y)^2 + (F_z)^2} = 8.7\text{ kN}$$

예제 4.6

그림 예 4.6에서 케이블 AB의 장력 T_{BA}가 500 N일 때, B점에 작용하는 힘의 성분별 크기를 구하여라.

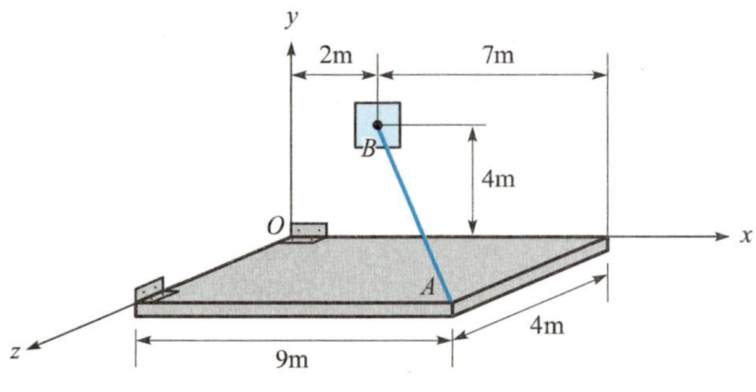

그림 예 4.6

$T_{BA} = \sqrt{(T_{AB})_x^2 + (T_{AB})_y^2 + (T_{AB})_z^2} = 500\text{ N}$

• T_{BA} 의 분력 :

A	9	0	4
−) B	2	4	0
	7	−4	4

$d_x = 7,\ d_y = -4,\ d_z = 4$

$d = \sqrt{d_x{}^2 + d_y{}^2 + d_z{}^2} = 9.0$

$(T_{AB})_x = (d_x/d)(T_{AB}) = 389\text{ N}$

$(T_{AB})_y = (d_y/d)(T_{AB}) = -222\text{ N}$

$(T_{AB})_z = (d_z/d)(T_{AB}) = 222\text{ N}$

예제 4.7

그림 예 4.7에서 힘 P와 Q의 합력을 구하여라.

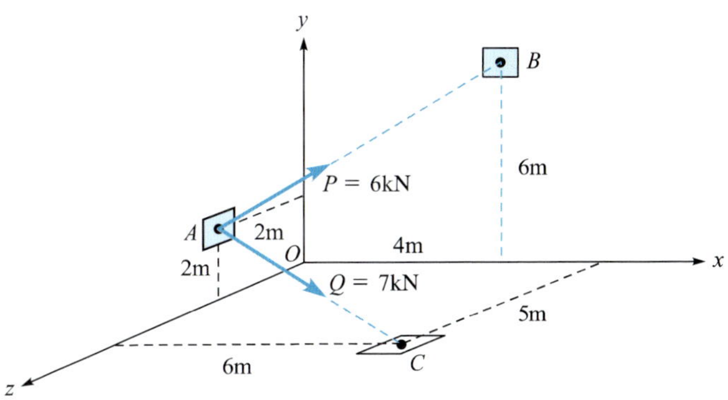

그림 예 4.7

	x	y	z
A	0.0	2.0	2.0
B	4.0	6.0	0.0
C	6.0	0.0	5.0

착오를 예방하기 위해, 먼저 각 점의 좌표를 정리하였다.

• 선분 AB

	x	y	z
B	4.0	6.0	0.0
−) A	0.0	2.0	2.0
	4.0	4.0	−2.0

d_{AB}의 방향벡터의 방향성분을 n_{ABx}, n_{ABy}, n_{ABz}로 표시하였다.

벡터 AB의 방향선분과 힘 P의 방향성분은 같다.

$d_{ABx}=4.0$, $d_{ABy}=4.0$, $d_{ABz}=-2.0$

$d_{AB}=6.0$

$n_{ABx}=0.67$, $n_{ABy}=0.67$, $n_{ABz}=-0.33$

$$\begin{aligned}\mathbf{P} &= P(n_{ABx}, n_{ABy}, n_{ABz}) \\ &= P(0.67, 0.67, -0.33) \\ &= (4.0,\ 4.0,\ -2.0)\ \text{kN}\end{aligned}$$

• 선분 AC

		x	y	z
	C	6.0	0.0	5.0
−)	A	0.0	2.0	2.0
		6.0	−2.0	3.0

$d_{ACx}=6.0$, $d_{ACy}=-2.0$, $d_{ACz}=3.0$

$d_{AC}=7.0$

$n_{ACx}=0.86$, $n_{ACy}=-0.29$, $n_{ACz}=0.43$

$$\begin{aligned}\mathbf{Q} &= Q(n_{ACx}, n_{ACy}, n_{ACz}) \\ &= Q(0.86, -0.29, 0.43) \\ &= (6.0,\ -2.0,\ 3.0)\ \text{kN}\end{aligned}$$

• 합력 R의 성분

$R_x = P_x + Q_x = 10.0\ \text{kN}$

$R_y = P_y + Q_y = 2.0\ \text{kN}$

$R_z = P_z + Q_z = 1.0\ \text{kN}$

합력 $R = 10.2\ \text{kN}$

• 합력의 방향각

$\theta_x = \cos^{-1}(R_x/R) = 11.4°$

$\theta_y = \cos^{-1}(R_y/R) = 78.7°$

$\theta_z = \cos^{-1}(R_z/R) = 84.4°$

예제 4.8

그림 예 4.8(1)의 수직기둥은 A에서 볼소켓과 케이블 BC, BD에 의해 지지되어 있다. $P=10$ kN의 힘이 그림과 같이 작용할 때 케이블 BC의 장력 T_1, 케이블 BD의 장력 T_2 및 지점 A에서의 반력을 구하여라.

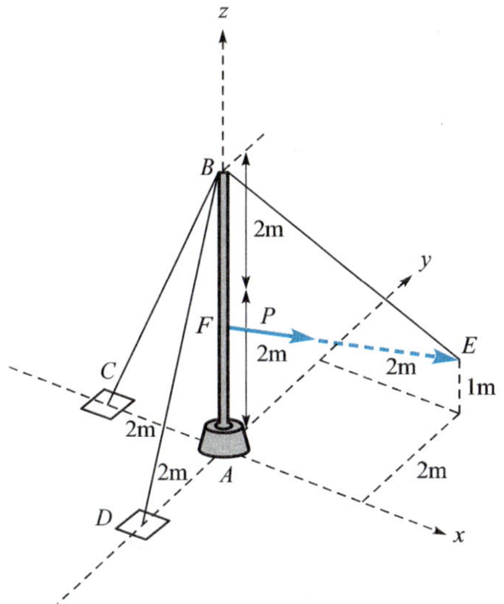

• 자유물체도

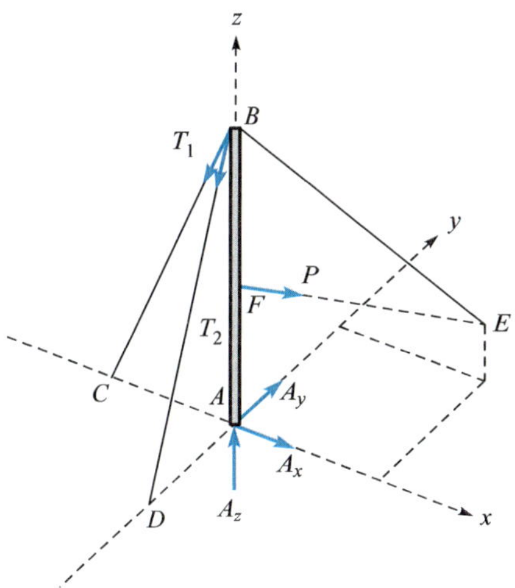

그림 예 4.8(2)

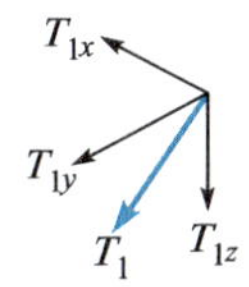

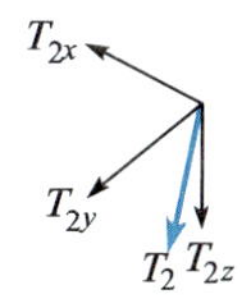

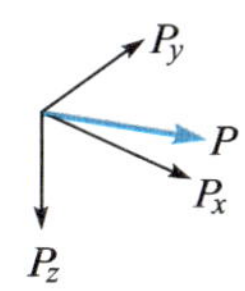

• 각 점의 좌표

	x	y	z
A	0	0	0
B	0	0	4
C	−2	0	0
D	0	−2	0
E	2	2	1
F	0	0	2

각 점의 좌표를 먼저 정리하였다.

• BD성분

$$\begin{array}{rrrr} \text{D} & 0 & -2 & 0 \\ -)\ \text{B} & 0 & 0 & 4 \\ \hline & 0 & -2 & -4 \end{array}$$

$d_{BD} = 4.5$

$n_{BDx} = 0.00,\ n_{BDy} = -0.45,\ n_{BDz} = -0.89$

• BC성분

$$\begin{array}{rrrr} \text{C} & -2 & 0 & 0 \\ -)\ \text{B} & 0 & 0 & 4 \\ \hline & -2 & 0 & -4 \end{array}$$

$d_{BC} = 4.5$

$n_{BCx} = -0.45,\ n_{BCy} = 0.00,\ n_{BCz} = -0.89$

• FE성분 :

$$\begin{array}{rrrr} \text{E} & 2 & 2 & 1 \\ -)\ \text{F} & 0 & 0 & 2 \\ \hline & 2 & 2 & -1 \end{array}$$

$d_{FE} = 3.0$

$n_{FEx} = 0.67,\ n_{FEy} = 0.67,\ n_{FEz} = -0.33$

• 힘들을 성분으로 표현

$\boldsymbol{P}$: $(0.67,\ 0.67,\ -0.33)\,10$

$\boldsymbol{T_1}$: $(-0.45,\ 0.00,\ -0.89)\ T_1$

$\boldsymbol{T_2}$: $(0.00,\ -0.45,\ -0.89)\ T_2$

• 모멘트의 평형

$$\Sigma M_A = r_{AB} \times (T_1 + T_2) + r_{AF} \times P$$

$$= \begin{vmatrix} \mathbf{i} & \mathbf{j} & \mathbf{k} \\ 0.00 & 0.00 & 4.00 \\ (T_1+T_2)_x & (T_1+T_2)_y & (T_1+T_2)_z \end{vmatrix} + \begin{vmatrix} \mathbf{i} & \mathbf{j} & \mathbf{k} \\ 0.00 & 0.00 & 2.00 \\ 6.7 & 6.7 & -3.3 \end{vmatrix} = 0$$

$M_x = -4.00(T_1+T_2)_y - 13.33 = 0$

$(T_1+T_2)_y = -3.33$

$T_2 = 7.45\ \text{kN}$

$M_y = 4.00(T_1+T_2)_x + 13.33 = 0$

$(T_1+T_2)_x = -3.33$

$T_1 = 7.45\ \text{kN}$

$M_z = 0.00$

T_1과 T_2의 z성분은 A점을 통과 함으로, 두 힘의 z성분은 A점에 대해 모멘트를 만들어 내지 않는다. 그러므로 T_1은 x성분의 힘에 의해 M_y만을 만들며, T_2는 y성분의 힘에 의해 M_x만을 만든다. 따라서 모멘트의 평형식에 의해 T_1과 T_2를 구할 수 있음을 알 수 있다.

값을 대입하여 보면, T_1의 y방향 성분은 0임으로, T_1은 M_x를 만들지 않음을 알 수 있다.

값을 대입하여 보면, T_2의 x방향 성분은 0임으로, T_2는 M_y를 만들지 않음을 알 수 있다.

T_1과 T_2를 구하였으므로, 나머지 미지수는 점 A에서의 성분인 A_x, A_y, A_z 뿐이다. 따라서 병진력의 평형식 세 개에 의해 구할 수 있다.

• 병진력의 평형

$$\sum F_x = -0.45\,T_1 + 0.00\,T_2 + A_x + 6.67 = 0$$

$$A_x = -3.33\,\text{kN}$$

$$\sum F_y = 0.00\,T_1 - 0.45\,T_2 + A_y + 6.67 = 0$$

$$A_y = -3.33\,\text{kN}$$

$$\sum F_z = -0.89\,T_1 - 0.89\,T_2 + A_z - 3.33 = 0$$

$$A_z = 16.67\,\text{kN}$$

$$A = 17.32\,\text{kN}$$

예제 4.9

길이 8 m이고 150 kg의 강봉이 그림 예 4.9와 같이 벽을 받히고 있다. 강봉의 바닥 끝 A지점은 볼소켓 지점으로 되어 있으며, B점은 두 벽이 만나는 점이다. 벽과의 마찰은 무시하고, A와 B점에서의 반력의 크기를 구하여라.

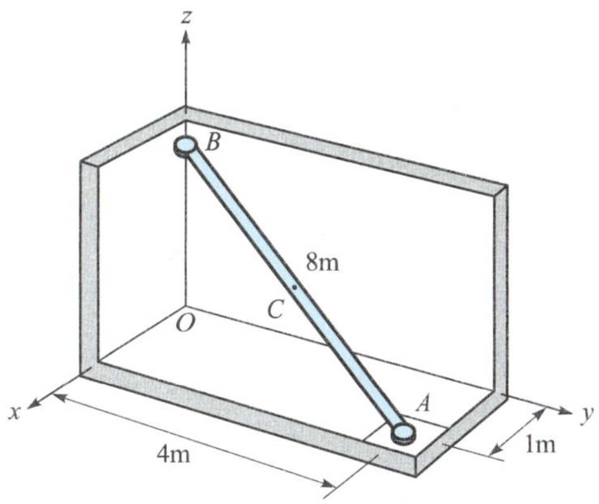

그림 예 4.9

• 강봉 무게 G :(150 kg)(9.81 m/sec^2) = 1,472 N

A(1, 4, 0) B(0, 0, B_z) C(0.5, 2, $B_z/2$)

• 강봉 길이 : 8 m

• 벡터 풀이

$$OA = \sqrt{{A_x}^2 + {A_y}^2} = 4.12\,\text{m}$$

$$8 = \sqrt{(OA)^2 + {B_z}^2}$$

$$B_z = \sqrt{8^2 - (OA)^2} = 6.86\,\text{m}$$

• 위치벡터

$\mathbf{r}_{AC} = -0.5\ \mathbf{i} - 2\ \mathbf{j} + 3.43\ \mathbf{k}$

$\mathbf{r}_{AB} = -\mathbf{i} - 4\ \mathbf{j} + 6.86\ \mathbf{k}$

$\Sigma \mathbf{M}_A = 0$:

$$\mathbf{r}_{AB} \times (B_x\ \mathbf{i} + B_y\ \mathbf{j} + B_z\ \mathbf{k}) + \mathbf{r}_{AC} \times (0\ \mathbf{i} + 0\ \mathbf{j} - 1472\ \mathbf{k}) = 0$$

$$B_x = 107\ \text{N},\ B_y = 429\ \text{N},\ B_z = 0\ \text{N}$$

$\Sigma \mathbf{F} = 0$:

$$(107 - A_x)\ \mathbf{i} + (429 - A_y)\ \mathbf{j} + (A_z - \text{G})\ \mathbf{k} = 0$$

$$A_x = 107\ \text{N},\ A_y = 429\ \text{N},\ A_z = 1{,}472\ \text{N}$$

$$A = \sqrt{A_x^2 + A_y{}^2 + A_z^2} = 1{,}537\ \text{N}$$

예제 4.10

그림 예 4.10(1)과 같이 봉 AB의 중심인 C점에 100 N의 힘이 작용하고 있을 때, 볼소켓 B점에서의 반력 및 케이블 AE와 AD의 장력을 구하여라.
케이블 AD와 AE는 각각 y축 및 x축에 평행하다. 강봉의 자중은 무시하여라.

미지값인 힘들은 볼소켓 지점에서의 병진력과 케이블의 장력이다.

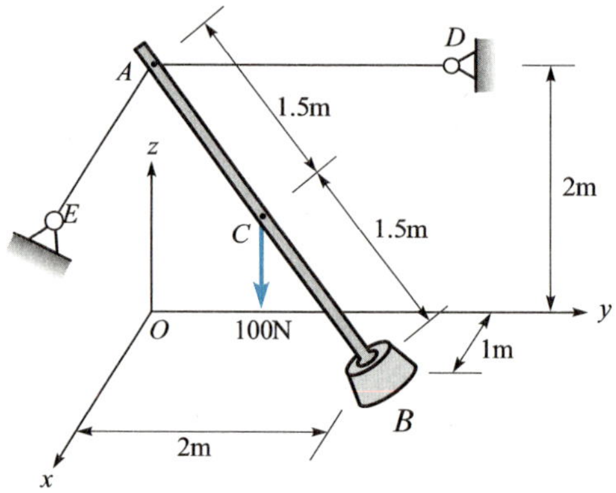

그림 예 4.10(1)

• 자유물체도

	x	y	z
A	0	0	2
B	1	2	0
C	0.5	1	1

$F_C = 100\,\text{N}$

• 벡터

$\mathbf{R_B} = (n_x, n_y, n_z)R_B$

$\mathbf{T_{AE}} = (1, 0, 0)\ T_{AE}$

$\mathbf{T_{AD}} = (0, 1, 0)\ T_{AD}$

$\mathbf{F_C} = (0, 0, -1)\ F_C$

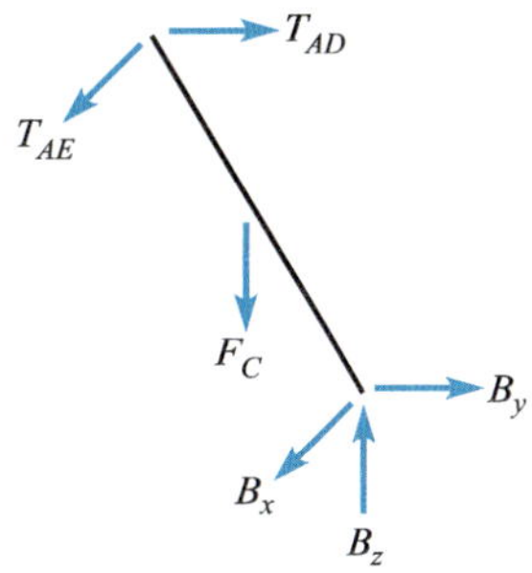

그림 예 4.10(2)

• 병진력의 평형

$\Sigma\mathbf{F} = \mathbf{F_C} + \mathbf{T_{AE}} + \mathbf{T_{AD}} + \mathbf{R_B}$

$= (0,0,-1)\,100 + (1,0,0)\ T_{AE}$

$+ (0,1,0)\ T_{AD} + (B_x, B_y, B_z) = 0$

$\Sigma F_x = 1.00\ T_{AE} + B_x = 0,\ B_x = -1.00\ T_{AE}$ ①

$\Sigma F_y = 1.00\,T_{AD} + B_y = 0,\ B_y = -1.00\ T_{AD}$ ②

$\Sigma F_z = -100.0 + B_z = 0,\ B_z = 100.0$

• 모멘트의 평형 : 점 B에 대한 모멘트 합을 취하면

$\Sigma \mathrm{M_B} = \mathbf{r_{BA}} \times (\mathbf{T_{AE}} + \mathbf{T_{AD}}) + \mathbf{r_{BC}} \times \mathbf{F_C} = 0$

$(-1, -2, 2) \times (\mathbf{T_{AE}} + \mathbf{T_{AD}}) + (-0.5, -1, 1) \times (-100) = 0$

$M_x = -2\,T_{AD} + 100 = 0 \rightarrow T_{AD} = 50$ ③

$M_y = 2\,T_{AE} - 50 = 0 \rightarrow T_{AE} = 25$ ④

$M_z = -1\,T_{AD} + 2\,T_{AE} = 0$ ✔

③, ④를 ①, ②에 대입

$B_x = -25\ \mathrm{kN},\ B_y = -50\ \mathrm{kN},\ B_z = 100\ \mathrm{kN}$

$B = 115\ \mathrm{kN}$

[검산]

$\Sigma M_A = 0$이 되는지 계산하여 보자.

B점에 모멘트 합을 취해야 식이 간단해 진다.

chapter 04 연습문제

4.1 힘 F가 $F_x = 30\,\mathrm{N}$, $F_y = -20\,\mathrm{N}$, $F_2 = 60\,\mathrm{N}$의 성분을 가지고 있다. 이 힘의 크기 F와 이 힘의 좌표축과 이루는 각 θ_x, θ_y, θ_z를 구하여라.

4.2 그림에서 힘 F의 직각분력을 구하고 힘을 단위 벡터로 표시하여라.

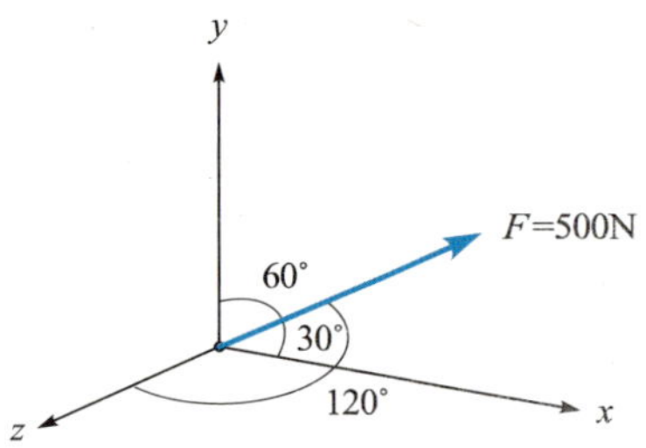

4.3 그림과 같이 60 kN의 힘이 작용하고 있을 때, 각 θ_x, θ_y, θ_z를 구하고 힘 F의 직각 분력을 구하여라.

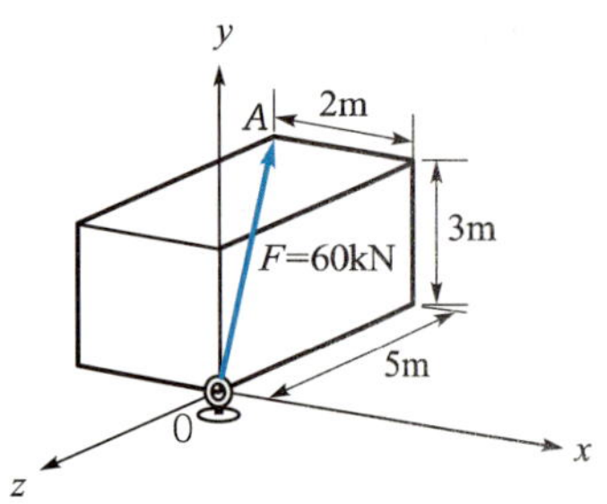

4.4 그림과 같이 힘 F가 물체의 한 점에 작용하고 있다. 힘 F의 직각 분력을 구하여라.

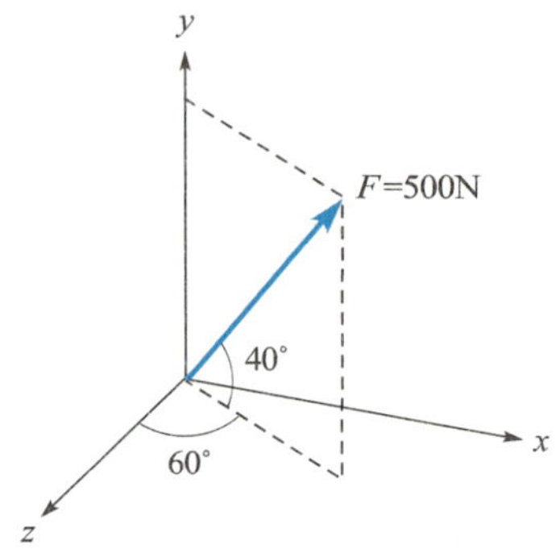

4.5 그림과 같이 물체의 세 힘이 작용하고 있다. 원점에 대한 세 힘의 모멘트의 합을 구하여라.

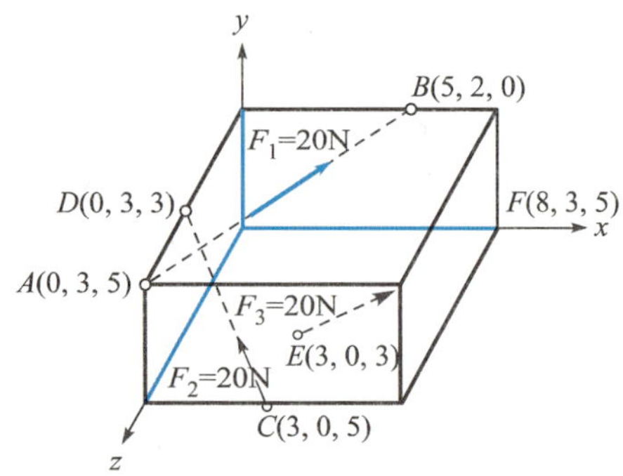

4.6 그림과 같이 500 kN의 힘이 볼트에 작용할 때, 그 힘 F의 직각분력을 구하여라.

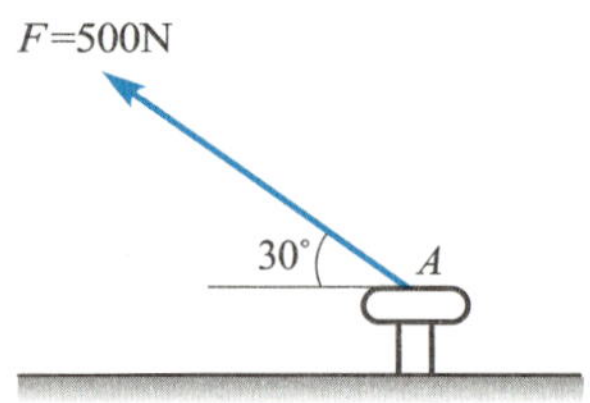

4.7 힘 F의 y방향의 성분의 크기는 600 N이다. 힘 F의 크기와 x, z방향 성분의 크기를 구하여라.

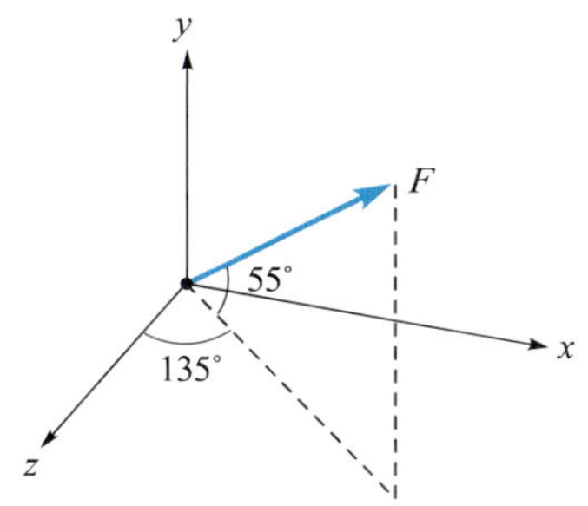

4.8 그림과 같이 한 절점 A에 작용하는 힘 계가 평형을 이루도록 하는 힘 F_1과 F_4를 구하여라.

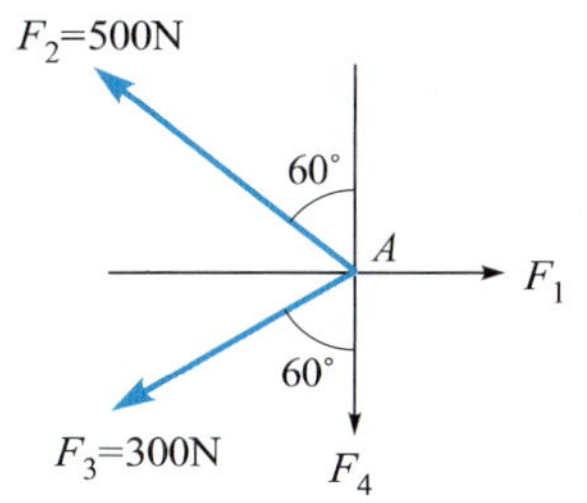

4.9 힘 F의 x방향의 성분의 크기가 500 N이고, $\theta_y = 40°$, $\theta_z = 60°$이다. 힘 F의 크기와 θ_x를 구하여라.

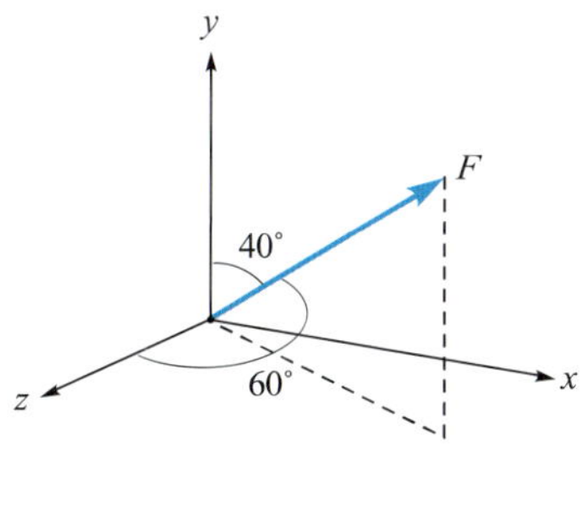

4.10 그림과 같이 100 N의 힘이 볼트에 작용하고 있을 때, θ_x, θ_y, θ_z를 구하고 힘 F의 직각분력을 구하여라.

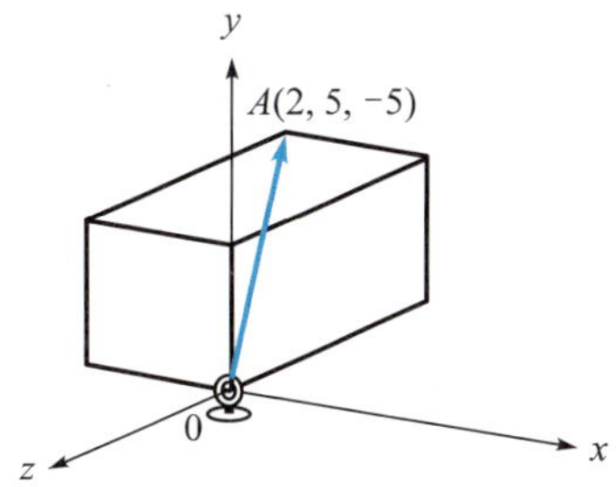

4.11 그림과 같은 브래킷에 힘 F가 500 N 작용하고 있다. AC 및 BC의 부재력을 구하여라.

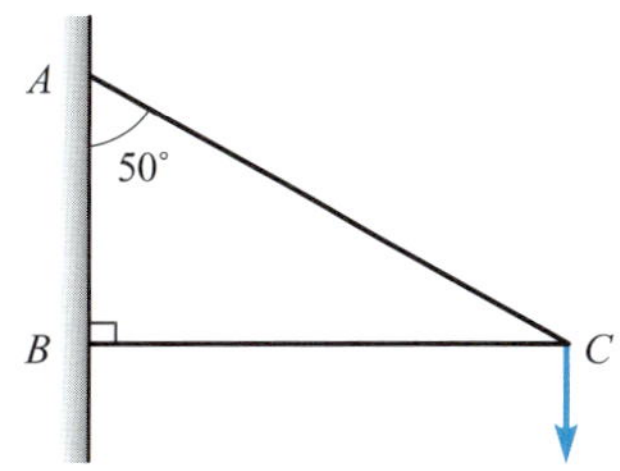

4.12 그림과 같이 교량 연결부에 3개의 힘이 작용하고 있다. 힘 P와 Q의 크기를 구하여라.

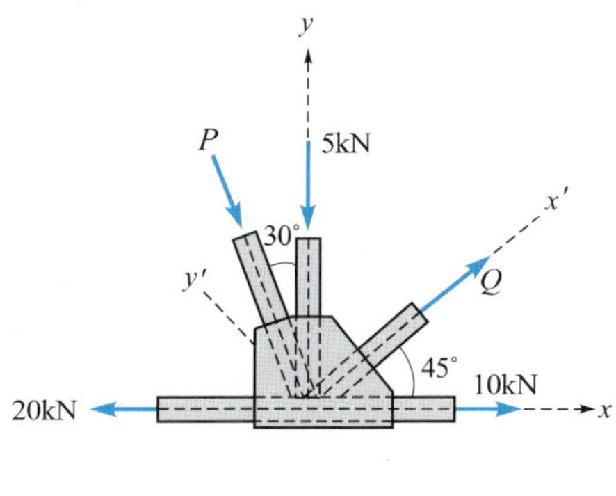

4.13 200 N의 힘이 x, y, z축과 30°, 60°, 150°를 이루고 있다. 이 힘의 직각분력을 구하여라.

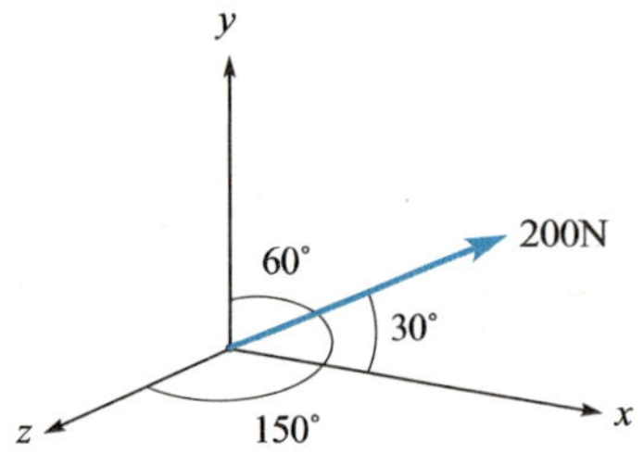

4.14 힘 F가 40 N, −60 N, 100 N의 성분을 가지고 있다. 이 힘의 크기 F를 구하고 이 힘이 좌표축과 이루는 각을 구하여라.

4.15 그림과 같이 강봉 OA가 케이블 AB, AC로 지지되어 있다. 강봉의 자중은 50 N이고 점A에 300 N의 돌이 매달려 있다. 지점 O의 반력의 크기를 구하여라.

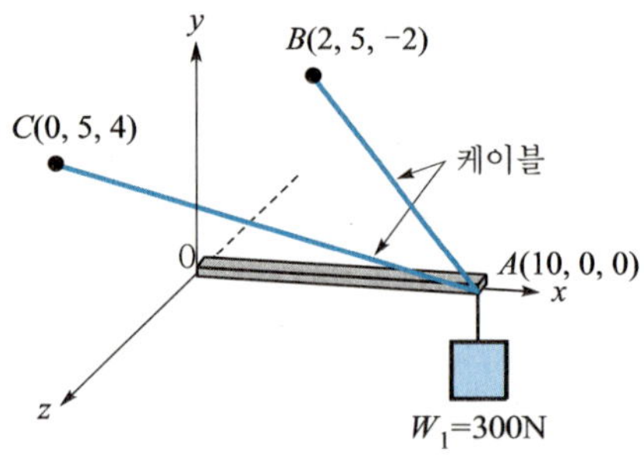

4.16 그림에서 500 N의 힘의 x, y, z성분과 좌표축과 이루는 각 θ_x, θ_y, θ_z를 구하여라.

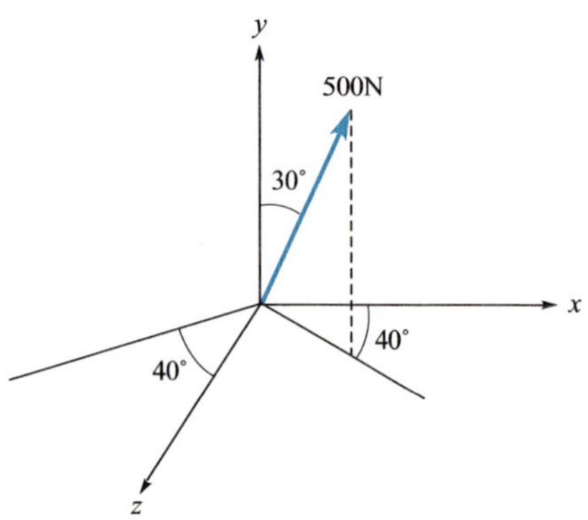

4.17 힘 $F = (64\ \mathrm{N})\,\mathrm{i} + (36\ \mathrm{N})\,\mathrm{j} - (25\ \mathrm{N})\,\mathrm{k}$일 때, 이 힘의 크기와 방향을 구하여라.

4.18 한 개의 힘이 좌표계의 원점에 $\theta_x = 60°$, $\theta_z = 50°$인 방향으로 작용하고, 이 힘의 y성분이 −200 N 일 때 각 θ_y와 힘의 나머지 성분들과 크기를 구하여라.

4.19 사각평판이 그림과 같이 세 개의 케이블에 의해 지지되어 있다. 케이블 AB의 장력이 500 N 일 때 점 B에 작용하는 힘의 성분을 구하여라.

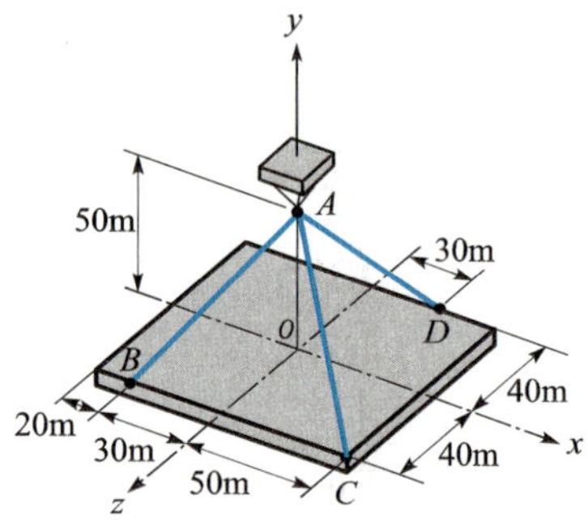

4.20 다음 그림과 같이 힘 P와 Q 두 힘이 20 N, 30 N로 작용할 때 두 힘의 합력의 크기와 방향을 구하여라.

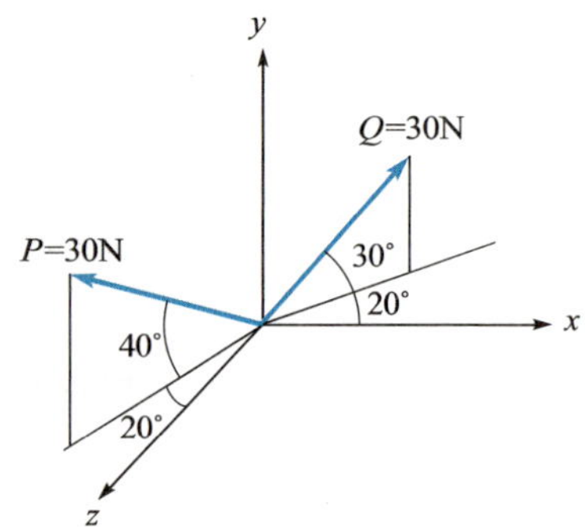

4.21 힘 F가 $\theta_x = 60°$, $\theta_y = 40°$의 방향으로 좌표계의 원점에 작용하고 있다. 이 힘의 x방향의 성분이 -20 N일 때 이 힘의 다른 성분들의 크기와 θ_z의 값을 구하여라.

4.22 다음 그림과 같이 무게 $W = 10$ N인 추가 세 개의 케이블에 의해 지지되어 있다. 각 케이블에 작용하는 인장력을 구하여라.

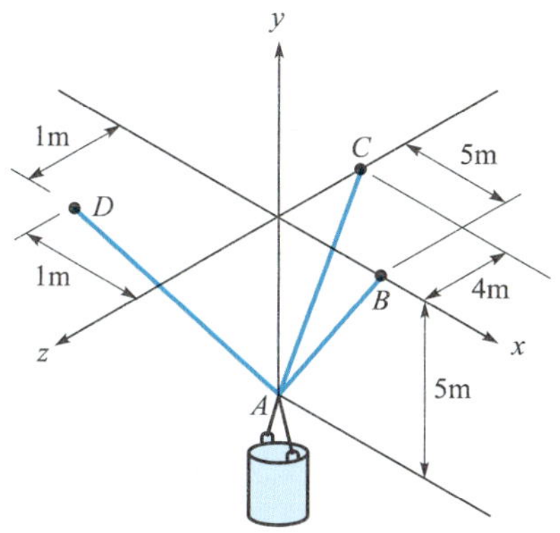

4.23 그림과 같은 10 m의 길이의 기둥을 세 가닥의 로프로 지지시키고 있다. 로프 BE에 의하여 작용하는 힘의 점 C에 대한 모멘트를 구하여라(단, BE의 장력은 60 N이다).

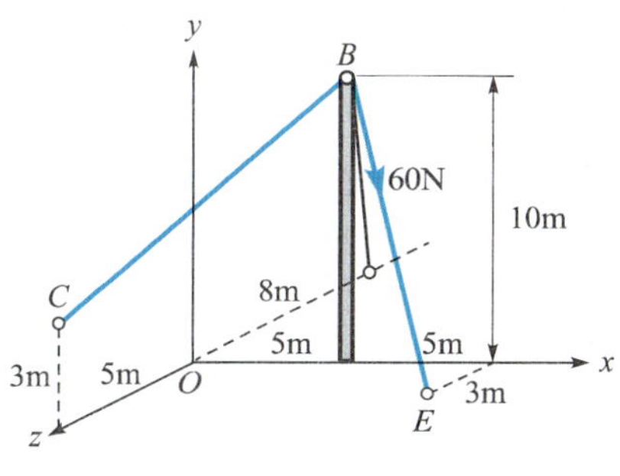

4.24 그림과 같이 합력이 100 N일 때 x, y, z 성분을 구하여라.

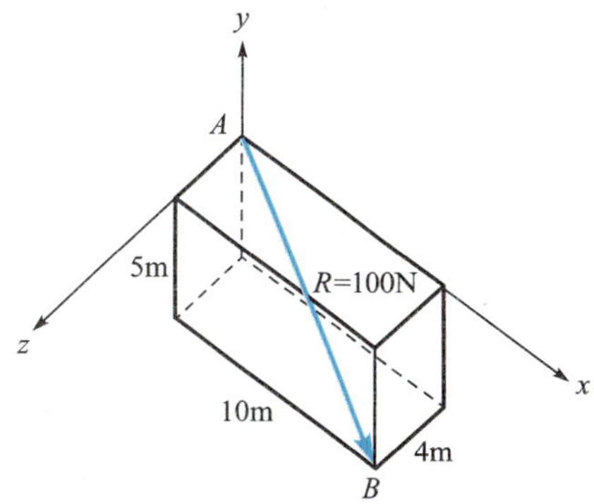

4.25 그림과 같은 기둥이 로프에 의해 A점에 고정되어 있다. 로프의 인장력은 200 N이다. A점에 작용하는 힘 F_x, F_y, F_z성분과 θ_x, θ_y, θ_z를 구하여라.

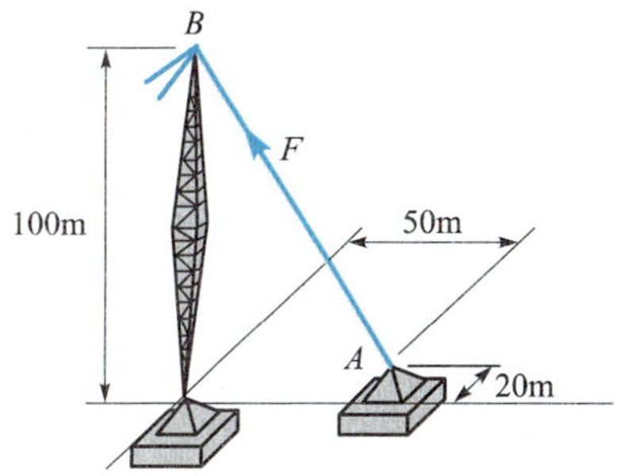

학습목표

- 트러스 구조물의 역학적 특징을 이해한다.
- 절점법과 단면법에 의한 트러스 구조물의 해석 방법을 익힌다.
- 핀으로 연결된 프레임 구조를 배운다.

STATICS

구조해석

CHAPTER 05

5.1 개 요

구조물(structures)이란 구조물에 작용하는 하중을 지지하거나 다른 부분으로 전달하기 위해 여러 종류의 부재들을 연결, 조립, 가공하여 연결된 시스템을 말한다. 일반적인 구조물의 예로는 교량, 댐과 같은 토목구조물, 빌딩, 아파트와 같은 건축구조물, 선반, 자동차와 같은 기계구조물이 있다.

이러한 구조물을 만들기 위해서 수행되는 여러 단계 중 하나가 구조물 해석 단계로, 하중이 구조물에 작용했을 때 구조물에 발생하는 현상인 구조물의 처짐 및 변형, 구조물을 지지하고 있는 지점에서의 반력 및 부재 내에 만들어지는 힘인 부재력(내력)을 구하는 단계이다.

정역학에서는 주로 반력을 구하는 방법에 관해 배우고, 처짐과 변형에 관해서는 재료역학에서 배우기 시작한다. 부재력의 경우, 트러스 구조물에 발생하는 부재력은 힘의 평형에 의해 구할 수 있음으로 정역학에서 다룰 수 있다.

이 장에서는 평형방정식만으로 반력을 구할 수 있는 정정구조물에 관해서만 배우며, 여러 종류의 구조물 중 가장 기본적인 종류인 트러스, 뼈대구조물, 기계구조물에 관해 배운다.

이러한 문제와 관련된 기본적인 물리이론으로는 뉴톤의 작용–반작용의 법칙이 있다. 이 법칙을 구조물에 적용하면, 구조물에 작용하는 하중은 구조물을 지지하고 있는 지점에서 발생하는 반력에 의해 평형을 이루어야 한다라고 말할 수 있다.

5.2 외력과 내력

구조물에 작용하거나 작용하는 힘에 의해 만들어지는 힘은 외력(external forces)과 내력(internal forces)으로 구분된다.

외력은 작용력과 반력으로 구분되며, 작용력은 구조물의 외부로부터 구조물에 작용하는 힘이고, 반력은 구조물을 고정하기 위해 만들어진 지점에서, 지점의 종류에 따라 발생하는 힘이다.

내력은 구조물을 구성하고 있는 부재들이 외력에 견디기 위해 부재의 내부에 발생하는 저항력으로 생각할 수 있으며, 축력, 전단력, 휨력 등이 있다. 휨력은 휨모멘트, 모멘트력 또는 단순히 모멘트라고만 하기도 한다.

구조물 해석 중 중요한 단계가 구조물을 이루고 있는 부재에 발생하는 내력을 구하는 단계로, 이 때 2장에서 배운 전달법칙은 성립하지 않는다.

5.3 트러스

5.3.1 트러스의 정의

트러스란 가늘고 긴 직선 부재의 끝을 힌지로 연결하여 만들어진 삼각형의 조합으로 된 뼈대구조물을 말한다. 부재로는 목재나 금속이 사용되며, 금속의 경우, 단면의 형상은 L형강, C형강, H형강들이 사용된다. 부재의 연결부는 그림 5.1(a)와 같이 보강판(gusset plate)이라고 불리는 판에 부재들을 볼트, 리벳으로 연결하거나 용접으로 연결하기도 한다. 목재의 경우, 그림 5.1(b)처럼 부재들을 못판에 의해 연결하여 만들 수 있다.

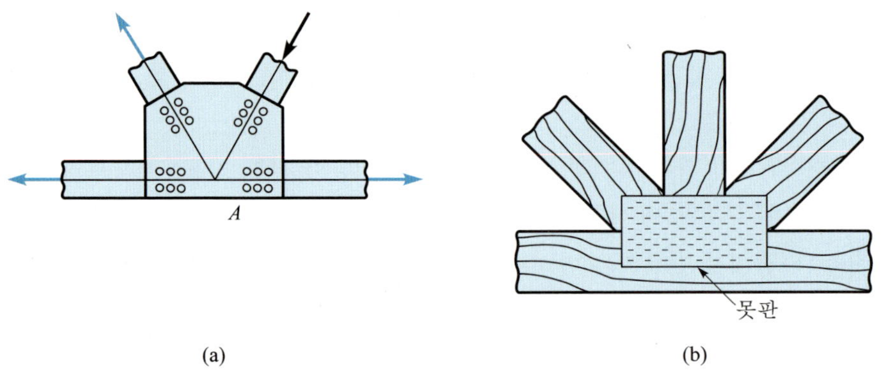

그림 5.1

5.3.2 트러스의 기본구조가 삼각형인 이유

트러스는 삼각형의 기본요소로 이루어져 있으며, 그림 5.2(a)와 같이 끝단이 핀으로 연결되어 있다. 이 삼각형 구조물의 A점에 수평력 F_A가 작용하는 경우, 부재 AB와 AC에는 축력만이 작용함으로 A점에서의 자유물체도는 그림 5.2(b)와 같다.

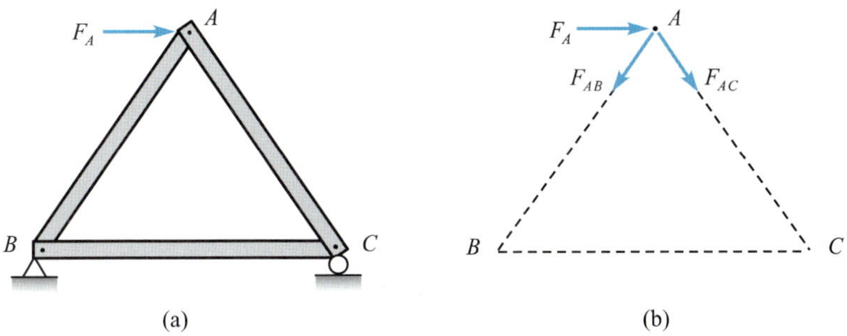

그림 5.2

그러나 기본구조를 그림 5.3(a)와 같이 사각형으로 한 경우, 수평력 F_A에 의해 절점 C와 D에서 회전이 가능함으로 불안정한 구조가 된다.

따라서 절점을 회전에 대해 저항할 수 있는 강결로 만든 경우, 부재 AC와 BD에는 그림 5.3(b)와 같이 휨이 발생하여 수평력을 부재의 휨으로 저항하게 된다. 일반적으로 부재는 축력보다는 휨에 대해 약함으로 그림 5.2(b)는 그림 5.2(a)에 비해 비경제적인 구조이다.

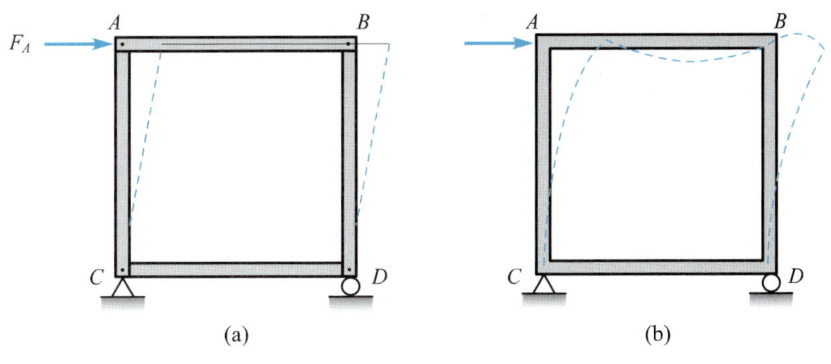

그림 5.3

5.4 평면트러스

평면트러스(plane truss)란 트러스를 이루고 있는 모든 부재가 동일 평면 상에 놓여 있는 트러스를 말한다.

평면트러스를 설명하기 위해 트러스 교량이 그림 5.4(a)에 나타나 있다.

트러스교량은 그림 5.4(a)와 같이 교량의 양쪽을 각각 하나의 평면트러스로 만들고 두 트러스의 상부는 횡브레이싱으로 연결하고, 차량이 통과하는 하부는 가로보 위에 세로보를 설치하고 세로보 위에 상판(바닥 슬래브)을 설치하여 만들 수 있다. 상판 위를 통과하는 차량에 의해 발생하는 하중이 세로보를 거쳐 가로보를 통해 가로보와 연결된 양쪽의 수직 평면트러스로 전달된다. 따라서 그림5.4(b)의 수직트러스의 부재력은 전체 교량에서 분리된, 독립적인 평면트러스 문제로 풀 수 있다.

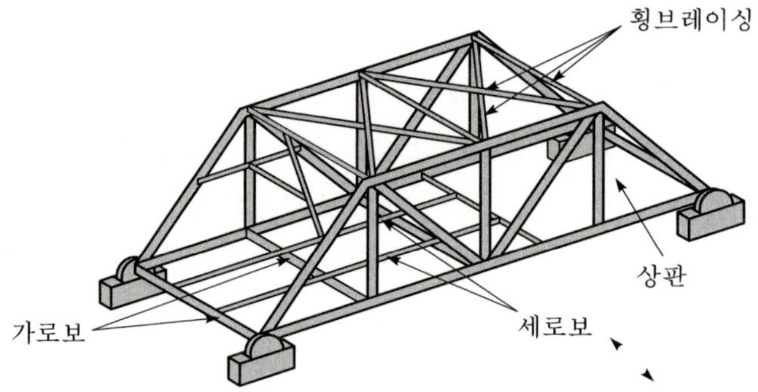

그림 5.4(a)

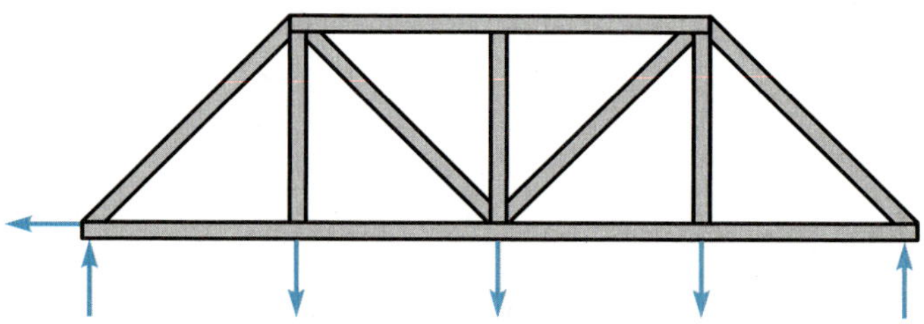

그림 5.4(b) 교량트러스

5.4.1 트러스 해석을 위한 가정

트러스구조물의 설계란 트러스 부재의 소요단면 크기와 연결부 상세를 결정하는 작업으로, 트러스구조에 작용하는 하중에 의해 각 부재에 발생하는 부재력을 구해야 한다. 이 때 사용되는 두 가지 가정은 다음과 같다.

1) 가정 1

모든 하중은 부재와 부재의 연결점인 절점에 작용한다.

트러스 해석을 위해 모든 하중이 핀연결부인 절점에 작용한다는 가정은 모든 트러스에 적용될 수 있다. 교량트러스의 경우, 주요 하중은 교량상판을 통해 트러스 절점에 작용하며, 트러스 부재에 직접 작용하는 풍하중의 경우, 반씩이 절점에 작용하는 것으로 가정하여도 해석결과에 큰 영향을 미치지 않는다.

2) 가정 2

모든 절점은 힌지로 되어 있다.

트러스를 구성하고 있는 부재들은 그림 5.1과 같이, 보기에는 회전이 가능하지 않게 보이나 힌지로 가정한다.

위 두 가정에 의해 트러스 부재에는 축력만이 작용하여, 부재를 당기는 인장력 또는 부재를 미는 압축력이 작용한다. 이와 같이 부재에는 두개의 힘이 작용함으로 이와 같은 부재를 이력부재(two-force members) 또는 두힘부재라 한다.

3) 힌지란?

힌지라 함은 회전이 자유스러운 절점을 말한다. 그러므로 힌지로 연결된 트러스 부재에는 병진력만 작용하게 된다.

4) 트러스 부재가 이력부재인 이유

그림 5.5는 트러스구조에서 하나의 부재만을 나타낸 것이다. 부재의 양끝을 힌지로 만들었음으로, 부재의 양 끝단에는 병진력 F만 존재한다. 만약 이 힘 F가 그림 5.5와 같이 부재 축과 동일한 선상에 있지 않다면 힘 **F**는 B점에 대해 회전력을 만들어 내나 B점이 힌지임으로 이 회전력에 대해 저항할 수 없다. 따라서 이 부재는 약간의 변위를 일으키고, 이 변위 이후 힘 **F**는 부재축과 동일선상에 있게 되어 부재에는 축력만 작용하게 된다.

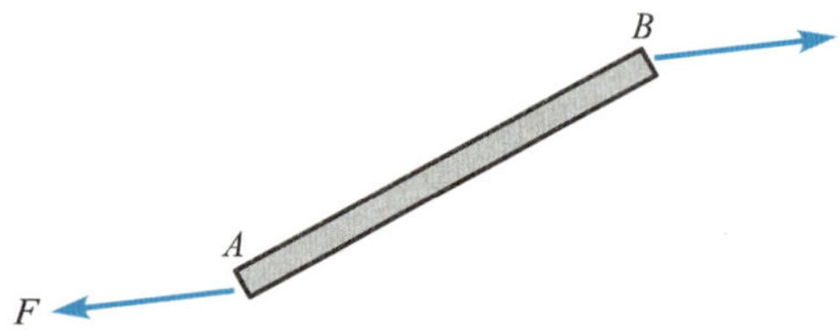

그림 5.5

생각하기!!

트러스 절점을 힌지로 봐도 되는 이유

그림 5.6(a)와 같이 실제 트러스 구조물의 절점은 용접이나 리벳 또는 볼트에 의해 여러 개의 부재가 연결되어 있어 실제로는 회전력에 대해서도 어느 정도의 저항능력을 가지고 있다.

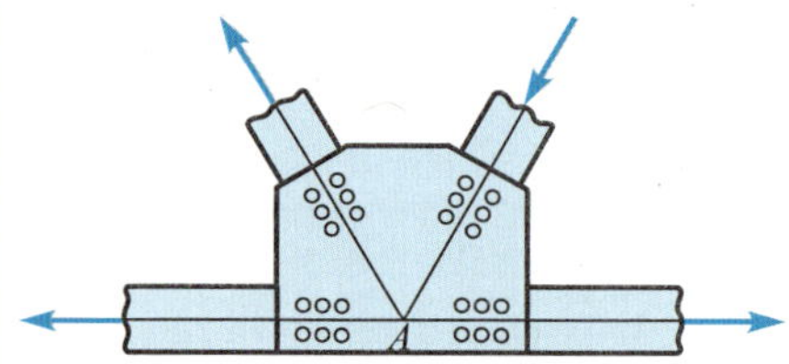

그림 5.6(a)

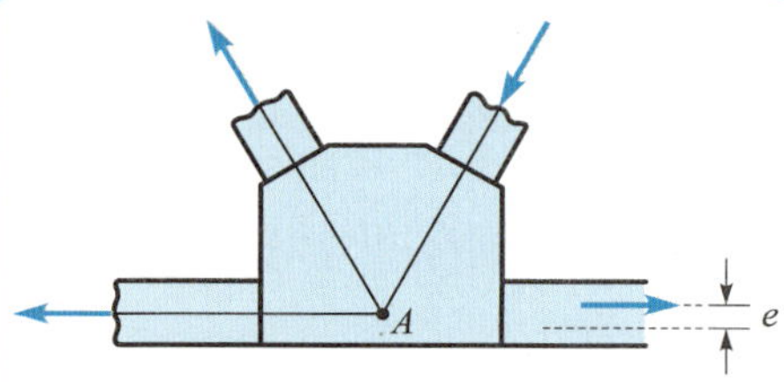

그림 5.6(b)

그러나 이를 회전력에 저항능력이 전혀 없는 힌지로 가정하는 경우, 보수적인 해석이 되어 유리하다. 보수적이란 안전측으로 설계가 된다는 의미로, 이에 따라 해석이 단순하여 지고, 부재 설계가 단순하여지는 등 여러 가지 장점을 갖게 된다. 또한 절점에 회전력이 작용하지 않기 위해서는 한 절점에서 만나는 각 부재의 도심축이 한 점에서 만나야 한다. 그림 5.6(b)에서와 같이 부재 A가 도심축을 지나지 않는 경우, F와 e의 곱에 의한 회전력이 작용하기 때문이다.

도심축이란 각 단면의 도심을 연결한 축으로 8장에서 배운다. 일단 부재의 중심축이라는 일반적인 개념으로 이해하고 넘어가자.

5.4.2 평면트러스 예

그림 5.7에는 사용되고 있는 여러 종류의 평면트러스가 나타나 있다.

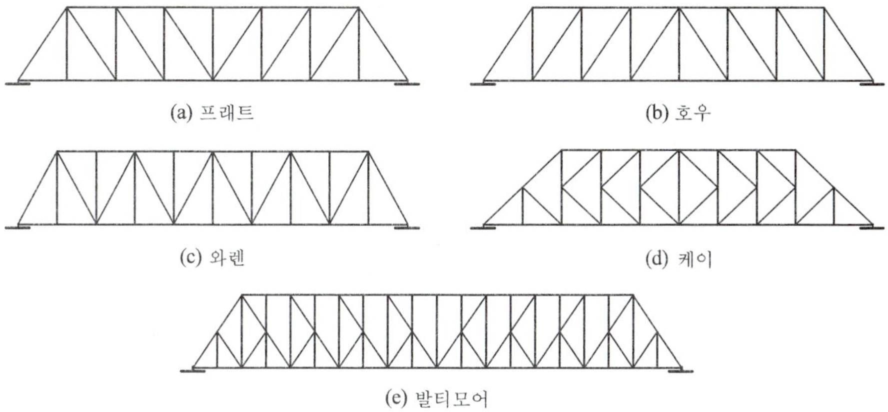

(1) 일반적인 교량트러스

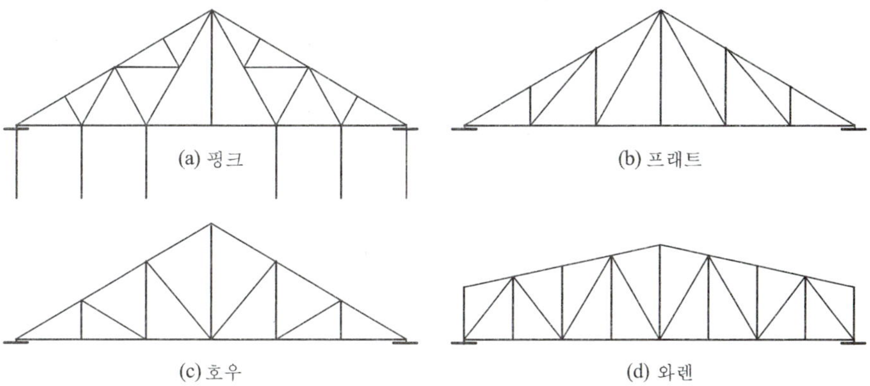

(2) 일반적인 지붕트러스

그림 5.7

5.4.3 평면트러스 해석법

단순트러스의 부재력을 구하는 고전적인 방법은 두 가지가 있으며, 자유물체도를 어떻게 정하는가에 따라 첫째, 절점에서의 자유물체도에 평형조건을 적용하여 구하는 절점법과 둘째, 적절히 단면을 잘라 단면에 평형조건을 적용하여 구하는 단면법이 있다.

정역학에서 다루는 구조물은 평형조건식만으로 반력을 구할 수 있는 구조물로, 이러한 트러스 구조물을 단순트러스라 한다. 단순트러스의 경우, 구조물 전체를 강체로 보고, 구조물 전체에 대한 자유물체도를 작성하고 이 자유물체도에 평형조건식을 적용하여 반력을 구하고, 다음 단계로 위에 언급된 절점법 또는 단면법에 의해 부재력을 구한다.

절점법의 경우 반력을 구하는 단면의 생략이 가능한 경우도 있다.

5.4.4 단순트러스

삼각형 하나로 이루어진 트러스구조인 그림 5.8(a)는 안정한 구조로, 축력에 의해 부재를 파괴 시킬 만큼의 큰 하중이 아닌, 일반적 크기의 하중 하에서는 파괴가 일어나지 않으며, 이때 부재의 축력은 부재의 길이를 아주 미소하게 변화시킴으로 전체 삼각형 모양은 변하지 않는다고 가정하여도 된다.

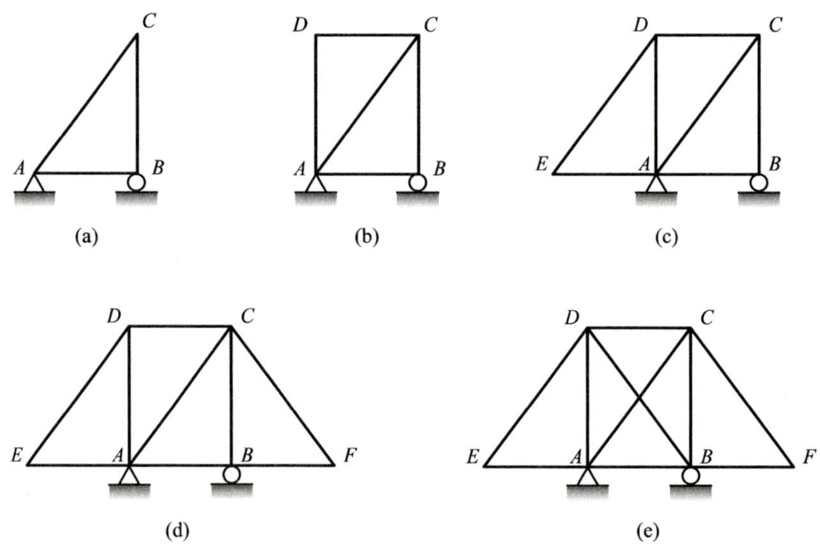

그림 5.8

그림 5.8(a)와 같이 힌지지점과 롤러지점에 설치된 하나의 삼각형으로 이루어진 트러스구조물에 하나의 절점과 두 개의 부재를 추가함으로써 그 크기가 커지며, 이러한 트러스는 모두 안정한 구조가 된다. 이러한 방법으로 만들어진 트러스 구

조물을 단순트러스(simple truss)라 한다. 단순트러스는 평형조건식만으로 해석이 가능하다.

그림 5.8(b)는 그림 5.8(a)에 두 개의 부재를 추가하였으며, 그림 5.8(c), 그림 5.8(d)는 그림 5.8(b)로부터 계속적으로 두 개의 부재를 추가하여 만들어지는 트러스이다.

그림 5.8(e)는 부재 AC와 교차 되도록 부재 BD를 설치한 것으로, 절점은 추가되지 않았다. 따라서 추가된 두 부재의 부재력을 구하기 위한 평형조건식을 작성할 절점의 수가 부족한 것을 알 수 있다.

5.4.5 정정트러스, 부정정트러스, 불안정 트러스의 판별법

단일 삼각형인 그림 5.8(a)의 트러스 구조로부터 그림 5.8(b)~그림 5.8(d)와 같이, 하나의 절점과 두 개의 부재가 계속적으로 추가되어 만들어지는 트러스는, 새로운 절점에서 평형방정식이 만들어 짐으로, 추가된 두 부재의 부재력을 구할 수 있다.

그러나 그림 5.8(e)와 같이 절점의 추가 없이 부재 BD만 추가되면 이 부재의 부재력을 구하기 위한 추가의 평형 방정식을 만들 수 없음으로 이 트러스는 부정정이 된다. 이로부터 트러스의 정정과 부정정 및 불안정 여부를 판별할 수 있는 판별식인 식 (5-1)의 유도가 가능하다.

5.4.6 판별식의 유도

트러스의 절점 수를 j, 부재의 수를 m, 반력의 수를 r이라 하면 절점당 두 개의 평형조건식의 작성이 가능하므로 사용가능한 방정식의 총수는 $2j$이고 미지수의 수는 $m+r$이 된다.

정정트러스에서는 방정식의 수와 미지수의 수가 같아야 하므로 $2j = m+r$ 이라는 판별식이 가능하다. 반면에 $2j < m+r$이면 필요한 수만큼의 평형방정식의 작성이 불가능함으로, 트러스는 부정정이 되며 $2j > m+r$이면 부재의 수가 부족한 것을 의미하며, 트러스는 불안정하게 된다.

트러스 판별식

$2j = m + r$ 이면, 정정 트러스 (5–1a)

$2j < m + r$ 이면, 부정정 트러스 (5–1b)

$2j > m + r$ 이면, 불안정 트러스 (5–1c)

j : 트러스의 절점 수, m : 부재의 수, r : 반력의 수

트러스 판별식을 이용하여 그림 5.8(a)와 그림 5.8(e)에 나타낸 트러스의 정정 여부를 판별하여 보자.

그림 5.8(a) : 절점 3, 부재 3, 반력 3
$2 \times 3 = 3 + 3$, 정정

그림 5.8(b) : 절점 4, 부재 5, 반력 3
$2 \times 4 = 5 + 3$, 정정

그림 5.8(c) : 절점 5, 부재 7, 반력 3
$2 \times 5 = 7 + 3$, 정정

그림 5.8(d) : 절점 6, 부재 9, 반력 3
$2 \times 6 = 9 + 3$, 정정

그림 5.8(e) : 절점 6, 부재 10, 반력 3
$2 \times 6 < 10 + 3$, 부정정

만일 그림 5.9와 같이, 중앙의 부재 AC가 없다면 이 판별식은 $2 \times 6 > 8 + 3$이 되어 불안정인 것을 알 수 있다. 즉 가운데 사각형 ABCD가 수평하중에 저항하지 못하는 구조임을 알 수 있다.

단순트러스 구조물에서 부재력을 구하는 단계는 크게 아래와 같이 나누어진다.

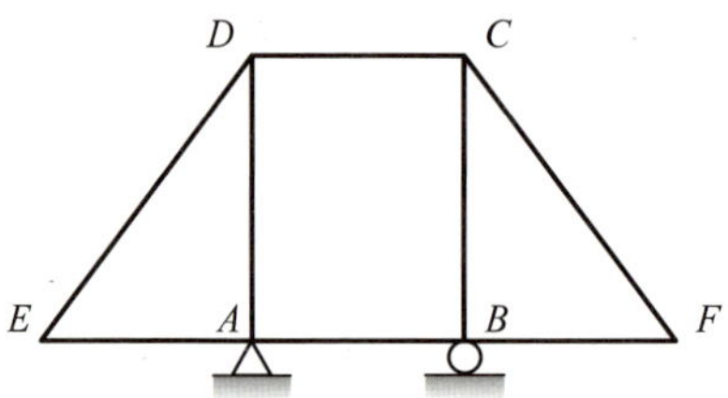

그림 5.9

5.4.7 단순트러스 구조물에서 부재력을 구하는 단계

단계 1) 전체구조물의 자유물체도에 의한 반력 산정.
단계 2) 절점법 또는 단면법에 의한 부재력 산정.

먼저 절점법의 사용에 대해 공부하기로 한다.

5.4.8 축력의 부호규약

인장력을 +, 압축력을 −로 한다.

5.5 절점법

절점법이란 각 절점에서의 평형조건에 의해 부재력을 구하는 방법으로, 절점에 연결된 부재에는 축력만이 작용함으로, 작성 가능한 평형방정식은 병진력에 의한 두 개의 평형조건식이다. 따라서 3개 이상의 부재가 연결된 절점은 부재력을 구할 수 없으므로, 그 중 한 부재의 부재력을 인근 절점으로부터 구하여 미지 부재력의 수를 두 개로 줄인 후에야 절점법의 적용이 가능하다.

절점법에 의한 트러스의 해석 단계를 표로 정리하면 표 5.1과 같다.

반력을 구하는 단계인, 단계 1에서는 전체구조물을 강체로 가정하여, 내부의 부재는 무시하고, 전체 트러스의 윤곽선을 따라 그려진 모양의 구조물로 취급하면 된다.

단계 2에서는 평형조건식의 작성이 용이한 절점부터 순서대로, 절점에서의 자유물체도를 작성하고, 평형조건식을 적용하여 부재력을 구한다.

표 5.1

절점법에 의한 트러스 해석 단계
단계 1 : 반력 산정 ① 전체 구조물의 자유물체도 작성 ② 전체 구조물의 자유물체도에 평형방정식을 적용하여 지점 반력 산정
단계 2 : 절점에서의 평형조건에 의한 부재력 산정 ① 평형방정식 적용을 위한 절점 순서 결정 ② 결정된 순서에 따라 각 절점에서의 미지 부재력 산정

절점법의 경우, 반력을 구하기 전에 부재력을 구할 수 있는 부재도 있다.

예제 5.1

그림 예 5.1(1)에 나타낸 트러스의 각 부재력을 구하시오.

모든 부재력을 구하는 문제이므로, 절점법을 적용한다.

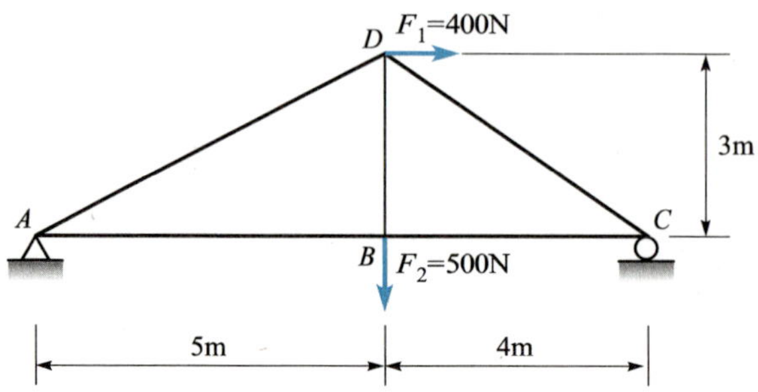

그림 예 5.1(1)

(a) 반력 산정

절점법으로 부재력을 구하기 위한 첫 단계로, 반력을 구한다.

자유물체도 작성요령 : 미지의 힘인 A_x, A_y, C_y는 좌표의 +방향으로 가정한다. 부호의 착오를 방지하기 위해 작용력 F_2도 좌표의 +방향으로 표시하고, 크기는 -500 N 으로 썼다.

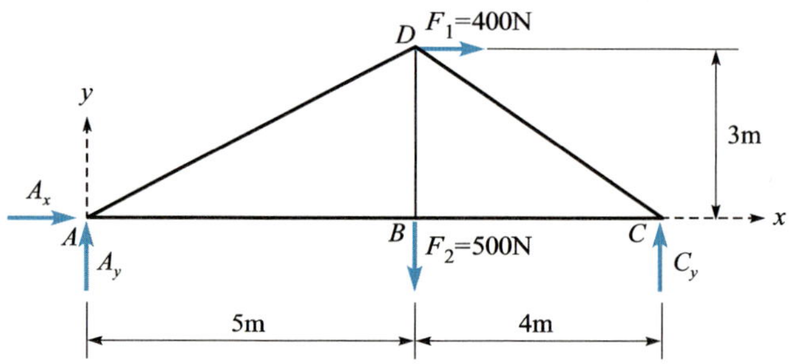

그림 예 5.1(2)

계산의 양이 같음으로 ΣM_C와 ΣM_A 중 어느 것을 먼저 하여도 좋다.

(↺+) : 반시계방향향을 +로 한다는 의미이다.

$$\Sigma M_C = -A_y l_{AC} - F_1 l_{BD} + F_2 l_{BC} = 0 \ (\circlearrowleft +)$$

$$A_y = (-F_1 l_{BD} + F_2 l_{BC}) / l_{AC} \qquad A_y = 89 \text{ N}$$

$$\Sigma M_A = C_y l_{AC} - F_1 l_{BD} - F_2 l_{AB} = 0$$

$$C_y = (F_1 l_{BD} + F_2 l_{AB}) / l_{AC} \qquad C_y = 411 \text{ N}$$

(+) : →방향을 +로 한다는 의미이다.

$$\Sigma F_x = A_x + F_1 = 0 \ (\overset{+}{\rightarrow})$$

$$A_x = -400 \text{ N}$$

A_x가 −값이므로 가정한 방향과 반대로 작용한다.

(b) 절점 A

절점 A 에 작용하는 부재력은 인장력으로 가정하였다. 앞의 계산에서 A_x가 − 값으로 구해졌지만, 착오를 막기 위해, 절점 A 에서의 자유물체도에 + 방향으로 그리고 $A_x = -400$ N 을 입력하는 것이 좋다.

$$\Sigma F_y = (F_{AD})_y + A_y = 0 \ (+\uparrow)$$

$$(F_{AD})_y = -89 \text{ N}$$

$$(F_{AD})_x = (l_{AB}/l_{BD})(F_{AD})_y = -148 \text{ N}$$

$$F_{AD} = \sqrt{(F_{AD})_x^2 + (F_{AD})_y^2} = -173 \text{ N}$$

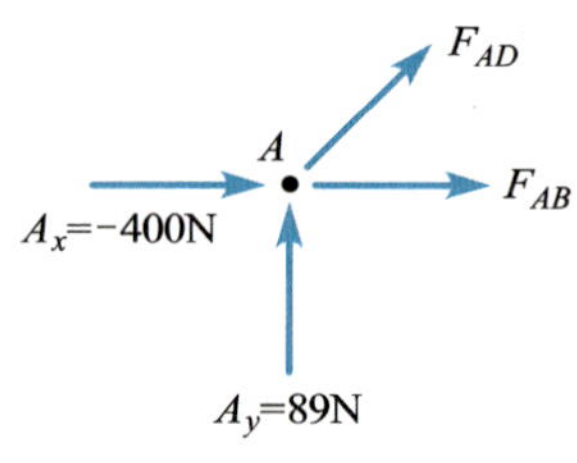

그림 예 5.1(3)

$$\Sigma F_x = F_{AB} + (F_{AD})_x + A_x = 0 \ (\overset{+}{\rightarrow})$$

$$F_{AB} = 548 \text{ N}$$

(c) 절점 B

$$\Sigma F_x = F_{BC} - F_{BA} = F_{BC} - F_{AB} = 0$$

$$F_{BC} = F_{AB} = 548 \text{ N}$$

$$\Sigma F_y = F_{BD} - F_2 = 0$$

$$F_{BD} = 500 \text{ N}$$

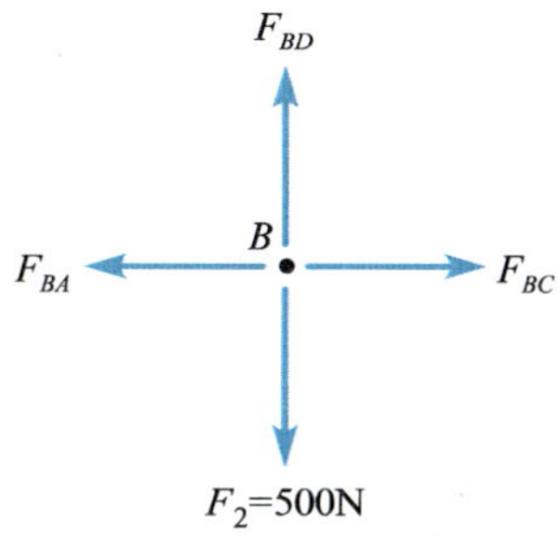

그림 예 5.1(4)

(d) 절점 C

$$\Sigma F_y = (F_{CD})_y + C_y = 0$$

$$(F_{CD})_y = -411 \text{ N}$$

$$(F_{CD})_x = \left(\frac{l_{BC}}{l_{BD}}\right)(F_{CD})_y = -548 \text{ N}$$

$$F_{CD} = \sqrt{(F_{CD})_x^2 + (F_{CD})_y^2} = -685 \text{ N}$$

[검산] $\Sigma F_x = (F_{CD})_x + F_{CB} = 0$ ✔

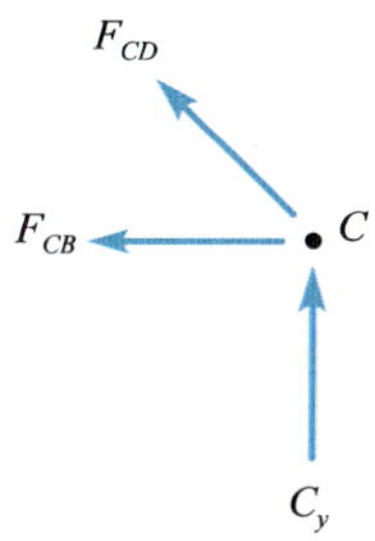

그림 예 5.1(5)

(e) 절점 D(검산)

$$\Sigma F_x = F_1 - (F_{DA})_x + (F_{DC})_x = 0$$

$$\Sigma F_y = -(F_{DA})_y - (F_{DC})_y - F_{DB} = 0$$

절점 C까지에서 모든 부재력을 다 구했지만, 절점 D에서의 평형이 만족되는지를 구하여 검산하였다.

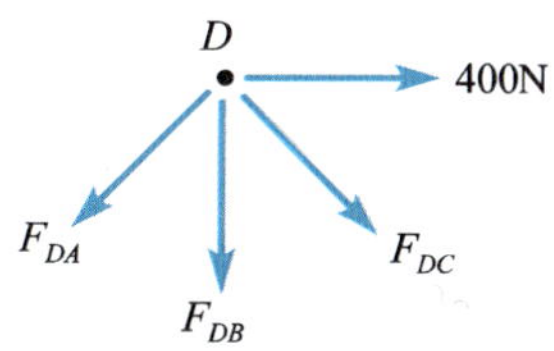

그림 예 5.1(6)

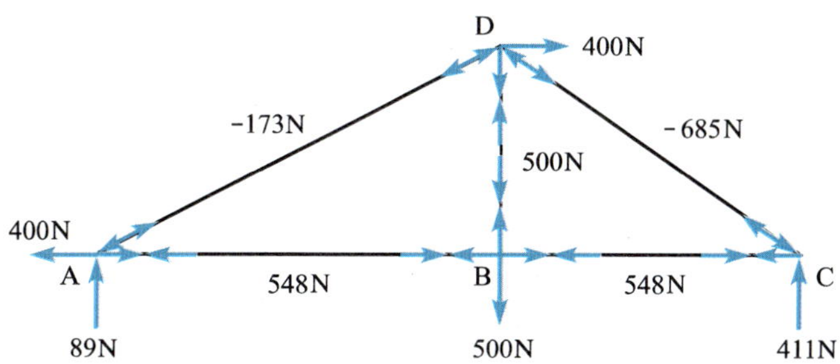

그림 예 5.1(7)

왜 부재력 F_{AD}와 F_{AB}를 위 그림의 방향으로 같이 가정하는 것이 부재 AD와 AB의 인장력인지는 옆에 설명하였다.

이해하기!!

• **부재력의 방향 가정 방법**

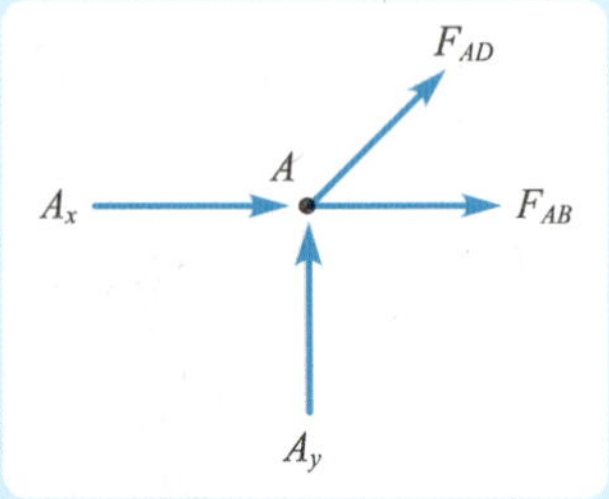

절점 A를 예를 들어 설명하자. 절점 A의 자유물체도인 왼쪽 그림에서 반력 A_x와 A_y는 부재력 산정의 첫 번째 단계인 반력산정 단계에서 이미 구하였다.

부재력 F_{AD}와 F_{AB}을 구하는 단계를 구분하면 다음과 같다.

① 부재력의 방향을 가정한다.
부재력은 부재에 인장이 발생하는 방향으로 가정한다.

② 평형조건식을 적용하여 방정식을 작성하고, 방정식을 풀어 미지력을 구한다.

• **왜 부재력을 인장력으로 가정해야 하나?**

인장력으로 가정한 경우 실제의 부재력이 압축력이라면 계산 결과가 –가 된다. 그러므로 축력의 부호 규약과 같은 부호를 얻게 된다. 따라서 축력의 방향을 별도로 생각할 필요가 없다.

• **절점에서 나가는 방향의 힘이 인장력인 이유**

부재 AB를 예를 들어 설명하자.

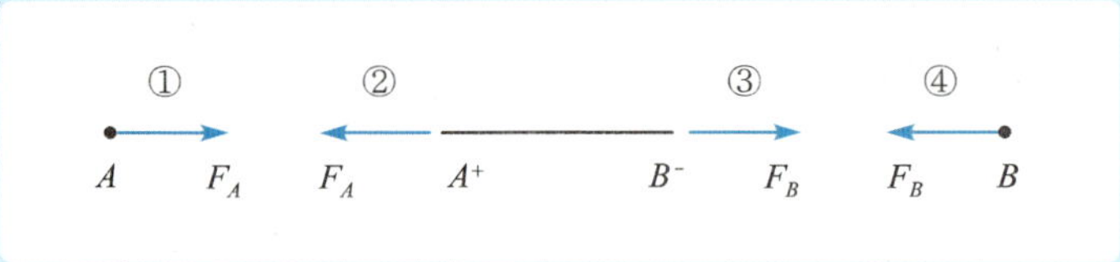

위의 그림은 부재 AB를 절점과 부재로 구분한 그림으로, A^+는 절점 A를 바로 지난 점을 의미하며, B^-는 절점 B의 바로 직전의 점임을 의미한다.

점 A, A^+, B^-, B 네 개의 점은 실제로는 붙어서 하나의 부재를 형성하기 때문에, 부치는 경우, 평형이 되어야 한다.

그러므로 먼저 점 A와 A^+를 부치면 평형이 되어야 함으로, 즉 힘의 합이 0이어야 함으로, 힘 ①과 ②는 그림에서와 같이 크기는 같고 방향은 반대이어야 한다.

B^-점에서의 힘 ③은 $A^+ \sim B^-$ 부분도 평형이어야 함으로, 그림과 같이 힘 ②와 크기는 같고 방향이 반대이어야 한다. 힘 ④도 동일한 이유로 힘 ③과 크기는 같고 방향이 반대이다.

따라서 절점 A와 B에서 나가는 방향으로 가정한 힘 ①과 ④가 $A^+ \sim B^-$ 부분에 인장력을 만드는 것을 알 수 있다.

예제 5.2

그림 예 5.2(1)에 나타낸 트러스의 각 부재력을 구하시오.

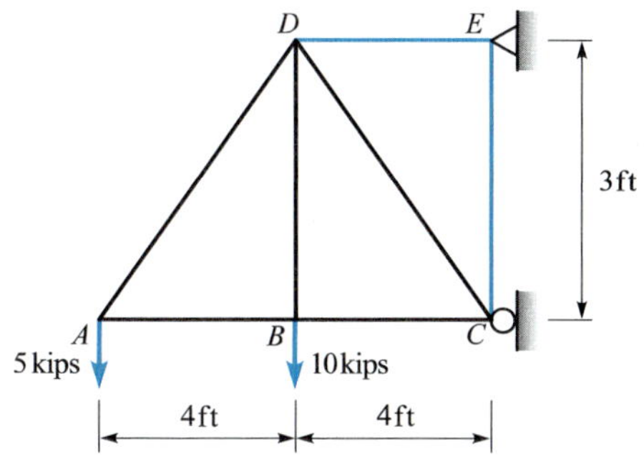

그림 예 5.2(1)

그림 예 5.2(1)은 캔틸레버트러스이다.

(a) 반력 산정

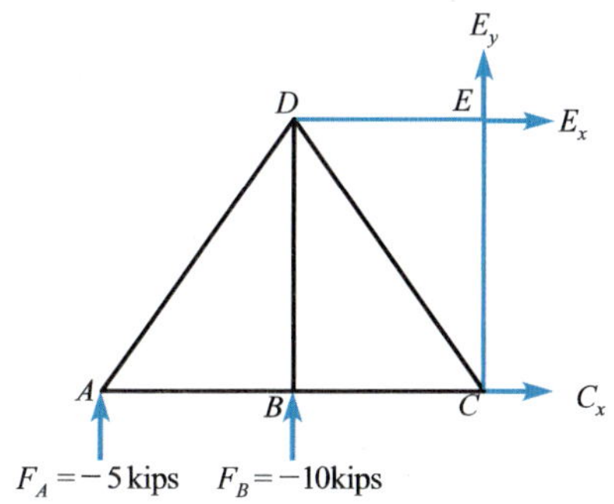

그림 예 5.2(2)

그림 예 5.2(2)에는 기지값인 F_A와 F_B를 +방향으로 그리고 값을 −로 표시하였다. 물론 그림 예 5.2(1)과 같이 하여도 되며 여러분들이 착오를 일으키지 않는 방법으로 하면 된다.

$$\Sigma M_C = F_A\, l_{AC} + F_B\, l_{BC} + E_x\, l_{CE} = 0 (\circlearrowright)$$

$$E_x = -(F_A\, l_{AC} + F_B\, l_{BC})/\, l_{CE},\ E_x = 27 \text{ kips}$$

$$\Sigma M_E = F_A\, l_{AC} + F_B\, l_{BC} - C_x l_{CE} = 0 (\circlearrowright)$$

$$C_x = (F_A\, l_{AC} + F_B\, l_{BC})/\, l_{CE},\ C_x = -27 \text{ kips}$$

$$\Sigma F_y = E_y + F_A + F_B = 0 (\uparrow)$$

$$E_y = -(F_A + F_B),\ E_y = 15 \text{ kips}$$

(b) 절점 A

$$AD = \sqrt{l_{AB}^{\ 2} + l_{DB}^{\ 2}} = 5 \text{ ft}$$

$$\Sigma F_y = F_A + F_{AD}(l_{DB}/\, l_{AD}) = 0 (\uparrow)$$

$$F_{AD} = -F_A(l_{AD}/\, l_{DB}),\ F_{AD} = 8 \text{ kips}$$

$$\Sigma F_x = F_{AD}(l_{AB}/l_{AD}) + F_{AB} = 0 (\rightarrow)$$

$$F_{AB} = -F_{AD}(l_{AB}/l_{AD}),\ F_{AB} = -7 \text{ kips}$$

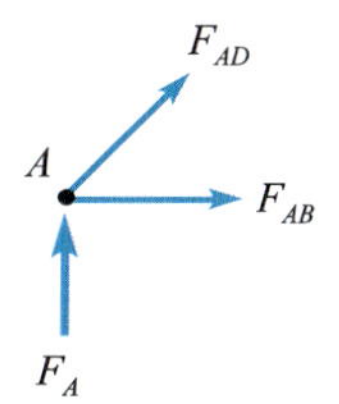

그림 예 5.2(3)

(c) 절점 B

$$\sum F_x = -F_{BA} + F_{BC} = 0\ (\xrightarrow{+})$$

$$F_{BC} = F_{BA} = F_{AB},\ F_{BC} = -7\ \text{kips}$$

$$\sum F_y = F_B + F_{BD} = 0,\ F_{BD} = 10\ \text{kips}$$

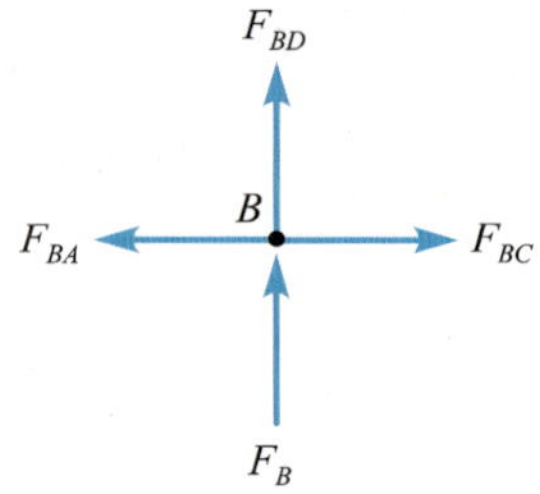

그림 예 5.2(4)

(d) 절점 C

$$l_{DC} = \sqrt{l_{DB}^2 + l_{BC}^2} = 5\ \text{ft}$$

$$\sum F_x = C_x - F_{CB} - F_{CD}(l_{CB}/l_{DC}) = 0$$

$$F_{CD} = (C_x - F_{BC})(l_{DC}/l_{CB})$$

$$\rightarrow F_{CD} = -25\ \text{kips}$$

$$\sum F_y = F_{CD}(l_{BD}/l_{DC}) + F_{CE} = 0$$

$$F_{CE} = -F_{CD}(l_{BD}/l_{DC}),\ F_{CE} = 15\ \text{kips}$$

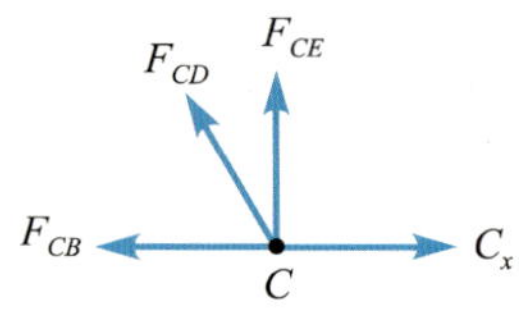

그림 예 5.2(5)

(e) 절점 E

$$\sum F_x = E_x - F_{ED} = 0$$

$$F_{ED} = E_x,\ F_{ED} = 27\ \text{kips}$$

[검산]

$$\sum F_y = -F_{EC} + E_y$$

$$= -F_{CE} + E_y = 0\ ✔$$

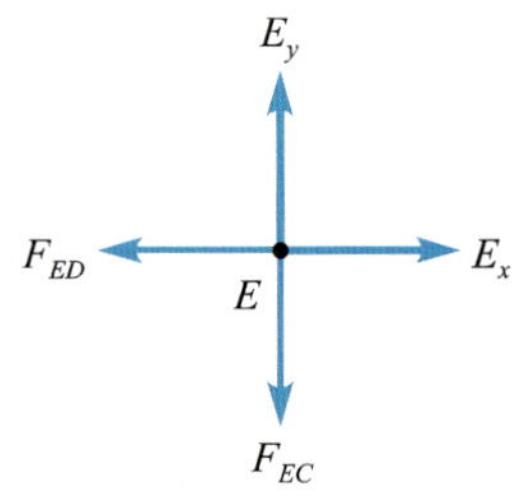

그림 예 5.2(6)

(f) 절점 D(검산)

$$\sum F_x = -F_{DA}(l_{AB}/l_{AD}) + F_{DE} + F_{DC}(l_{BC}/l_{DC})$$

$$= -F_{AD}(l_{AB}/l_{AD}) + F_{ED} + F_{CD}(l_{BC}/l_{DC}) = 0\ ✔$$

$$\sum F_y = -F_{DA}(l_{BD}/l_{AD}) - F_{DB} - F_{DC}(l_{DB}/l_{DC})$$

$$= -F_{AD}(l_{BD}/l_{AD}) - F_{BD} - F_{CD}(l_{DB}/l_{DC}) = 0\ ✔$$

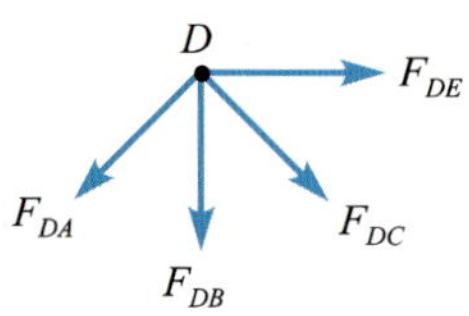

그림 예 5.2(7)

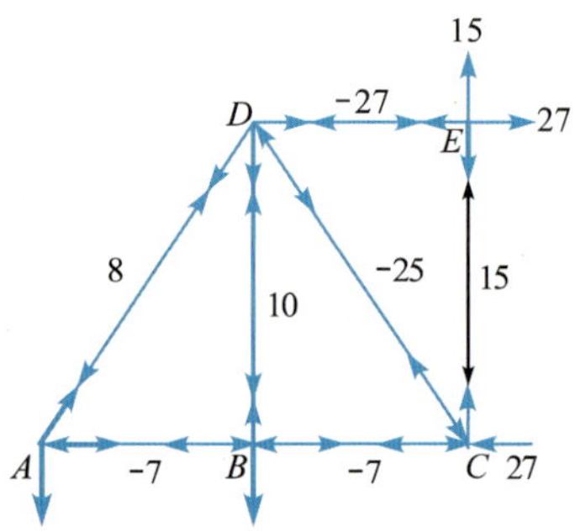

그림 예 5.2(8)

예제 5.3

절점법을 이용하여 그림 예 5.3(1)의 트러스에서 부재 DC의 부재력을 구하시오.

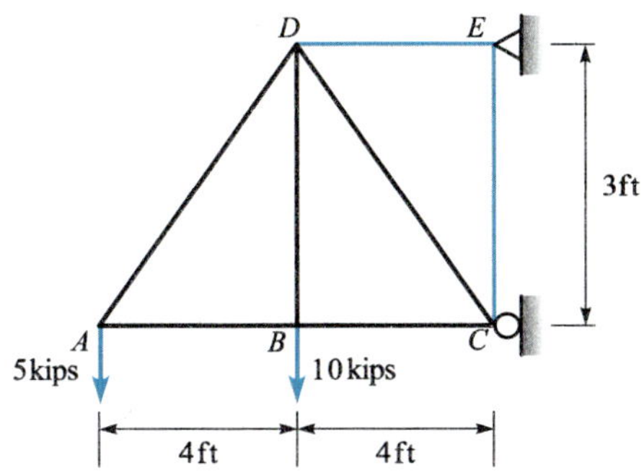

그림 예 5.3(1)

(a) 반력 산정

$\sum M_C = F_A l_{AC} + F_B l_{BC} + D_x l_{BD} = 0$ (⊕)

$D_x = -(F_A l_{AC} + F_B l_{BC}) / l_{BD}$, $D_x = 27$ kips

$\sum F_x = D_x + C_x = 0$, $C_x = -27$ kips

$\sum F_y = C_y + F_A + F_B = 0$

$C_y = -(F_A + F_B)$, $C_y = 15$ kips

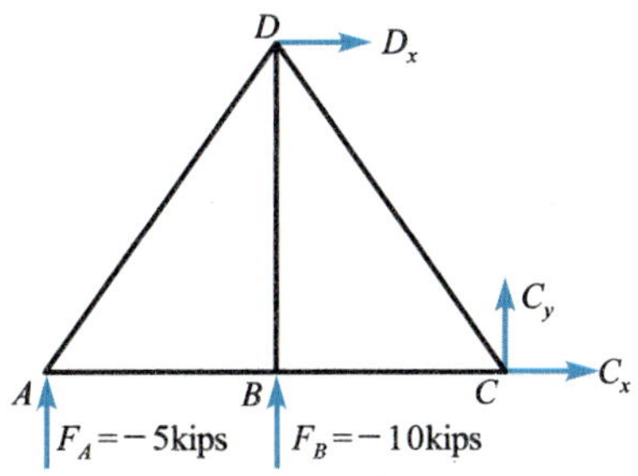

그림 예 5.3(2)

(b) 절점 C

$l_{DC} = \sqrt{l_{DB}^2 + l_{BC}^2} = 5$ ft

$\sum F_y = F_{CD}(l_{BD}/l_{DC}) + C_y = 0$

$F_{CD} = -C_y(l_{DC}/l_{BD})$, $F_{CD} = -25$ kips

(참고로 다른 절점에서의 부재력을 구하였다.)

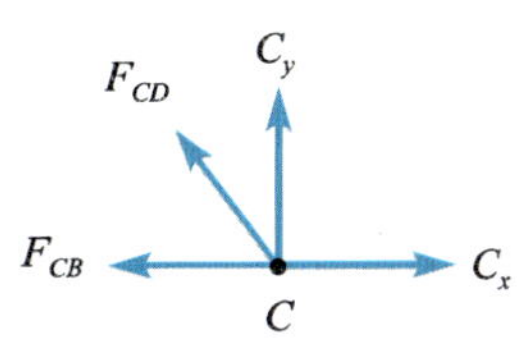

그림 예 5.3(3)

부재 DC의 부재력만을 구하면 됨으로, C점을 힌지지점으로 하고, D점을 롤라 지점으로 바꾸어 해석하면 빠르게 구할 수 있다.

부재 DE와 CE를 생략하고, 자유물체도를 그림 예 5.3(2)와 같이 그리면 절점C에서의 미지수의 수가 2개가 됨으로, 부재력 F_{CD}를 바로 구할 수 있다. (아래 [생각하기]를 참고 하시오.)

• 절점 A

$$l_{AD} = \sqrt{l_{AB}^{\,2} + l_{DB}^{\,2}} = 5\,\text{ft}$$

$$\Sigma F_y = F_A + F_{AD}(l_{DB}/l_{AD}) = 0$$

$$F_{AD} = -F_A(l_{AD}/l_{DB}),\ F_{AD} = 8\ \text{kips}$$

$$\Sigma F_x = F_{AD}(l_{AB}/l_{AD}) + F_{AB} = 0$$

$$F_{AB} = -F_{AD}(l_{AB}/l_{AD}),\ F_{AB} = -7\ \text{kips}$$

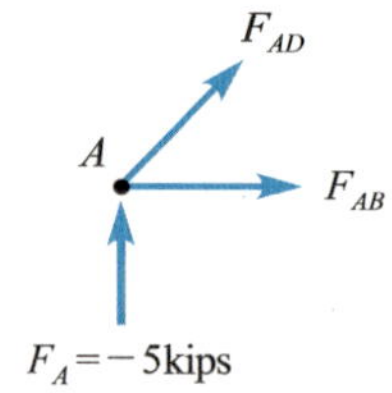

그림 예 5.3(4)

• 절점 B

$$\Sigma F_x = -F_{BA} + F_{BC} = 0$$

$$F_{BC} = F_{BA} = F_{AB},\ F_{BC} = -7\ \text{kips}$$

$$\Sigma F_y = -F_B + F_{BD} = 0,\ F_{BD} = 10\ \text{kips}$$

[검산]

$$\Sigma F_x = -F_{CD}(l_{BC}/l_{DC}) - F_{CB} + C_x = 0$$

$$F_{CB} = -F_{CD}(l_{BC}/l_{DC}) + C_x,$$

$$F_{CB} = -7\ \text{kips} = F_{BC}$$

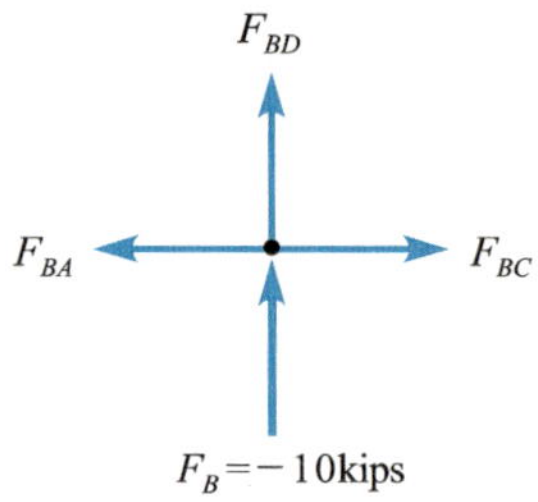

그림 예 5.3(5)

생각하기!!

그림 예 5.3(2)와 같이 자유물체도를 가정하여도 되는 이유?

트러스부재인 부재 DE는 부재 축방향으로만 부재력이 발생한다. 따라서 D점을 지점으로 가정하면, D점에 대해 부재 축방향인 수평방향으로만 반력을 발생시킴으로, 롤러지점으로 가정하여도 된다.

또한 C점은 지점에서의 수평반력과 함께 수직방향에 대해 부재 CE에 의해 구속됨으로 수직반력이 발생한다. 그러므로 힌지지점으로 가정하여도 된다.

5.5.1 무력부재(Zero-force members)

트러스 구조물을 만드는 경우, 전체 구조의 안전성을 높이기 위해 힘을 받지 않는 부재를 조립하기도 한다. 이를 무력부재라 하며, 절점법을 사용하여 트러스를 해석하는 경우, 무력부재를 미리 구분할 수 있다면 풀이가 간단해진다.

그림 5.10(a)에는 무력부재를 설명하기 위한 트러스구조의 예가 나타나 있다.

절점 A의 자유물체도인 그림 5.10(b)를 보면, 일직선상에 있지 않는 두 부재 AB와 AE가 절점 A에서 만난다. 그러나 절점 A에 y방향의 하중이 작용하지 않으므로

$\Sigma \mathbf{F}_y = 0$의 평형조건으로부터 부재력 F_{AE}의 y성분은 0이 된다. 따라서 부재력 F_{AE}의 x성분도 0이어야 하며, x성분만을 갖는 F_{AB}도 0이 된다.

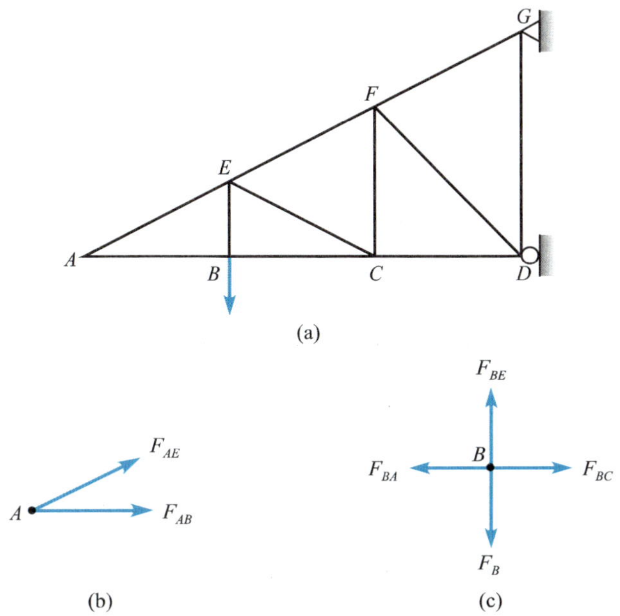

그림 5.10

절점 B의 자유물체도인 그림 5.10(c)를 보면 부재 BA는 x축과 평행이므로, 부재 BA는 x방향 성분만을 가지고 있다. 그러나 절점 A의 자유물체도로부터 부재력 F_{AB}가 0임을 알았음으로, 힘 F_{BA}도 0이어야 한다.

따라서 절점 B와 연결된 부재들 중 x방향 성분의 부재력을 가지고 있는 부재 BC의 부재력 F_{BC}도 0이어야 한다.

절점 B에서 하중 F_B가 작용하지 않는다면, 부재 BE는 부재 및 BC와 직각임으로 부재 BE의 부재력은 0이 된다.

위의 예로부터 무력부재를 판단하기 위한 원칙을 다음과 같이 정리할 수 있다.

무력부재의 판단법

1) 한 절점에 두 개의 부재가 연결된 경우, 그 절점에 하중이 작용하지 않으면 그 두 부재는 무력부재이다.
2) 하중이 작용하지 않는 한 절점에 세 개의 부재가 연결된 경우, 두 개의 부재가 일직선상에 있다면, 나머지 한 부재는 무력부재이다.

예제 5.4

그림 예 5.4(1)와 같은 트러스구조에서 무력부재를 판별하시오.

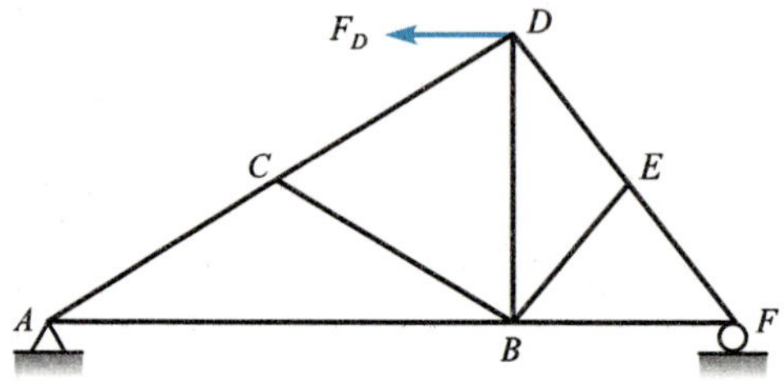

그림 예 5.4(1)

(a) 절점 C

하중이 작용하지 않는 절점 C에 세 개의 부재가 연결되어 있고, 그 중 부재 CA와 CD가 일직선상에 있으므로, 나머지 한 부재 CB는 무력부재이다(경우 2).

(b) 절점 E

하중이 작용하지 않는 절점 E에 세 개의 부재가 연결되어 있고, 그 중 부재 ED와 EF가 일직선상에 있으므로, 나머지 한 부재 EB는 무력부재이다(경우 2).

(c) 절점 B

부재 CB와 BE가 무력부재임으로 부재 BD도 무력부재이다(경우 2).

그림 예 5.4(2)에 무력부재를 점선으로 나타내었다.

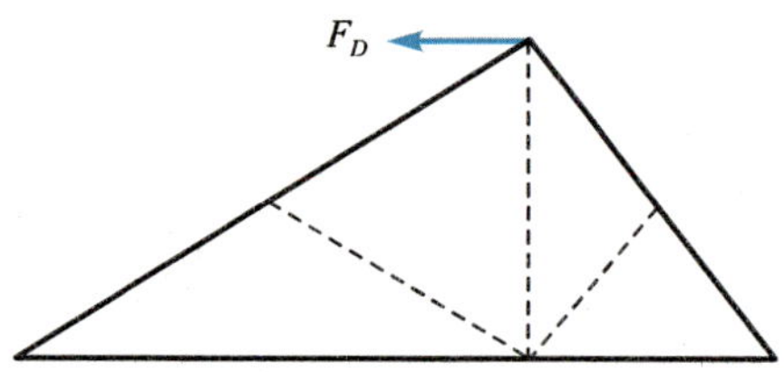

그림 예 5.4(2)

예제 5.5

그림 예 5.5(1)와 같은 트러스구조에서 무력부재를 판별하시오.

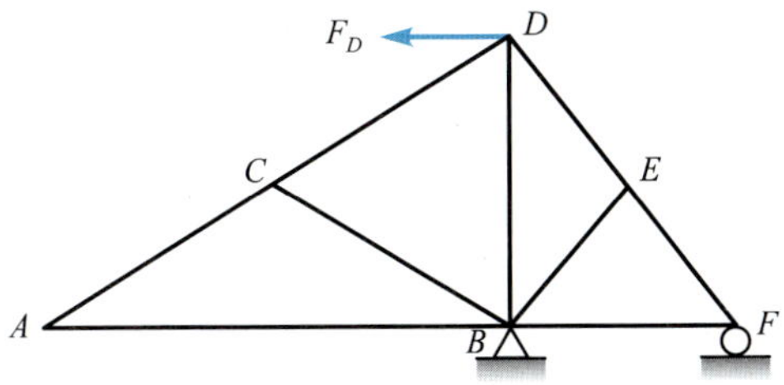

그림 예 5.5(1)

(a) 절점 A

하중이 작용하지 않는 절점 A에 두 개의 부재 AB와 AC가 연결되어 있음으로, 두 부재는 무력부재이다(경우 1).

(b) 절점 C

하중이 작용하지 않는 절점 C에 세 개의 부재가 연결되어 있고, 그 중 부재 CA와 CD가 일직선상에 있으므로, 나머지 한 부재 CB는 무력부재이다(경우 2). 또한 부재 CA와 같은 방향인 부재 CD는 부재 CA가 무력부재임으로, 역시 무력부재이다.

(c) 절점 E

하중이 작용하지 않는 절점 E에 세 개의 부재가 연결되어 있고, 부재 DE와 EF가 일직선상에 있으므로, 나머지 한 부재인 부재 BE는 무력부재이다(경우 2).

그림 예 5.5(2)에 무력부재를 점선으로 나타내었다.

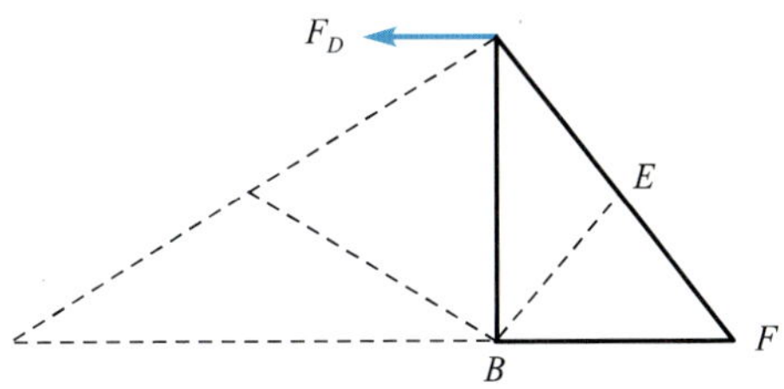

그림 예 5.5(2)

예제 5.6

그림 예 5.6(1)과 같은 트러스구조에서 무력부재를 판별하시오.

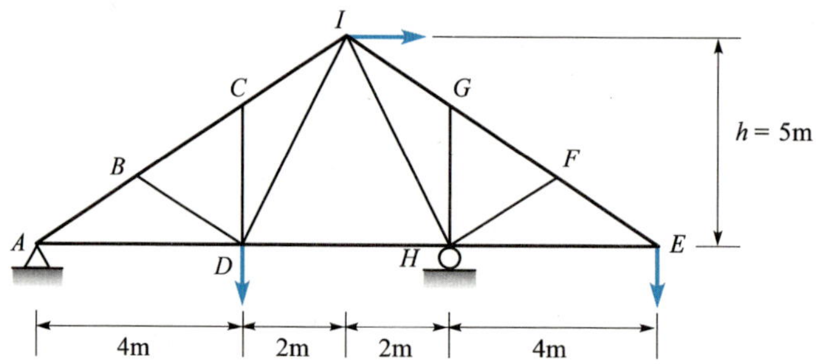

그림 예 5.6(1)

절점 A부터 순서대로 무력부재 여부를 판정하기로 하자.

(a) 절점 A

절점 A에서는 지점반력이 작용함으로, 여기에 연결된 부재들은 무력부재가 아니다.

(b) 절점 B

하중이 재하 되지 않은 절점B에 세 개의 부재가 연결된 경우, 두 개의 부재가 일직선 상에 있으므로, 나머지 한 부재 BD는 무력부재이다(경우 2).

(c) 절점 C

절점 B에서와 같은 이유로 부재 CD는 무력부재이다(경우 2).

(d) 절점 D

부재 BD와 CD는 무력부재임으로, 절점 D에 세 개의 부재가 연결되어 있는 경우로 생각할 수 있다. 그러나 절점 D에 하중이 그림과 같이 작용하므로, 나머지 한 부재 DI는 무력부재가 아니다.

(e) 절점 E

절점에 하중이 작용하므로, EF, EH 모두 무력부재가 아니다.

(f) 절점 F

하중이 작용하지 않는 절점 F에 세 개의 부재가 연결되어 있고, 두 개의 부재가 일직선상에 있으므로, 나머지 한 부재 FH는 무력부재이다(경우 2).

(g) 절점 G

하중이 작용하지 않는 절점 G에 세 개의 부재가 연결되어 있고, 두 개의 부재가 일직선상에 있으므로, 나머지 한 부재 GH는 무력부재이다(경우 2).

(h) 절점 H

절점 H에는 수직반력이 작용하므로 부재 HI는 무력부재가 아니다.

(i) 절점 I

절점 I에 연결된 부재들은 경우 1과 2에 해당하지 않으므로 모두 무력부재가 아니다.

그림 예 5.6(2)에 무력부재를 점선으로 표시하였다.

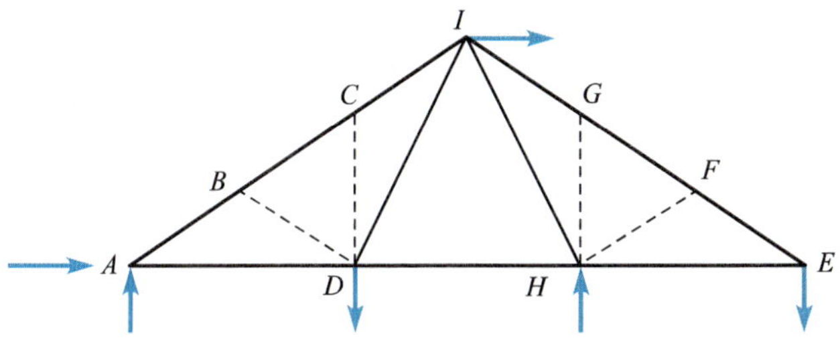

그림 예 5.6(2)

예제 5.7

그림 예 5.6(1)에 나타낸 트러스의 부재력을 구하시오. $F_I = 100$ kN, $F_D = 150$ kN, $F_E = 200$ kN이며, 절점 B, C와 절점 G, F는 각각 부재 AI와 EI를 삼등분하는 점이다.

절점법으로 부재력을 구해 예제 5.5에서 판정한 무력부재가 맞는지 알아보자.

(a) 반력 산정

$$\Sigma M_A = H_y(l_{AD} + l_{DH}) - F_I h - F_E l_{AE} - F_D l_{AD} = 0 \ (+)$$

$$H_y = (F_I h + F_E l_{AE} + F_D l_{AD})/(l_{AD} + l_{DH})$$

$$H_y = 438 \text{ kN}$$

$$\Sigma F_y = H_y + A_y - F_D - F_E = 0$$

$$A_y = -H_y + F_D + F_E \qquad A_y = -88 \text{ kN}$$

$$\Sigma F_x = A_x + F_I = 0$$

$$A_x = -F_I \qquad A_x = -100 \text{ kN}$$

ΣF_y식에는 미지수가 하나임으로, ΣF_y를 먼저 구하는 것이 좋다.

ΣM_H로도 A_y가 구해지나 곱셈임으로 번거롭다.

• 자유물체도

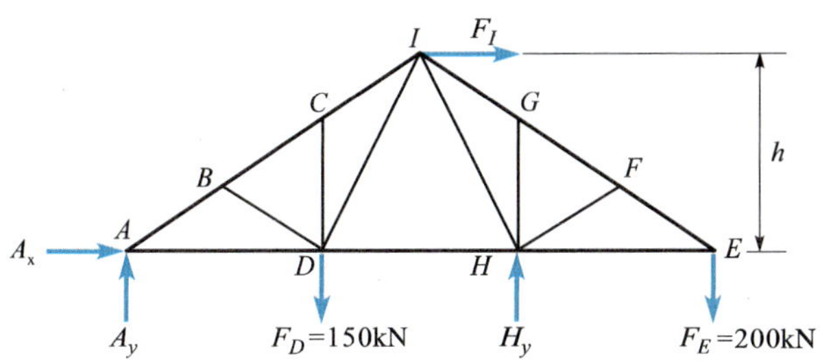

그림 예 5.7(1)

[검산]

$$\Sigma M_H = -A_y(l_{AD}+l_{DH}) - F_I h + F_D l_{DH} - F_E l_{HE} = 0 \ (\curvearrowright +)$$

(b) 절점 A

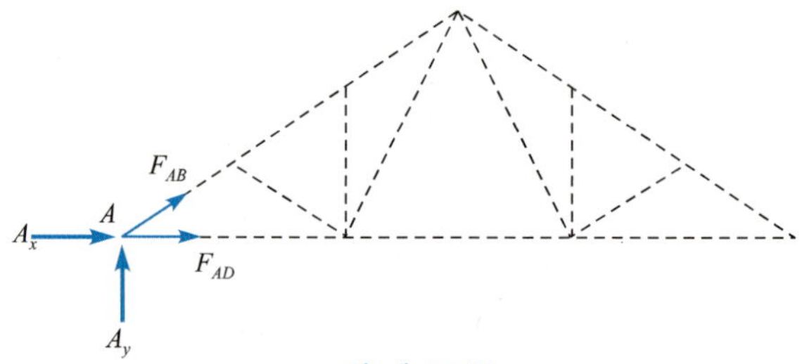

그림 예 5.7(2)

$$\Sigma F_y = A_y + F_{AB}(h/l_{AI}) = 0$$

$$F_{AB} = -A_y(l_{AI}/h) \qquad F_{AB} = 137 \text{ kN}$$

$$\Sigma F_x = A_x + F_{AD} + F_{AB}[(l_{AE}/2)/l_{AI}] = 0$$

$$F_{AD} = -A_x - F_{AB}[(l_{AE}/2)/l_{AI}] = 0 \qquad F_{AD} = -5 \text{ kN}$$

절점 B에서는 BC방향을 $+x'$축으로 하는 보조좌표축을 택하면 부재력 산정이 용이하다.

(c) 절점 B

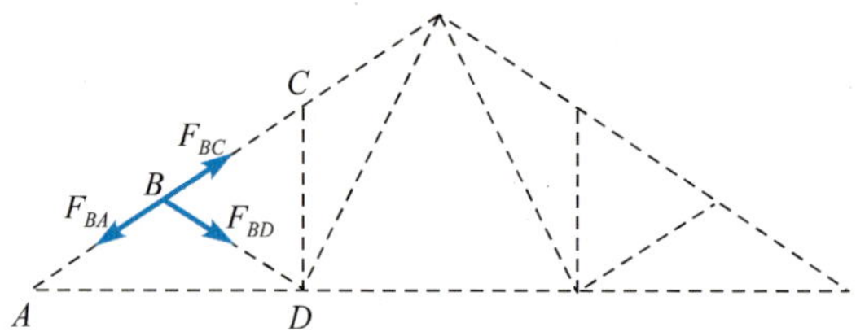

그림 예 5.7(3)

F_{BD}: 무력부재

$$\Sigma F_{x'} = -F_{AB} + F_{BC} = 0 \qquad F_{BC} = F_{AB} = 137 \text{ kN}$$

절점 에서와 같이 CI방향을 $+x'$축으로 하는 보조좌표축을 택하였다.

(d) 절점 C

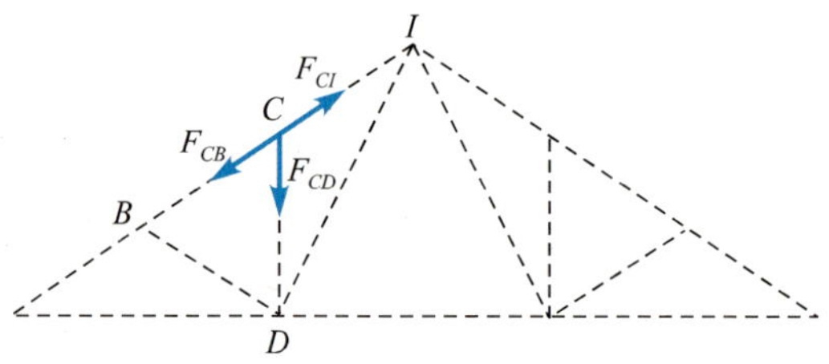

그림 예 5.7(4)

무력부재는 고려하지 않았다.

F_{CD} : 무력부재

$$\Sigma F_{x'} = -F_{CB} + F_{CI} = 0 \qquad F_{CI} = F_{CB} = 137 \text{ kN}$$

(e) 절점 D

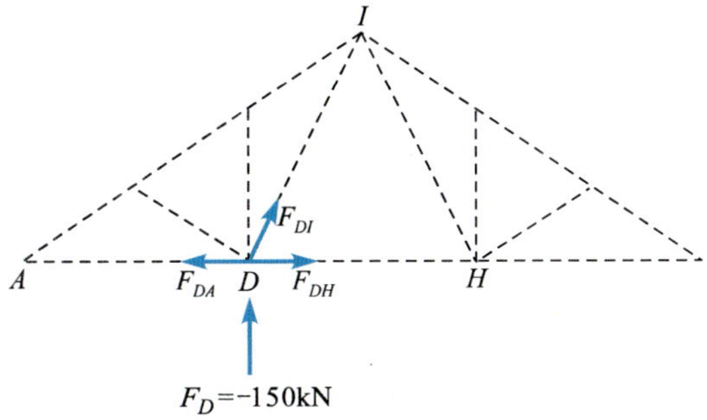

그림 예 5.7(5)

$$\Sigma F_y = F_D + (F_{DI})_y = 0$$

$$F_D + F_{DI}(h/l_{DI}) = 0$$

$$F_{DI} = -F_D(l_{DI}/h)$$

$$F_{DI} = 162 \text{ kN}$$

$$\Sigma F_x = -F_{DA} + F_{DH} + (F_{DI})_x = 0$$

$$-F_{DA} + F_{DH} + F_{DI}(l_{DH}/2)/l_{DI} = 0$$

$$F_{DH} = F_{DA} - F_{DI}(l_{DH}/2)/l_{DI}$$

$$F_{DH} = -65 \text{ kN}$$

(f) 절점 E

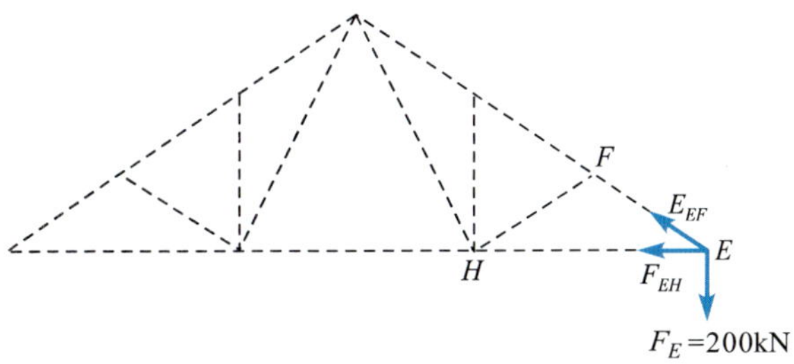

그림 예 5.7(6)

$$\Sigma F_y = -F_E + (F_{EF})_y = 0$$

$$-F_E + F_{EF}(h/l_{EI}) = 0$$

$$F_{EF} = +F_E(l_{EI}/h)$$

$$F_{EF} = 312 \text{ kN}$$

$$\Sigma F_x = -F_{EH} - (F_{EF})_x = 0$$

$$F_{EH} + F_{EF}(l_{AE}/2)/l_{EI} = 0$$

$$F_{EH} = -F_{EF}(l_{AE}/2)/l_{EI}$$

$$F_{EH} = -240 \text{ kN}$$

ΣF_y를 먼저 구하면 계산이 간단하다.

F_D의 방향을 하향으로 그리고 크기를 150으로 하여 식을 작성하고 어느 것이 착오를 덜 일으키는지 확인하여 보자.

절점D 다음에 H 또는 I 로 가는 것 보다 절점E로 가는 것이 간단한 것을 확인하자.

FG방향을 $+x'$ 축으로 택하였다.

(g) 절점 F

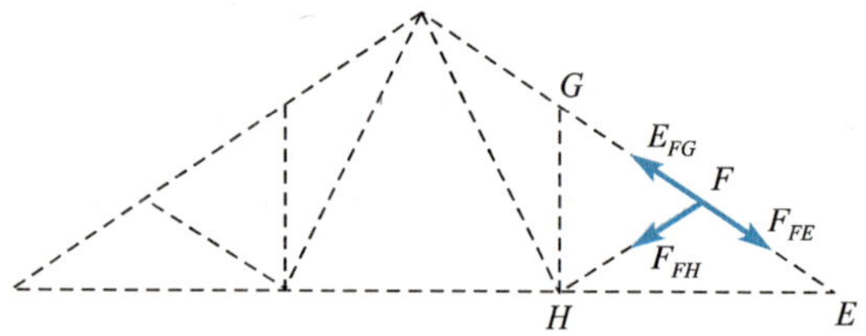

그림 예 5.7(7)

F_{FH} : 무력부재

$\Sigma F_{x'} = -F_{FE} + F_{FG} = 0 \qquad F_{FG} = 312\ \text{kN}$

(h) 절점 G

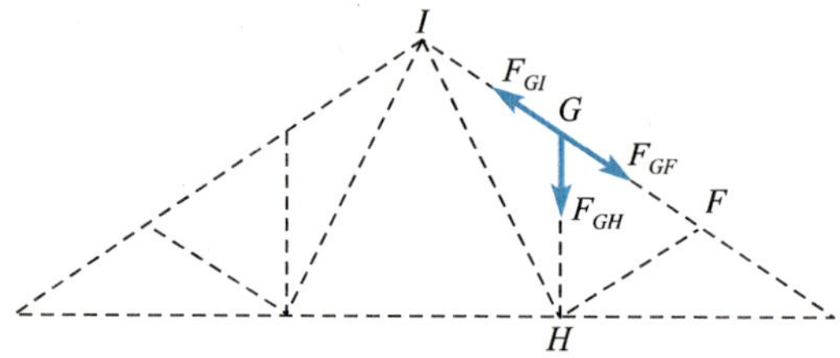

그림 예 5.7(8)

F_{GH} : 무력부재

$\Sigma F_{x'} = -F_{GF} + F_{GI} = 0 \qquad F_{GI} = 312\ \text{kN}$

(i) 절점 H

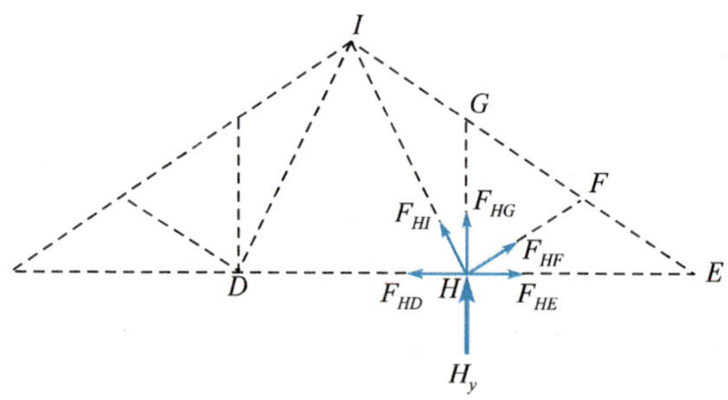

그림 예 5.7(9)

$F_{HG} = 0,\ F_{HF} = 0$

$\Sigma F_y = H_y + (F_{HI})_y = 0$

$$H_y + F_{HI}(h/l_{HI}) = 0$$

$$F_{HI} = -H_y(l_{HI}/h)$$

$$F_{HI} = -471\ \text{kN}$$

[검산]

$$\Sigma F_x = -F_{HD}+F_{HE}-(F_{HI})_x = -F_{HD}+F_{HE}-F_{HI}(l_{HD}/2)/l_{HI}=0$$

$$F_{HD}=F_{HE}-F_{HI}(l_{HD}/2)/l_{HI}$$

$$F_{HD}=-65\,\text{kN}=F_{DH}$$

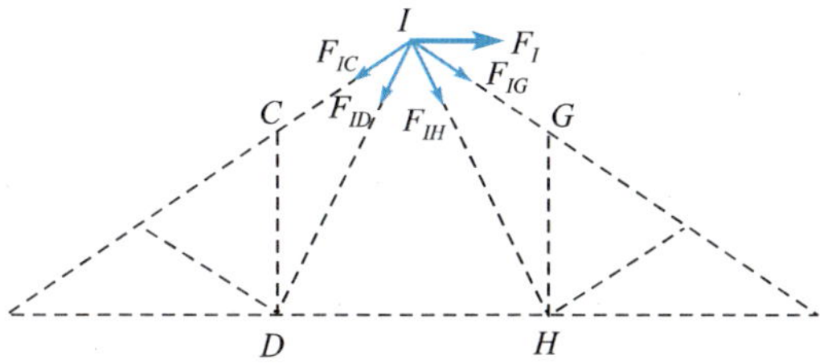

그림 예 5.7(10)

(j) 절점 I(검산)

$$\Sigma F_x = -(F_{IC})_x-(F_{ID})_x+F_I+(F_{IG})_x+(F_{IH})_x$$

$$= -(F_{IC})_x-(F_{ID})_x+F_I+(F_{IG})_x+(F_{IH})_x$$

$$= -F_{IC}(l_{AE}/2)/l_{IA}-F_{ID}(l_{DH}/2)/l_{ID}$$

$$+F_I+F_{IG}(l_{AE}/2)/l_{IA}+(F_{IH})(l_{DH}/2)/l_{ID}$$

$$=0$$ ✔

$$\Sigma F_y = -(F_{IC})_y-(F_{ID})_y-(F_{IG})_y-(F_{IH})_y$$

$$= -F_{IC}(h/l_{IA})-F_{ID}(h/l_{ID})-F_{IG}(h/l_{IE})-F_{IH}(h/l_{IH})$$

$$=0$$ ✔

절점 H에 연결된 모든 부재의 부재력을 구하였음으로, ΣF_x로는 검산이 가능하다.

모든 부재력을 다 구했음으로, 절점 I에서의 평형이 성립하는지를 가지고 검산이 가능하다.

5.5.2 외적 부정정과 내적 부정정

단순트러스가 안정된 평형조건을 확보하는 데 필요한 것보다 지지점에서 더 많은 수의 반력을 가졌을 경우, 트러스 전체로써는 평형조건식에만 의해 반력을 구할 수 없으며, 이를 외적 부정정이라 한다.

외적 부정정과 비교해 트러스가 붕괴를 방지하기 위한 것보다 더 많은 부재를 가졌을 경우에 여분의 부재는 내적과잉이 되며, 트러스는 역시 평형조건식만으로는 부재력을 구할 수 없으며, 이를 내적 부정정이라 한다.

그림 5.11에서 B나 F절점에서와 같이 부재를 서로 교차되게 설치된 경우, 이 절점 주위의 부재들의 부재력은 평형조건식 만으로는 구할 수 없다. 따라서 그림 5.11의 트러스는 내적 부정정 구조이다.

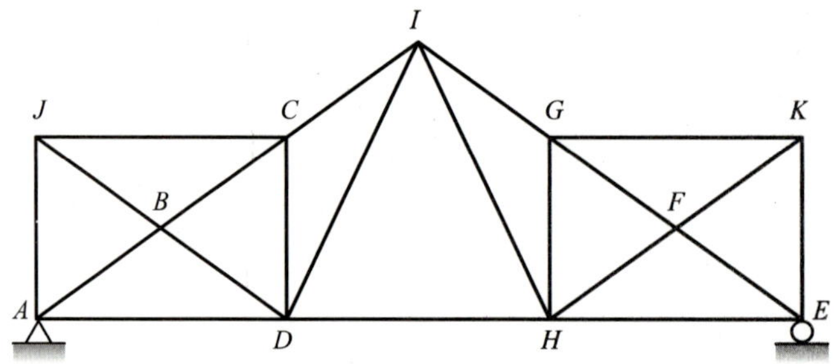

그림 5.11

5.6 단면법

단면법은 부재력을 구하고자 하는 부재를 포함하는 단면을 잘라내어, 분리된 두 부분 중 평형조건식을 적용하기에 편리한 부분을 선택하여 그 부분에 대한 자유물체도에 평형조건식을 적용하여 절단된 부재의 부재력을 구하는 방법이다.

단면법의 장점은 그려진 자유물체도에 구하고자 하는 부재의 부재력이 외력으로 표현됨으로, 그 부재의 부재력을 바로 구할 수 있다는 것이다.

단면법을 적용하기 위해서는 지점에서의 반력이 자유물체도 상에 미지수로 포함되지 않아야 함으로, 지점을 포함하는 단면을 선택한 경우 단면법을 적용하기 위한 전 단계로 지점에서의 반력을 먼저 구해야 한다.

따라서 단면법에 의한 트러스 해석 단계는 표 5.2와 같이 정리된다.

표 5.2 단면법에 의한 해석 단계

단면법에 의한 트러스 해석 단계
단계 1 : 구하고자 하는 부재를 포함하는 단면 결정
단계 2 : 반력 산정(결정된 단면에 지점이 포함된 경우) ① 전체 구조물의 자유물체도 작성 ② 전체 구조물의 자유물체도에 평형방정식을 적용하여 지점 반력 산정
단계 3 : 단면에서의 평형조건에 의한 부재력 산정

단계 2에서는 절점법에서와 동일하게, 전체구조물의 자유물체도를 이용하여 반력을 구한다.

단계 3의 경우, 절점법에서는 절점에서의 평형조건이 사용됨으로, 두 개의 평형 조건식 $\Sigma V=0$, $\Sigma H=0$만이 사용되었다. 그러나 단면법의 경우, 단면에서의 평형조건을 만족시켜야 함으로 세 개의 평형조건식 $\Sigma V=0, \Sigma H=0$, $\Sigma M=0$가 모두 사용된다.

5.6.1 단면법의 사용 예

그림 5.12는 앞에서 절점법의 설명을 위해 사용된 트러스와 동일한 것으로, 동일한 트러스를 사용하여 단면법과 절점법의 차이를 공부하기로 하자.

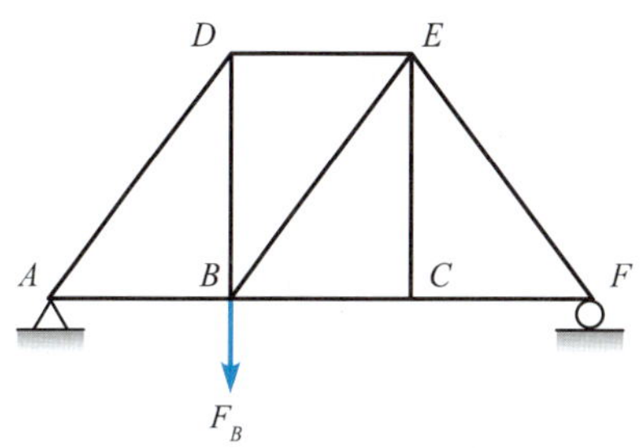

그림 5.12

1) 단면결정(단계 1)

그림 5.13과 같이 단면을 결정하였다. 오른쪽 부분을 해석단면으로 하면 계산이 더 간단한지 생각하여 보자.

2) 반력 산정(단계 2)

단면을 그림 5.13과 같이 자르는 경우, 결정된 단면에 지점이 포함되어 있으므로 단면법 적용의 첫 번째 단계로 절점법에서와 같이, 전체 트러스의 자유물체도로부터 지점 반력을 구한다.

3) 단면의 자유물체도로부터 부재력 산정(단계 3)

잘라진 부재의 부재력은 단면의 평형을 확보하기 위한 반력으로 이해할 수 있다. 그림 5.13은 부재력 BE를 구하기 위해 잘라진 단면의 자유물체도이다.

단면을 자를 때, 구하고자 하는 부재를 포함하여 3개 이하의 부재를 절단하여야만 평형조건식에 의한 부재력을 구할 수 있다.

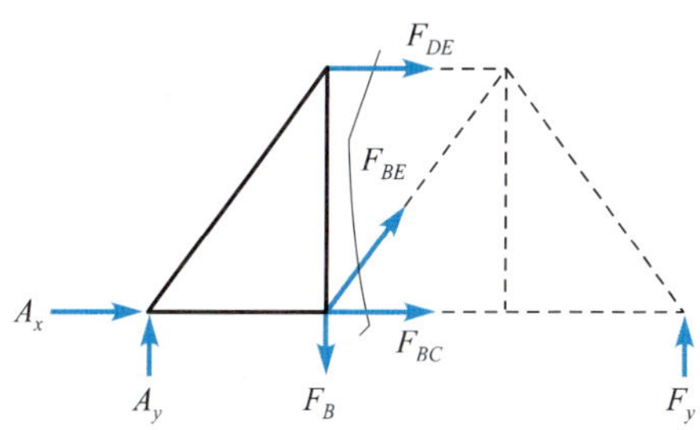

그림 5.13

반력을 구하지 않고 부재력을 구할 수 있는 문제로, 절점법과 단면법의 차이를 이해하기 위한 예제이다.

예제 5.8

그림 예 5.8의 트러스에서 부재 CD의 부재력을 절점법과 단면법으로 구하여라.

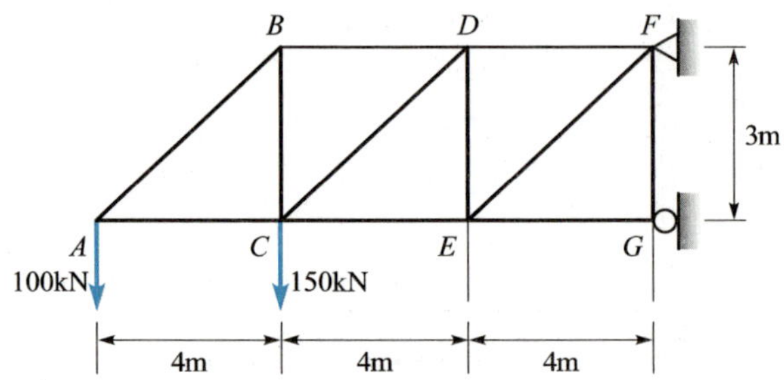

그림 예 5.8(1)

이 문제에서는 반력 산정 단계의 생략이 가능하다.

1. 절점법

(a) 절점 A

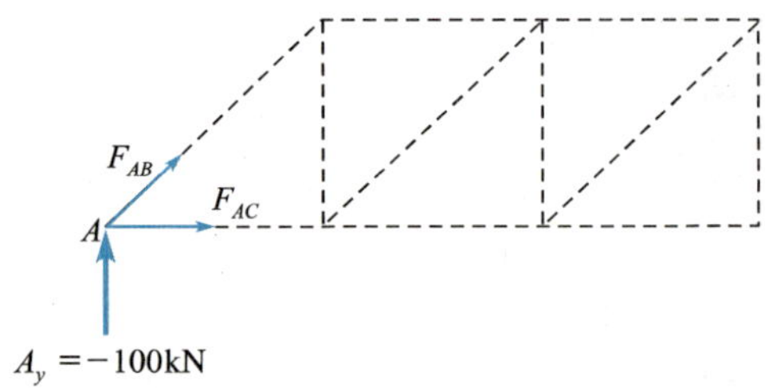

그림 예 5.8(2)

$$\Sigma F_y = A_y + (F_{AB})_y = 0$$

$$A_y + F_{AB}(l_{BC}/l_{AB}) = 0$$

$$F_{AB} = -A_y(l_{AB}/l_{BC}) \qquad F_{AB} = 167 \text{ kN}$$

$$\Sigma F_x = F_{AC} + (F_{AB})_x = 0$$

$$F_{AC} + F_{AB}(l_{AC}/l_{AB}) = 0$$

$$F_{AC} = -F_{AB}(l_{AC}/l_{AB}) \qquad F_{AC} = -133 \text{ kN}$$

(b) 절점 B

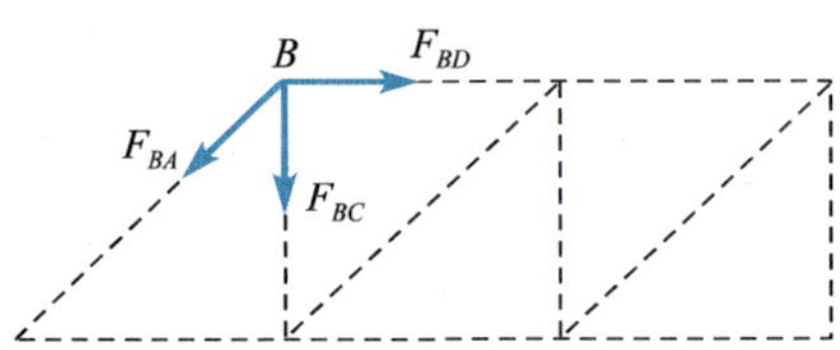

그림 예 5.8(3)

$$\Sigma F_x = -(F_{BA})_x + F_{BD} = 0\ (\rightarrow)$$

$$-F_{BA}(l_{AC}/l_{AB}) + F_{BD} = 0$$

$$F_{BD} = F_{BA}(l_{AC}/l_{AB}) \qquad F_{BD} = 133\ \text{kN}$$

$$\Sigma F_y = -(F_{BA})_y - F_{BC} = 0\ (\uparrow)$$

$$F_{BA}(l_{BC}/l_{AB}) + F_{BC} = 0$$

$$F_{BC} = -F_{BA}(l_{BC}/l_{AB}) \qquad F_{BC} = -100\ \text{kN}$$

(c) 절점 C

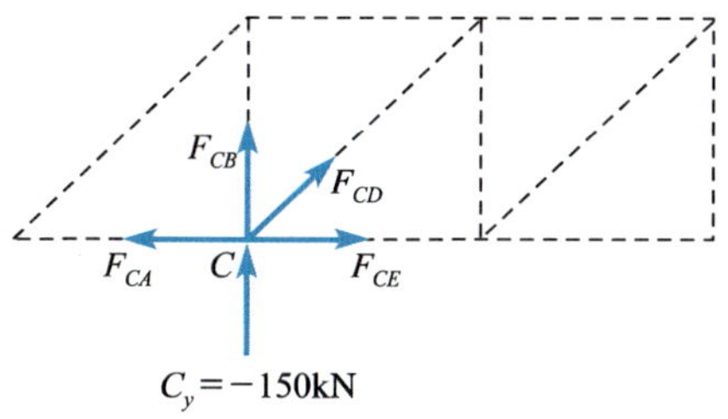

그림 예 5.8(4)

$$\Sigma F_y = F_{CB} + (F_{CD})_y + C_y = 0$$

$$F_{CB} + F_{CD}(l_{BC}/l_{CD}) + C_y = 0$$

$$F_{CD} = -(F_{CB} + C_y)(l_{CD}/l_{BC})$$

$$F_{CD} = 417\ \text{kN}$$

2. 단면법

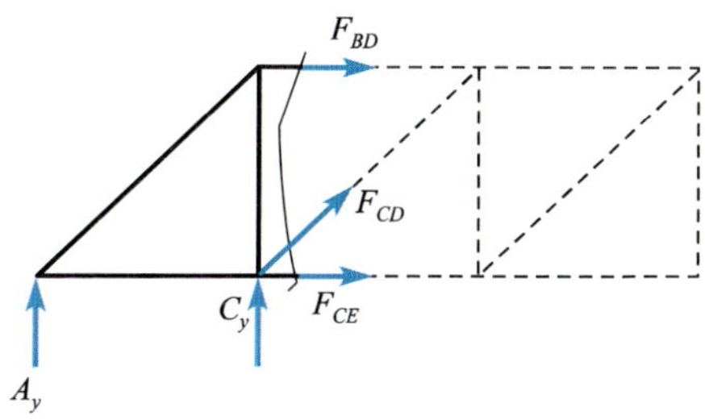

그림 예 5.8(5)

$$\Sigma F_y = A_y + C_y + (F_{CD})_y = 0$$

$$= A_y + C_y + F_{CD}(l_{CB}/l_{CD}) = 0$$

$$F_{CD} = -(A_y + C_y)(l_{CD}/l_{CB})$$

$$F_{CD} = 417\ \text{kN}$$

5.7 입체트러스

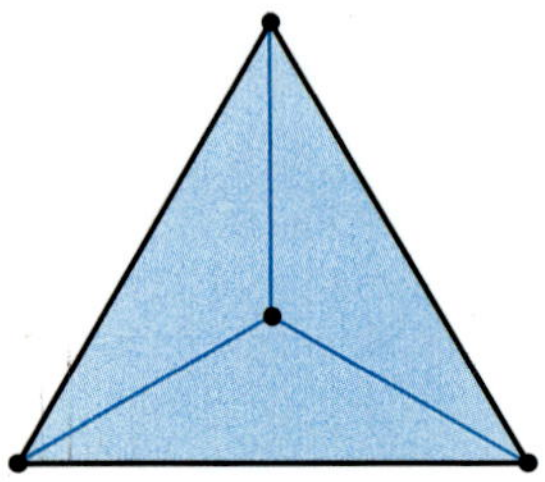

그림 5.14

그림 5.14는 입체트러스의 가장 기본적인 단위로, 일반적인 입체트러스는 이 기본 단위에 3개의 부재와 하나의 절점을 추가하여 확대된다.

입체트러스의 설계를 위한 가정으로는 평면트러스와 동일한 가정이 사용된다.

트러스 부재의 자체 무게를 고려하기 위하여는 부재 무게의 절반을 부재의 양 끝 절점에 작용하는 수직하중으로 하여 고려한다.

5.7.1 풀이과정

입체트러스의 부재력을 구하기 위해서는 평면트러스의 경우와 같이 절점법이나 단면법의 적용이 가능하다.

1) 절점법

입체트러스에서의 힘을 직교좌표로 표현하면 각 절점에서는 아래 식과 같이 각 직교방향으로의 평형조건이 만족되어야 한다.

$$\Sigma F_x = 0, \ \Sigma F_y = 0, \ \Sigma F_z = 0 \qquad (5\text{–}5)$$

절점법의 적용을 위해서는 공간적인 연상을 쉽게 하기 위해 벡터계산법을 사용하는 것이 좋다.

2) 단면법

단면법의 경우, 단면을 공간적으로 그릴 수 있어야 함으로 단순한 경우 외에는 사용이 용이하지 않다.

평면트러스의 경우와 같이 구하고자 하는 부재를 통과하는 단면을 적절히 선정하여, 식 (5–6)의 여섯 개 평형조건식에 의해 구하고자 하는 부재의 부재력을 구할 수 있다.

$$\Sigma F_x = 0, \ \Sigma F_y = 0, \ \Sigma F_z = 0 \qquad (5\text{–}6a)$$

$$\Sigma M_x = 0, \ \Sigma M_y = 0, \ \Sigma M_z = 0 \qquad (5\text{–}6b)$$

예제 5.9

그림 예 5.9에서 부재 AB, AC, AD의 부재력을 구하시오. 절점 A는 삼각형 BCD의 중심의 직상부에 위치한다.

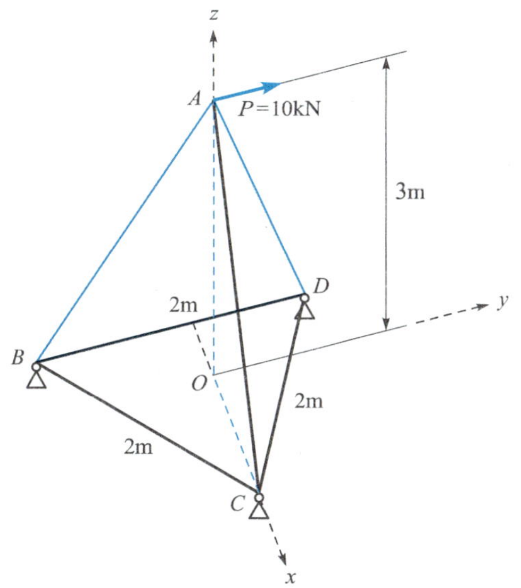

그림 예5.9

삼각형 BCD의 중심에 좌표원점을 택하였다.

(a) 미지좌표 산정

$C_x = (2/3)[BC^2 - (BD/2)^2]^{1/2} = 1.2$

$B_x = -C_x/2$

	x	y	z
A	0.0	0.0	3.0
B	−0.6	−1.0	0.0
C	1.2	0.0	0.0
D	−0.6	1.0	0.0
	−0.6	1.0	0.0

착오를 예방하기 위해 먼저 각 절점의 좌표를 정리하였다.

(b) F_{AB}의 방향 벡터

- d_{AB}의 성분

B	−0.6	−1.0	0.0
−) A	0.0	0.0	3.0
	−0.6	−1.0	−3.0

$d_{AB} = 3.2\text{m}$

힘 P를 벡터로 표현하였다.

벡터 AB의 길이 d_{AB}는 각 성분들의 제곱의 합의 자승근(SRSS)이다.

- F_{AB}의 방향벡터 성분

$(d_{AB})_x/d_{AB} = -0.18,\ (d_{AB})_y/d_{AB} = -0.31,\ (d_{AB})_z/d_{AB} = -0.93$

부재력 F_{AB}의 방향벡터는 부재 AB의 방향벡터와 동일하다.

(c) F_{AC}의 방향 벡터

- d_{AC}의 성분

	C	1.2	0.0	0.0
−)	A	0.0	0.0	3.0
		1.2	0.0	−3.0

$d_{AC} = 3.2\text{m}$

- F_{AC}의 방향벡터 성분

$(d_{AC})_x/d_{AC} = 0.36$, $(d_{AC})_y/d_{AC} = 0.00$, $(d_{AC})_z/d_{AC} = -0.93$

(d) F_{AD}의 방향 벡터

- d_{AD}의 성분

	D	−0.6	1.0	0.0
−)	A	0.0	0.0	3.0
		−0.6	1.0	−3.0

$d_{AC} = 3.2\text{m}$

- F_{AD}의 방향벡터 성분

$(d_{AD})_x/d_{AD} = -0.18$, $(d_{AD})_y/d_{AD} = 0.31$, $(d_{AD})_z/d_{AD} = -0.93$

(e) 절점A에 평형조건식 적용

$\Sigma F_x = (F_{AB})_x + (F_{AC})_x + (F_{AD})_x + P_x$ ①

$= -0.18\,F_{AB} + 0.36\,F_{AC} - 0.18\,F_{AD} = 0$

$\Sigma F_y = (F_{AB})_y + (F_{AC})_y + (F_{AD})_y + P_y$ ②

$= -0.31\,F_{AB} + 0.00\,F_{AC} + 0.31\,F_{AD} + 10 = 0$

$\Sigma F_z = (F_{AB})_z + (F_{AC})_z + (F_{AD})_z + P_z$ ③

$= -0.93\,F_{AB} - 0.93\,F_{AC} - 0.93\,F_{AD} = 0$

①, ②, ③으로 부터

$F_{AD} = -16.07\text{ kN}$, $F_{AC} = 0.0\text{ kN}$, $F_{AB} = 16.07\text{ kN}$

[검산]

F_{AD}, F_{AC}, F_{AB}를 ②에 대입 :

$-0.31\,F_{AB} + 0.00\,F_{AC} + 0.31\,F_{AD} + 10 = 0.00$ ✔

F_{AD}, F_{AC}, F_{AB}를 대입 :

$-0.93\,F_{AB} - 0.93\,F_{AC} - 0.93\,F_{AD} = 0.00$ ✔

5.8 핀연결 뼈대구조물

여기에서는 일차원 부재들이 핀으로 연결된 뼈대구조물에 관해 공부한다. 일차원 부재란 부재 단면의 크기에 비해 부재의 길이가 길어, 선으로 가정할 수 있는 부재를 말한다.

뼈대구조물에서는 트러스에서의 가정이 적용되지 않는다. 따라서 부재에는 축력 외에 다른 부재력도 발생할 수 있다. 또한 하중은 부재 어디에도 작용할 수 있고, 뼈대구조물을 이루고 있는 부재는 직선이 아닐 수도 있어, 뼈대구조물은 일반적 형상을 갖는다.

5.8.1 기계

기계구조는 움직이는 부분을 가지고 있어, 완전구속이 아닌 경우가 있다. 기계구조의 해석은 일반적으로 일부분을 분리하여 평형조건을 고려하여 해석하며, 이때 정확한 자유물체도의 작성이 중요하다.

예제 5.10

100 kN의 하중이 그림 예 5.10(1)의 원형 아치에 그림과 같이 작용하고 있다. 각 지점에서의 반력을 구하여라.

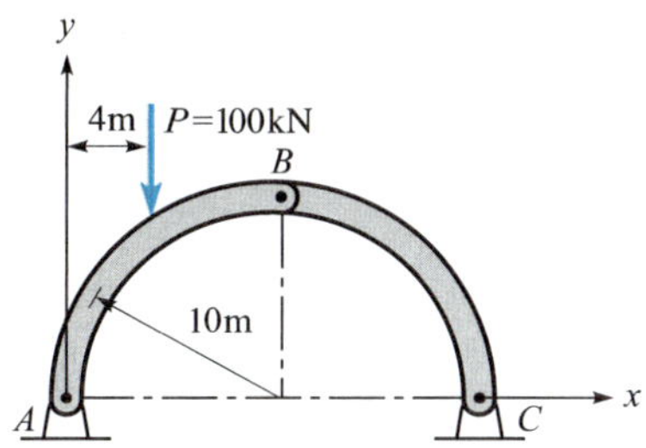

그림 예 5.10(1)

지점에서의 반력은 4개이지만, 힌지로 인하여 추가조건식 하나의 작성이 가능함으로 정정구조물이다.

- 평형조건식 적용

  $\Sigma M_A = C_y(20) - P(4) = 0$

  $C_y = 100(4)/20 = 20\ \text{kN}$

  $\Sigma F_y = A_y + C_y - P = 0$

  $A_y = 80\ \text{kN}$

추가조건! 힌지인 절점 B에서의 모멘트는 0이어야 한다.

- 추가의 조건 적용(B점의 오른쪽 부분에 대해)

$\sum M_B = C_y(10) + C_x(10) = 0$ (+)

$C_x = -C_y = -20$ kN

$\sum F_x = A_x + C_x = 0$

$A_x = -C_x = 20$ kN

[검산](B점의 왼쪽 부분에 대해)

$\sum M_B$

$= A_x(10) - A_y(10) + P(10-4)$

$= 0$ (+) ✔

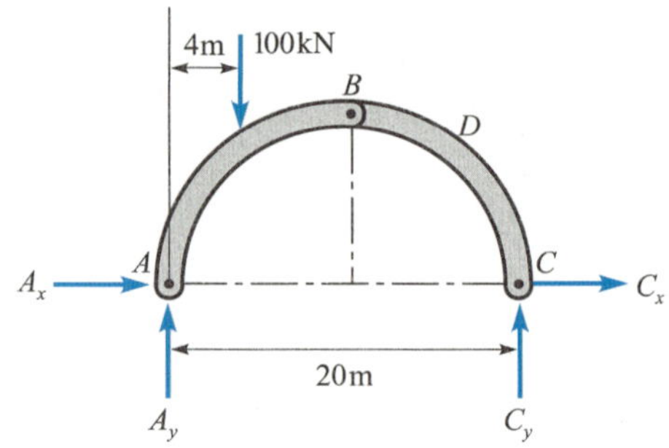

그림 예 5.10(2)

예제 5.11

그림 예 5.11(1)의 뼈대구조에서 반력을 구하여라.

BC부재는 양단이 힌지로 되어 있고, 부재에 작용하는 힘이 없음으로 두힘 부재이다.

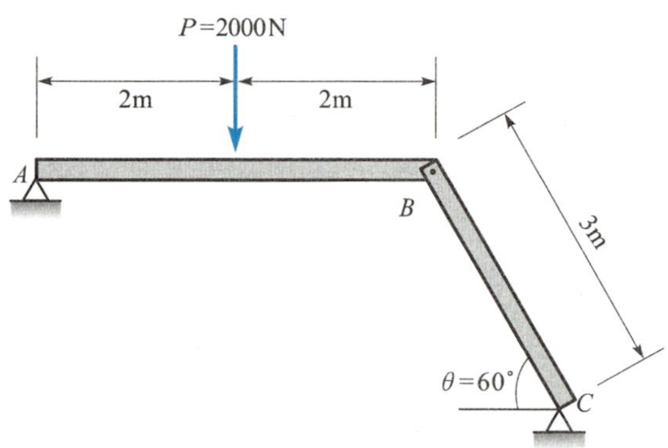

그림 예 5.11(1)

1) 부재 BC가 두 힘부재인 것을 고려하여 푸는 경우

BC부재는 양단이 힌지로 되어 있고, 부재에 작용하는 힘이 없음으로 두힘부재이다.

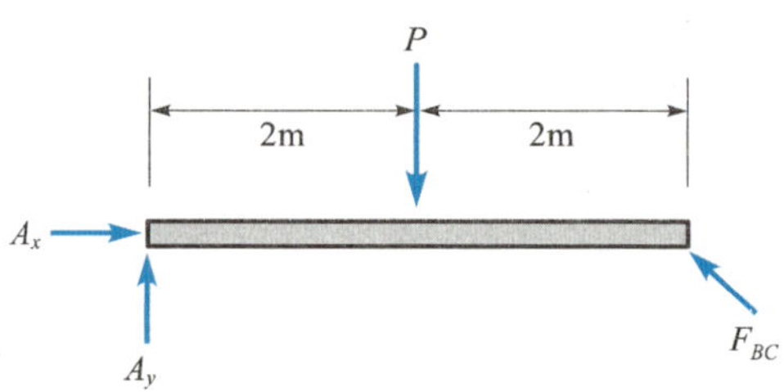

그림 예 5.11(2)

$$\Sigma M_A = (F_{BC})_y(4) - P(2) = 0 (\circlearrowleft +)$$

$$(F_{BC})_y = P(2)/4 = 1000 \text{ N}$$

$$F_{BC} = (F_{BC})_y / \sin\theta = 1{,}155 \text{ N}$$

$$\Sigma F_x = -(F_{BC})_x + A_x = 0$$

$$A_x = (F_{BC})_x = F_{BC}(\cos\theta) = 577 \text{ N}$$

$$\Sigma F_y = (F_{BC})_y + A_y - P = 0$$

$$A_y = -(F_{BC})_y + P = 1000 \text{ N}$$

두힘부재인 BC부재는 AB부재에 대해 B점에서 BC의 경사와 같은 방향의 반력을 만들어 낸다.

2) 부재 BC가 두 힘부재인 것을 고려하지 않고 푸는 경우

전체 구조물에 대한 자유물체도를 그린다.

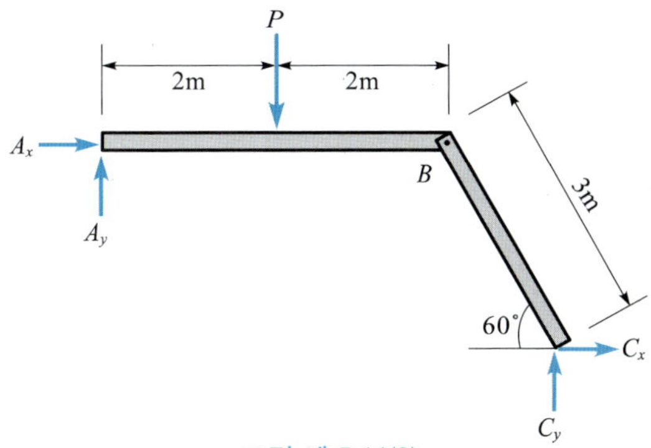

그림 예 5.11(3)

• 추가조건 적용 :

$$\Sigma M_B = A_y(4) - P(2) = 0 (\circlearrowleft +) \text{ (왼쪽)}$$

$$A_y = 1{,}000 \text{ N}$$

$$\Sigma F_y = A_y + C_y - P = 0$$

$$C_y = -A_y + P = 1000 \text{ N}$$

$$\Sigma M_B = C_y(l_{BC}\cos\theta) + C_x(l_{BC}\sin\theta) = 0 (\circlearrowleft +) \text{ (오른쪽)}$$

$$C_x = -C_y / \tan\theta = -577 \text{ N}$$

힌지 B점에서의 추가의 조건을 이용하여 평형조건식을 만들 수 있다.

chapter 05 연습문제

※ 다음 트러스의 판별식은?

5.1

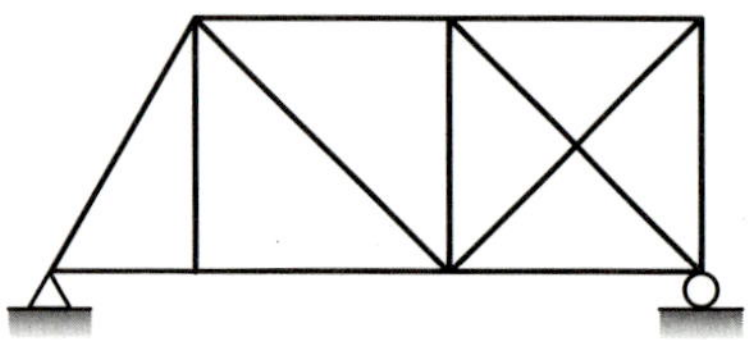

5.2

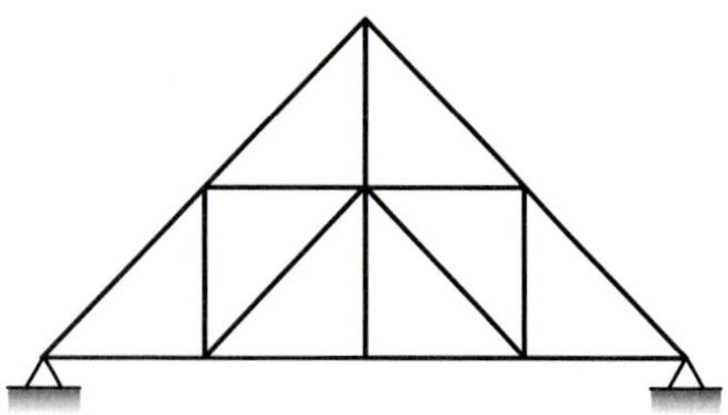

5.3

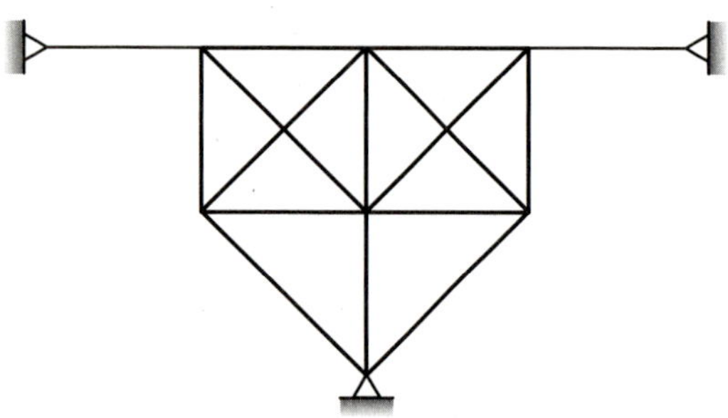

※ 다음 트러스의 부재력은?
(●표시 또는 모든부재력. 단, K는 Kips)

5.4

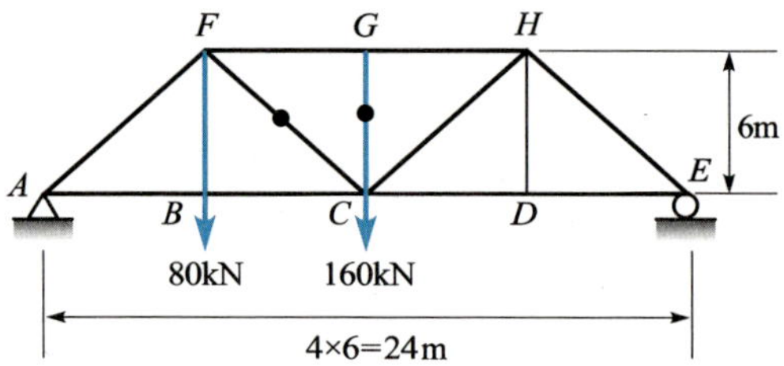

5.5

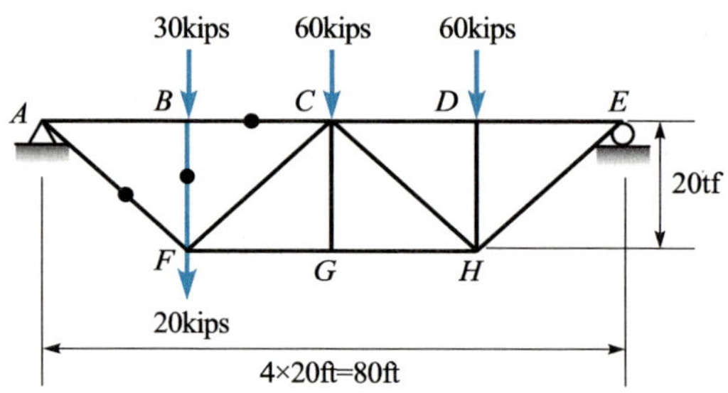

5.6

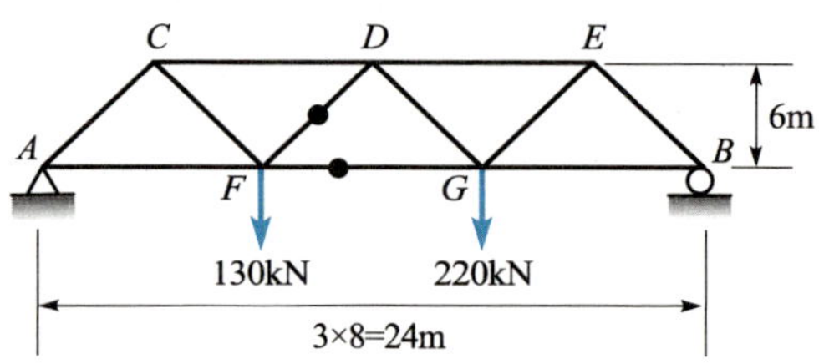

5.7

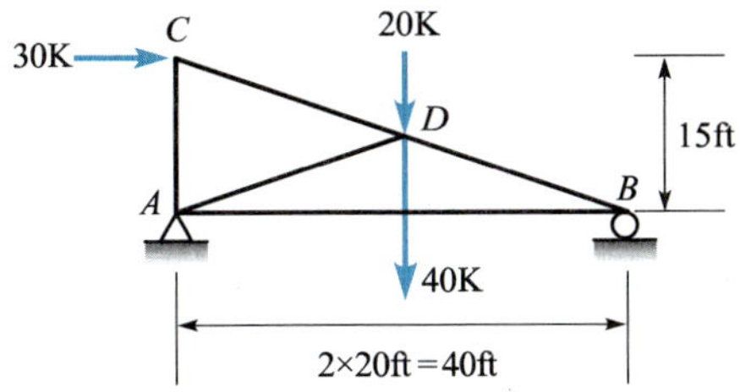

5.8

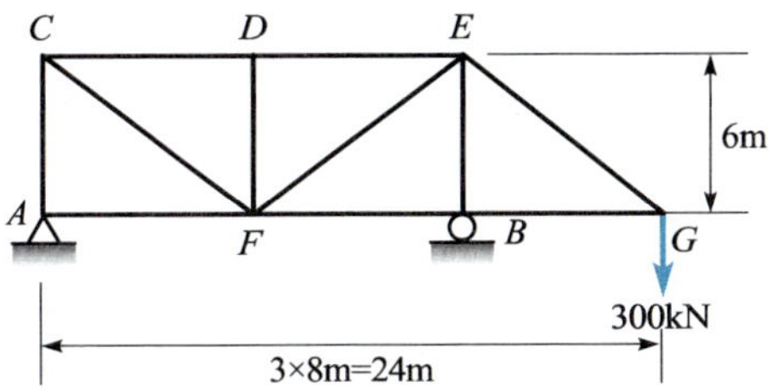

5.9

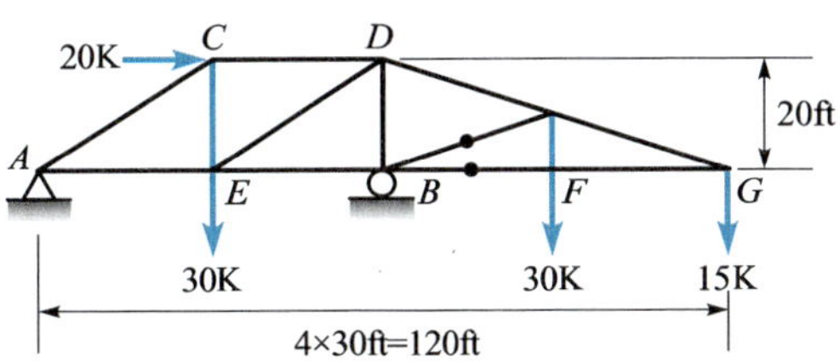

5.10

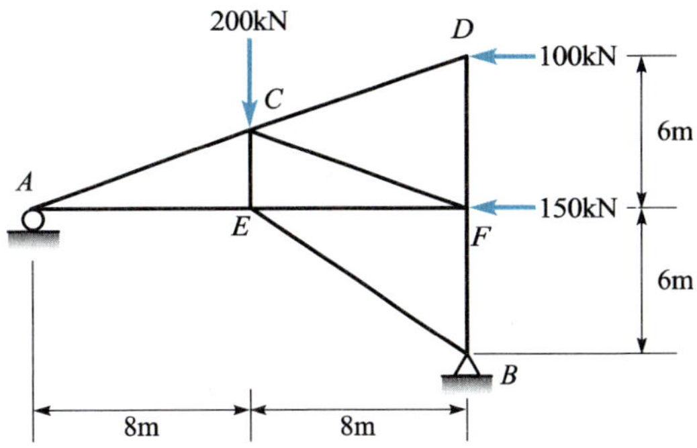

5.11

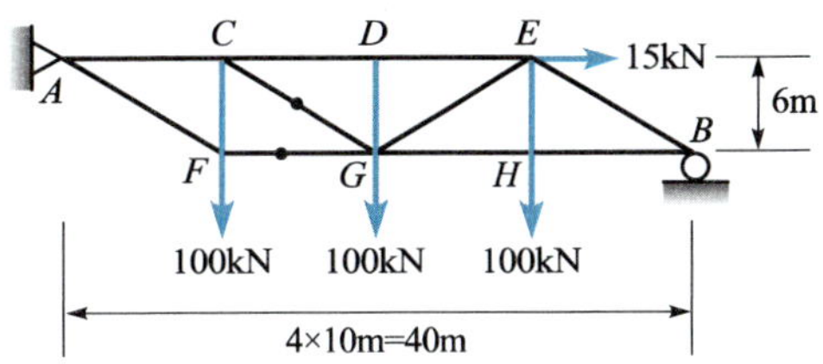

5.12

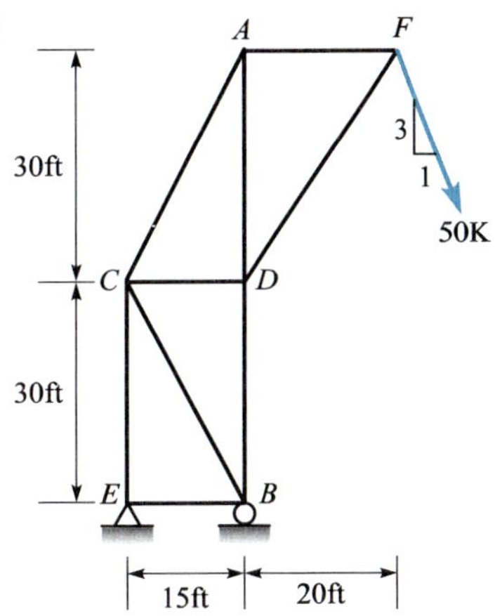

5.13

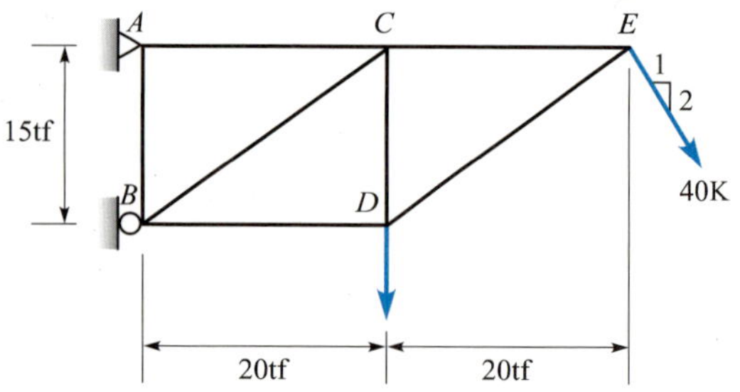

5.14

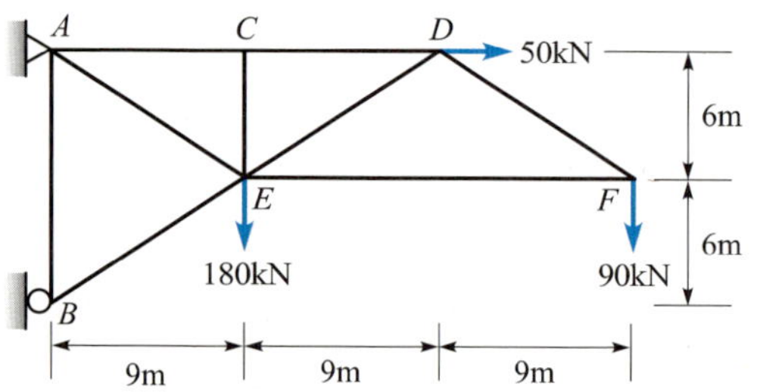

5.15

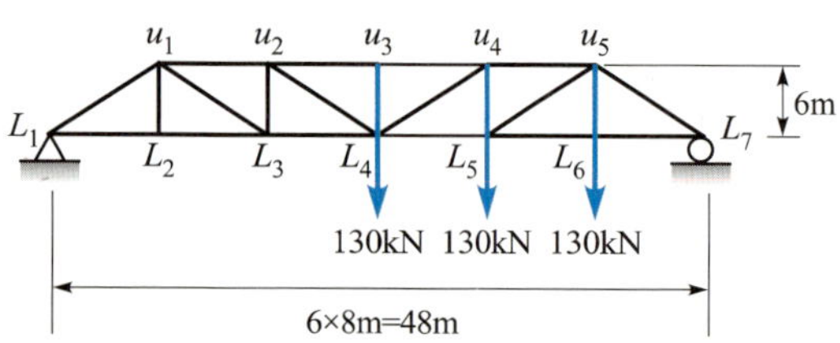

5.16

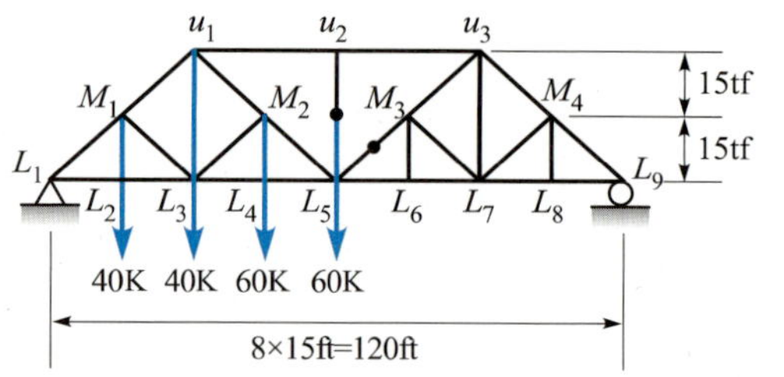

5.17

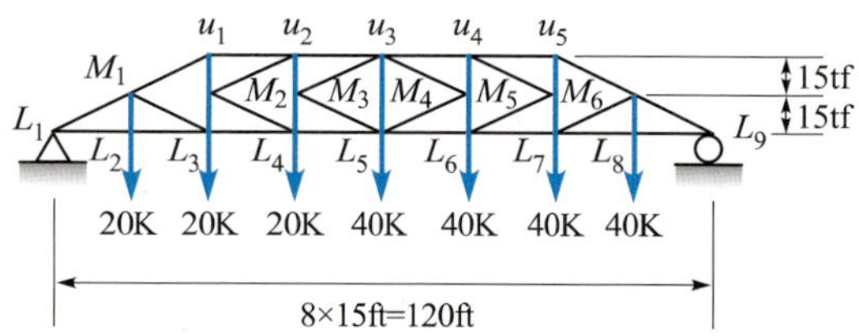

※ 다음 부재 중 무력부재는?

5.18

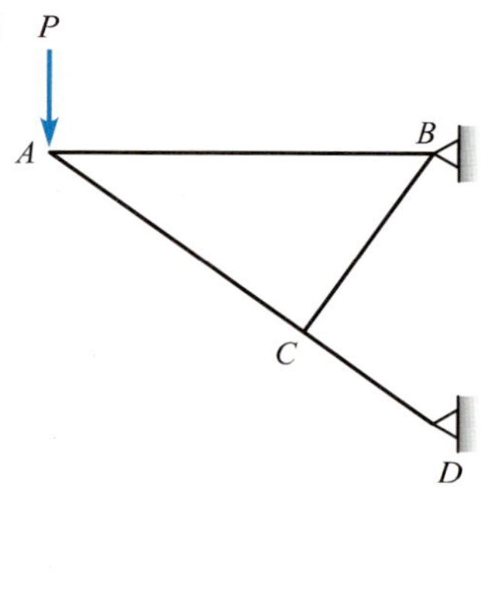

5.19

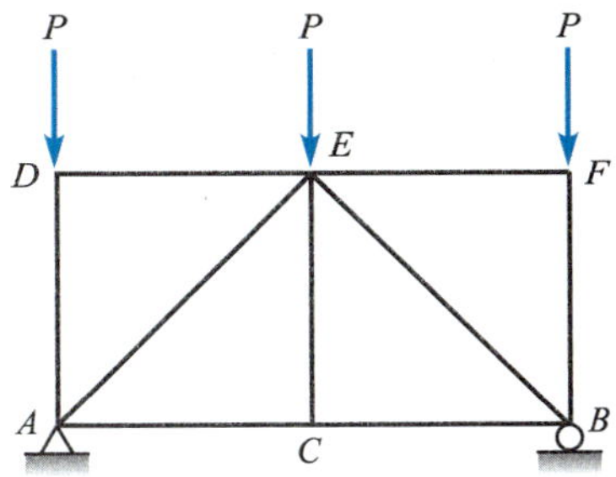

학습목표

- 무게중심, 질량중심, 도심의 정의와 서로의 상관관계를 이해한다.
- 분포하중을 집중력으로 취급하기 위한 방법을 배운다.
- Papuss와 Guldinus의 정리를 이용해 회전체의 표면적과 부피를 구하는 방법을 배운다.

STATICS

CHAPTER 06

중심과 도심

6.1 개 요

모든 물체는 실질적으로 3차원 형상을 갖고 있으며, 모든 힘은 물체에 분포되어 작용한다. 따라서 엄밀한 역학적 고려를 위해서는 물체는 3차원의 물체로, 작용하는 힘들은 분포력으로 고려하여야 하나, 해석상의 어려움과 허용되는 오차의 범위를 고려하여 간략화한 방법이 사용될 수 있다.

간략화 방법의 예로 분포되어 작용하는 힘을 한 점에 작용하는 집중력으로 취급할 수도 있다.

6.1.1 무게중심과 질량중심

물체 자체무게인 자중(自重)의 경우에도, 만유인력의 영향으로 물체 전체에 분포되어 작용하나, 물체의 무게가 한 점에 몰려 있다고 가정하는 점인 무게중심에 집중적으로 작용하는 단일의 힘으로 취급하기도 한다.

질량이 한 점에 몰려 있다고 가정하는 점을 질량중심이라 하며, 단순히 중심(重心, center of gravity)이라하는 경우에는 무게중심을 의미한다. 그러나 일반적 크기의 물체의 경우, 질량중심과 무게중심은 일치한다.

6.1.2 도심

물체의 부피 또는 단면적을 무게와 같이 취급하여, 중심과 유사한 방법으로 구한 물체의 기하학적 중심을 도심(圖心, centroid)이라 하며, 체적 전체가 한 점에 몰려있다고 가정하는 점을 체적도심, 면적 전체가 한 점에 몰려있다고 가정하는 점을 면적도심이라 하며, 간략히 도심이라 하는 경우에는 면적도심을 의미한다.

6.2 정 의

6.2.1 미소면적 dA과 전체면적 A

그림 6.1에는 임의 단면 A의 미소면적을 dA로 표시하였다. 따라서 전체 면적은 식 (6-1)과 같은 적분식으로 구할 수 있다.

$$A = \int_A dA \tag{6-1}$$

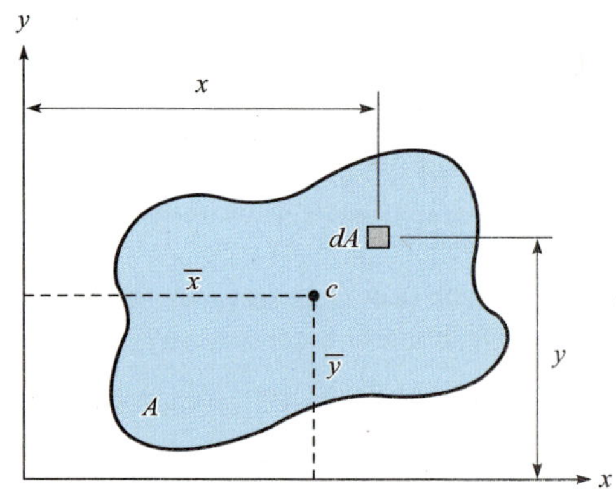

그림 6.1

6.2.2 단면1차모멘트

그림 6.1에서 미소면적 dA와 특정축까지의 최단거리의 곱을 미소면적 dA의 그 축에 대한 단면1차모멘트(first moments of the area)라 하고 dQ_i로 표시한다. 여기서 i는 단면1차모멘트를 구한 축이다.

따라서 미소면적 dA의 x축에 대한 단면1차모멘트 dQ_x는 식 (6-2a)와 같이 미소면적 dA로부터 x축까지의 거리인 y좌표와 미소면적 dA의 곱으로 정의되며, y축에 대한 단면1차모멘트 dQ_y는 식 (6-2b)와 같이 y축까지의 거리인, 미소면적 dA의 x좌표와 미소면적 dA의 곱으로 정의된다.

$$dQ_x = y\,dA \tag{6-2a}$$

$$dQ_y = x\,dA \tag{6-2b}$$

전체면적의 x축에 대한 단면1차모멘트 Q_x는 미소면적 dA의 단면1차모멘트 dQ_x

의 합으로, 식 (6-3a)와 같으며, 전체면적의 y축에 대한 단면1차모멘트 Q_y는 각 미소면적 dA의 y축에 대한 단면1차모멘트 dQ_y의 합으로, 식 (6-3b)와 같다.

단면1차모멘트

$$Q_x = \int_A y dA \tag{6-3a}$$

$$Q_y = \int_A x dA \tag{6-3b}$$

6.2.3 단면2차모멘트

미소면적 dA의 특정축에 대한 단면2차모멘트(second moments of the area)는 축까지의 최단거리의 자승과 미소면적의 곱으로 정의되며 dI_i로 표시한다. 여기에서 i는 단면2차모멘트를 구한 축이다.

따라서 미소면적 dA의 x축에 대한 단면2차모멘트 dI_x는 미소면적 dA의 x축까지의 거리인 y좌표의 자승과 미소면적 dA의 곱인 식 (6-4a)로 정의되며, y축에 대한 단면2차모멘트 dI_y는 미소면적 dA의 y축까지의 거리인, 미소면적 dA의 x좌표의 자승과 미소면적 dA의 곱으로, 식 (6-4b)와 같이 쓸 수 있다.

$$dI_x = y^2 dA \tag{6-4a}$$

$$dI_y = x^2 dA \tag{6-4b}$$

전체면적의 x축에 대한 단면2차모멘트 I_x는 미소면적 dA의 단면2차모멘트 dI_x의 합으로, 식 (6-5a)와 같으며, 전체면적의 y축에 대한 단면2차모멘트 I_y는 각 미소면적 dA의 y축에 대한 단면2차모멘트 dI_y의 합으로, 식 (6-5b)와 같다.

단면2차모멘트

$$I_x = \int_A y^2 dA \tag{6-5a}$$

$$I_y = \int_A x^2 dA \tag{6-5b}$$

6.3 중심결정을 위한 실험

물체의 중심을 구하는 실험은 가장 오래 된 정역학 실험 중의 하나로, 그림 6.2와 같이 한다.

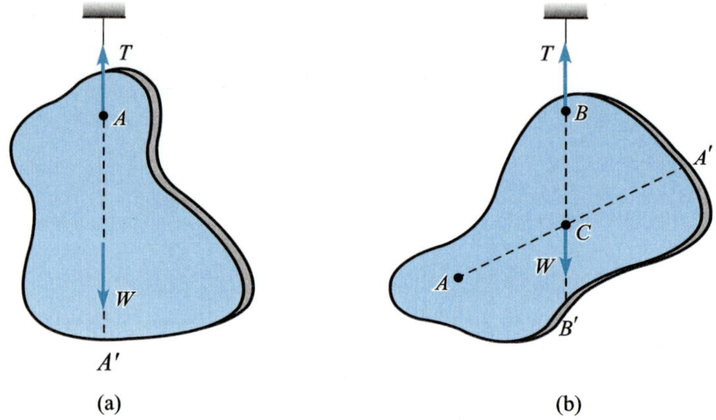

그림 6.2

먼저 물체의 가장자리의 한 점 A에 실을 묶어 물체를 내려뜨리고, 실의 연장선(선 $A-A'$)을 물체에 그리고, 또 다른 점인 B점에 실을 묶어 물체를 내려뜨리고, 실의 연장선(선 $B-B'$)을 물체에 그리면, 두 선의 교차점인 G가 이 물체의 무게중심이 된다.

6.4 무게중심, 질량중심, 도심

이 절에서는 먼저 무게중심을 구하는 법을 설명하고, 몇 가지 가정을 사용하여 무게중심을 구하는 식으로부터 질량중심, 체적도심 및 면적도심을 구하는 식을 연속적으로 유도하여, 중심과 도심의 관계를 이해하기로 하자.

6.4.1 무게 중심을 구하는 식의 유도

뉴톤의 운동제2법칙에 의하여 무게는 질량과 중력가속도의 곱이며, 우리가 대상으로 하는 일반적 크기의 물체에서는, 물체의 각 부분에 작용하는 중력가속도는 크기가 일정하고, 방향이 서로 평행하다고 가정할 수 있다. 따라서 전체 무게의 작용방향은 미소부분 무게의 작용방향과 평행이다.

그림 6.3과 같은 물체를 세 부분으로 나누어 각 부분의 무게를 w_1, w_2, w_3라 하면, 베리그농의 정리에 의해 각 부분의 무게가 y-축에 대해 만드는 모멘트의 합은 합력인 전체무게 W가 y-축에 대해 만드는 모멘트와 같으므로 식 (6-6)과 같이 쓸 수 있다.

$$w_1\overline{x_1} + w_2\overline{x_2} + w_3\overline{x_3} = W\overline{X} \tag{6-6}$$

여기서 W는 전체무게로 $W = w_1 + w_2 + w_3$가 되며, $\overline{x_1}$, $\overline{x_2}$, $\overline{x_3}$는 각 부분의 무게중심의 x좌표이고, $\overline{X}$는 전체 무게 중심의 x좌표이다.

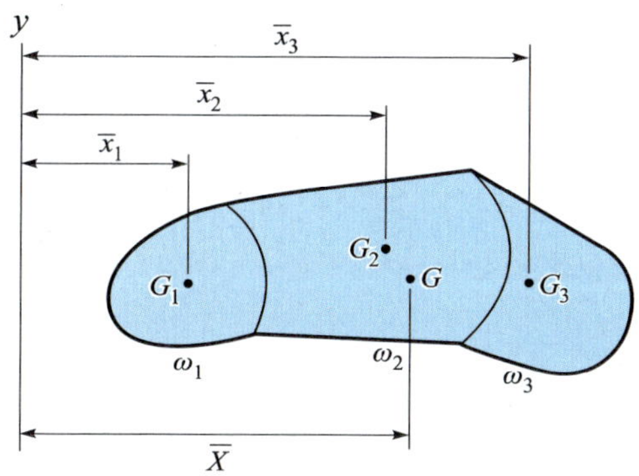

그림 6.3

식 (6-6)을 $\overline{X}$를 구하는 식으로 바꾸어 쓰면

$$\overline{X} = \frac{w_1\overline{x_1} + w_2\overline{x_2} + w_3\overline{x_3}}{W} \tag{6-7}$$

로 쓸 수 있다.

식 (6-7)을 일반적으로 표현하면 무게중심의 x좌표인 $\overline{X}$를 구하는 식을 얻으며, x축 및 z축에 대해서도 동일한 방법을 적용하면 무게중심의 좌표($\overline{X}$, $\overline{Y}$, $\overline{Z}$)를 구하는 식인 (6-8)을 얻는다.

$$\overline{X} = \frac{\Sigma\, w_i\overline{x_i}}{W} \tag{6-8a}$$

$$\overline{Y} = \frac{\Sigma\, w_i \overline{y_i}}{W} \tag{6-8b}$$

$$\overline{Z} = \frac{\Sigma\, w_i \overline{z_i}}{W} \tag{6-8c}$$

식 (6-8)은 적분기호에 의해 일반적으로 식 (6-9)와 같이 쓸 수 있다.

무게중심

$$\overline{X} = \frac{\int x dw}{W} \tag{6-9a}$$

$$\overline{Y} = \frac{\int y dw}{W} \tag{6-9b}$$

$$\overline{Z} = \frac{\int z dw}{W} \tag{6-9c}$$

2차원의 경우, 2차원 평면을 $x-y$면으로 정의하면, $\overline{X}$, $\overline{Y}$만이 구해진다.

6.4.2 무게중심과 질량중심의 관계

무게는 질량과 중력가속도의 곱으로, 물체가 일반적인 크기일 때, 중력가속도의 크기가 물체의 모든 부분에 대해 일정하다고 가정할 수 있으므로, 미소질량을 dm으로 전체 질량을 M으로 쓰면, 식 (6-9)는 질량에 의해 식 (6-10)과 같이 표현된다.

$$\overline{X} = \frac{\int x\, g\, dm}{gM} \tag{6-10a}$$

$$\overline{Y} = \frac{\int y\, g\, dm}{gM} \tag{6-10b}$$

$$\overline{Z} = \frac{\int z\, g\, dm}{gM} \tag{6-10c}$$

식 (6-10)에서 분자, 분모에 공통으로 들어 있는 중력가속도 g를 약분하여 식

(6-11)을 얻는다.

식 (6-11)로 구해지는 $\overline{X}$, $\overline{Y}$, $\overline{Z}$ 가 질량중심의 좌표이다.

질량중심

$$\overline{X} = \frac{\int x dm}{M} \tag{6-11a}$$

$$\overline{Y} = \frac{\int y dm}{M} \tag{6-11b}$$

$$\overline{Z} = \frac{\int z dm}{M} \tag{6-11c}$$

읽어보기!!

식 (6-11)은 물체 전체에 대한 중력가속도의 크기가 일정하다는 가정에 의해 유도되었음으로, 식 (6-9)으로부터 구해지는 $\overline{X}$, $\overline{Y}$, $\overline{Z}$ 와 식 (6-11)으로부터 구해지는 $\overline{X}$, $\overline{Y}$, $\overline{Z}$ 는 같은 크기이다. 이는 물체의 크기가 아주 크기 전에는 타당한 가정으로, 일반적인 토목, 건축, 기계 구조물에 대해 성립한다. 따라서 상식적인 크기의 물체에 대해서는 무게중심과 질량중심은 동일하다라고 말할 수 있다.

6.4.3 질량중심과 체적도심

도심은 기하학적 중심이라고도 하며, 체적도심과 면적도심으로 구분하여 설명할 수 있다. 먼저 체적도심에 대해 공부하기로 하자.

물체 전체에 대해 단위체적당 질량인 밀도 ρ가 일정한 경우, 질량중심을 구하는 식인 식 (6-11)에서의 질량 m을 부피와 밀도의 곱으로 바꾸어 표현하면 식 (6-11)은 식 (6-12)로 바뀌어 진다.

$$\overline{X} = \frac{\int x\, \rho\, dv}{\rho\, V} \tag{6-12a}$$

$$\overline{Y} = \frac{\int y\, \rho\, dv}{\rho\, V} \tag{6-12b}$$

$$\overline{Z} = \frac{\int z\, \rho\, dv}{\rho\, V} \qquad (6\text{–}12c)$$

식 (6–12)에서 ρ가 약분되어 식 (6–13)과 같이 쓸 수 있다.

체적중심

$$\overline{X} = \frac{\int x dv}{V} \qquad (6\text{–}13a)$$

$$\overline{Y} = \frac{\int y dv}{V} \qquad (6\text{–}13b)$$

$$\overline{Z} = \frac{\int z dv}{V} \qquad (6\text{–}13c)$$

주의!!

식 (6–13)의 $\overline{X}$, $\overline{Y}$, $\overline{Z}$는 식 (6–11)에 의해 구해지는 $\overline{X}$, $\overline{Y}$, $\overline{Z}$와 동일한 값이다. 그러나 이것은 밀도 ρ가 물체 전체에 대해 균일하다는 가정하에서만 유효하다. 따라서 복합체와 같이 상이한 밀도를 갖는 여러 종류의 재료로 만들어진 물체의 경우, 질량중심과 도심은 일치하지 않는다.

6.4.4 체적도심과 면적도심

단면에서의 도심을 면적도심이라 하며, 체적도심을 구하는 식인 식 (6– 13)으로부터 유도가 가능하다.

물체의 부피가 z 방향으로의 균일한 두께 t와 $x-y$면상의 면적 A로 만들어진 경우, 식 (6–13a)를 아래와 같이 변형할 수 있다.

$$\overline{X} = \frac{\int x\, t\, dA}{t\, A} \qquad (6\text{–}14)$$

식 (6–14)의 t를 약분하면 면적도심을 구하는 식 (6–15a)가 유도된다.

동일한 방법에 의해 y에 대해서도 구하여 식 (6–15b)와 같이 쓸 수 있다.

면적도심

$$\overline{X} = \frac{\int x dA}{A} \tag{6-15a}$$

$$\overline{Y} = \frac{\int y dA}{A} \tag{6-15b}$$

면적도심은 면적에 대한 값임으로 $\overline{Z}$ 는 존재하지 않는다.

면적도심은 무게중심과 비교해, 기하학적 중심이라고도 한다.

읽어보기!!

중심을 구해야 하는 중요성은 무엇일까? 그 이유에 대하여 예를 들어 설명하고자 한다.

1) 외팔보에 사람이 서 있는 경우를 생각해보자.
이 경우, 정상적인 경우라면 외팔보에 작용하는 하중은 서있는 사람의 두 다리를 통하여 하중이 작용하게 된다. 즉, 사람의 몸무게가 두 개의 다리를 통하여 일정한 분배에 따라 외팔보에 작용하는 것이다. 이 경우, 가까이서 관찰하면 사람이 두 다리로 서있으므로 두 개의 하중이 작용하는 것을 쉽게 관찰할 수 있지만, 눈이 나쁘고 나이가 드신 노인분이 멀리서 관찰한다면 마치 수직막대가 서있는 것으로 보일 수도 있다. 즉, 작용하는 하중이 두 군데가 아니라 한점에 작용하는 경우로 보일 수 있다는 가정이다. 이러한 경우, 이 한점의 좌표는 어디이고, 또한 이 점에 작용하는 하중의 값은 얼마일까 라는 것이 작용하중의 중심의 위치와 크기를 구하는 문제와 같은 경우이다.

2) 넓은 판재를 생각해보자.
손으로 이 판재를 받치는 경우, 가장 쉬운 방법은 양쪽을 두 손으로 적당한 힘으로 받치면 된다. 그런데, 손가락 하나로 받친다면 어떻게 해야 할까? 그 방법은 2가지 생각을 해야 한다. 먼저 판재의 무게와 같은 힘으로 받쳐야 하고 또한 받치는 위치를 중심으로 이 판재가 회전을 해서는 안 된다. 즉 이 점이 판재의 무게중심, 혹은 질량중심이 된다. 마치 판재에 분포되어 있는 하중이 마치 일정한 한 점에 집중되어 작용하는 것으로 간주할 수 있다. 이 중심을 통하여 손가락으로 지지하여 주기 때문에 물체가 회전을 하지 않게 된다. 시간이 있으면 실험을 해보자.

예제 6.1

그림 예 6.1(1)의 높이가 h이며, 밑변이 b인 삼각형의 밑변으로부터 도심까지의 거리를 구하시오.
$h = 3$ ft, $b = 4$ ft이다.

미소면적의 밑변길이는 비례식으로 구한다.

y_c는 미소면적 dA의 도심의 y좌표로 그림 예 6.2(2)에서 y이다.

x축을 밑변과 일치시키면 y좌표가 전부 +값으로 표현된다.

미소면적 $dA = x\,dy$
미소면적의 밑변길이 x :
$x/(h-y) = b/h$
$x = b(h-y)/h$

[적용 식 : $A\bar{y} = \int y\,dA$]

$$\frac{bh}{2}\bar{y} = \int_0^h y\frac{b(h-y)}{h}dy = \frac{bh^2}{6}$$

$$\therefore\ \bar{y} = \frac{h}{3} = 1\text{ ft}$$

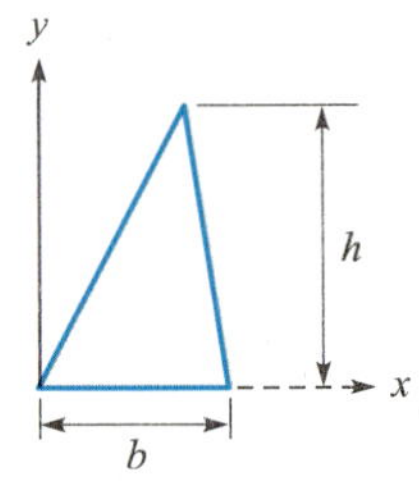

그림 예 6.1(1)

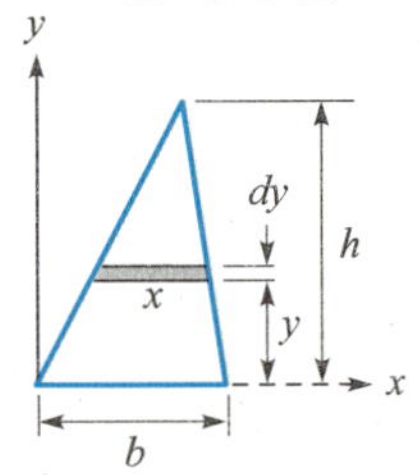

그림 예 6.1(2)

예제 6.2

그림 예 6.2(1)과 같은 원호의 도심의 위치를 구하시오.
$r = 200$ mm, $\alpha = 30°$이다.

대칭축을 x축으로 잡으면, 도심의 y좌표 $\bar{y}$는 0이 된다.

원호의 길이 $L = 2\alpha r$
미소요소의 길이 $dL = r\,d\theta$
미소요소의 x 좌표 $r\cos\theta$

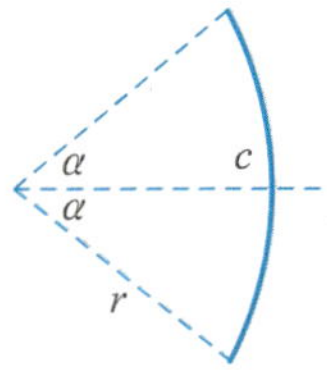

그림 예 6.2(1)

[적용 식 : $L\bar{x} = \int x\,dL$]

$$(2\alpha r)\,\bar{x} = \int_{-\alpha}^{\alpha} (r\cos\theta)\,r\,d\theta$$

$$(2\alpha r)\,\bar{x} = 2r^2\sin\alpha$$

$$\therefore\ \bar{x} = \frac{r\sin\alpha}{\alpha} = 191\text{ mm},\ \bar{y} = 0\text{ mm}$$

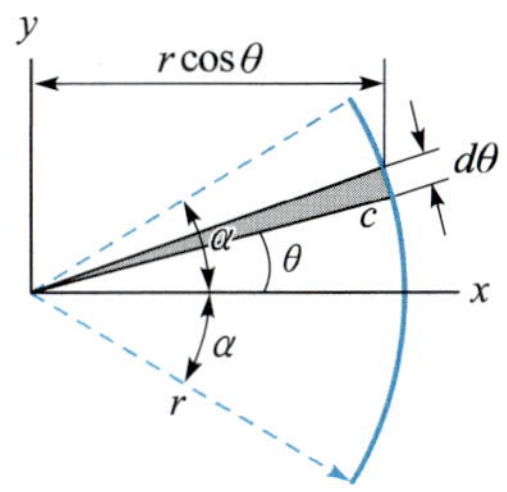

그림 예 6.2(2)

원호의 길이는 극좌표로 표현하는 것이 좋다.

예제 6.3

그림 예 6.3(1)의 부채꼴의 도심을 구하시오.
$R = 400\text{ mm},\ \alpha = 30°$이다.

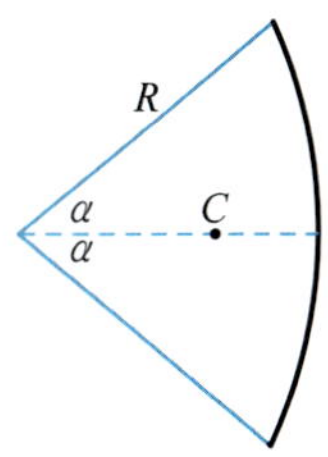

그림 예6.3(1)

1) 부채꼴 형태의 미소요소에 의한 풀이 :

그림 예 6.3(2)

미소요소 $dA = \frac{1}{2}R(Rd\theta) = \frac{1}{2}R^2d\theta$

미소요소의 도심

$$x_c = \frac{2}{3}R\cos\theta,\ y_c = \frac{2}{3}R\sin\theta$$

[적용 식 : $A\bar{x} = \int x_c\,dA$]

$$\alpha R^2\,\bar{x} = \int_{-\alpha}^{\alpha}\left(\frac{2}{3}R\cos\theta\right)\left(\frac{1}{2}R^2d\theta\right)$$

$$\alpha R^2\bar{x} = \frac{2}{3}R^3\sin\alpha$$

$$\bar{x} = \frac{2}{3}\frac{R\sin\alpha}{\alpha} = 254.6\text{ mm}$$

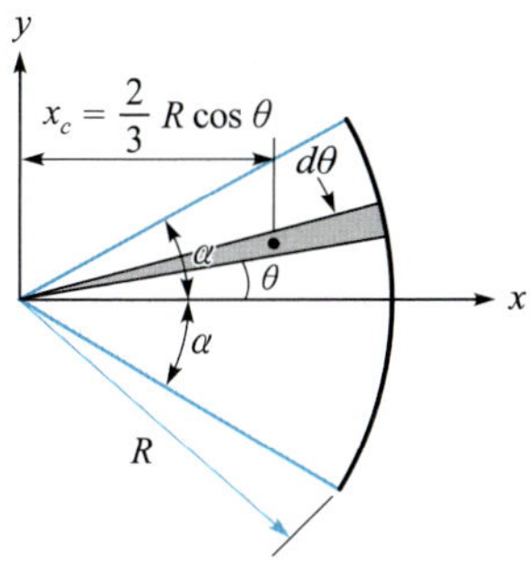

그림 예 6.3(2)

2) 원호형태의 미소요소에 의한 풀이 : 그림 예 6.3(3)

미소요소 $dA = 2\,r\,\alpha\,dr$

미소요소의 도심 :

$$x_c = \frac{r\sin\alpha}{\alpha},\quad y_c = 0$$

[적용 식 : $A\bar{x} = \int x_c\,dA$]

$$\frac{\alpha}{\pi}(\pi R^2)\bar{x} = \int_0^R \frac{r\sin\alpha}{\alpha}(2\,r\,\alpha\,dr)$$

$$\alpha R^2\bar{x} = \frac{2}{3}R^3\sin\alpha$$

$$\bar{x} = \frac{2}{3}\frac{R\sin\alpha}{\alpha} = 254.6\text{ mm}$$

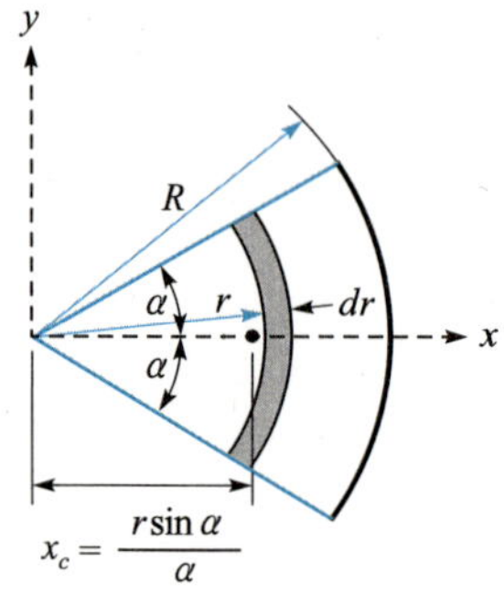

그림 예 6.3(3)

예제 6.4

반지름이 R인 1/4원의 도심을 구하여라.
$R = 400$ mm 이다.

1) 부채꼴 형태의 미소요소에 의한 풀이

미소요소 $dA = \frac{1}{2}R(Rd\theta) = \frac{1}{2}R^2 d\theta$

미소요소의 도심 $(x_c,\ y_c)$:

$$x_c = \frac{2}{3}R\,\cos\theta,\ y_c = \frac{2}{3}R\,\sin\theta$$

[적용 식 : $A\bar{x} = \int x_c\,dA$]

$$\bar{x}\int_0^{\pi/2}\frac{1}{2}R^2 d\theta = \int_0^{\pi/2}\left(\frac{2}{3}R\cos\theta\right)\left(\frac{1}{2}R^2\right)d\theta$$

$$\frac{\pi}{4}R^2\,\bar{x} = \frac{1}{3}R^3$$

$$\bar{x} = \frac{4}{3\pi}R = 169.8\text{ mm}$$

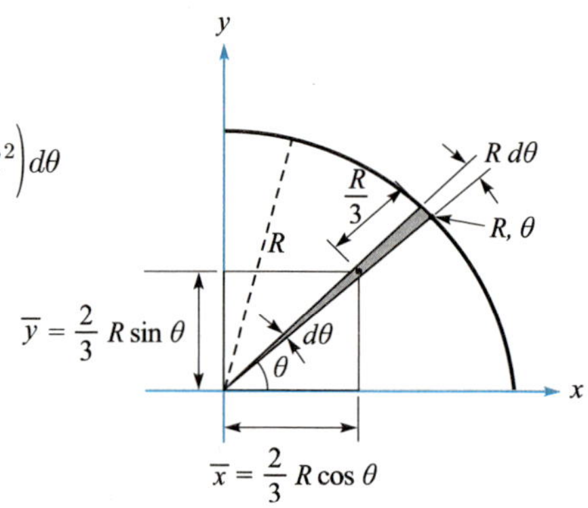

그림 예 6.4(1)

[적용 식 : $A\bar{y} = \int y_c \, dA$]

$$\bar{y}\int_0^{\pi/2}\frac{1}{2}R^2 d\theta = \int_0^{\pi/2}\left(\frac{2}{3}R\sin\theta\right)\left(\frac{1}{2}R^2\right)d\theta$$

$$\frac{\pi}{4}R^2\bar{y} = \frac{1}{3}R^3 \qquad \bar{y} = \frac{4}{3\pi}R = 169.8\text{ mm}$$

2) 원호 형태의 미소요소에 의한 풀이

미소요소 $dA = (2\pi r/4)\,dr$

미소요소의 도심 :

$$\bar{x} = \frac{r\sin(\pi/4)}{\pi/4}cos(\pi/4) = \frac{2r}{\pi}$$

$$\bar{y} = \frac{r\sin(\pi/4)}{\pi/4}sin(\pi/4) = \frac{2r}{\pi}$$

[적용 식 : $A\bar{x} = \int x_c \, dA$]

$$\bar{x}\frac{\pi R^2}{4} = \int_0^R\left(\frac{2r}{\pi}\right)\left(\frac{\pi r}{2}\right)dr = \int_0^R r^2 dr$$

$$\bar{x} = \frac{4}{3\pi}R = 169.8\text{ mm}$$

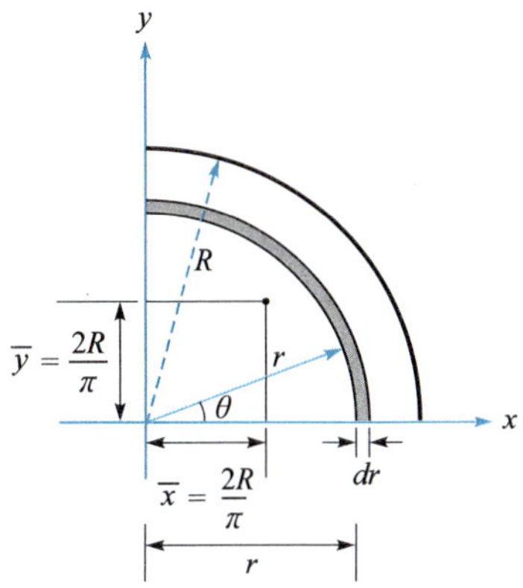

그림 예 6.4(2)

[적용 식 : $A\bar{y} = \int y_c \, dA$]

$$\bar{y}\frac{\pi R^2}{4} = \int_0^R\left(\frac{2r}{\pi}\right)\left(\frac{\pi r}{2}\right)dr = \int_0^R r^2 dr \qquad \bar{y} = \frac{4}{3\pi}R = 169.8\text{ mm}$$

미소요소 dA의 도심 좌표는 예제 6.2에서 구하였다.

예제 6.5

그림 예 6.5(1)의 곡선 $x = ky^2$ 아래 면적의 도심을 구하여라.

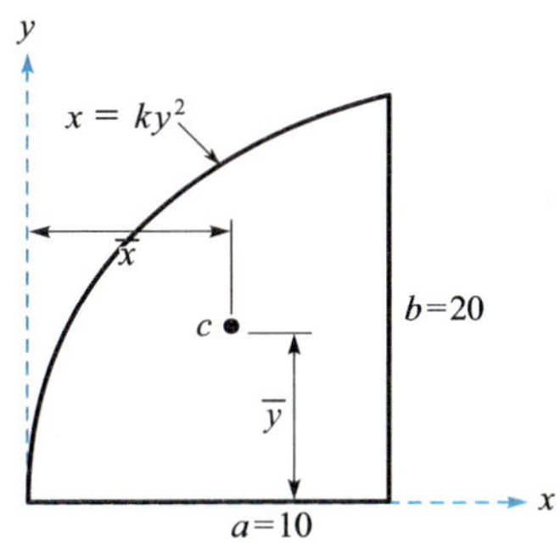

그림 예 6.5(1)

1) 수직 미소요소에 의한 계산

$k = x/y^2 = a/b^2$

미소요소 dA의 도심 좌표 $(x_c,\ y_c)$

$x_c = x,\ y_c = \dfrac{y}{2}$

미소요소 : $dA = y\,dx$

$$A = \int_0^a y\,dx = \int_0^a [x/(a/b^2)]^{1/2}\,dx = \frac{2}{3}ab$$

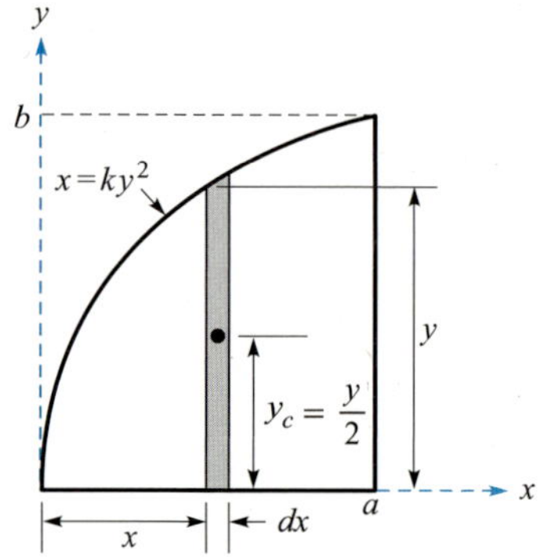

그림 예 6.5(2)

[적용 식 : $A\bar{x} = \int x_c\,dA$]

$$\frac{2}{3}ab\bar{x} = \int x\,y\,dx = \int_0^a x\,(x/k)^{1/2}\,dx$$

$$= a^{-1/2}\,b\int_0^a x^{3/2}\,dx = \frac{2}{5}a^2\,b$$

$$\bar{x} = \frac{3}{5}a = 6.0$$

[적용 식 : $A\bar{y} = \int y_c\,dA$]

$$\frac{2}{3}ab\bar{y} = \int_0^a \frac{y}{2}\,y\,dx = \frac{1}{2}\int_0^a (x/k)\,dx$$

$$= \frac{1}{2}(a/b^2)^{-1}\int_0^a x\,dx = \frac{1}{4}\,ab^2$$

$$\bar{y} = \frac{3}{8}b = 7.5$$

2) 수평미소요소에 의한 계산

$k = x/y^2 = a/b^2$

미소요소 dA의 도심의 좌표 $(x_c,\ y_c)$

$x_c = x + \dfrac{1}{2}(a-x) = (a+x)/2$

$y_c = y$

미소요소 $dA = (a-x)\,dy$

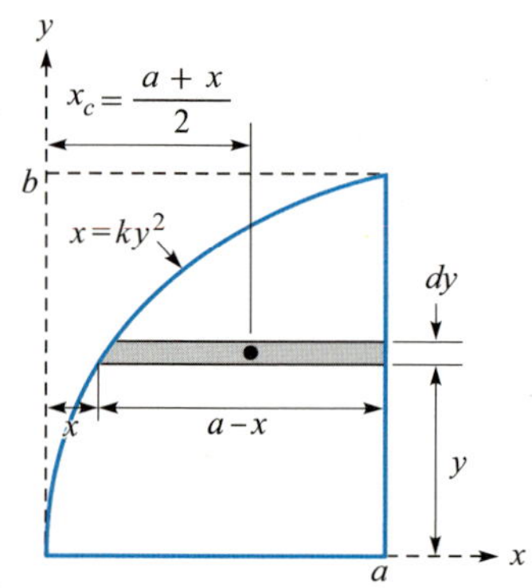

그림 예 6.5(3)

[적용 식 : $A\bar{x} = \int x_c\,dA$]

$$\bar{x}\int_0^b (a-x)\,dy = \int_0^b \frac{a+x}{2}(a-x)dy$$

$$\bar{x} = \frac{3}{5}a = 6.0$$

[적용 식 : $A\bar{y}=\int y_c\,dA$]

$$\bar{y}\int_0^b (a-x)\,dy=\int_0^b y(a-x)\,d\,y$$

$$\bar{y}=\frac{3}{8}b=7.5$$

6.5 복합체의 무게중심, 질량중심, 도심

6.5.1 복합체의 무게중심

물체의 무게중심을 구하는 식인 식 (6-9)는 상이한 재료로 만들어진 여러 부분으로 구성된 복합체에 대해서도 유효하다. 그러나 복합체는 단지 몇 개의 부분으로 구성되어 있는 경우가 일반적이므로 식 (6-9)를 적분기호 $\int$ 보다는 식 (6-16)과 같이 Σ 기호를 사용하여 표시하는 것이 합리적이다.

복합체의 무게중심

$$\bar{X}=\frac{\Sigma x_i W_i}{\Sigma W_i} \quad (6\text{-}16a)$$

$$\bar{Y}=\frac{\Sigma y_i W_i}{\Sigma W_i} \quad (6\text{-}16b)$$

$$\bar{Z}=\frac{\Sigma z_i W_i}{\Sigma W_i} \quad (6\text{-}16c)$$

6.5.2 복합체의 질량중심

물체 전체에 대해 중력가속도가 일정하다는 가정을 사용하면 복합체의 경우 식 (6-11)을 Σ 기호를 사용하여 식 (6-17)과 같이 바꾸어 쓸 수 있다.

복합체의 질량중심

$$\bar{X}=\frac{\Sigma x_i M_i}{\Sigma M_i} \quad (6\text{-}17a)$$

$$\overline{Y} = \frac{\sum y_i M_i}{\sum M_i} \quad (6\text{-}17b)$$

$$\overline{Z} = \frac{\sum z_i M_i}{\sum M_i} \quad (6\text{-}17c)$$

6.5.3 복합체의 체적도심과 면적도심

체적도심과 면적도심은 물체의 밀도와는 관계가 없는 값으로 단지 기하학적인 값으로만 구해진다. 따라서 균일한 물체의 체적도심과 면적도심을 구하는 식은 복합체의 체적도심과 면적도심을 구하기 위해서도 사용될 수 있다.

1) 복합체의 체적도심

복합체는 밀도가 일정하지 않음으로, 복합체의 도심은 식 (6-17)로부터 유도할 수 없으며, 식 (6-13)을 사용하여 구하여야 한다. 따라서 복합체의 경우, 도심은 중심과 일치하지 않는다. 일반적인 복합체의 경우, 상이한 밀도를 갖는 부분의 개수가 유한함으로, 식 (6-13)은 식 (6-18)과 같이 Σ 기호를 사용하여 표시하는 것이 합리적이다.

복합체의 체적중심

$$\overline{X} = \frac{\sum x_i V_i}{\sum V_i} \quad (6\text{-}18a)$$

$$\overline{Y} = \frac{\sum y_i V_i}{\sum V_i} \quad (6\text{-}18b)$$

$$\overline{Z} = \frac{\sum z_i V_i}{\sum V_i} \quad (6\text{-}18c)$$

식 (6-18)에서 V_i는 i번째 요소의 체적이며, x_i, y_i, z_i는 i째 요소의 체적도심의 좌표이다.

2) 복합체의 면적도심

체적도심에서와 같이 $\int$ 기호를 사용하여 표시된 식인 (6-15)를 Σ기호를 사용하여 면적도심을 표시하면 식 (6-19)와 같다.

복합체의 면적중심

$$\overline{X} = \frac{\Sigma x_i A_i}{\Sigma A_i} \quad (6\text{-}19a)$$

$$\overline{Y} = \frac{\Sigma y_i A_i}{\Sigma A_i} \quad (6\text{-}19b)$$

6.5.4 기본적 형태의 체적도심

원통, 구, 반구 등 자주 사용되는 기본적 형태를 갖는 체적의 부피와 체적도심을 구하는 공식이 부록 1에 정리되어 있다.

6.5.5 기본적 모양의 면적도심

직사각형, 삼각형, 원 등 자주 사용되는 기본적 모양의 면적의 면적도심을 구하는 공식이 부록 2에 정리되어 있다.

6.5.6 대칭축을 갖는 면적의 도심

대칭축을 갖는 물체의 도심은 대칭축 상에 있다. 따라서 두 개의 대칭축을 갖는 물체의 면적도심은 두 대칭축이 만나는 점이 된다.

하나의 대칭축만 갖는 물체의 경우, 도심이 대칭축 상에 있음으로 대칭축과 직각인 축에 대해서만 면적도심의 좌표를 구하면 된다.

예제 6.6

그림 예 6.6은 원통과 반구로 이루어진 물체의 단면이다. 이 물체의 체적도심을 구하여라. 원통의 반지름 r_1은 2 ft이며 높이 h는 4 ft이고, 반구의 반지름 r_2는 2 ft이다.

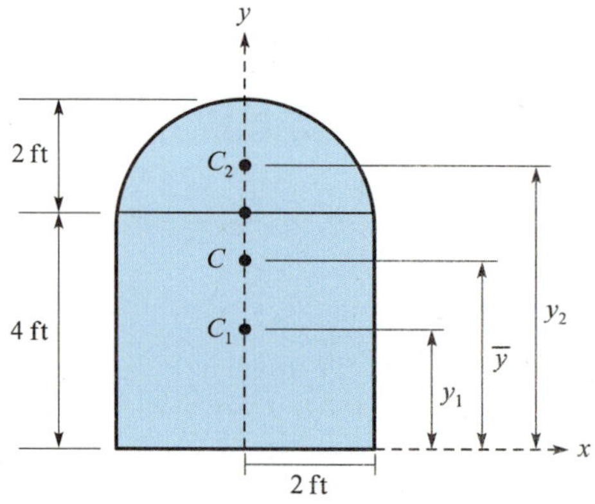

그림 예 6.6

(a) 체적

원통 $V_1 = \pi r_1{}^2 h = 50\ \text{ft}^3$

반구 $V_2 = (2/3)\pi r_2{}^3 = 17\ \text{ft}^3$

(b) 도심 좌표

원통 $y_1 = (1/2)h = 2.0\ \text{ft}$

반구 $y_2 = h + (3/8)r_2 = 4.75\ \text{ft}$

$\therefore\ \overline{y} = (V_1 y_1 + V_2 y_2)/(V_1 + V_2) = 2.7\ \text{ft}$

예제 6.7

그림 예 6.7(1)의 도형의 도심을 구하여라.

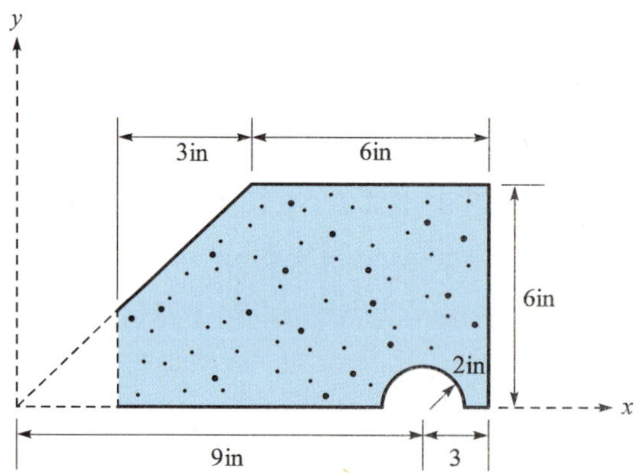

그림 예 6.7(1)

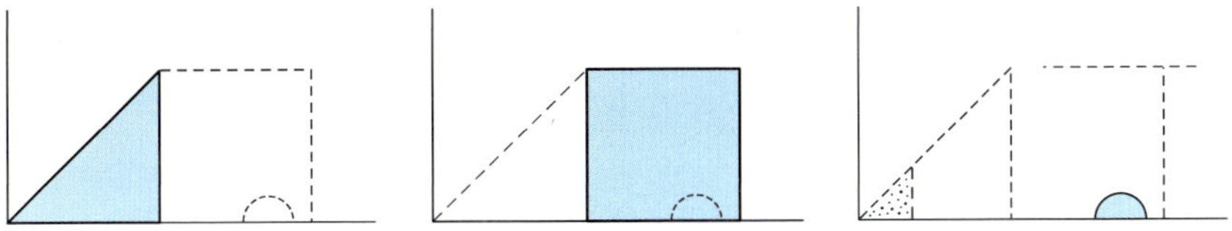

(a) A_1 (b) A_2 (c) A_3, A_4

그림 예 6.7(2)

1) (a) 분할된 부분의 면적

$$A_1 = (1/2)(6)(6) = 18 \text{ in}^2$$

$$A_2 = (6)(6) = 36 \text{ in}^2$$

$$A_3 = -(1/2)(3)(3) = -4.5 \text{ in}^2$$

$$A_4 = -(1/2)\pi r_2{}^2 = -6.3 \text{ in}^2$$

$$A = A_1 + A_2 + A_3 + A_4 = 43.2 \text{ in}^2$$

(b) 각 부분 면적의 도심

$A_1 : x_1 = (2/3)6 = 4$ in $y_1 = (1/3)6 = 2$ in

$A_2 : x_2 = 6 + (1/2)6 = 9$ in $y_2 = (1/2)6 = 3$ in

$A_3 : x_3 = (2/3)(3) = 2$ in $y_3 = (1/3)3 = 1$ in

$A_4 : x_4 = 9$ in $y_4 = 4r/(3\pi) = 0.85$ in

(c) 전체 면적의 도심

$$\bar{x} = \Sigma(A_i x_i)/\Sigma A_i = 7.6 \text{ in}$$

$$\bar{y} = \sum(A_i y_i)/\sum(A_i) = 3.1 \text{ in}$$

2) 표에 의한 계산

부분	A_i	x	y	$A_i x$	$A_i y$
1	18.0	4.0	2.0	72.0	36.0
2	36.0	9.0	3.0	324.0	108.0
3	−4.5	2.0	1.0	−9.0	−4.5
4	−6.3	9.0	0.8	−56.5	−5.3
Σ	43.2			330	134

$$\bar{x} = \frac{\Sigma A_i x_i}{\Sigma A_i} = 7.6 \text{ in}$$

$$\bar{y} = \frac{\Sigma A_i y_i}{\Sigma A_i} = 3.1 \text{ in}$$

빠지는 면적은 −로 표시한다.

6.6 파푸스의 정리

파푸스의 정리란 회전체의 표면적과 체적을 구하기 위해 사용하는 정리이다.

6.6.1 제 1 정리

파푸스의 제1정리는 임의의 평면곡선을 같은 평면상의, 교차하지 않는 축으로 회전시킬 때 생기는 표면적을 구하기 위해 사용된다.

파푸스의 제1정리에 따르면 회전체의 표면적은 회전체를 형성시키기 위해 회전시킨 곡선의 길이와, 곡선의 중심까지의 거리와, 중심이 회전한 각(radian)의 곱과 같으며, 식 (6–20)과 같이 쓸 수 있다.

파푸스의 제 1 정리

$$A = 2\pi \overline{y} L \qquad (6\text{–}20)$$

식 (6–20)으로 길이 L인 선분 AB를 x축 주위로 회전시켰을 경우 생기는 표면적을 구할 수 있다. y축 주위로 회전시키면 식 (6–20)의 $\overline{y}$ 대신 $\overline{x}$를 대입한다.

1) 파푸스 제 1 정리의 유도

그림 6.4에서 미소부분의 표면적은 아래의 식으로 표현할 수 있다.

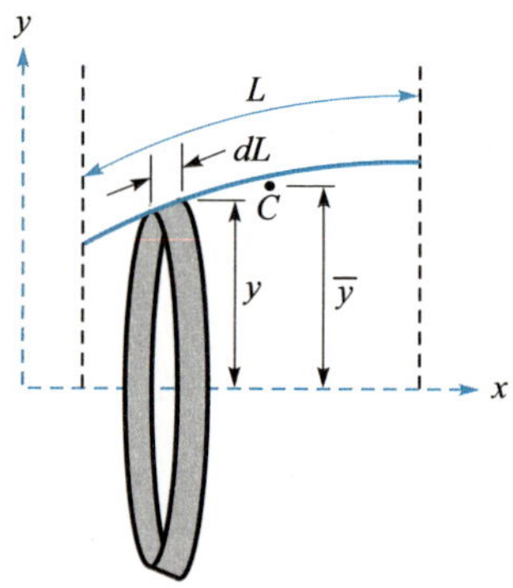

그림 6.4

$$dA = (2\pi y)\, dL \qquad ①$$

전체 표면적은 식 ①을 전체면적에 대해 적분하여 구할 수 있다.

$$A = 2\pi \int y dL \qquad ②$$

식 ②에 $\int y dL = \overline{y}\ L$ 의 관계를 대입하면 파푸스 제1정리인 식 (6-20)이 유도된다.

$$A = 2\pi \overline{y}\ L \qquad (6\text{-}20)$$

6.6.2 제 2 정리

파푸스의 제2정리에 의하면 회전체의 체적은 회전체를 형성시키기 위해 회전시킨 도형의 면적과, 도심까지의 거리의 곱과 같다.

식 (6-21)은 면적이 A 인 도형을 x축 주위로 회전시켜서 만들어지는 물체의 체적을 구하는 식으로, y축 주위로 회전시키면 $\overline{y}$ 대신 $\overline{x}$ 를 대입하면 된다.

파푸스의 제 2 정리

$$V = 2\pi \overline{y}\ A \qquad (6\text{-}21)$$

즉, 면적 A 인 도형을 x축(또는 y축) 중심으로 θ만큼 회전시켰을 때 체적(부피)을 구할 수 있으며, 역으로 도심을 구할 때 쓰이기도 한다.

1) 파푸스 제2정리의 유도

그림 6.5에서 미소부분의 체적은 식 ①과 같이 표현할 수 있다.

$$dV = (2\pi y) dA \qquad ①$$

전체 표면적은 식 ①을 전체면적에 대해 적분하여 구할 수 있다.

$$V = 2\pi \int y dA \qquad ②$$

식 ②에 $\int y\, dA = \overline{y} A$ 의 관계를 대입하면 파푸스 제2정리 식이 유도된다.

$$V = 2\pi \overline{y} A \qquad (6\text{-}21)$$

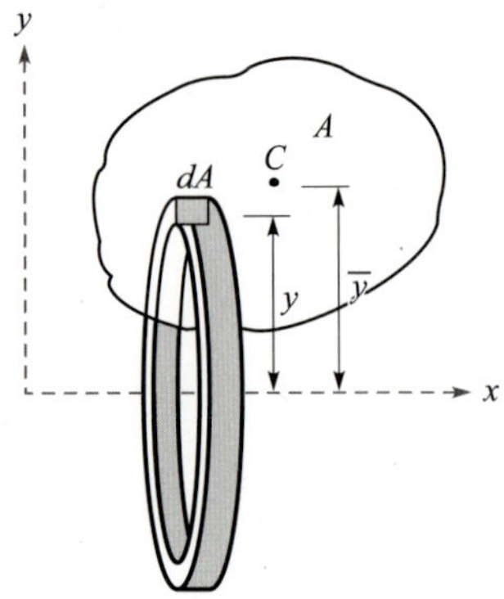

그림 6.5

6.6.3 파푸스 정리의 적용 예

기계분야에 있어서, 부품 제작을 위해 일정 단면을 갖는 회전체를 틀에 부어서 제작하거나 절삭가공을 한다. 이 때 부품의 표면적이나 부피가 원자재의 확보를 위해 필요하다. 이러한 경우 파푸스 정리를 적용하면 쉽게 구해진다.

예를 들어 단면이 원형인 도너츠형상의 부품을 제작하기 위해서는 먼저 부피를 계산하여야 한다. 그러면 파푸스 제2정리를 적용하여 쉽게 구할 수 있고, 또한 이 부품을 포장하기 위해서는 표면적을 계산해야 한다. 이 경우에는 파푸스 제1정리를 적용하면 표면적의 크기를 쉽게 구할 수 있다.

예제 6.8

그림 예 6.8(1)과 같은 면적이 x축 주위로 회전하여 만들어지는 (1) 회전체의 체적과 (2) 표면적을 구하여라.

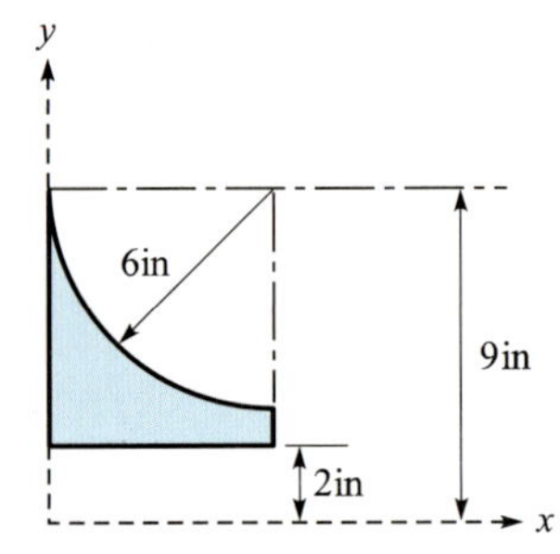

그림 예 6.8(1)

(a) 회전체의 체적 :

$V = 2\pi Q_x$

$Q_x = \Sigma(\overline{y}A)$

$r = 6.0$ in　　$\theta = 90°$

$h = 9.0$ in　　$d = 2.0$ in

부 분	A	$\overline{y}$	$A\overline{y}$
사각형	42.0	5.5	231.0
1/4원	−28.3	6.5	−182.5
Σ	13.7	12.0	48.5

$Q_x = 48.5\ \text{in}^3$

$V = 2\pi Q_x = 304.9\ \text{in}^3$

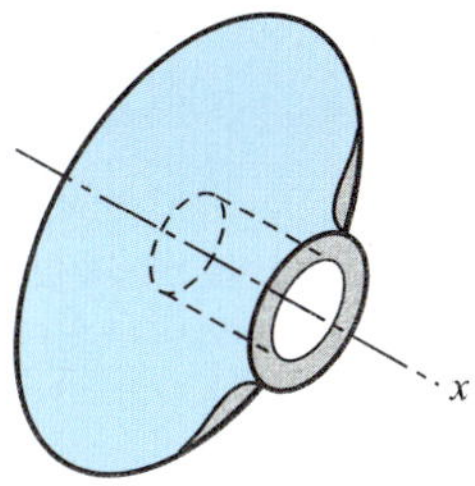

그림 예 6.8(2)

회전체의 체적을 구하는 식인 식 (6-21)의 $\overline{y}A$는 A의 x축에 대한 단면1차모멘트 Q_x이다.

$\overline{y}$는 그림 예 6.8(3)으로부터 구할 수 있다.

(b) 회전체의 표면적

$A = 2\pi G_x$

$Q_x = \Sigma(\overline{y}L)$

부 분	L	$\overline{y}$	$L\overline{y}$
	1	2.5	2.5
	6	2	12
	7	5.5	38.5
1/4원	9.4	5.18	48.692
			101.692

$Q_x = 101.692\ \text{in}^2$

$A = 2\pi G_x = 638.95\ \text{in}^2$

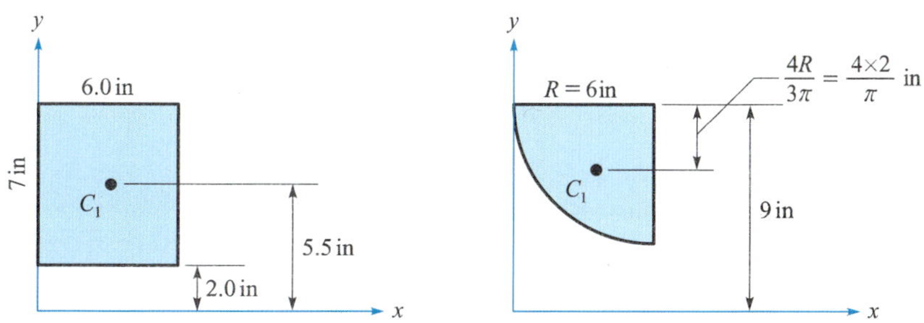

그림 예 6.8(3)

chapter 06 연습문제

6.1 주어진 평면 영역의 면적 및 도심 y_c를 적분을 이용하여 구하여라.

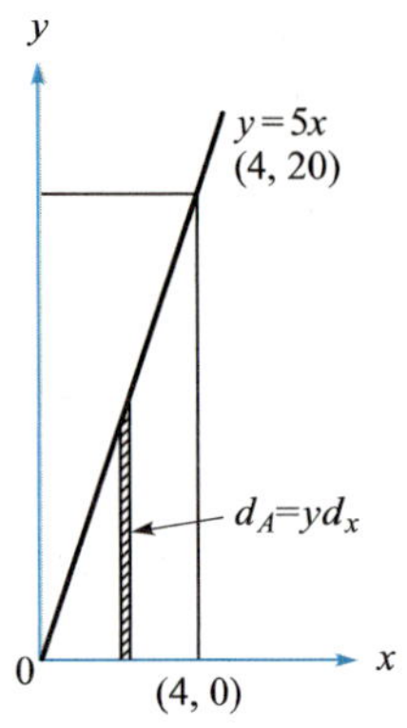

6.2 그림과 같이 좌우 대칭인 T형 도형의 도심 y_c를 구하여라.

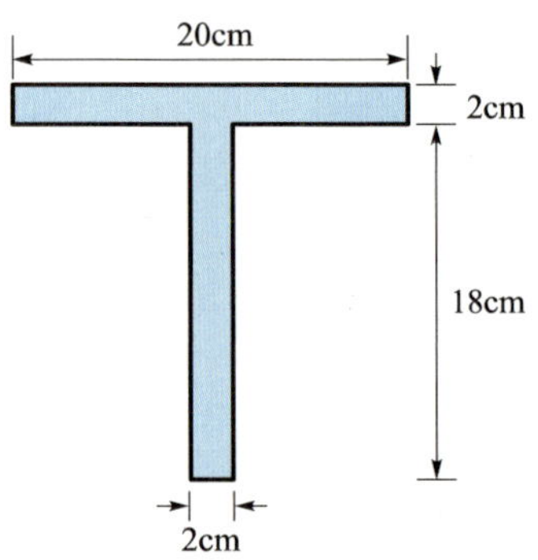

6.3 빗금친 도형의 도심의 위치를 적분을 이용하여 구하여라.

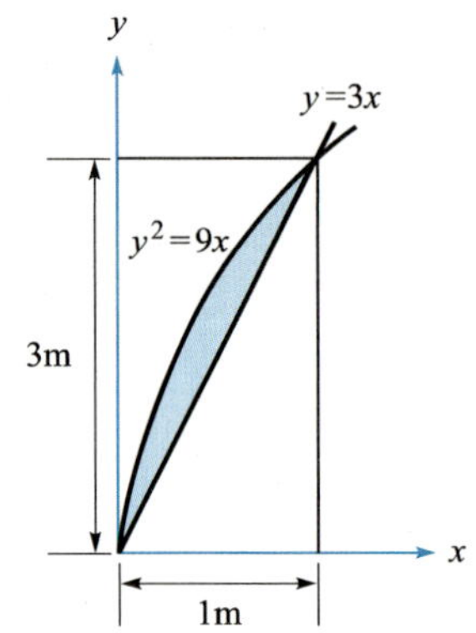

6.4 다음 그림에서 면적에 대한 도심 x_c, y_c를 구하여라.

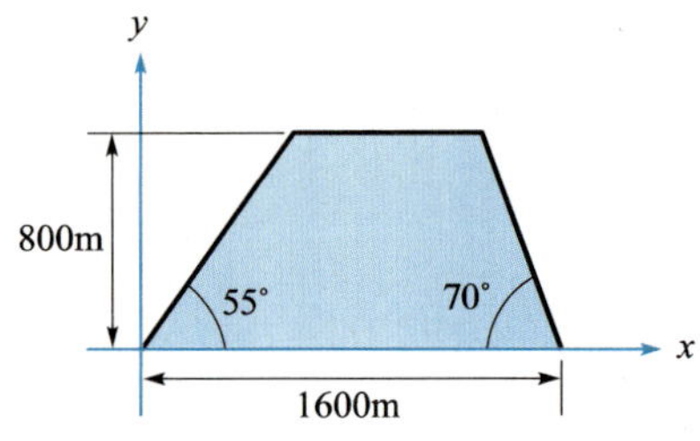

6.5 빗금친 도형의 면적 및 도심의 위치를 적분을 이용하여 구하여라.

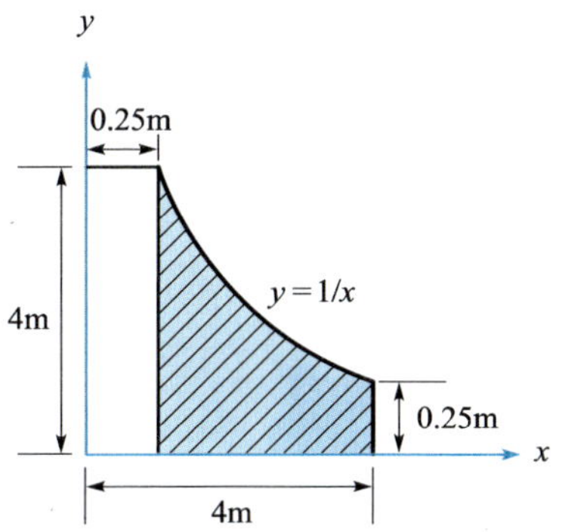

6.6 주어진 평면 영역의 도심 좌표를 구하여라.

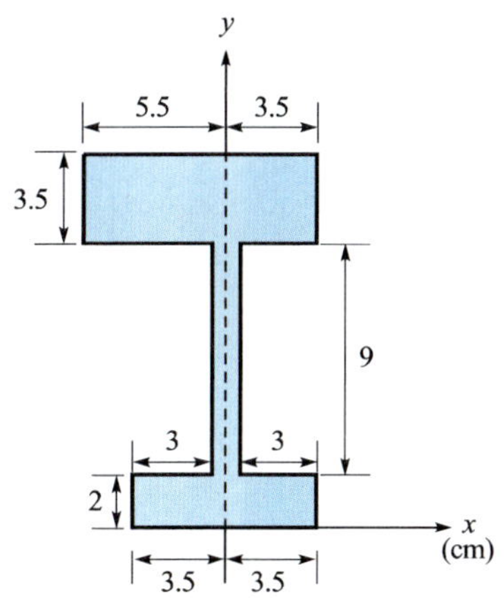

6.7 다음 그림에서 빗금친 부분의 도심 x_c값을 구하여라.

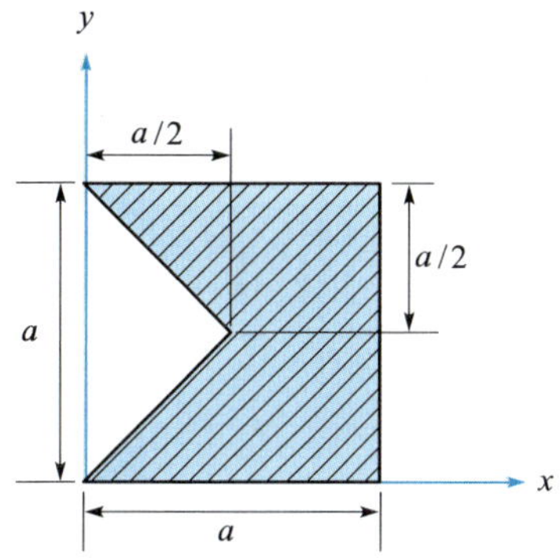

6.8 그림과 같은 도형의 도심 x_c, y_c를 구하여라.

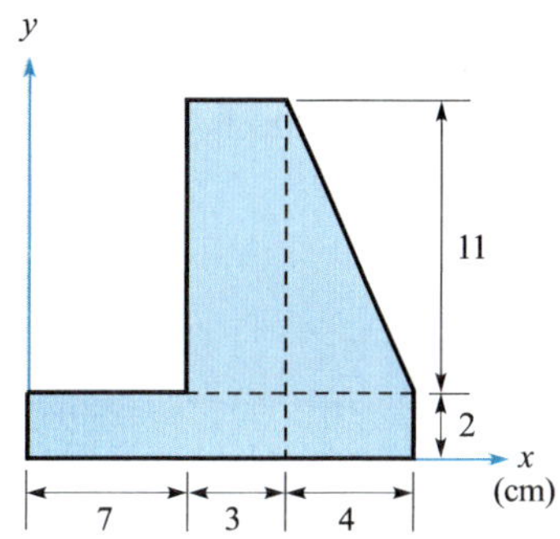

6.9 그림의 균일한 와이어 AOB의 도심을 구하여라.

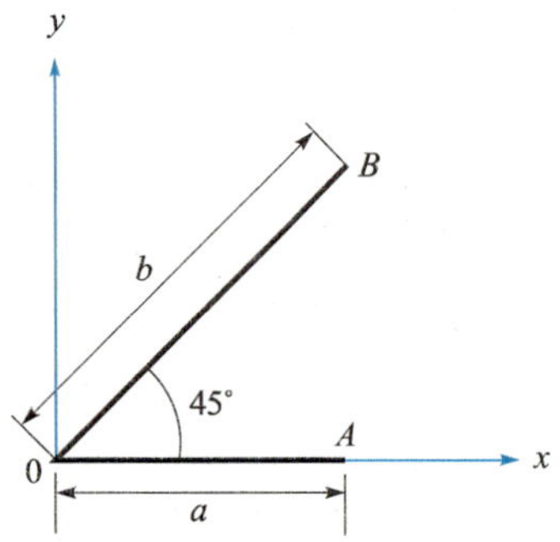

6.11 다음 합성단면의 도심 x_c, y_c를 구하여라.

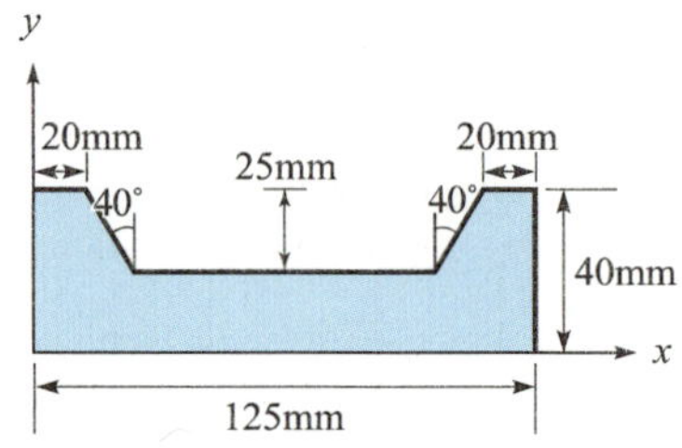

6.10 그림과 같은 폐쇄곡선이 있다. 이 폐쇄곡선의 도심이 점 O에 위치할 때 비율 a/b를 구하여라.

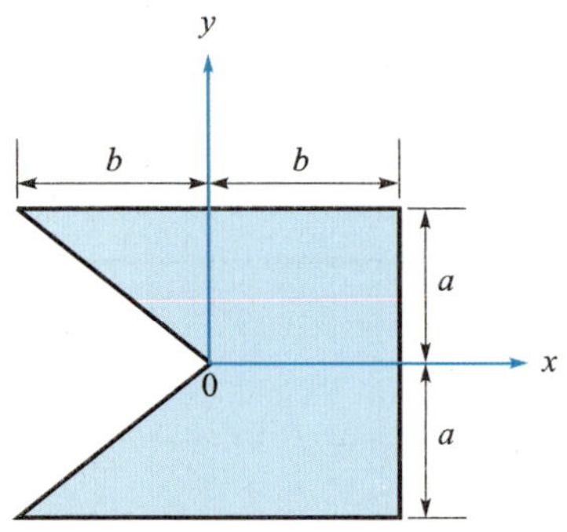

6.12 그림과 같은 도형의 도심 x_c, y_c를 구하여라.

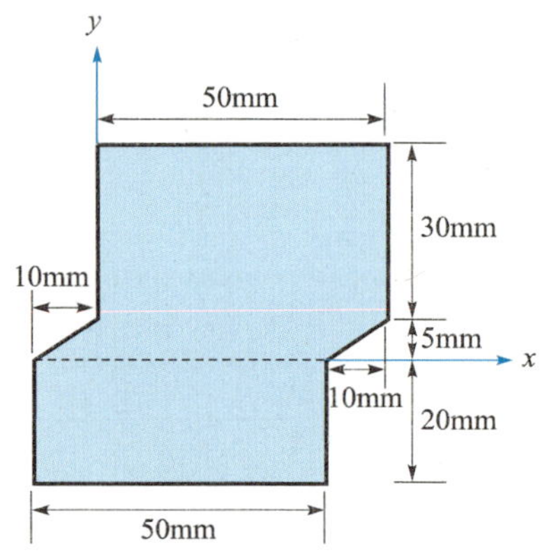

6.13 다음 그림 면적의 도심 위치를 구하여라.

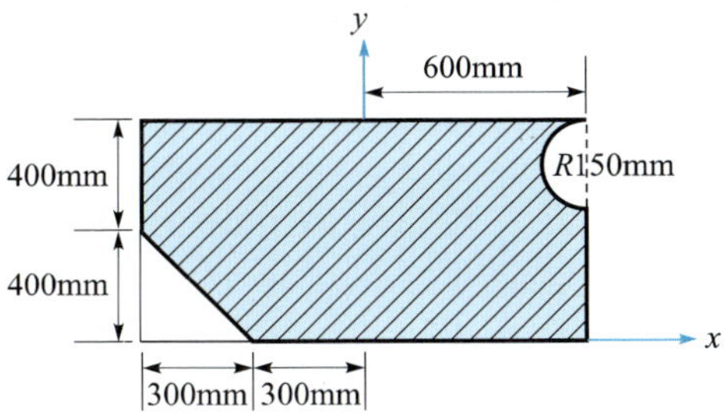

6.14 다음 그림에서 빗금친 부분의 도심 위치를 구하여라.

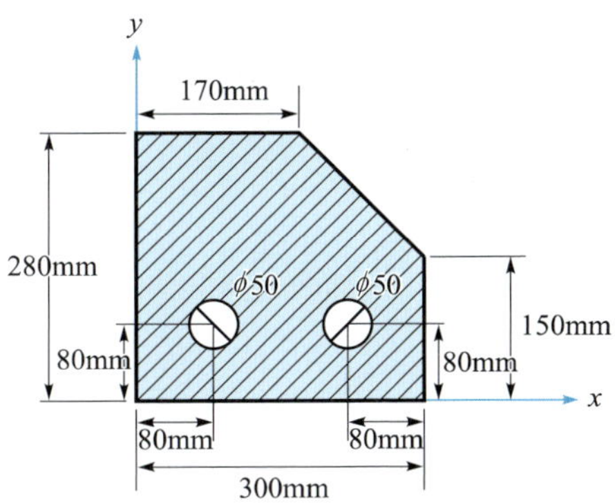

6.15 그림과 같은 폐쇄곡선 있다. 주어진 평면 곡선의 도심의 위치를 구하여라.

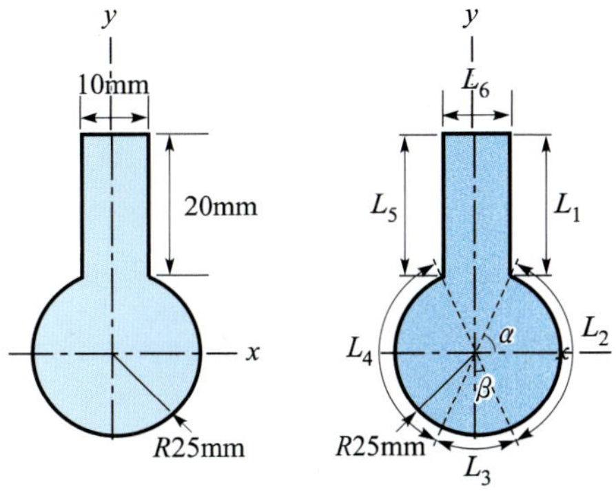

6.16 그림과 같은 합성단면의 도심의 위치를 구하여라.

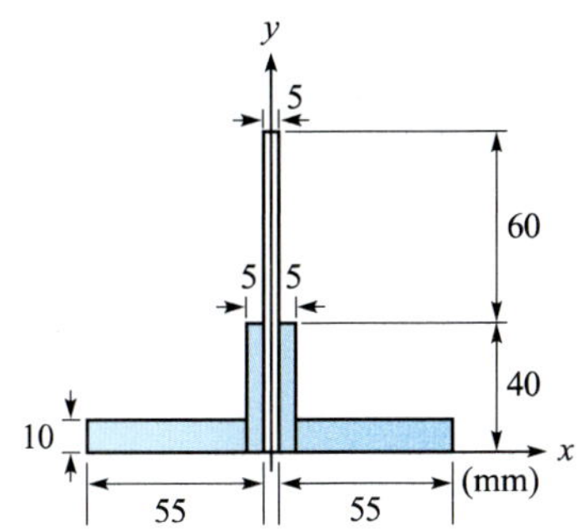

학습목표

- 분포하중을 등가의 집중하중으로 표현하는 방법을 배운다.
- 케이블에서의 분포하중에 관해 배운다.
- 유체 안의 물체에 작용하는 분포하중의 취급방법을 공부한다.

STATICS

CHAPTER 07

분포하중

7.1 개 요

제7장에서는 보에 작용하는 분포하중을 등가의 집중력으로 단순화시키는 방법을 이용하여, 임의 형상의 표면에 작용하는 분포하중을 등가의 집중력으로 단순화시키는 방법에 관해 공부할 것이다.

하중의 분포는 분포형상에 따라 선분포, 면적분포, 체적분포로 구분된다. 이 중 이 장에서는 선분포와 면적분포에 대해 상세히 다루며, 선분포 하중의 예로 보와 케이블에 관해 7.2절 및 7.3절에서 공부한다. 면적분포를 공부하기 위한 예로는 유체 안의 물체에 작용하는 압력을 7.4절에서 다룬다.

7.2 분포하중의 형태

모든 물체는 3차원이며, 물체에 작용하는 모든 힘도 실질적으로 분포되어 작용한다. 따라서 엄밀하게는 분포력으로 고려하여야 하나, 해석상의 어려움과 허용되는 오차의 크기 범위를 고려하여 분포력을 집중력으로 취급하는 단순화한 방법이 사용될 수 있다.

그림 7.1은 이러한 가정이 사용될 수 있는 경우와, 없는 경우의 예를 나타내고 있다.

그림 7.1(a)는 자동차 바퀴와 도로와의 접촉면을 통해 자동차 무게가 도로면에 작용하는 것으로, 자동차 하중은 일정 면적에 분포되어 작용한다. 그러나 접촉부는 도로의 크기에 비해 무시할 수 있을 만큼 작으므로, 접촉면상에 분포되어 작용하는 힘을, 분포력의 합력과 같은 크기의 집중력 R로 대신 할 수 있다.

그림 7.1(b)와 같이 물체의 내부에서 힘의 분포가 급격히 변하는 문제에서는 하중을 집중된 것으로 취급하면 힘의 크기 변화에 따라 나타나는 현상을 파악할 수

없으므로, 실제의 분포를 고려하여야 한다. 이러한 문제에 관해서는 재료역학, 탄성론 및 소성론에서 상세히 배울 것이다.

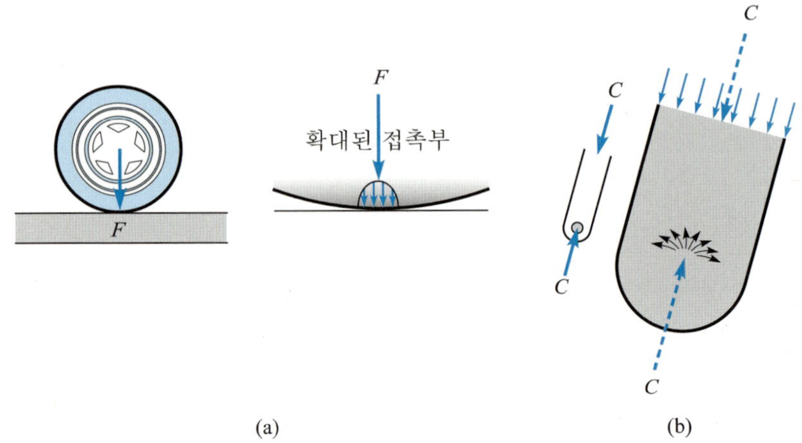

그림 7.1

7.2.1 하중의 분포형태

그림 7.2에는 하중의 분포형태인, 선분포, 면적분포 및 체적분포가 나타나 있다.

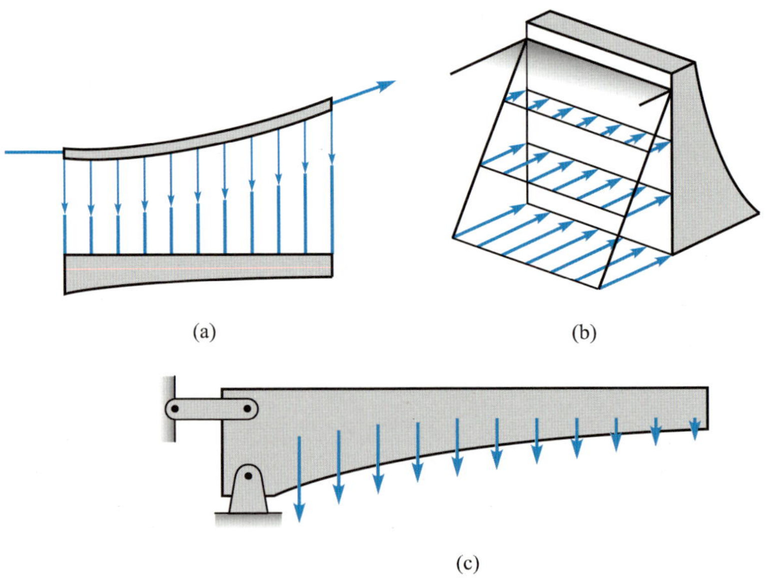

그림 7.2

1) 선분포(line distribution) 그림 7.2(a)

케이블의 자중은, 연직방향으로 케이블을 따라 선분포되어 작용한다.

단위는 N/m와 같이 단위길이당 힘으로 표현된다.

2) 면적분포(area distribution) 그림 7.2(b)

댐의 안쪽 면에 작용하는 정수압과 같이, 물체의 표면에 분포되어 작용하는 힘을 면적분포라 한다.

면적분포의 예로는 유압 또는 수압에 의한 압력(pressure)과 바람에 의해 구조물의 외부 면에 작용하는 풍압을 들 수 있다.

면적분포력의 단위는 N/m^2과 같이 단위면적당 힘으로 표현된다.

자주 쓰이는 면적분포력의 단위로 Pa가 있으며, 1 Pa는 1 m^2의 면적에 1 N의 힘이 작용하는 크기이다.

$$1\,Pa = 1N/m^2$$

3) 체적분포(volume distribution) 그림 7.2(c)

체적분포는 물체에 전체적으로 분포되어 작용하는 힘으로, 가장 일반적인 체적분포력으로는 중력에 의한 자중을 들 수 있다.

체적분포력의 단위는 N/m^3과 같이 단위체적당 힘이 사용된다.

7.3 보에 작용하는 분포하중 : 선분포

여기에서는 그림 7.3에서와 같이 하중의 분포가 함수로 표현되는 일반적인 경우에 대해 공부한다.

7.3.1 분포하중의 합력의 크기

그림 7.3(a)에서 보의 미소길이 Δx에 작용하는 하중의 합력은 $q\Delta x$로, $q\Delta x$는 하중선도에서 빗금으로 표시된 미소부분의 면적인 ΔA이다. 그림 7.3(b)에 표시된 보의 전체에 작용하는 분포하중의 합력 P는 미소길이에 작용하는 힘들의 합으로 다음과 같이 쓸 수 있다.

$$P = \Sigma q\Delta x = \Sigma \Delta A = A$$

따라서 분포하중의 합력은 분포하중의 면적과 같은 것을 알 수 있다.

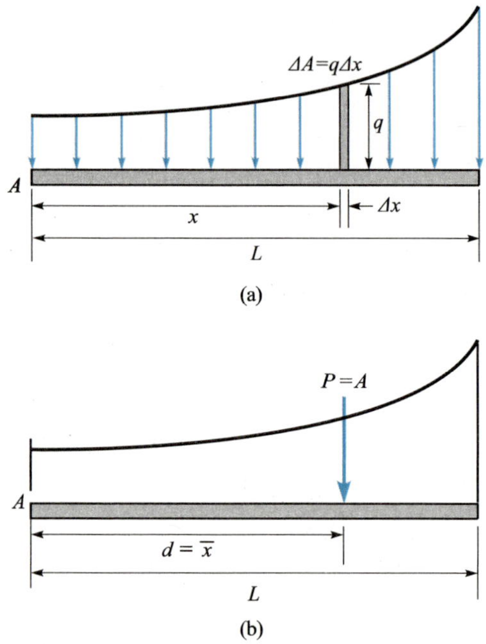

그림 7.3

7.3.2 분포하중의 합력의 위치

합력 P의 위치는 베리그농의 정리를 이용하여 구할 수 있다. 즉 그림 7.3(a)에서, 미소부분에 작용하는 힘들이 A점에 대해 만드는 모멘트의 합은 그림 7.3(b)의 합력이 A점에 대해 만드는 모멘트와 같음으로, 다음과 같이 쓸 수 있다.

$$\Sigma(q\Delta x)x = \Sigma(\Delta A)x = P\overline{x} = A\overline{x}$$

$$\overline{x} = \frac{\Sigma(\Delta A)x}{A} = \frac{\Sigma(\Delta A)x}{\Sigma \Delta A} = \frac{\Sigma(q\Delta x)x}{\Sigma(q\Delta x)}$$

따라서 등가의 집중하중을 구하는 방법을 다음과 같이 쓸 수 있다.

분포하중의 등가 집중하중

보에 작용하는 분포하중은 분포면적의 도심을 통과하는 합력으로 대치할 수 있으며, 이 때 합력의 크기 P는 하중선도의 면적과 같다.

$$\overline{P} = \Sigma \Delta A = A \qquad (7-1)$$

등가 집중하중은 분포면적의 도심에 작용한다.

$$\bar{x} = \frac{\Sigma(\Delta A)x}{A} \qquad (7-2)$$

주의!!

합력으로 분포하중을 나타내는 것은 반력과 같이 분포하중에 의한 외적효과를 구하는 경우에만 사용되며, 부재력과 같은 내적 효과를 구하는 경우에는 분포 형태를 고려하여 구하여야 한다.

예제 7.1

그림 예 7.1(1)과 같이 분포하중을 받고 있는 단순보에서의 반력을 구하시오.

기본도형 형태로 분포하중 들이 작용하는 문제이다.

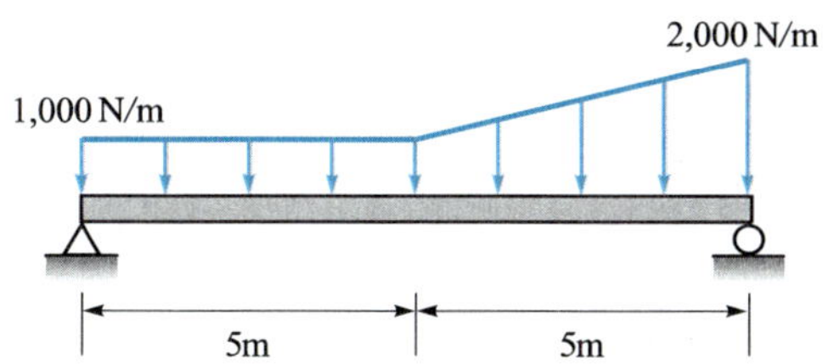

그림 예 7.1(1)

1) • 자유물체도 :

풀이 1)에서는 분포하중을 단순한 기본도형인, 직사각형과 삼각형으로 나누어 구한다.

반력을 구하기 위해서는 등가집중력만의 자유물체도를 그린다.

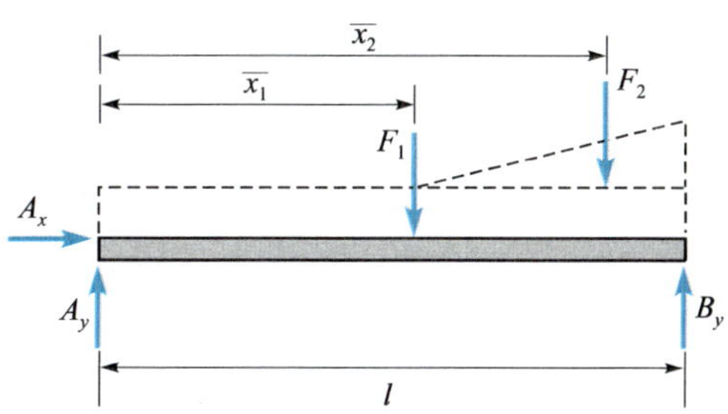

그림 예 7.1(2)

분포하중의 등가집중력은 분포하중의 면적도심에 작용한다.

- 도심산정

$\overline{x}_1 = 5\ \text{m}$

$\overline{x}_2 = 5 + (2/3)5 = 8.3\ \text{m}$

- 등가집중력 산정

$F_1 = 1000(5+5) = 10{,}000\ \text{N}$

$F_2 = (1/2)(2000-1000)(5) = 2{,}500\ \text{N}$

분포하중의 등가집중력은 분포하중의 면적도심에 작용한다.

- 평형조건식 적용 :

$\Sigma M_A = F_1\overline{x}_1 + F_2\overline{x}_2 - B_y\, l = 0(\circlearrowright+)$

$10{,}000(5.0) + 2{,}500(8.3) - B_y(10) = 0$

$B_y = 7{,}083\ \text{N}$

$\Sigma M_B = -F_1(l-\overline{x}_1) - F_2(l-\overline{x}_2) + A_y\, l = 0(\circlearrowright+)$

$-10{,}000(5) - 2{,}500(1.7) + A_y(10) = 0$

$A_y = 5{,}417\ \text{N}$

풀이 2)에서는 분포하중 전체를 하나의 집중하중으로 바꾸어 구한다.

2) • 도심산정

부분	A_i(N)	$\overline{x}_i$	$A\overline{x}_i$	
A_1	10,000	5.0	50,000	
A_2	2,500		8.3	20,833
Σ	12,500	70,833		

$$\overline{x} = \frac{\Sigma A\overline{x}_i}{A} = 5.7\ \text{m}$$

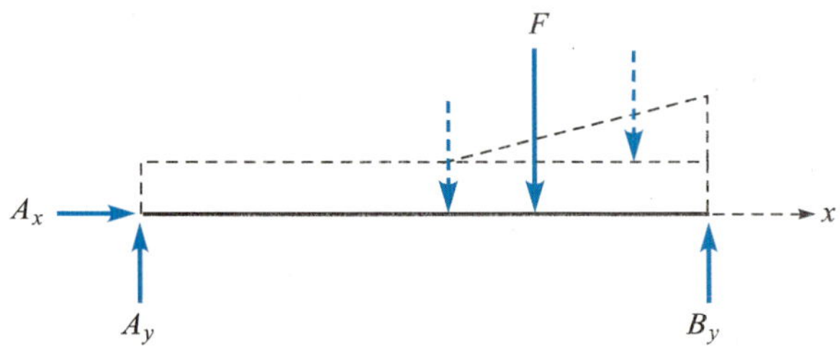

그림 예 7.1(3)

- 평형조건식 적용 :

$\Sigma M_A = F\overline{x} - B_y l = 0$

$12{,}500(5.7) - B_y(10) = 0$

$B_y = 7{,}083\ \text{N}$

$\Sigma F_y = A_y + B_y - F = 0$

$A_y = F - B_y = 12{,}500 - 7{,}083 = 5{,}417\ \text{N}$

예제 7.2

그림 예 7.2(1)과 같이 캔틸레버보에서 지점 A에 발생하는 반력을 구하시오

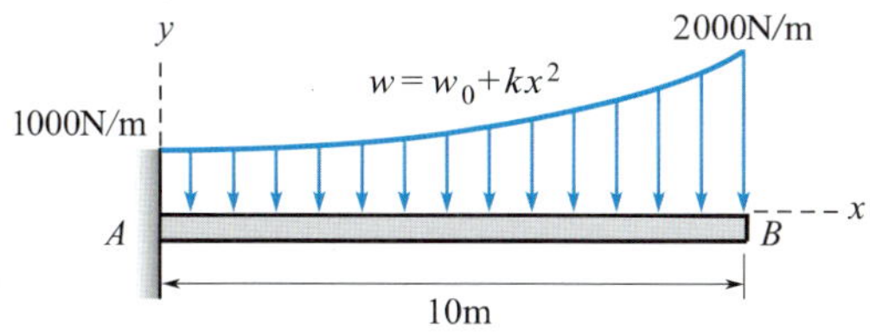

그림 예 7.2(1)

> 분포하중의 분포식이 주어진 문제이다.

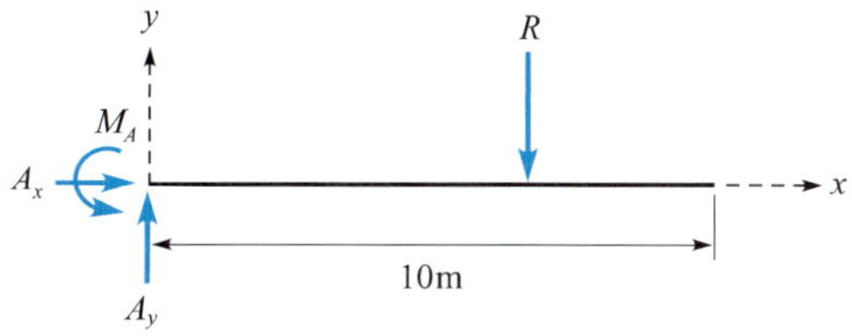

그림 예 7.2(2)

> 먼저 자유물체도를 그린다.

- 하중분포식 결정

$w = w_0 + kx^2$

$w(0) = w_0 = 1000\ \mathrm{N}$

$w(10) = 1000 + k(10^2) = 2{,}000\ \mathrm{N}$ ①

식 ①로부터 상수 k를 구하면, $k = 10$

$w = 1000 + 10x^2$

> 하중분포식에 들어 있는 상수 k를 양 끝에서의 하중의 크기를 이용해 구해 하중분포식을 결정한다.

- 등가집중하중 결정

$$R = \int w\,dx = \int_0^{10}(1000 + 10x^2)dx = 13333\ \mathrm{N}$$

> 등가집중하중은 하중분포선도에서의 하중의 면적이며, 면적은 적분에 의해 구한다.

- 면적도심 산정

$$\bar{x} = \left(\int wx\,dx\right)/R = \left[\int_0^{10}(1000 + 10x^2)\,x\,dx\right]/R = 5.6\ \mathrm{m}$$

> 등가집중하중의 작용점은 분포면적의 도심이다.

- 평형조건식

$\Sigma M_A = M_A - R\bar{x} = 0(\circlearrowleft+)$ $\quad M_A = 75{,}000\ \mathrm{N \cdot m}$

$\Sigma F_y = A_y - R = 0(+\uparrow)$ $\quad A_y = 13333\ \mathrm{N}$

> 평형조건식을 적용하여 반력을 구한다.

[검산]

$\Sigma M_B = -M_A - R(10 - \bar{x}) + 10A_y = 0\checkmark$

> 검산을 위해 B점에서의 모멘트합이 0이 되는가를 본다.

예제 7.3

그림 예 7.3과 같은 분포하중을 받고 있는 캔틸레버 보에서의 반력을 구하시오. A부터 B까지의 하중의 분포형태는 $w_1(x) = -x^2 + 200$ N/m 이고, B점부터는 $w_2 = 100$ N/m의 등분포이다.

분포하중의 일부는 분포식으로 주어지고, 다른 일부는 기본도형의 형태인 문제이다.

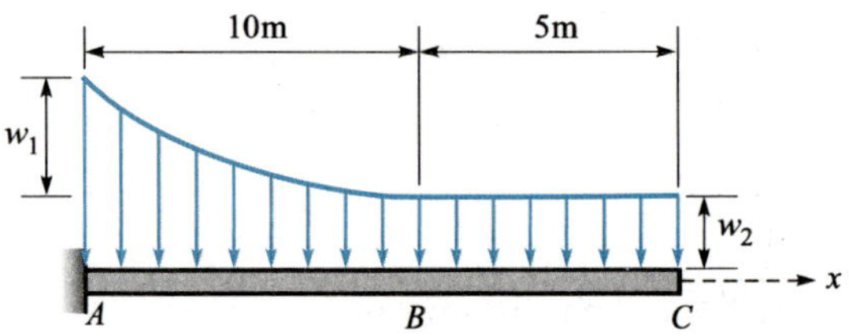

그림 예 7.3

1) 구간분할

$0 < x \leq 10 : w_1(x) = -x^2 + 200$ (N/m)

$0 < x \leq 15 : w_2(x) = 100$ (N/m)

2) 등가집중하중 결정

$$W_1 = \int_0^{10} w_1\, dx = \int_0^{10} (-x^2 + 100)\, dx = \int_0^{10} (-x^2)dx + \int_0^{10} 100\, dx$$

$$= -\left[\frac{x^3}{3}\right]_0^{10} + 100[x]_0^{10} = -\frac{1{,}000}{3} + 1{,}000 = 667 \text{ N}$$

$$W_2 = w_2 \times 15 = 1{,}500 \text{ N}$$

3) 면적도심

$$W_1 \overline{x_1} = \int_0^{10} x\, w_1\, dx = \int_0^{10} x(-x^2 + 100)\, dx = \int_0^{10} (-x^3)dx + 100\int_0^{10} x\, dx$$

$$= -\left[\frac{x^4}{4}\right]_0^{10} + 100\left[\frac{x^2}{2}\right]_0^{10} = -\frac{10{,}000}{4} + 5{,}000 = 2{,}500 \text{ N}$$

$\therefore\ 667\,\overline{x_1} = 2{,}500$

$\therefore\ \overline{x_1} = 3.75$ m $\qquad \overline{x_2} = 15/2 = 7.5$ m

4) 평형조건식 적용

$\Sigma M_A = M_A - W_1\overline{x_1} - W_2\overline{x_2} = 0$

$\therefore M_A = W_1\overline{x_1} + W_2\overline{x_2} = (667 \times 3.75) + (1{,}500 \times 7.5) = 13{,}751.25$ N·m

$\Sigma F_y = A_y - W_1 - W_2 = 0$

$\therefore A_y = W_1 + W_2 = 667 + 1{,}500 = 2{,}167$ N

5) 검산

$$\Sigma M_C = M_A - A_y(15) + W_1(15-3.75) + W_2(15-7.5) = 0$$
$$= 13{,}751.25 - 2{,}167 \times 15 + 667 \times 11.25 + 1{,}500 \times 7.5$$
$$= 0$$ ✔

검산을 위해 B점에서의 모멘트합이 0이 되는지를 본다.

예제 7.4

그림 예 7.4의 내민보에서 각 하중경우에 대해 지점에서 발생하는 반력을 구하시오.

경우 1) 그림 예 7.4(1) : 내민보의 지점 사이에 하중 작용

경우 2) 그림 예 7.4(2) : 내민보에서 내민 부분에 하중 작용

경우 3) 그림 예 7.4(3) : 지점 사이와 내민 부분에 하중 작용

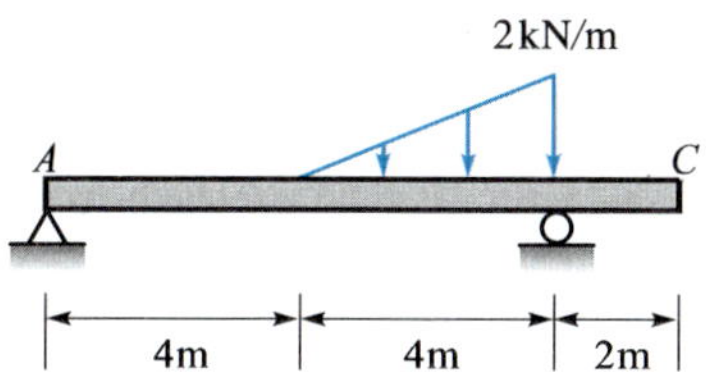

그림 예 7.4(1)

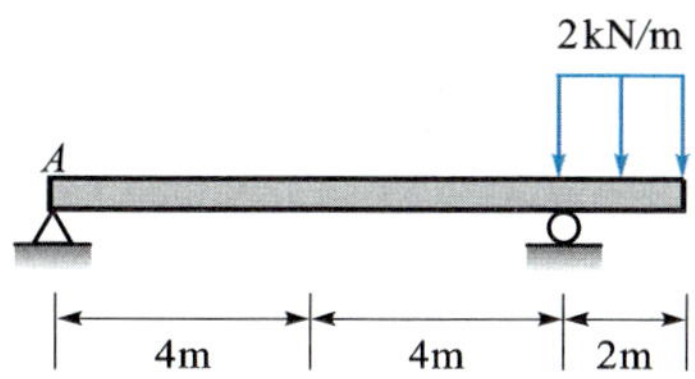

그림 예 7.4(2)

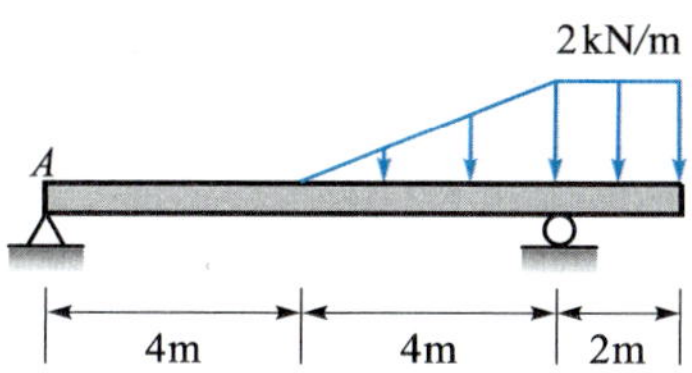

그림 예 7.4(3)

경우 1) 삼각형 분포하중만 작용

- 등가집중하중 결정 :

  $W_1 = (1/2)w(4) = 4\text{ kN}$

- 면적도심 결정 :

  $\overline{x} = 4 + (2/3)4 = 6.7\text{ m}$

- 평형조건식 적용 :

  $\Sigma M_A = -W_1\overline{x} + B_y(4+4) = 0$(↻+)

  $B_y = 3.3\text{ kN}$

  $\Sigma F_y = A_y - W_1 + B_y = 0$(+↑)

  $A_y = W_1 - B_y = 0.7\text{ kN}$

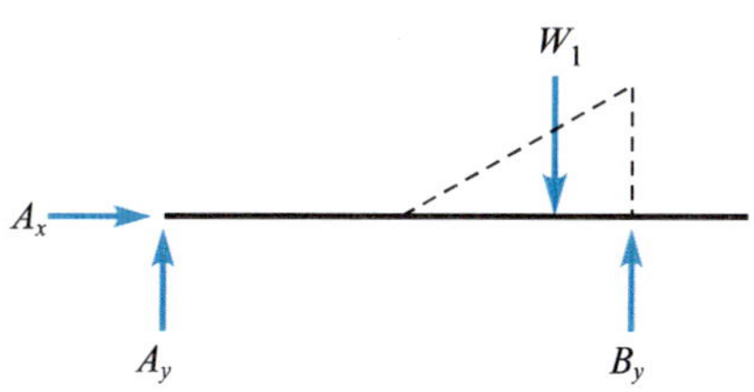

그림 예 7.4(4)

[검산]

$$\Sigma M_B = -A_y(4+4) + W_1(4+4-\bar{x})(\circlearrowleft+)$$
$$= -0.7(4+4) + 4(4+4-6.7) = 0 \checkmark$$

경우 2) 사각형 분포하중만 작용

• 등가집중하중 결정 :

$W_2 = w(2) = 4\ \mathrm{kN}$

• 면적도심 결정 :

$\bar{x} = 1/2(2) = 1\ \mathrm{m}$

• 평형조건식 적용 :

$$\Sigma M_B = -A_y(4+4) - W_2\,\bar{x} = 0(\circlearrowleft+)$$
$$A_y = -W_2\,\bar{x}/(4+4) = -0.5\ \mathrm{kN}$$
$$\Sigma F_y = A_y - W_2 + B_y = 0(+\uparrow)$$
$$B_y = W_2 - A_y = 4.5\ \mathrm{kN}$$

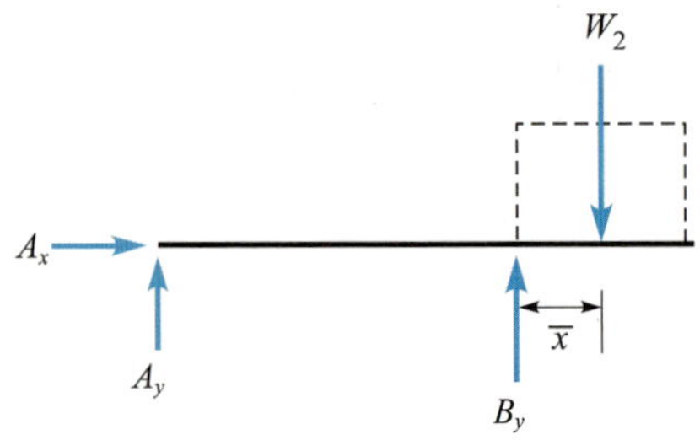

그림 예 7.4(5)

[검산]

$$\Sigma M_A = B_y(4+4) - W_2(4+4+\bar{x})(\circlearrowleft+)$$
$$= 4.5(4+4) - 4(4+4+1) = 0 \checkmark$$

경우 3) 삼각형과 사각형 분포하중이 동시에 작용

(1) 삼각형과 사각형 분포하중을 별도의 하중으로 계산

• 등가집중하중과 면적도심 결정 :

삼각형하중 :

$W_1 = (1/2)\,w(4) = 4\ \mathrm{kN}$

$\bar{x}_1 = 4 + (2/3)4 = 6.7\ \mathrm{m}$

사각형하중 :

$W_2 = w(2) = 4\ \mathrm{kN}$

$\bar{x}_2 = (4+4) + (1/2)(2) = 9\ \mathrm{m}$

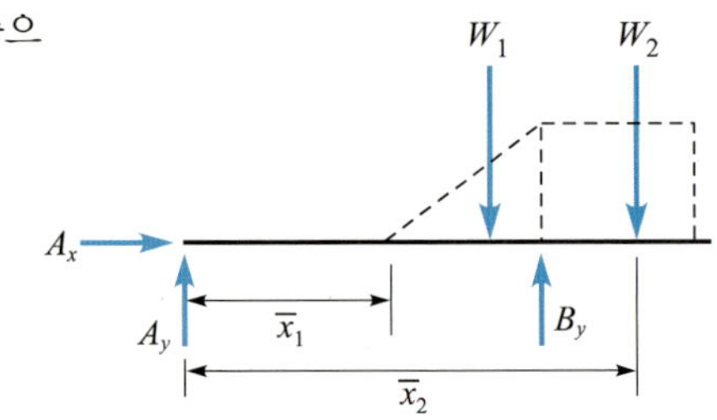

그림 예 7.4(6)

• 평형조건식 적용 :

$$\Sigma M_A = -W_1\,\bar{x}_1 + B_y(4+4) - W_2\bar{x}_2(\circlearrowleft+)$$
$$B_y = (W_1\,\bar{x}_1 + W_2\,\bar{x}_2)/(4+4) = 7.8\ \mathrm{kN}$$
$$\Sigma F_y = A_y - W_1 + B_y - W_2 = 0(+\uparrow)$$
$$A_y = W_1 - B_y + W_2 = 0.2\ \mathrm{kN}$$

[검산]

$$\Sigma M_B = -A_y(4+4) + W_1(4+4-\overline{x}_1) - W_2(\overline{x}_2 - 4+4) = 0 \checkmark$$

(2) 삼각형과 삼각형 분포하중을 단일 합력으로 계산

$W = W_1 + W_2 = 8\text{ kN}$

부분	W_i [kN]	$\overline{x}_i$ [m]	$W_i\,\overline{x}_i$ [kN·m]
1	4	6.7	26.7
2	4	9.0	36.0
Σ	8		62.7

$$\overline{x} = \Sigma(W_i\,\overline{x}_i)/\Sigma W_i = 7.8\text{ m}$$

$$\Sigma M_A = -W\overline{x} + B_y(4+4) = 0(\circlearrowleft+)$$

$$B_y = W\overline{x}/(4+4) = 7.8\text{ kN}$$

$$\Sigma F_y = A_y - W + B_y = 0(+\uparrow)$$

$$A_y = W - B_y = 0.2\text{ kN}$$

[검산]

$$\Sigma M_B = -A_{y(4+4)} + W(4+4-\overline{x}) = 0 \checkmark$$

풀이 2)에서는 삼각형과 사각형 분포하중의 단일 합력으로 계산하여, 풀이 1)에서와 같은 결과를 얻는지를 본다.

경우 1) + 경우 2) = 경우 3)

	$A_{''}$	$B_{''}$
경우 1)	0.7	3.3
경우 2)	−0.5	4.5
Σ	0.2	7.8

경우 3) $A_y = 0.2$, $B_y = 7.8 \checkmark$

경우 3)은 경우 1)과 경우 2)에서의 하중이 동시에 작용하는 경우임으로, 경우 1)과 경우 2)에서의 반력의 합이 경우 3)의 반력과 같아야 한다.

예제 7.5

그림 예 7.5(1)에 나타낸 구조물의 지점 A와 B에서의 반력을 구하시오.

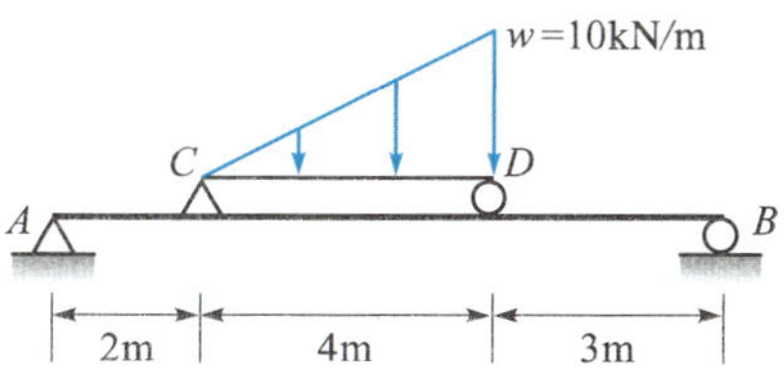

그림 예 7.5(1)

하부보의 경우, 상부보의 지점에서의 반력이 하중으로 작용한다.

1) 상부빔의 반력을 구하고, 이것을 하부빔의 하중으로 하여 계산

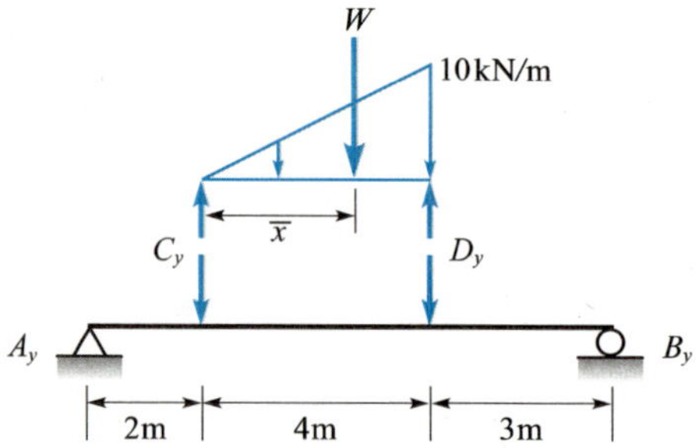

그림 예 7.5(2)

- 상부빔에서의 반력 :

$W = (1/2)\,w\,(4) = 20.0\text{ kN}$

$\bar{x} = (2/3)\,4 = 2.7\text{ m}$

$\Sigma M_c = -W\bar{x} + D_y(4) = 0(\circlearrowleft+)$

$D_y = W\bar{x}/4 = 13.3\text{ kN}$

$\Sigma F_y = C_y - W + D_y = 0(+\uparrow)$

$C_y = W - D_y = 6.7\text{ kN}$

- 하부빔에서의 반력 :

$\Sigma M_A = -C_y(2) - D_y(2+4) + B_y(2+4+3) = 0(\circlearrowleft+)$

$B_y = [C_y(2) + D_y(6)]/(9) = 10.4\text{ kN}$

$\Sigma F_y = A_y - C_y - D_y + B_y = 0\,(+\uparrow)$

$A_y = C_y + D_y - B_y = 0 = 9.6\text{ kN}$

[검산]

$\Sigma M_B = -A_y(2+4+3) + W(4-\bar{x}+3) = 0(\circlearrowleft+) = -0.07$ ✔

2) 상부빔과 하부빔을 일체의 구조로 하여 풀이

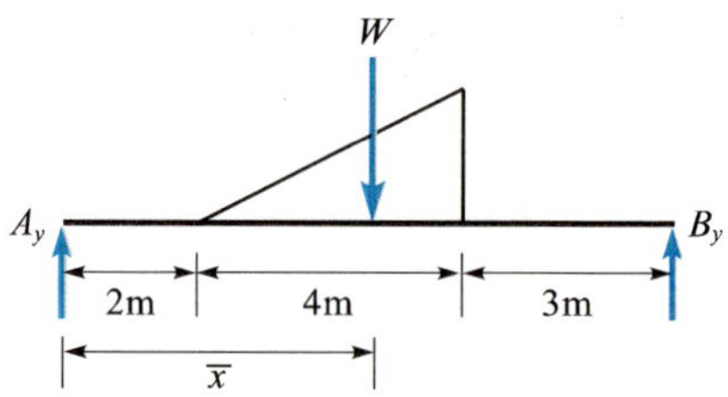

그림 예 7.5(3)

$$W = (1/2)\,w\,(4) = 20.0\text{ kN}$$
$$\bar{x} = 2 + (2/3)\,(4) = 4.7\text{ m}$$
$$\Sigma M_A = -W\bar{x} + B_y\,(2+4+3) = 0 (+)$$
$$B_y = W\bar{x}\,/\,(9) = 10.4\text{ kN}$$
$$\Sigma F_y = A_y - W + B_y = 0$$
$$A_y = W - B_y = 9.6\text{ kN}$$

7.4 가요성 케이블(Flexible Cable)

여기에서는 선분포 하중의 다른 예로 현수교, 사장교, 전선 등 다양한 곳에 사용되는 가요성 케이블에 작용하는 분포하중에 대해 공부한다. 여기서 가요성이라는 의미는 인장력만을 지탱할 수 있다는 것을 의미하는 것으로, 케이블 자체의 무게는 케이블에 작용하는 분포하중으로 취급한다.

그림 7.4는 A점과 B점을 연결하는 케이블로, 케이블에 분포하중 w가 작용하고 있다. 두 끝 점 사이에서 케이블의 일부인 미소요소에 대해 자유물체도를 그리면 그림 7.4(b)와 같다.

케이블의 해석을 위해서는 다음과 같은 가정이 주로 사용된다.

가정
가요성 케이블의 굽힘저항은 무시하며, 이 가정에 의해 케이블 내에 작용하는 축력은 항상 케이블 방향으로 작용하게 된다.

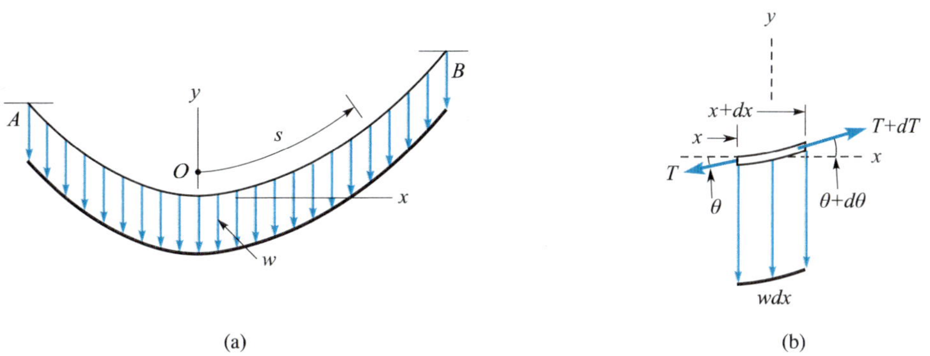

그림 7.4

7.4.1 케이블의 평형방정식

케이블 평형방정식

$$\frac{d^2y}{dx^2} = \frac{w}{T_o} \qquad (7-3)$$

식 (7-3)은 가요성 케이블에 대한 미분방정식으로, 이 미분방정식의 해는 케이블 고정단의 조건, 즉 경계조건을 만족하는 함수로 표현된다.

• 식 (7–3)의 유도

그림 7.4(a)에서 케이블에 작용하는 가변, 연속하중의 강도를 단위수평길이 x당 힘 w라 하면

수직하중의 합력은

$$R = \int dR = \int w\,dx$$

이며,

모멘트의 원리로부터 R의 위치는 아래와 같다.

$$R\bar{x} = \int x\,dR \qquad \bar{x} = \frac{\int x\,dR}{R}$$

그림 7.4(b)는 케이블의 임의의 위치 x에 위치하는 미소부분 dx의 자유물체도로, 왼쪽에서의 케이블 장력 T는 수평인 x방향과 각 θ를 이루고 있다.

오른쪽 단의 좌표는 $x + dx$로 여기에 작용하는 장력은 $T + dT$로 표시하고, 작용방향은 수평방향과 $\theta + d\theta$를 만든다.

미소요소는 평형상태에 있어야 하므로, 수직력 및 수평력의 합은 0이 되어 아래의 식으로 표현된다.

$$\Sigma(\text{수직력}) = 0 \;:\; (T + dT)\sin(\theta + d\theta) = T\sin\theta + w\,dx$$
$$\Sigma(\text{수평력}) = 0 \;:\; (T + dT)\cos(\theta + d\theta) = T\cos\theta$$

미소길이에서는 각의 변화 $d\theta$가 0인 극한을 취하여 $\sin d\theta = d\theta$와 $\cos d\theta =$ $\cos d\theta = 1$을 대입하면 sin, cos 의 합의 공식은 아래와 같이 표현된다.

$$\sin(\theta + d\theta) = \sin\theta\cos d\theta + \cos\theta\sin d\theta$$
$$\cos(\theta + d\theta) = \cos\theta\cos d\theta - \sin\theta\sin d\theta$$

따라서

$$\sum(\text{수직력}) = 0 : (T + dT)(\sin\theta + \cos\theta d\theta) = T\sin\theta + w\,dx$$
$$\sum(\text{수평력}) = 0 : (T + dT)(\cos\theta - \sin\theta d\theta) = T\cos\theta$$

가 되며, 2차 항을 없애고 정리하면

$$T\cos\theta d\theta + dT\sin\theta = w\,dx$$
$$-T\sin\theta d\theta + dT\cos\theta = 0$$

이므로

$$d(T\sin\theta) = w\,dx \text{와 } d(T\cos\theta) = 0$$

이 된다.

여기서 $d(T\cos\theta) = 0$는 T의 수평성분이 변하지 않는 것을 의미함으로, $T\cos\theta = T_o$로 쓸 수 있다. 따라서 $T = T_o/\cos\theta$가 되며, 이것을 $d(T\sin\theta) =$ $w\,dx$에 대입하면

$$d(T_o\tan\theta) = w\,dx \qquad ①$$

가 되고, $\tan\theta = \dfrac{dy}{dx}$ 이므로 케이블의 평형방정식은 식 (7-3)과 같이 쓸 수 있다.

7.4.2 포물형 케이블(parabolic cable)

그림 7.5에 나타낸 현수교의 경우, 작용하중이 수평방향으로 균일한 크기인 w_o가 작용하는 포물형의 케이블로 가정할 수 있다. 여기에서 w_o는 단위길이 당 작용하는 다리 상판의 무게로, 케이블의 무게는 상판의 무게에 비해 무시할 수 있을 정도로 작다고 가정할 수 있다.

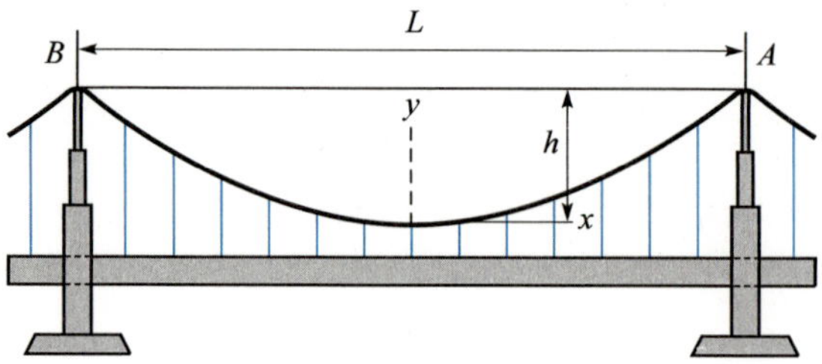

그림 7.5

1) 케이블 형상

이 경우 케이블은 포물선형으로 아래의 식으로 표현된다.

$$y = \frac{wx^2}{2T_0} \tag{7-4}$$

• 식 (7–4)의 유도

식 (7–3)을 적분하면 $\frac{dy}{dx} = \frac{wx}{T_o} + c$가 된다.

$x = 0$에서 $\frac{dy}{dx} = 0$이므로, $c = 0$이 되어

$$\frac{dy}{dx} = \frac{wx}{T_o} \qquad ①$$

①을 적분하면

$$\int_0^y dy = \int_0^x \frac{wx}{T_o} dx$$

가 되어 케이블의 형태는 아래의 식으로 표현된다.

$$y = \frac{wx^2}{2T_o}$$

따라서 사용된 가정에 의한 케이블의 형태는 포물형임을 알 수 있다.

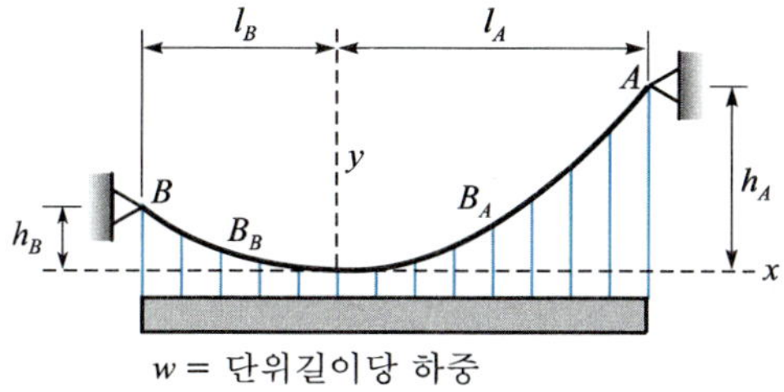

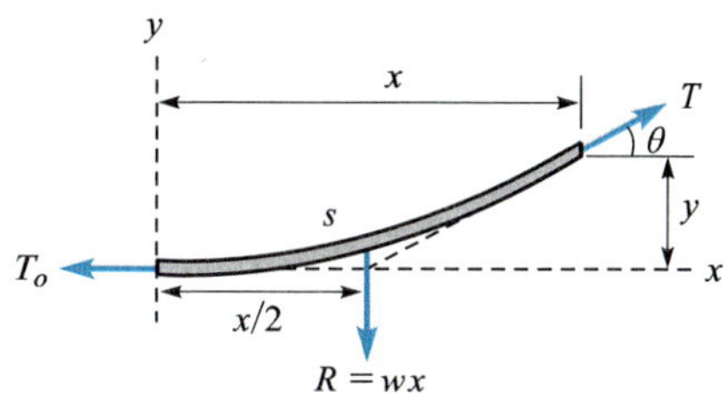

그림 7.6

2) 최대장력

$$T_{\max} = wl_a\sqrt{1+(l_a/2h_a)^2} \qquad (7\text{–}5)$$

• 식 (7–5)의 유도

식 (7–3)을 적분하면 다음과 같은 기울기를 나타내는 함수가 표시된다.

$$\frac{dy}{dx} = \frac{wx}{T_0} + c \qquad ①$$

여기서 c는 적분상수이다. 케이블의 최저점을 좌표축의 원점으로 택하면 기울기와 처짐값이 0이 된다.

즉, $c = 0$

식 ①을 다시 한번 적분하면 다음과 같은 공식이 계산된다.

$$y = \frac{wx^2}{2T_0} \qquad ②$$

식 ②는 케이블이 포물선형상을 갖게 되는 경우를 나타낸다. 또한, 경계조건, $x = l_a$, $y = h_a$를 이용하면 쉽게 T_0를 구할 수 있다.

$$T_0 = \frac{wl_a^2}{2h_a}$$

그러므로 처짐공식은 다음과 같이 표시된다.

$$y = h_a\left(\frac{x}{l_a}\right)^2$$

케이블의 임의의 위치에서의 장력을 구하기 위해서는 짧은 구간을 대상으로 한 자유물체도를 생각하여 구한다. 그림 7.6(b)를 보면, 피타고라스의 정리를 적용하여 다음과 같은 다른 쪽 끝단에서의 장력을 계산한다. 즉,

$$T = \sqrt{T_0^2 + w^2x^2}$$

여기에서 T_0를 소거하면 다음과 같은 장력공식이 성립한다.

$$T = w\sqrt{x^2 + (l_a/2h_a)^2}$$

$x = l_a$에서 최대장력이 발생하면 그 값은 다음과 같다.

$$T_{max} = wl_a\sqrt{1 + (l_a/2h_a)^2}$$

3) 대칭형상을 갖는 케이블의 최대 장력과 총길이

최대장력 $T_{max} = \frac{wl}{2}\sqrt{1 + (L/4h)^2}$ (7-6)

총길이 $S = L\left[1 + \frac{8}{3}\left(\frac{h}{L}\right)^2 - \frac{32}{5}\left(\frac{h}{L}\right)^4 + \dots\right]$ (7-7)

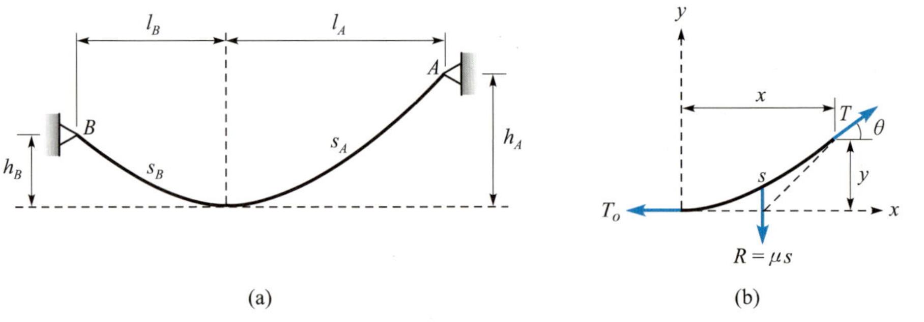

그림 7.7

그림 7.7에서 점 A와 B의 높이가 같은 경우, 교각 사이의 거리는 $2l_A$이며, 케이블의 총길이는 $2s_A$이다. 이것을 식 (7-6)과 (7-7)에 대입하면, 대칭인 케이블의 최대장력과 길이가 구해진다.

7.4.3 현수형 케이블(catenary cable)

그림 7.7과 같이 수평면상의 두 점 사이에서 자신의 무게에 의해서 처져있는 균일 단면의 케이블은 현수형 케이블로 불리우며 다음의 식들로 표현된다.

현수형 케이블 평형방정식

$$\frac{d^2y}{dx^2} = \frac{\mu}{T_o}\frac{ds}{dx} \tag{7-8}$$

여기서, μ는 케이블의 단위길이 당 중량

현수형 케이블 곡선식

$$y = \frac{T_o}{\mu}\left(\cosh\frac{\mu x}{T_o} - 1\right) \tag{7-9}$$

케이블길이

$$s = \frac{T_o}{\mu}\sinh\frac{\mu x}{T_o} \tag{7-10}$$

케이블의 장력

$$T = T_o\cosh\frac{\mu x}{T_o} = T_o + \mu y \tag{7-11}$$

식의 유도

식 (7-8)을 적분하면 다음과 같은 기울기를 나타내는 함수가 표시된다.

$$\frac{dy}{dx} = \frac{wx}{T_0} + C$$

여기서 C는 적분상수이다. 케이블의 최저점을 좌표축의 원점으로 택하면 기울기와 처짐값이 0이 된다. 즉, $C = 0$이다.

다시 한번 적분하면 다음과 같은 공식이 계산된다.

$$y = \frac{wx^2}{2T_0} \quad ①$$

식 ①은 케이블이 포물선형상을 갖게 되는 경우를 나타낸다. 또한, 경계조건, $x = l_a$, $y = h_a$를 이용하면 쉽게 T_0를 구할 수 있다.

$$T_0 = \frac{wl_a^2}{2h_a}$$

그러므로 처짐공식은 다음과 같이 표시된다.

$$y = h_a\left(\frac{x}{l_a}\right)^2$$

케이블의 임의의 위치에서의 장력을 구하기 위해서는 짧은 구간을 대상으로 한 자유물체도를 생각하여 구한다. 그림 7.7(a)를 보면, 피타고라스의 정리를 적용하여 다음과 같은 다른 쪽 끝단에서의 장력을 계산한다. 즉,

$$T = \sqrt{T_0^2 + w^2x^2}$$

여기에서 T_0를 소거하면 다음과 같은 장력공식이 성립한다.

$$T = w\sqrt{x^2 + (l_a/2h_a)^2}$$

$x = l_a$에서 최대장력이 발생하며 그 값은 다음과 같다.

$$T_{\max} = wl_a\sqrt{1 + (l_a/2h_a)^2}$$

예제 7.6

지점 A와 B 사이의 걸쳐진 그림 예 7.6(1)의 케이블이 수평방향을 따라 균일한 크기의 수직하중을 지지하고 있다. 이 케이블에서 발생하는 (a)최소 인장력, (b)최대 인장력 그리고 (c)케이블의 길이를 구하시오.

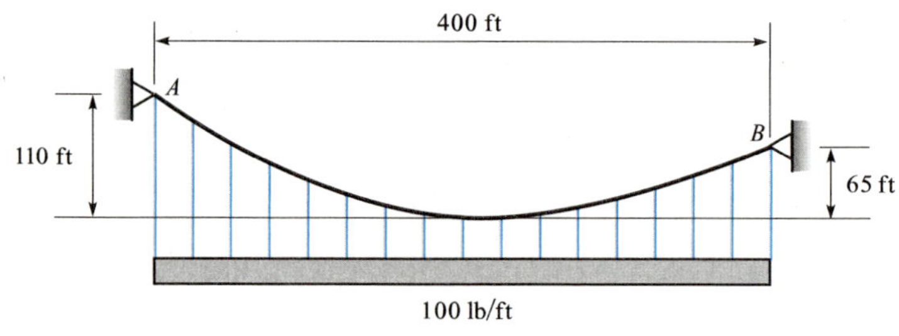

그림 예 7.6(1)

(a) 최소인장력

T_0 = 식 (7-16) = 23,248 lb

(b) 최대인장력

a = 식 (7-15) = 226

b = 식 (7-15) = 174

[검산]

$a+b=400$ ✔

$x_A = a = 226$

$x_B = b = 174$

T_{max} = 식 (7-10) = 32,433

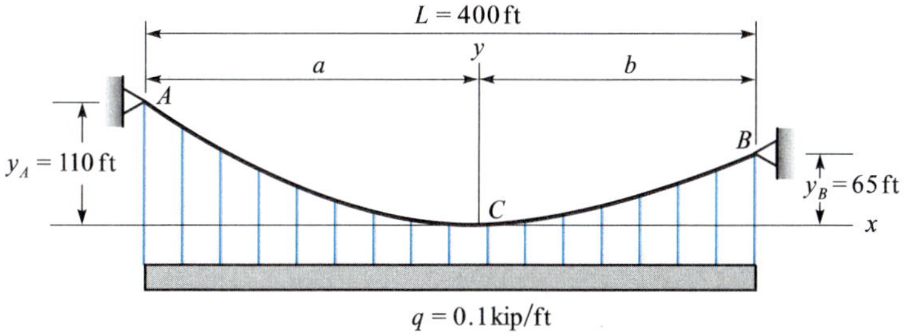

그림 예 7.6(2)

그림 예 7.6(2)와 같이 원점이 최저점에 위치하는 좌표계를 선택한다.

(c) 케이블 길이

s_{AC} = 식 (7-17) = 257 ft

s_{BC} = 식 (7-17) = 189 ft

- 전체 케이블 길이 : $s_{AC}+s_{BC}=445$ ft

케이블의 AC부분과 BC부분의 길이는 분리하여 계산되어야 한다.

7.5 유체정역학

정지된 유체 내의 한 점에는 모든 방향으로부터 동일한 크기의 압력 p가 작용한다 (Pascal의 법칙). 압력은 단위면적당 작용하는 힘으로 유체의 비중 γ 또는 밀도 ρ와 유체 표면으로부터의 깊이 z 에 의해 아래의 식으로 결정된다.

$$p = \gamma z = \rho g z \tag{7-12}$$

여기서 g 는 중력가속도이다.

식 (7-12)는 비압축성 유체에만 적용되는 식으로, 대부분의 유체에 적용 가능하나, 기체는 압축성 유체로 고려함으로 이 식을 적용할 수 없다.

7.5.1 일정한 폭을 가진 평판에 작용하는 압력

그림 7.8(a)에는 일정한 폭을 가진 사각 평판이 비중이 γ 인 유체 속에 잠겨 있다. 평판 윗부분의 깊이는 z_1 이며 아랫부분의 깊이는 z_2 이다. 평판에 작용하는 압력의 합력 R 은 분포하중의 부피와 같고, 합력의 작용선은 그 체적의 도심을 통과한다.

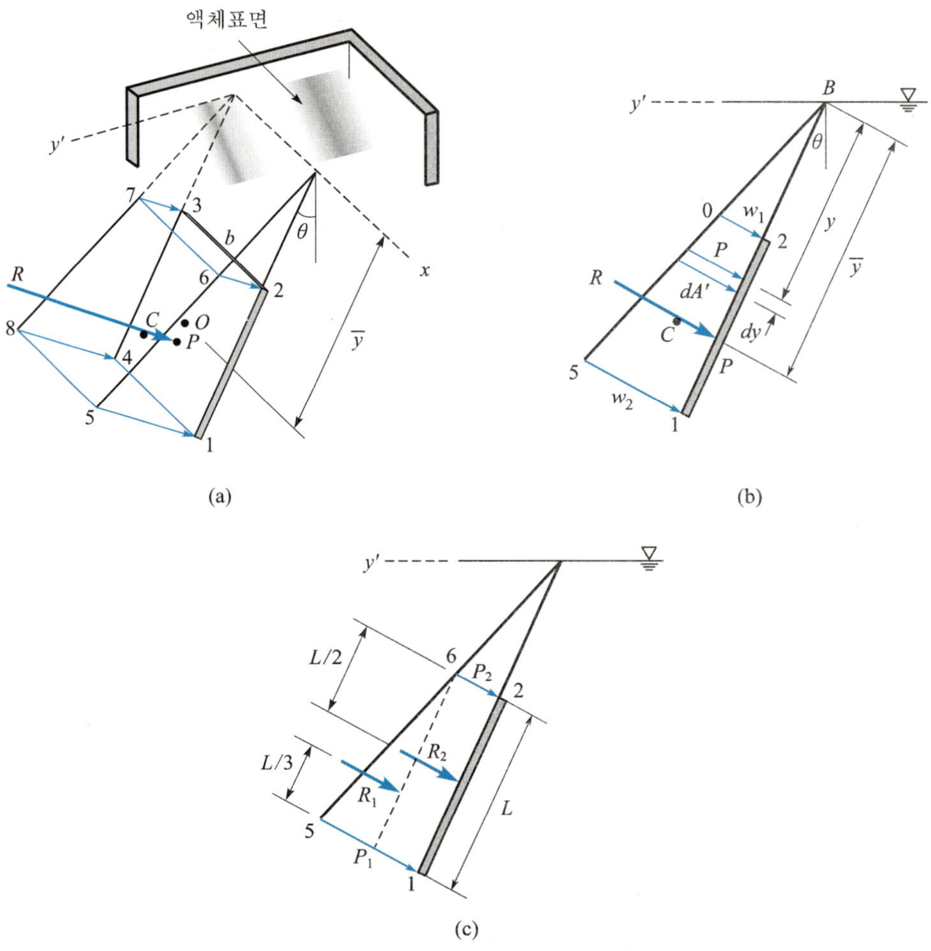

그림 7.8

평판이 일정한 폭을 가짐으로 그림 7.8(b)와 같이 평판의 2차원 표현이 가능하다. 이 때 평판의 상단에 작용한 하중의 세기 w_1은 동일 깊이에서의 압력 p_1에 판의 폭 b를 곱한 값으로 아래와 같이 쓸 수 있다.

$$w_1 = bp_1 = b\gamma z_1$$

동일한 방법으로 하단에 작용하는 하중강도 w_2는 아래와 같다.

$$w_2 = bp_2 = b\gamma z_2$$

합력 R은 그림 7.8(c)에 나타낸 사다리꼴의 면적과 같고, 사다리꼴의 도심에 작용한다.

7.5.2 일정한 폭을 가진 곡면에 작용하는 압력

그림 7.9에는 비중이 γ인 유체 속에 잠겨 있는 일정한 폭을 가진 곡면판의 단면으로, 판의 윗부분은 유체의 표면과 평행하다. 이러한 곡면에 작용하는 압력의 합은 적분으로 구할 수 있으나, 그림 7.9(b)와 같이 곡면에 둘러싸여진 유체의 체적에 대한 평형을 구하는 간단한 방법이 사용될 수 있다.

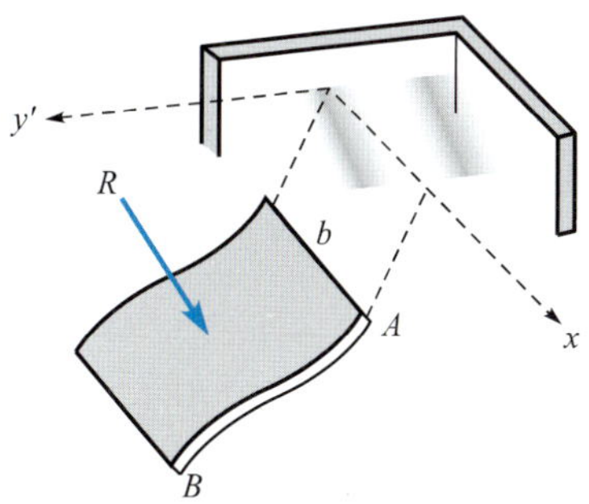

(a)

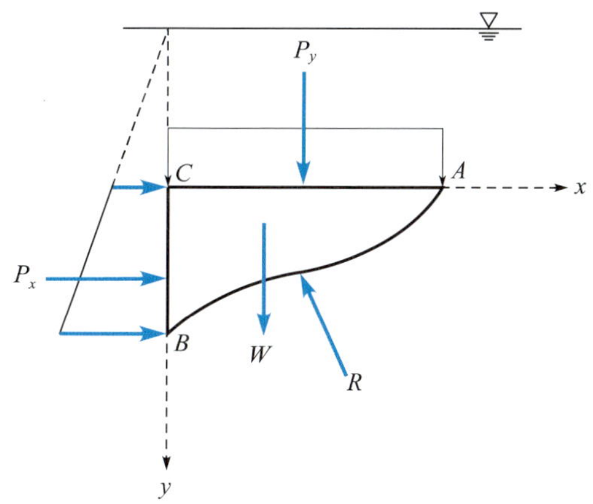

(b)

그림 7.9

P_x : ABC의 왼쪽 수직면에 작용하는 압력의 합력

P_y : ABC의 윗부분에 작용하는 압력의 합력

W : ABC에 포함된 유체의 중량

R : 판 아랫부분에 작용하는 압력

P_x, P_y, W, R들은 서로 평형을 유지하여야 함으로, R의 크기는 수직방향 힘과 수평방향의 힘의 평형조건으로부터 용이하게 구할 수 있으며, 작용점은 모멘트평형조건으로부터 구해진다. 작용방향은 R의 수평방향성분과 수직방향 성분이 이루는 각이 된다.

예제 7.7

원곡선 단면의 댐에 미치는 수압 R을 구하여라. 물의 밀도는 $1.0\ \mathrm{Mg/m^3}$이고, 댐의 길이는 30 m이다.

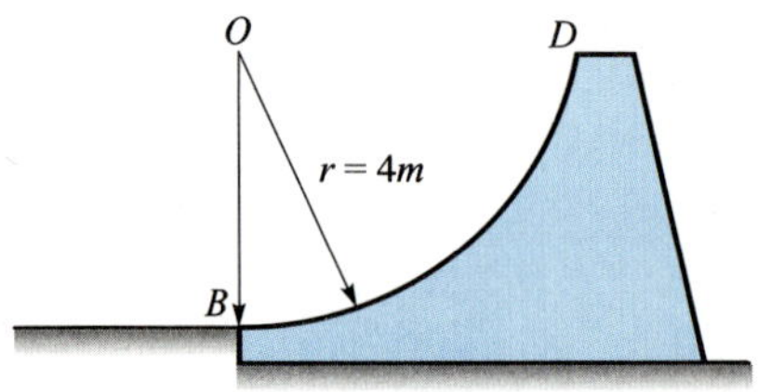

그림 예 7.7(1)

$\rho = 1\ \mathrm{Mg/m^3}$

$h = 4\ \mathrm{m} = R$

$g = 9.81\ \mathrm{m/sec^2}$

폭 $b = 30\ \mathrm{m}$

$p_z = \rho g h = 39.24\ \mathrm{kPa}$

$w_x = \left(\frac{1}{2}\right) p_z hb = 2{,}354\ \mathrm{kN}$

$W_z = \rho g V = \rho g (\pi r^2/4) b = 3{,}698\ \mathrm{kN}$

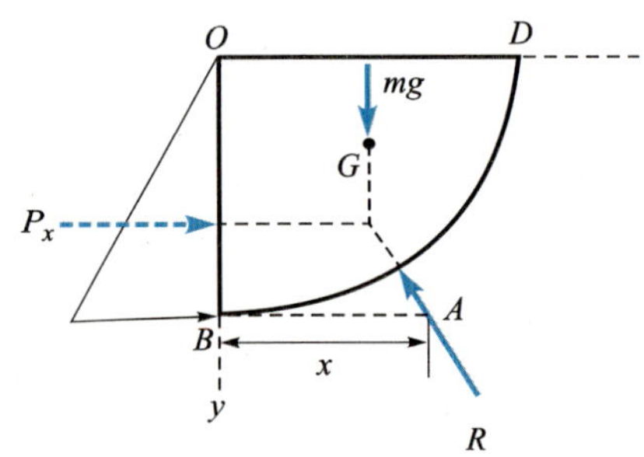

그림 예 7.7(2)

• 수직면에 작용하는 힘

$p_x = \rho g R = 39.24$

$P_x = \left(\frac{1}{2}\right) p_x b = 1177$

$R_x = \left(\frac{1}{2}\right) P_x R = 2354$

$\bar{z} = \left(\frac{1}{3}\right) R = 1.333$

• 4분원 단면의 물의 무게

$$R_z = \rho g(\pi R^2/4)b = 3698$$

$$\bar{x} = \left(\frac{4}{3}\right)(R/\pi) = 1.698$$

• 합력의 작용점

$$M_B = -R_x\bar{z} - R_z\bar{x} + R_z x = 0$$

$$x = (R_x\bar{z} + R_z\bar{x})/R_z = 2.546 \text{ m}$$

별해 : 적분에 의한 해법

$$dR_x = (p\cos\theta)\,dA$$
$$= (\rho g h)\cos\theta\,(b\,R\,d\theta)$$
$$= \rho g R\sin\theta\cos\theta\, b\, R\, d\theta$$
$$= \rho g b R^2 \sin\theta\cos\theta\, d\theta$$

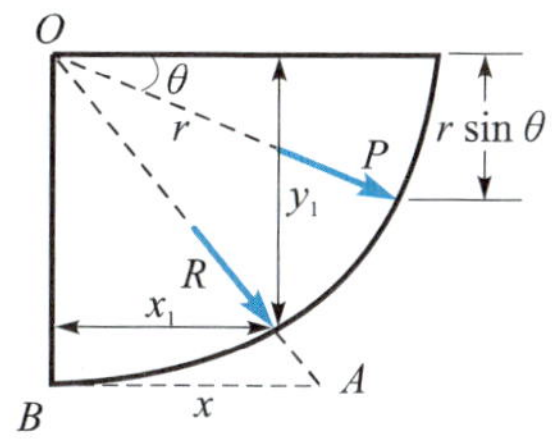

그림 예 7.7(3)

dA : 수평미소요소 면적

$$R_x = \int_0^{\pi/2} \rho g b R^2 \sin\theta\cos\theta\, d\theta$$
$$= \rho g b R^2 \int_0^{\pi/2} \sin\theta\cos\theta\, d\theta$$
$$= \left(\frac{1}{2}\right)\rho g R^2 b$$

$$dR_y = p\sin\theta\, dA$$
$$= \rho g h \sin\theta\, b\, R\, d\theta$$
$$= \rho g R\sin\theta\sin\theta\, b\, R\, d\theta$$
$$= \rho g b R^2 \sin^2\theta\, d\theta$$

$$R_y = \int_0^{\pi/2} \rho g b R^2 \sin^2\theta\, d\theta$$
$$= \rho g b R^2 \int_0^{\pi/2} \sin^2\theta\, d\theta$$
$$= (1/4)\,\pi\rho g R^2 b$$

$$R = \sqrt{R_x^2 + R_y^2}$$
$$= \left(\frac{1}{2}\right)\rho g R^2 b\sqrt{1+\pi^{2/4}}$$

예제 7.8

그림 예 7.8에 나타나 있는 포물선형의 벽체에 작용하는 수압의 크기와 작용점을 구하여라. 벽의 길이는 5 m이고, 물의 밀도는 1.02 Mg/m^{3}이다.

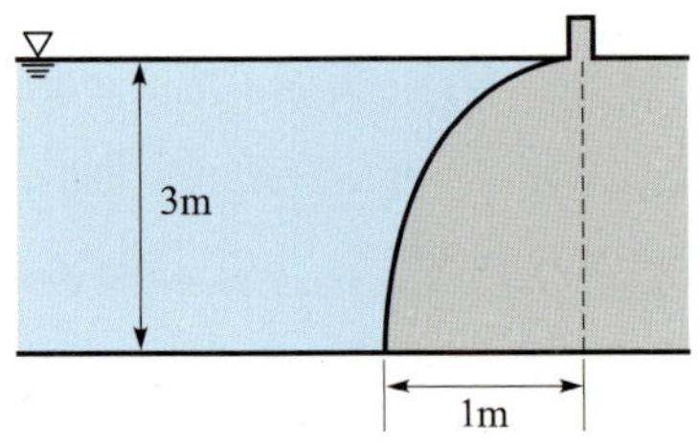

그림 예 7.8

$z_B = 3$ m

$g = 9.81$ m/sec^2

폭 = 5 m

$a = 1$ m

$b = 3$ m

$\rho = 1020$ kg/m^3 = 1.02 Mg/m^3

$p_B = \rho\, g\, z_B =$ 30.0 kPa

$w_B = p_B b =$ 150 kN/m

$F_x = (1/2)\, z_B\, w_B =$ 225 kN

$F_z = \rho\, g\, b\, A_{ABC} =$ 50,031 N = 1.00 m^2 = 50.0 kN

- 합력 $F_R = \sqrt{F_x^2 + F_z^2} =$ 231 kN
- 작용방향 $\theta = F_z / F_x =$ 0.222 rad = 12.7°

예제 7.9

수로의 물을 가둬 두기 위해 폭이 6 m인 판으로 그림 예 7.9(1)과 같이 수문을 설치하였다. 수문은 바닥면 높이의 판의 양 끝에 설치된 두 개의 융기단으로 지지되어 있다. 판에 작용하는 수압에 의해 융기단에 발생하는 반력을 구하여라.

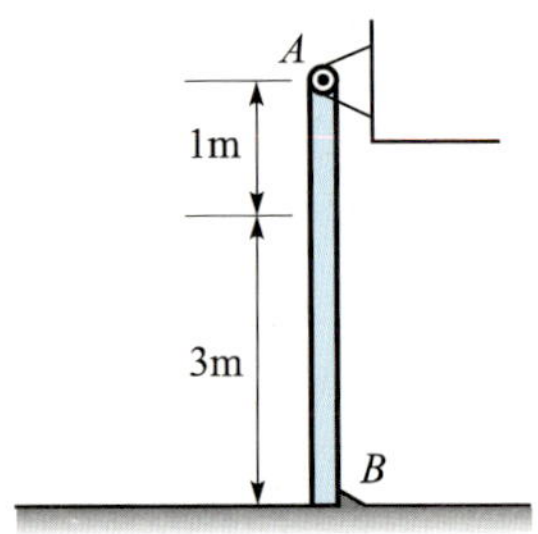

그림 예 7.9(1)

판 높이 $h = 4\text{ m}$
판 폭 $b = 6$
물 깊이 $D = 3\text{ m}$
$p = \rho g D$
$z = 29.4\text{ kPa}$

- 판에 걸리는 총 압력
  $P = 265\text{ kN}$
  $\overline{y} = (h - D) + (2/3)D = 3\text{ m}$
  $\Sigma M_A = (P/2)\overline{y} - R_B h = 0$
  $R_B = (P/2)\overline{y}/h = 99.3\text{ kN}$

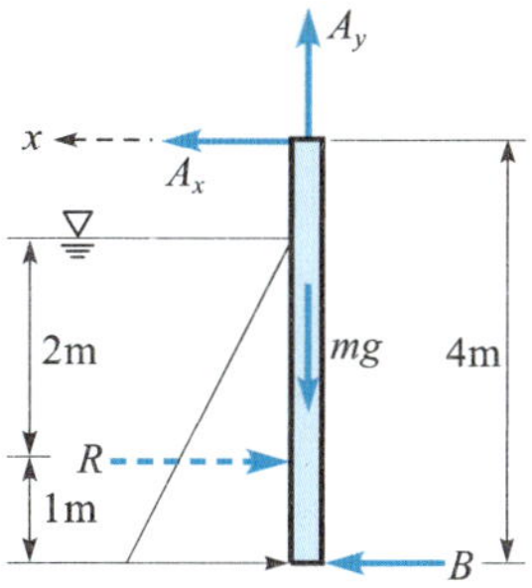

그림 예 7.9(2)

예제 7.10

그림 예 7.10은 중력댐의 단면이다. 아래의 값을 이용하여, 댐의 단위길이 당 (a) 댐의 측면 BC에 작용하는 수압의 합력, (b) 기초 AB상에 작용하는 힘의 합력을 구하여라.

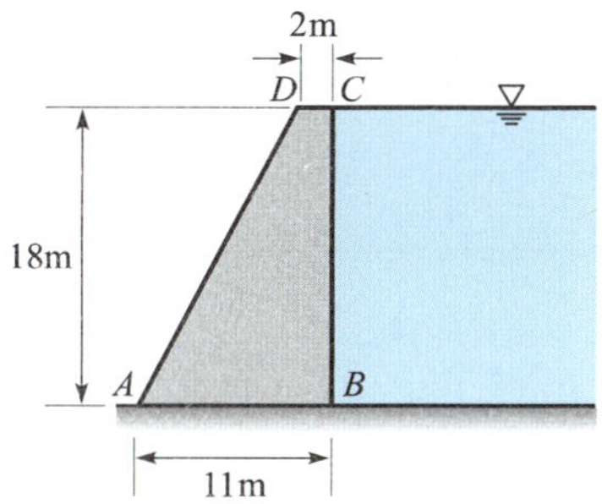

그림 예 7.10

$\rho = 62.4\text{ Mg/m}^3$

(a) 수압의 총압력
$p_B = \rho g h_B = 1123\text{ kPa}$
$w_B = p_B(\text{폭}) = 1123\text{ kN/m}$
$R_x = (1/2) w_B h_B = 10{,}109\text{ kN}$
$\overline{z} = (1/3)h_B = 6$

(b) 기초에 작용하는 합력

- 댐의 자체 중량

	A_i [ft^2]	W_i [lb]	$\bar{x}$	$W_i\bar{x}$
삼각형 부분	81	12150	6	72900
+) 사각형 부분	36	5400	10	54000
Σ		17550		126900

$\gamma_{conc} = 150\,\mathrm{lb/ft^3}$

$\bar{x} = 7.23$

- 기초에 작용하는 힘

$R_x = 10109$

$R_z = 17550$

$R = 20253$

$\theta = 60.06$

- A점에 대한 모멘트

$\Sigma M_A = -R_z\bar{x} + R_x\bar{z} = -66247.2$

- 기초에 작용하는 힘의 작용점

$M_A = R_z d = 66247.2$

$d = M_A / R_z = 3.8$

$(1/3)\,b = 3.7 < 3.8 < (2/3)\,b = 7.3$

chapter 07 연습문제

7.1 그림과 같은 단순보가 분포하중 $w = 0.5 + 0.4x^2$ N/m을 받고 있다.
(1) 등가의 집중하중과 (2) 작용점의 위치를 구하여라.

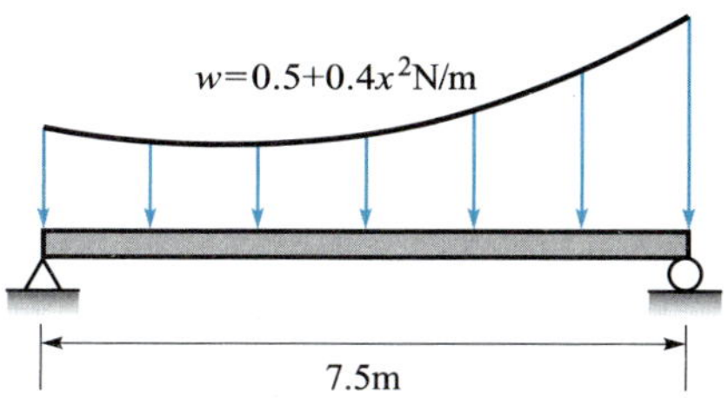

7.2 다음 그림의 댐의 폭 $b = 10$ m이다. 댐에 작용하는 수압의 합력을 구하여라(물의 단위중량은 $\gamma_w = 9.81$ kN/m^3).

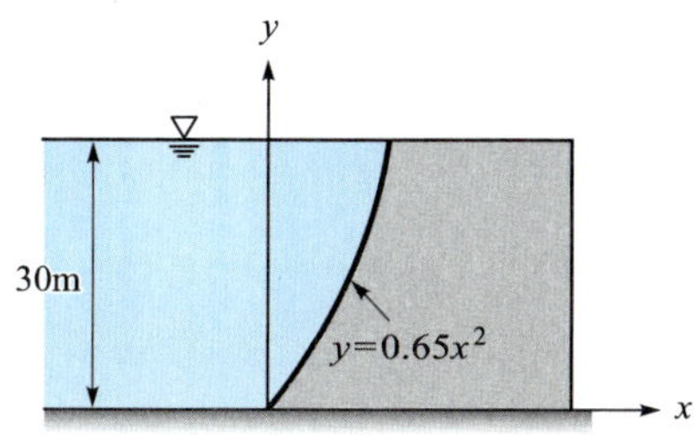

7.3 $W = -\{(40x - x^2)/40\}$ lb/in의 선형 하중이 있다. O점에서 75 in까지의 합력을 적분을 이용하여 구하여라.

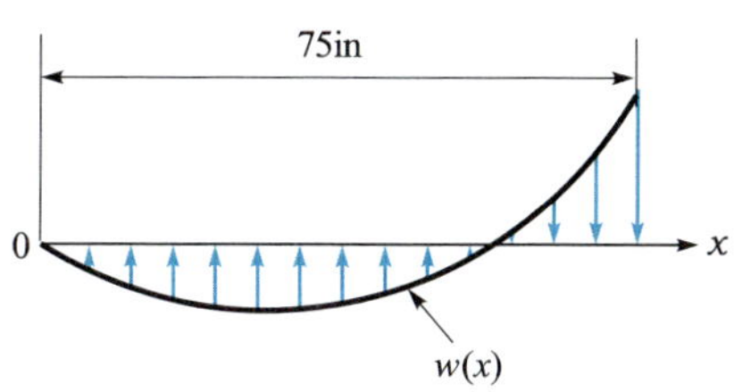

7.4 그림과 같은 등분포 하중과 집중하중을 받는 보가 있다. 이 보에 작용하는 하중의 크기와 B점에서부터의 작용점의 위치를 구하여라.

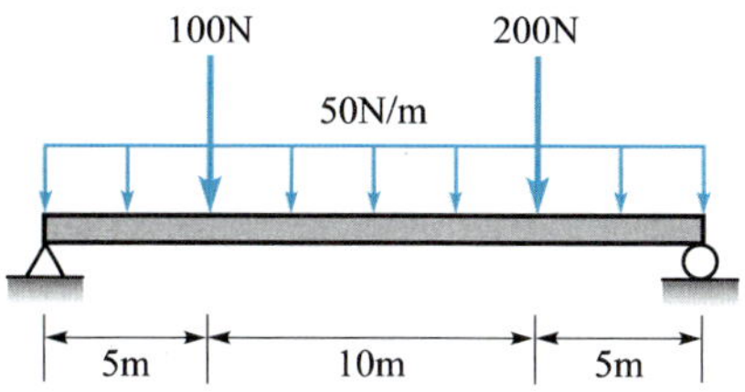

7.5 다음 그림의 수문의 길이가 15 m인 1/4 원형으로, H에서 경첩으로 지지된다. 이 수문을 평형상태로 유지하는 데 필요한 힘 P를 구하여라(물의 단위중량은 $\gamma_w = 9.81$ kN/m^3).

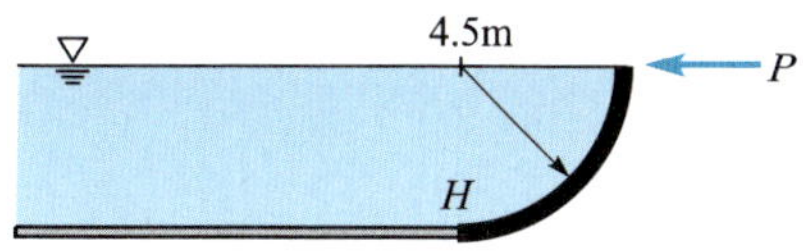

7.6 그림과 같은 분포하중을 등가의 집중하중으로 바꿀 때 그 크기와 위치를 구하여라.

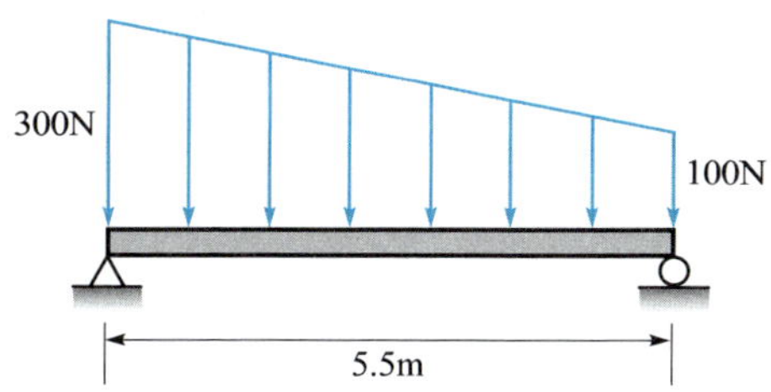

7.7 그림과 같은 직경 45 cm의 배수관로에 흐르지 않는 물이 반만큼 차 있다. 관로 벽의 곡선 부분 BC의 길이 1 m 당 작용하는 물의 합력의 크기와 작용선의 위치를 구하여라(물의 단위중량은 $\gamma_w = 9.81$ kN/m^3).

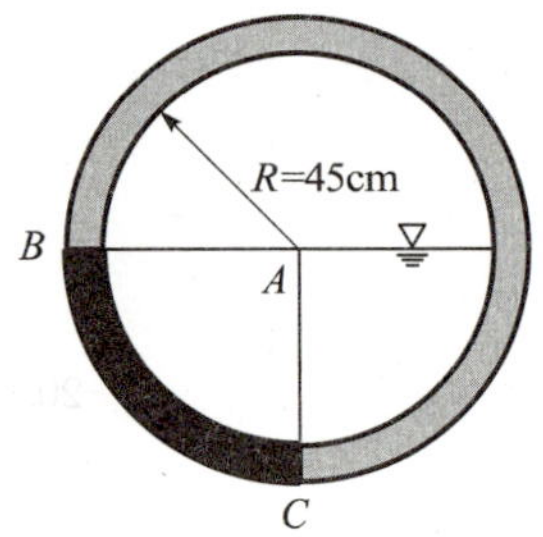

7.8 다음 그림은 댐의 단면을 나타내고 있다. 댐의 모서리 A를 중심으로 전도 유무에 대하여 알아보아라(콘크리트의 밀도 $\rho = 2400$ kg/m^3, 물의 밀도 $\rho = 1000$ kg/m^3).

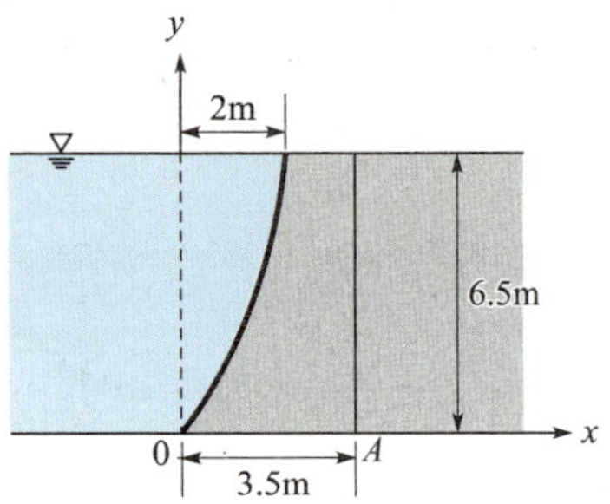

7.9 분포하중 $p = 2.25 - Z2/25$ N/m가 그림과 같이 정사각형 판에 포물선 형태로 작용할 때, 이 분포하중과 같은 효과를 갖는 집중하중의 크기와 작용점의 위치를 구하여라.

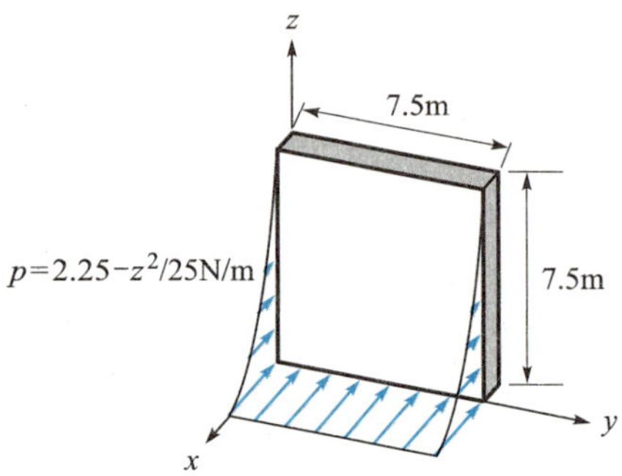

7.10 $w_0 = 7.5$ N/cm일 때 선 하중의 합력을 구하여라.

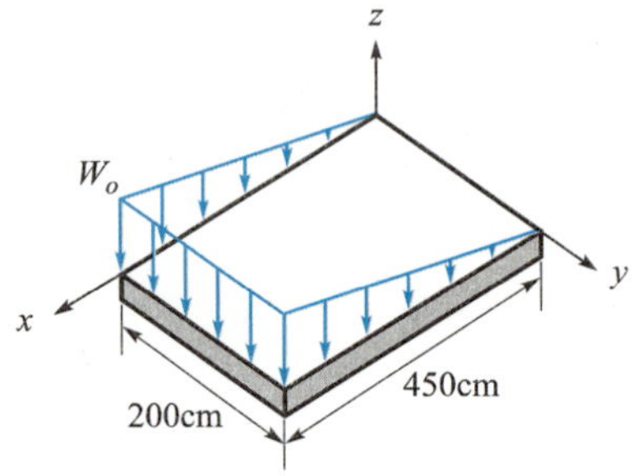

7.11 그림과 같은 분포 선 하중을 전달하는 보가 있다. 이 보에 작용하는 합력과 그 작용선을 구하여라.

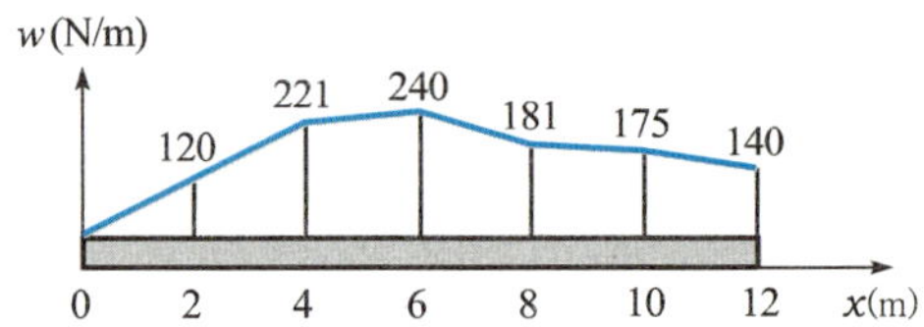

7.12 그림과 같은 폭 $b = 5$ m인 저수지에 물이 가득 차 있다. AB에 작용하는 수압의 합력과 그 작용선을 구하여라(물의 밀도 $\rho = 1000$ kg/m^3).

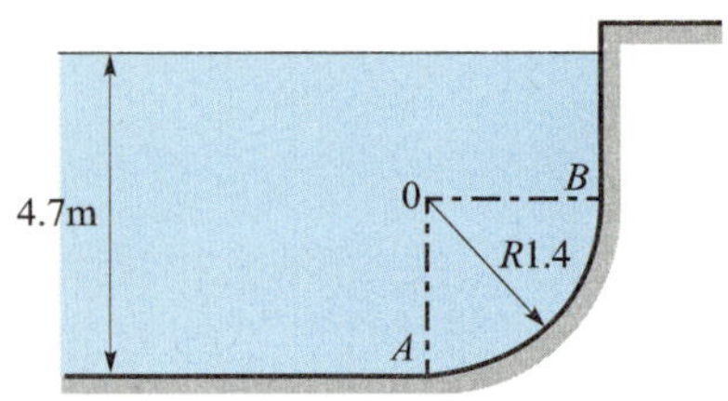

7.13 그림과 같은 길이 5 m, 두께 10 mm의 원통형 압력 용기가 있다. 최대 내적 압력은 750 KPA이고 원주 방향 허용 응력이 100 MPA, 길이 축방향 허용응력이 75 MPA 일 때 최소 반경을 구하여라.

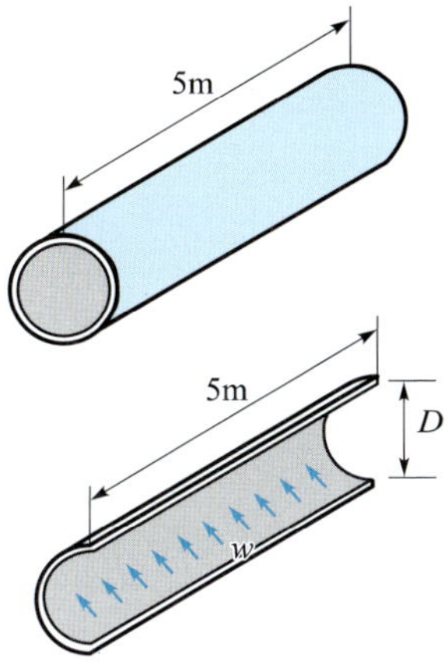

7.14 그림과 같은 댐의 전도에 대한 안전율을 구하여라 (단, 콘크리트의 단위중량 $\gamma_w = 2.3\ \mathrm{t/m^3}$이고 물의 단위중량 $\gamma_w = 1.0\ \mathrm{t/m^3}$이다).

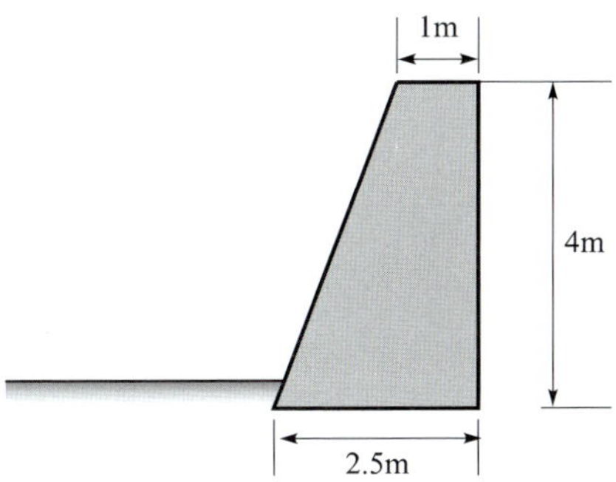

7.15 다음 그림과 같은 선 하중 분포를 가질 때, 하중의 합력과 합력의 작용위치를 구하여라.

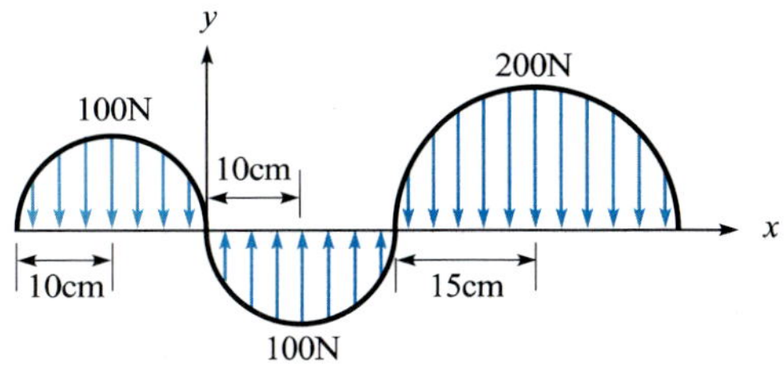

$$P_1 = \int w_1 dx = \int_0^{20} -x^2 + 20x dx = 1333.33\ \mathrm{cm}^2$$

$$x_1 = -10\ \mathrm{cm}$$

$$P_2 = \int w_1 dx = \int_0^{20} -x^2 + 20x dx = 1333.33\ \mathrm{cm}^2$$

$$x_2 = 10\ \mathrm{cm}$$

$$P_3 = \int w_2 dx = \int_0^{30} -\frac{8}{9}x^2 + \frac{80}{3}x dx = 4000\ \mathrm{cm}^2$$

$$x_3 = 20 + 15 = 35\ \mathrm{cm}$$

$$P = \Sigma P_i = 4000\,\mathrm{N}\ \bar{x} = \frac{\Sigma P_i x_i}{\Sigma P_i} = 28.33\ \mathrm{cm}$$

학습목표

- 단면의 기하학적 특성의 개념을 이해한다.
- 관성모멘트, 극관성모멘트, 회전반지름 등에 관해 공부한다.
- 복합단면의 기하학적 특성을 구하는 방법을 익힌다.

CHAPTER 08

단면의 성질

8.1 개 요

구조물을 구성하고 있는 여러 종류의 부재는 기하학적 모양에 따라 일차원부재, 이차원 부재, 삼차원 부재로 구분할 수 있다.

이 중 정역학에서의 대상은 일차원 부재로, 단면의 크기에 비해 길이가 긴 부재를 일차원 부재라 한다.

일차원 부재의 역학적 특성에 영향을 미치는 기하학적 기본값인 단면 크기, 부재의 길이와 함께, 단면의 형상도 부재의 역학적 특성에 큰 영향을 미친다. 단면의 형상이 사각형, 원형, 파이프 등 단면의 형상에 따라 휨에 대한 저항 능력이 다른 것을 우리는 경험으로 알 수 있다.

이와 같이 부재의 역학적 특성에 영향을 미치는 기하학적인 값들을 그 단면의 기하학적 특성이라 한다.

8.1.1 단면의 기하학적 특성의 종류

단면의 기하학적 특성으로는 단면적의 크기, 길이와 함께, 앞 장에서 배운 도심과 이 장에서 배울 관성모멘트가 있으며, 이외에 극관성모멘트와 회전반지름 등도 단면의 역학적 특성을 나타내는 중요 값들이다.

위에서 언급된 단면의 기하학적 값들이 부재의 강성에 어떤 영향을 미치는지를 숫자적으로 구하는 것은 재료역학에서의 강의내용으로, 단면의 관성모멘트는 재료역학에서 배우게 될 역학적 공식들의 유도에 사용되며, 이들이 갖는 역학적 의미를 정역학 과정에서 이해하기는 쉽지 않다. 따라서 기하학적 특성 값들의 적용에 관해서는 재료역학에서 배우기로 하고, 정역학에서는 이들 특성 값들을 구하는 방법만을 배우기로 한다.

8.2 단면2차모멘트 : 관성모멘트

단면2차모멘트를 설명하기 전에 7장에서 도심을 구하기 위해 적용한 단면1차모멘트를 간단히 복습하고, 단면2차모멘트의 정의와 계산 방법 등과 함께, 평행축 정리에 대해 공부하기로 하자.

8.2.1 단면1차모멘트(first moment of area)

그림 8.1과 같이, 전체 단면적을 여러 개의 미소부분으로 분할하고, 각 미소부분에 대해, 미소부분의 면적 ΔA와 미소부분의 단면1차모멘트를 구하기 위한 축까지의 거리의 곱이 그 축에 대한 미소부분의 단면1차모멘트이다.

각 미소부분의 단면1차모멘트 합이 그 축에 대한 전체 단면의 단면1차모멘트이다.

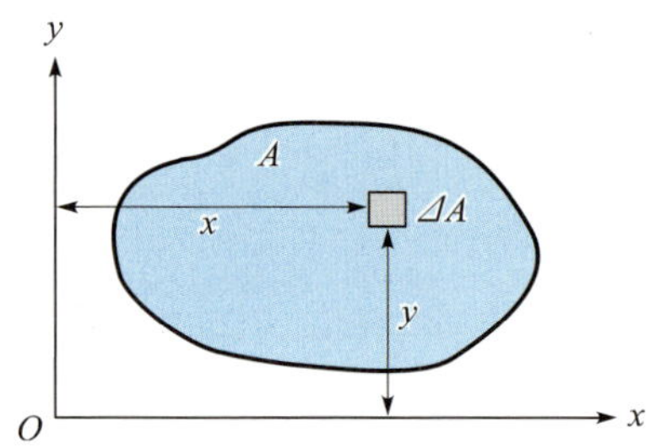

그림 8.1

예를 들어 그림 8.1에서 미소면적 ΔA의 x축에 대한 단면1차모멘트 ΔQ_x는 x축까지의 거리가 y이므로, $\Delta Q_x = y\,\Delta A$이고, y축에 대한 단면1차모멘트 ΔQ_y는 y축까지의 거리가 x이므로, $\Delta Q_y = x\,\Delta A$로 표시된다.

전체면적의 단면1차모멘트는 미소면적들의 단면1차모멘트의 합인 $Q_x = \Sigma \Delta Q_x$ 및 $Q_x = \Sigma \Delta Q_y$로 구해진다.

8.2.2 단면1차모멘트의 단위

단면1차모멘트는 면적과 거리의 곱이므로, 단면1차모멘트의 단위는 길이의 3승인 cm^3, in^3 등이다.

8.2.3 단면2차모멘트(second moment of area)

단면1차모멘트와 같이 전체 단면적을 여러 개의 미소면적 ΔA로 분할하고, ΔA와 단면2차모멘트를 구하고자 하는 축까지 거리의 자승을 곱한 것이 그 미소면적의 단면2차모멘트로, 각 미소면적의 단면2차모멘트의 합이 전체 면적의 단면2차모멘트이다

8.2.4 단면2차모멘트의 표시방법

단면2차모멘트를 구하는 축이 x－축인 경우, 단면2차모멘트를 나타내는 부호인 I의 아래첨자로 x를 사용하여 I_x라 쓰며, 단면2차모멘트를 구하는 축이 y－축인 경우, I_y라 쓴다.

1) x－축에 대한 단면2차모멘트

단면2차모멘트를 구하고자 하는 축이 x－축인 경우, 미소면적 ΔA의 x－축에 대한 단면2차모멘트를 ΔI_x라고 쓴다.

ΔI_x는 단면2차모멘트의 정의에 따라 ΔA로부터 x－축까지의 거리인 y의 자승과 ΔA의 곱인 $y^2 \Delta A$가 된다.

$$\Delta I_x = y^2 \Delta A \tag{8-1}$$

전체 면적의 단면2차모멘트 I_x는 전체 면적을 이루고 있는 미소면적 ΔA들의 단면2차모멘트인 ΔI_x들의 합으로, 식 (8－2)와 같이 쓸 수 있다.

$$I_x = \Sigma \Delta I_x \tag{8-2}$$

식 (8－2)에 식 (8－1)을 대입하면 전체 면적의 x－축에 대한 단면2차모멘트를 구하는 식인 식 (8－3)이 된다.

$$I_x = \Sigma y^2 \Delta A \tag{8-3}$$

2) y－축에 대한 단면2차모멘트

단면2차모멘트를 구하고자 하는 축이 y－축인 경우에도, x－축에 대한 단면2차모멘트를 구하는 방법과 같이, y－축에 대한 단면2차모멘트를 구할 수 있다.

먼저 미소면적 ΔA의 y-축에 대한 단면2차모멘트를 ΔI_y라고 쓰며, ΔI_y는 단면2차모멘트의 정의에 따라 ΔA로부터 y-축까지의 거리인 x의 자승과 ΔA의 곱이다.

$$\Delta I_y = x^2 \Delta A \tag{8-4}$$

전체 면적의 단면2차모멘트 I_y는 전체 면적을 이루고 있는 미소면적 ΔA들의 단면2차모멘트 ΔI_y들의 합으로, 식 (8-5)와 같이 쓸 수 있다.

$$I_y = \Sigma \Delta I_y \tag{8-5}$$

식 (8-5)에 식 (8-4)을 대입하면 전체 면적의 y-축에 대한 단면2차모멘트를 구하는 식인 식 (8-6)이 된다.

$$I_y = \Sigma x^2 \Delta A \tag{8-6}$$

8.2.5 단면2차모멘트의 단위

단면2차모멘트는 면적과 거리의 자승의 곱임으로, 단면2차모멘트의 단위는 길이의 4승인 cm^4, in^4 등이다.

8.2.6 관성모멘트(moment of inertia)

관성모멘트와 단면2차모멘트는 동일한 것으로, 단면2차모멘트는 구하는 방법을 강조한 표현이고, 관성모멘트는 단면2차모멘트의 역학적 의미를 강조한 표현으로 이해할 수 있다.

가능한 질문

미소면적으로부터 x-축까지의 거리가 왜 y인가?

그림 8.1에서 미소면적 ΔA는 아주 작은 면적, 즉 면적을 그릴 수 없을 만큼 작은 크기를 의미함으로 하나의 점으로 생각하여도 된다. 따라서 이 미소면적으로부터 x-축까지의 거리는 이 점의 y-좌표이다.

8.3 적분에 의한 관성모멘트의 계산

8.3절부터는 단면2차모멘트의 역학적 의미를 강조하기 위해 단면2차모멘트 대신 관성모멘트라는 용어를 사용하기로 한다.

적분의 정의에 따라 미소크기의 합은 적분으로 표현될 수 있다.

따라서 관성모멘트를 구하는 식인, 식 (8-3)과 (8-6)은 적분기호를 사용하여 식 (8-7)과 같이 쓸 수 있다.

식 (8-7a)에서 미소면적 dA를 dy의 식으로 나타낸 후, 적분하면 관성모멘트 I_x를 구할 수 있다. 식 (8-7b)에서도 미소면적 dA를 dx의 식으로 바꾸고, 적분하여 관성모멘트 I_y를 구한다.

관성모멘트

$$I_x = \int_A y^2 dA \qquad (8\text{–}7a)$$

$$I_y = \int_A x^2 dA \qquad (8\text{–}7b)$$

8.4 평행축 정리

8.4.1 도심축(centroidal axes)

그림 8.2에서 $\overline{x_0}$ −축과 $\overline{y_0}$ −축은 C로 표시된 도심을 지난다. 이러한 도심을 지나는 축을 도심축이라 한다.

8.4.2 평행축 정리(parallel−axis theorem)

평행축 정리란 그림 8.2에서 도심축에 관한 관성모멘트 값을 이용해 도심축과 평행한 축에 대한 관성모멘트를 구하기 위해 사용되는 정리이다.

즉, 도심축 $\overline{x_0}$ −축에 대한 관성모멘트를 이용해 도심축과 평행한 축인 x−축에 대한 관성모멘트를 구할 수 있으며, 또한 $\overline{y_0}$ −축에 대한 관성모멘트로부터 y−축에 대한 관성모멘트를 구할 수 있다.

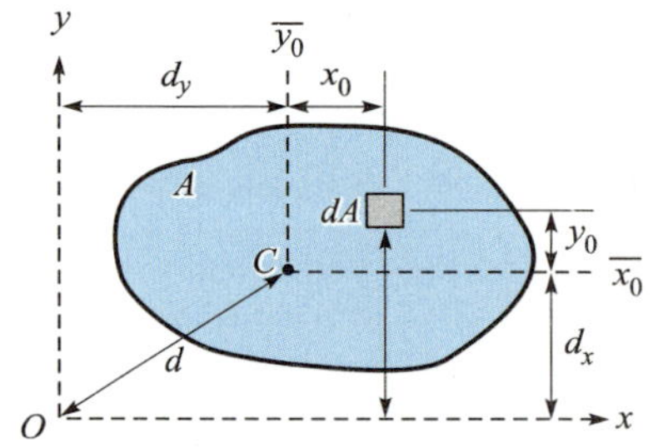

그림 8.2

평행축 정리에 의하면 도심축과 평행한 축에 대한 관성모멘트는 도심축과 평행한 축 사이의 거리의 자승과 면적을 곱한 값에 도심축에 대한 관성모멘트의 합으로 구해진다.

이를 식으로 쓰면 식 (8-9)와 (8-10)으로 표현된다.

x – 축에 대한 평행축 정리

$$I_x = \overline{I_x} + A{d_x}^2 \quad (8\text{-}9)$$

I_x : 도심축 $\overline{x_o}$ –축과 평행한 축인 x–축에 대한 관성모멘트

$\overline{I_x}$: 도심축 $\overline{x_o}$ –축에 대한 관성모멘트

d_x : $\overline{x_o}$ –축과 x–축 사이 최단거리

y – 축에 대한 평행축 정리

$$I_y = \overline{I_y} + A{d_y}^2 \quad (8\text{-}10)$$

I_y : 도심축 $\overline{y_o}$ –축과 평행한 축인 y–축에 대한 관성모멘트

$\overline{I_y}$: 도심축 $\overline{y_o}$ –축에 대한 단면2차모멘트

d_y : $\overline{y_o}$ –축과 y–축 사이 최단거리

• 평행축 정리의 유도

먼저 x축에 대해 평행축 정리를 유도해보기로 하자.

그림 8.2에서 미소면적 dA의 도심축 x_0–축과 평행한 축인 x–축에 대한 관성모

멘트 dI_x는 관성모멘트의 정의인 식 (8−1)에 의해 식 ①과 같이 쓸 수 있다.

$$dI_x = (y_o + d_x)^2 \, dA \qquad ①$$

여기서 d_x는 도심축인 x_0−축과 관성모멘트를 구하려는 축인 x−축 사이의 최단거리이다.

식 ①을 풀어 쓰면 식 ②가 되며

$$dI_x = (y_o^2 + 2y_o d_x + d_x^2)\, dA = y_o^2 \, dA + 2y_o d_x \, dA + d_x^2 \, dA \qquad ②$$

식 ②를 전체 면적에 대해 적분하여 식 ③을 얻는다.

$$I_x = \int {y_0}^2 \, dA + 2 d_x \int y_0 \, dA + d_x^2 \int dA \qquad ③$$

식 ③에서 두 번째 항의 $\int y_0 \, dA$는 단면의 도심축에 대한 단면1차모멘트로 단면1차모멘트의 정의에 따라 도심축에 대한 단면1차모멘트는 0이 된다. 따라서 식 ③에서 식 ④만 남게 된다.

$$I_x = \int y_0^2 \, dA + d_x^2 \int dA \qquad ④$$

식 ④의 첫 번째 항의 $\int y_0^2 \, dA$는 도심축에 대한 단면2차모멘트로, $\overline{I_x}$이며, 두 번째 항의 $\int dA$를 구하면 전체면적 A를 얻게 되어, 식 ④는 간단히 식 ⑤가 된다.

$$I_x = \overline{I_x} + A {d_x}^2 \qquad ⑤$$

y축에 대해서도 동일한 방법으로 유도하여 식 ⑥을 얻을 수 있다.

$$I_y = \overline{I_y} + A {d_y}^2 \qquad ⑥$$

식 ⑥에서 $\overline{I_y}$는 도심축 y_0에 대한 단면2차모멘트이며, d_y는 도심축인 y_0−축과 관성모멘트를 구하려는 축인 y−축 사이의 직선거리이다.

예제 8.1

세로변이 h이고, 가로변이 b인 직사각형의 관성모멘트를 (a) 도심축 x_0와 (b) 도심축 y_0에 대해 구하여라.

계산의 편이를 위해 그림 예 8.1(1)에 표시된 것과 같이 도심을 좌표축의 원점으로 하였다.

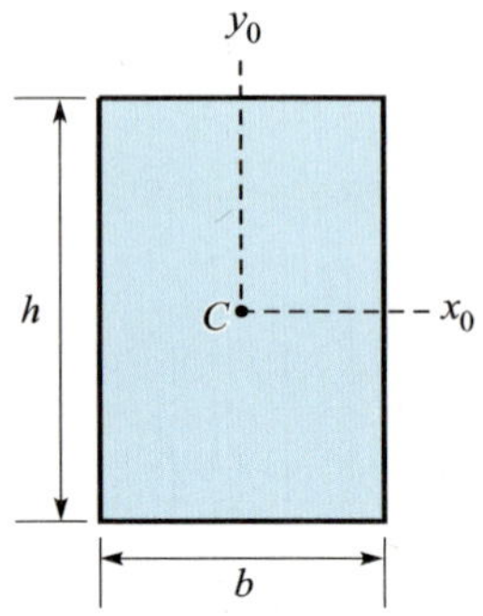

그림 예 8.1(2)

(a) 도심축 x_0에 대한 관성모멘트

적분을 위하여 그림 예 8.1(2)에 음영으로 표시된 것과 같이 미소요소를 선택하여, dA를 변수 y를 포함하는 식으로 바꿔야 한다.

x축에 대한 관성모멘트를 구해야 하므로 적용되는 식은 I_x식이다.

[적용 식 : $I_x = \int_A y^2\, dA$] ①

$dA = b\ dy$ ②

$$\overline{I_x} = \int y^2 (b\, dy) = b\int_{-h/2}^{h/2} y^2\, dy = \frac{1}{12} b h^3$$

식 ②를 식 ①에 대입하고, 적분하면 구하고자 하는 x축에 대한 관성모멘트 I_x가 구해진다.

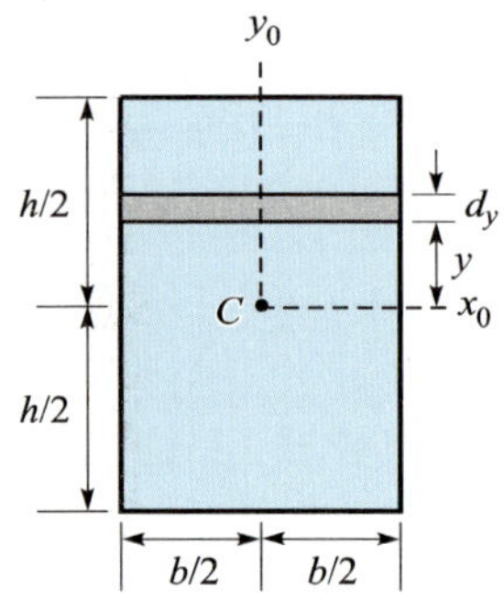

그림 예 8.1(2)

(b) 도심축 y_0에 대한 관성모멘트

적분을 위하여 그림 예 8.1(3)에 빗금으로 표시된 것과 같이 미소요소를 선택하여, dA를 변수 x를 포함하는 식으로 바꿔야 한다.

[적용 식 : $I_y = \int_A x^2\, dA$] ①

$dA = h\, dx$ ②

$$\overline{I_y} = \int x^2 (h\ dx) = h\int_{-b/2}^{b/2} x^2\ dx = \frac{1}{12} h b^3$$

식 ②를 식 ①에 대입하고, 적분하면 구하고자 하는 y축에 대한 관성모멘트 I_y가 구해진다.

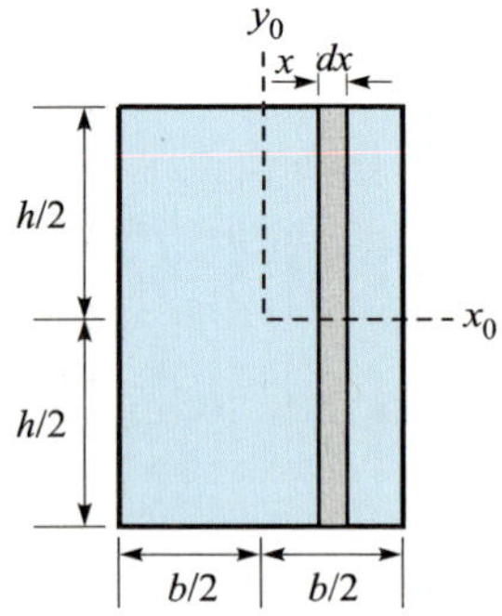

그림 예 8.1(3)

생각하기!!

그림 8.3(a)와 (b)에는 두 직각 x축과 y축에 대해 각각 휨을 가하는 것이 나타나 있다. 어느 축으로 휠 때 더 큰 힘이 필요할 것으로 느껴지는가?

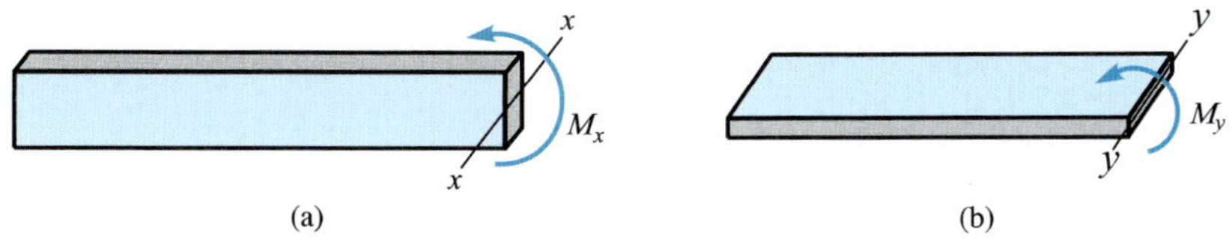

그림 8.3

우리는 경험에 의해 그림 8.3(a)의 세워진 판을 휘는 것이 그림 8.3(b)의 눕혀진 판을 휘는 것 보다 더 큰 힘이 필요한 것을 알 수 있으며, 또한 x축에 대한 관성모멘트가 y축에 대한 관성모멘트보다 더 큰 것을 계산으로 구할 수 있다.

이로부터 관성모멘트와 부재의 휨에 대한 저항력에 어떤 관련이 있음을 짐작할 수 있으며, 부재를 설치할 경우, 그림 8.3(b)보다는 그림 8.3(a)와 같이 설치하면 더 큰 휨에 대한 저항력을 얻을 수 있음을 알 수 있다. 이의 계산에 의한 증명은 재료역학에서 배우기로 한다.

예제 8.2

그림 예 8.2(1)에 나타낸 삼각형의 관성모멘트를 (a) 관성모멘트의 정의를 이용하여 x-축에 대해 구하고, (b) x-축에 대한 관성모멘트로부터 x-축에 평행한 도심축 x_0에 대한 관성모멘트를 구하여라. 또한 (c) x-축에 평행한 꼭지점을 지나는 축 x'에 대한 관성모멘트를 구하여라.

평행축 정리를 익히고자 하는 예제이다.

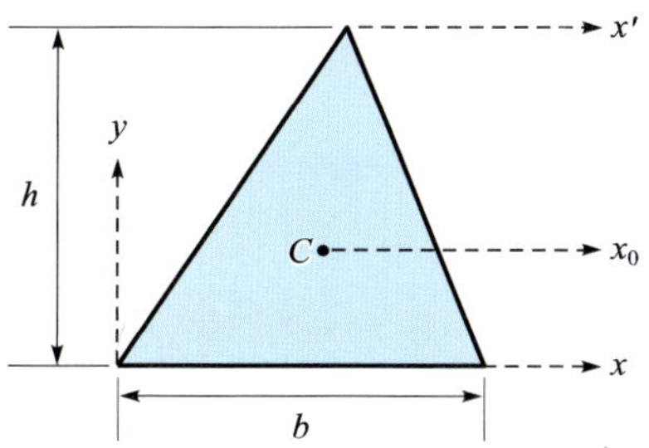

그림 예 8.2(1)

x축에 대한 관성모멘트를 구해야 하므로 적용되는 식은 I_x를 구하는 식이다. 그러므로 dA를 dy로 나타내기 위해 그림과 같이 미소면적을 잘라야 한다.

비례로 구한 dA의 밑변길이는 $\frac{h-y}{h}b$이다.

삼각형의 높이가 h이면, 밑변에서부터 도심 C까지의 거리는 $h/3$이다.

(a) $x-$축에 대한 관성모멘트

- 미소면적의 x축에 대한 관성모멘트

[적용 식 : $I_x = \int_A y^2\, dA$] ①

$$dA = xdy = \frac{h-y}{h} b\, dy \quad ②$$

②를 ①에 대입하고 적분 :

$$I_x = \int_0^h y^2 \left(\frac{h-y}{h} b\, dy \right)$$

$$= b\left[\frac{y^3}{3} - \frac{y^4}{4h} \right]_0^h = \frac{bh^3}{12}$$

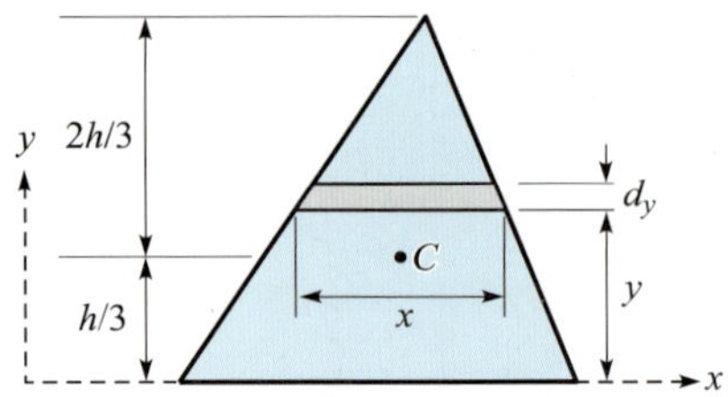

그림 예 8.2(2)

(b) $x-$축에 평행한 도심축에 대한 관성모멘트

평행축 정리로부터 도심축과 평행한 축에 대한 관성모멘트 I로부터 도심축에 대한 관성모멘트 $\overline{I}$를 구할 수 있다.

[적용 식 : $I = \overline{I} + Ad^2$]

$d = h/3$

$\overline{I} = I - A(h/3)^2$

$$\overline{I} = \frac{bh^3}{12} - \left(\frac{bh}{2}\right)\left(\frac{h}{3}\right)^2 = \frac{bh^3}{36}$$

(c) 도심축에 평행한 x'축에 대한 관성모멘트

(b)에서 도심축에 대한 관성모멘트 $\overline{I}$를 구했음으로, 평행축정리로부터 도심축과 평행한 축인 x'축에 대한 관성모멘트 $I_{x'}$를 구할 수 있다.

[적용 식 : $I = \overline{I} + Ad^2$]

$d = 2h/3$

$I_{x'} = \overline{I} + A(2h/3)^2$

$$I_{x'} = \frac{bh^3}{36} + \left(\frac{bh}{2}\right)\left(\frac{2h}{3}\right)^2 = \frac{bh^3}{4}$$

예제 8.3

반지름이 a인 원의 도심축에 대한 관성모멘트를 구하여라.

1) x축에 평행한 미소면적에 의한 풀이

- x축에 대한 미소면적 dA의 관성모멘트

$$I_x = \int_A y^2 dA \quad ①$$

$$dA = 2x\, dy \quad ②$$

②를 ①에 대입하고 적분 :

$$I_x = \int_A y^2 (2x\, dy)$$

$$= \int_{-a}^{a} y^2 (2\sqrt{a^2 - y^2})\, dy = \frac{\pi a^4}{4}$$

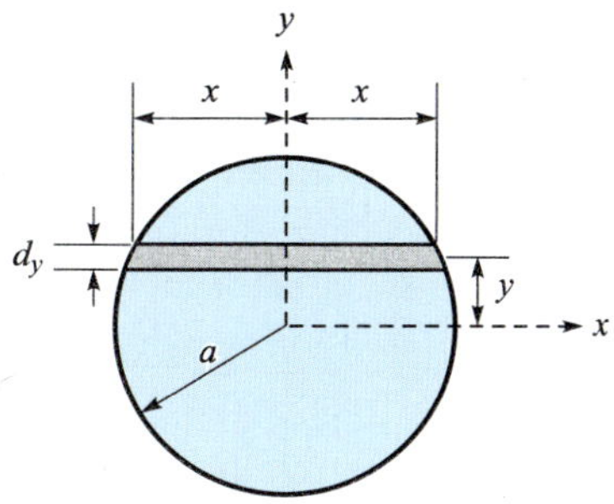

그림 예 8.3(1)

원의 경우, 원의 중심을 지나는 축은 모두 도심축이며, 그림 예 8.3(1)과 같이 미소면적을 잡을 수 있다.

y에 대해 적분하여야 함으로 x를 y의 식으로 나타내어야 한다.
〈원공식〉 $x^2 + y^2 = a^2$

2) y축에 평행한 미소면적에 의한 풀이

$$dI_x = \frac{1}{12} dx\,(2y)^3 = \frac{2}{3} y^3\, dx$$

$$I_x = \int_A dI_x = \int_{-a}^{a} \frac{2}{3} y^3 dx$$

$$= \int_{-a}^{a} \frac{2}{3} (a^2 - x^2)^{3/2} dx = \frac{\pi a^4}{4}$$

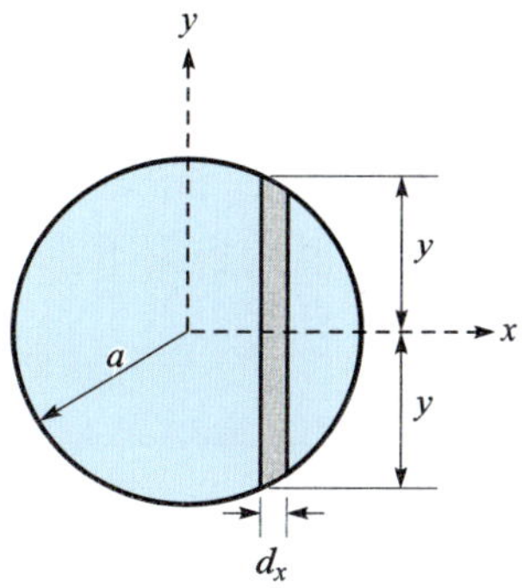

그림 예 8.3(2)

그림 예 8.3(2)와 같이 미소면적을 잡을 수도 있다.

미소면적의 도심이 x축 상에 있다.

미소면적의 관성모멘트 dI_x를 전체 면적에 대해 적분하면 전체면적의 관성모멘트를 구할 수 있다.

예제 8.4

그림 예 8.4(1)의 반원형 단면의 x축에 대한 관성모멘트를 구하여라.

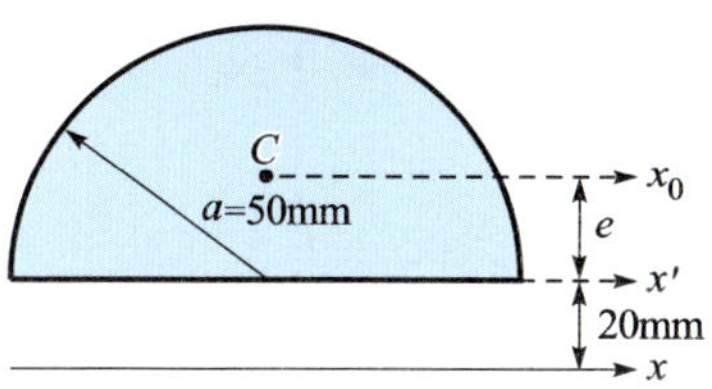

그림 예 8.4(1)

원에서의 도심축은 x'축이지만, 반원의 도심은 그림 예 8.4(1)에 c로 표시된 점인 것에 주의하여라.

1) • 반원의 면적

$$A_{\text{반원}} = 3.93(10^3)\ \text{mm}^2$$

• 밑변 x'축에 대한 반원의 관성모멘트

$$(I_{x'})_{\text{반원}} = \frac{1}{2}\left(\frac{\pi a^4}{4}\right)_{\text{원}} = 2.45(10^6)\ \text{mm}^4$$

x'축에 대한 반원의 관성모멘트는 완전한 원의 x'축에 대한 관성모멘트의 반이다(예제 8.3).

도심축에 대한 관성모멘트를 알아야 비로서 평행축정리를 적용할 수 있는 것을 기억하여라.

- 반원의 밑변으로부터 도심축까지의 거리 e

$$e = \frac{4a}{3\pi} = 21.2\,\mathrm{mm}$$

- $I_{x'} = \overline{I_{x_0}} + A \cdot e^2$, $\overline{I_{x_0}} = I_{x'} - A \cdot e^2$의 적용

$$\overline{I} = I - Ae^2 = 6.86(10^5)\,\mathrm{mm}^4$$

- $I_x = \overline{I_{x_0}} + A \cdot y^2$의 적용

$$I = \overline{I} + A(20+e)^2 = 7.36(10^6)\,\mathrm{mm}^4$$

풀이 2)는 기본도형에 대한 관성모멘트 산정공식을 모아 놓은 부록 3을 이용하는 방법을 보여준다.

2) 표를 이용한 풀이(부록 표3)

- 반원의 도심축에 대한 관성모멘트

$$I_{x'} = 0.1098\,a^4 = 6.86(10^5)\,\mathrm{mm}^4$$

- 반원의 도심으로부터 밑변까지의 거리 e

$$e = 0.4244\,a = 21.2\,\mathrm{mm}$$

- $I = I + Ad^2$의 적용 :

$$I = \overline{I} + \frac{\pi a^2}{2}(20+e)^2 = 7.36(10^6)\,\mathrm{mm}^4$$

예제 8.5

그림 예 8.5(1)에 나타낸 단면의 x축에 대한 관성모멘트를 구하여라.

y에 대해 적분하여야 함으로 x를 y로 나타내어야 한다.

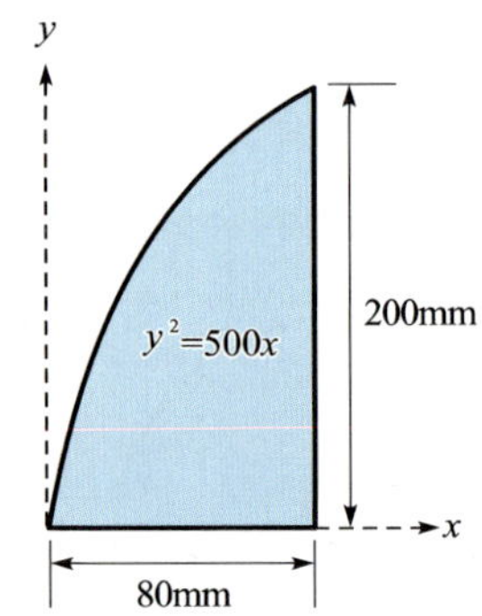

그림 예 8.5(1)

1) 수평 미소면적으로 산정

$dA = (80 - x)dy$

$$I_x = \int_x y^2 dA = \int_0^{200} y^2(80 - x)\,dy$$

$$= \int_0^{200} y^2\left(80 - \frac{y^2}{500}\right)dy$$

$$= \left[80\frac{y^3}{3} - \frac{1}{500}\frac{y^5}{5}\right]_0^{200}$$

$$= 8.53(10^7)\ \mathrm{mm}^4$$

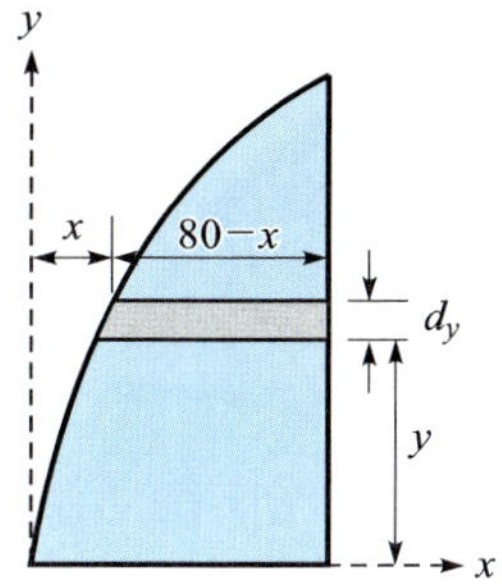

그림 예 8.5(2)

y축에 평행한 미소면적의 x축에 대한 관성모멘트는 사각형인 미소면적의 밑변에 대한 관성모멘트를 알면 쉽게 구할 수 있다.

2) 수직 미소면적으로 산정

$$dI_x = \frac{1}{12}dx\,y^3 + (y\,dx)\left(\frac{y}{2}\right)^2 = \frac{1}{3}y^3dx$$

$$I_x = \int_A dI_x = \int_0^{80}\frac{1}{3}y^3dx$$

$$= \int_0^{80}\frac{1}{3}(500x)^{3/2}dx$$

$$= 8.53(10^7)\ \mathrm{mm}^4$$

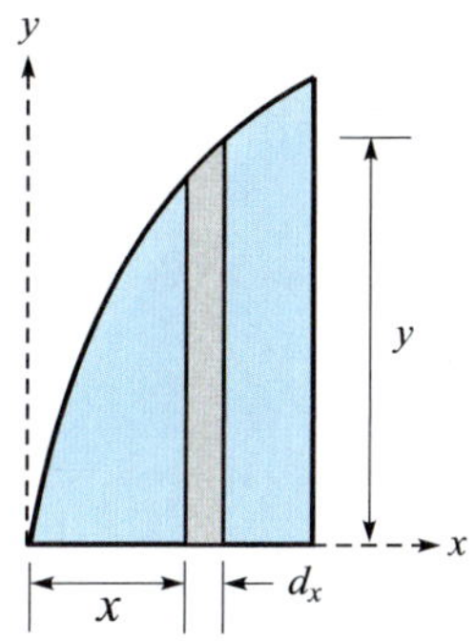

그림 예 8.5(3)

미소면적의 x축에 대한 관성모멘트를 전체 면적에 대해 적분하여, 전체 면적에 대한 관성모멘트를 구한다.

예제 8.6

그림 예 8.6(1)에 나타낸 단면의 x축에 대한 관성모멘트를 구하여라.

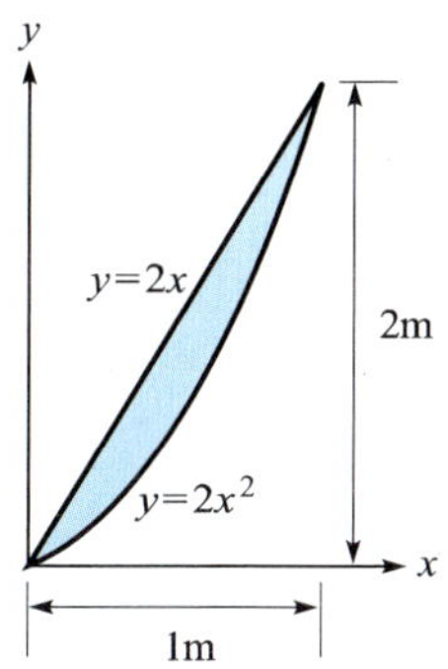

그림 예 8.6(1)

관성모멘트를 구하고자 하는 면적이 두개의 식으로 둘러싸인 경우이다.

미소면적의 양 끝단의 좌표를 (x_1, y)와 (x_2, y)로 표시하면, 미소면적의 크기는 양 끝점의 좌표로부터 구할 수 있다.

1) 수평 미소면적으로 산정 : 그림 예 8.6(2)

$$dA = (x_1 - x_2)\,dy$$

$$I_x = \int_A y^2 dA = \int_A y^2 (x_1 - x_2)\,dy$$

$$= \int_0^2 y^2\left(\sqrt{\frac{y}{2}} - \frac{y}{2}\right)dy$$

$$= \left[\sqrt{\frac{1}{2}}\,\frac{2}{7}y^{7/2} - \frac{1}{8}y^4\right]_0^2 = 2.86(10^{-1})\ \mathrm{m}^4$$

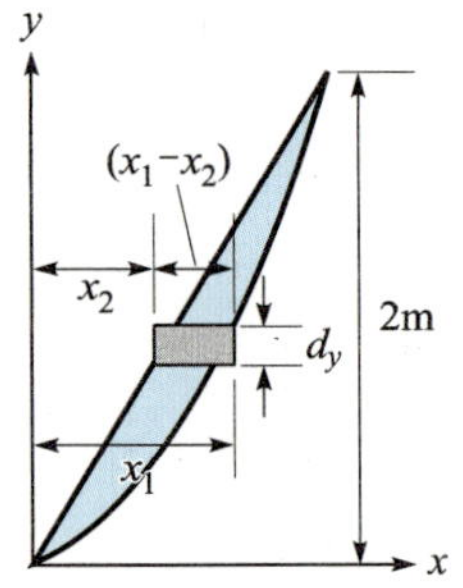

그림 예 8.6(2)

미소면적의 크기는 양 끝점의 좌표로부터 구할 수 있다.

미소면적의 양 끝단의 좌표는 (x, y_1)과 (x, y_2)이다.

2) 수직미소면적으로 산정 : 그림 예 8.6(3)

$$dA = (y_2 - y_1)\,dx$$

$$I_x = \int_A dI_x = \int_0^1 \frac{8}{3}(x^3 - x^6)\,dx$$

$$= \frac{8}{3}\left[\frac{1}{4}x^4 - \frac{1}{7}x^7\right]_0^1 = 2.86(10^{-1})\ \mathrm{m}^4$$

미소면적의 관성모멘트 dI_x는 평행축 정리로부터 쉽게 구해지나, 여기에서는 중간과정은 생략하였다. 풀이 1)을 참고하여 직접 해보기 바란다.
적분구간은 적분방향인 x의 경계값인, 0에서 1까지이다.

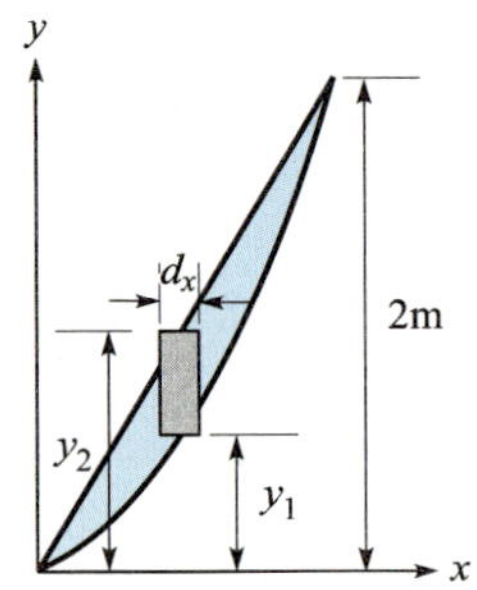

그림 예 8.6(3)

예제 8.7

그림 예 8.7(a)와 그림 예 8.7(b)에는 단면적의 크기가 같은 속이 빈 원형 단면과 속이 꽉 찬 원형 단면이 각각 나타나 있다. $r_o = 300\ \mathrm{mm}$, $r_i = 250\ \mathrm{mm}$일 때 두 단면의 관성모멘트를 구하여라.

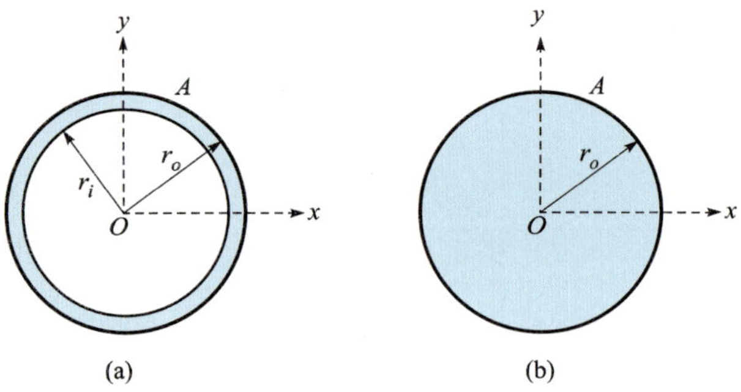

그림 예 8.7

• 원

$$(\overline{I_x})_C = \frac{1}{4}\pi r_o^{\,4} = 6.36(10^9)\ \text{mm}^4$$

• 원환

$$(\overline{I_x})_P = \frac{1}{4}\pi(r_o^{\,4} - r_i^{\,4}) = 3.29(10^9)\ \text{mm}^4$$

부록 3에 제시된 원단면과 원환단면의 관성모멘트를 구하는 식을 이용한다.

예제 8.8

예제 8.7에서의 원환단면과 동일한 관성모멘트를 갖는 원단면의 반지름을 구하고, 단면적의 크기를 비교하여라.

• 원

$$(\overline{I_x})_C = \frac{1}{4}\pi r^4 = 3.29(10^9)\ \text{mm}^4$$

$$r^4 = \frac{4}{\pi}3.29(10^9)\ \text{mm}^4$$

$$r = 254\ \text{mm}$$

$$\frac{A_{(\text{원환단면})}}{A_{(\text{원단면})}} = \frac{(r_o^{\,2} - r_i^{\,2})}{r^2} = \frac{300^2 - 250^2}{254^2} = 42.5\%$$

부록 3을 이용하여 원단면과 원환단면의 관성모멘트를 구한다.

생각하기!!

예제 8.8의 결과를 보면 동일한 관성모멘트를 얻기 위해 원환단면으로는 원단면에 비해 42.5%의 재료만을 필요로 하는 것을 알 수 있다.

관성모멘트는 단면의 휨에 대한 저항능력을 좌우하는 기하학적 특성치로, 휨이 작용하는 경우, 원환단면이 원단면에 비해 우수한 경제성을 갖고 있음을 알 수 있다. 자세한 것은 재료역학에서 배우게 된다.

8.5 극관성모멘트(Polar Moment of Inertia)

극관성모멘트란 단면의 기하학적 특성 중 하나로, 축까지 거리의 자승과 면적의 곱으로 구한다. 극관성모멘트를 나타내는 기호는 J이며, 극관성모멘트를 구하고자 하는 단면이 $x-y$ 평면에 있을 때, 회전축이 z-축임으로 J_z라고도 쓴다.

8.5.1 극관성모멘트 산정 공식

그림 8.4에서 미소면적 ΔA의 원점 O에 대한 극관성모멘트 ΔJ는 원점까지의 거리인 r의 자승과 ΔA의 곱인 $r^2 \Delta A$이다.

$$\Delta J_o = r^2 \Delta A \quad (8-11)$$

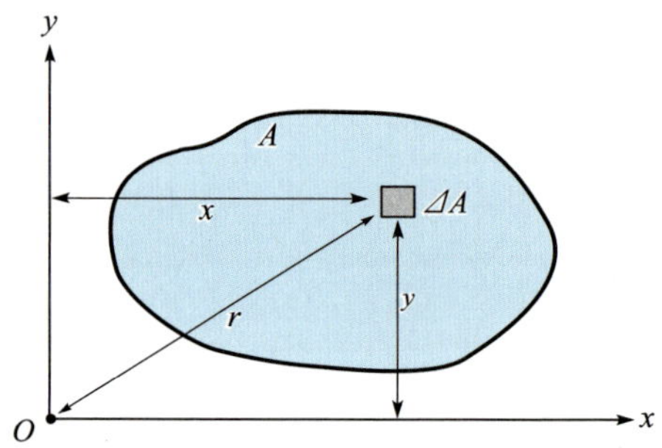

그림 8.4

전체 면적의 극관성모멘트 J_o는 전체 면적을 이루고 있는 미소면적 ΔA의 극관성모멘트의 합이다.

$$J_o = \Sigma \Delta J_o \quad (8-12)$$

식 (8-12)에 식 (8-11)을 대입하면 전체 면적의 극관성모멘트를 나타내는 식인 식 (8-13)이 유도된다.

$$J_o = \Sigma r^2 \Delta A \quad (8-13)$$

식 (8-13)을 적분기호로 나타내면 식 (8-14)가 된다.

극관성모멘트

$$J_z = \int_A r^2 dA \tag{8-14}$$

8.5.2 극관성모멘트의 단위

단면2차모멘트와 같이 극관성모멘트도 면적과 거리의 자승의 곱으로 구해짐으로, 극관성모멘트의 단위는 길이의 4승이 된다.

8.5.3 극관성모멘트와 단면2차모멘트의 관계

그림 8.4를 보면 원점 O로부터 미소면적까지의 거리 r은 미소면적의 x-좌표와 y-좌표에 의해 $x^2 + y^2$으로 쓸 수 있으므로, 식 (8-14)는 식 (8-15)로 바꾸어진다.

$$J_z = \int r^2 dA = \int (x^2 + y^2) dA = \int x^2 dA + \int y^2 dA \tag{8-15}$$

그러므로 단면2차모멘트의 정의에 따라, 극관성모멘트는 단면2차모멘트와 식 (8-16)의 관계를 갖는 것을 알 수 있다.

극관성모멘트와 단면2차모멘트의 관계

$$J_z = I_x + I_y \tag{8-16}$$

즉, 극관성모멘트는 원점을 통과하는 두 좌표축에 대한 단면2차모멘트의 합과 같다.

8.6 회전반지름(Radius of Gyration)

한 단면의 회전반지름은 그 단면과 동일한 크기의 면적을 갖는 얇고 긴 단면이 동일 축에 대해 같은 크기의 단면2차모멘트를 가질 때, 그 얇고 긴 단면이 축으로부터 떨어진 거리를 말한다.

8.6.1 회전반지름의 역학적 의미

그림 8.5(b)는 x축에 대해, 그림 8.5(a)의 단면과 동일한 관성모멘트를 가지고 있

는 무한길이의 긴 단면으로, 이 단면은 x축으로부터 일정거리 k_x를 두고 x축과 평행한 띠 모양의 단면이다. 이 거리 k_x를 그림 8.5(a) 단면의 x축에 대한 회전반지름이라 한다.

그림 8.5(b)의 단면을 x-축 주위로 회전 시킬 때, 그 얇고 긴 단면이 x-축으로부터 멀리 있으면 멀리 있을수록 회전시키기가 더 힘들다는 것을 우리는 경험에 의해 짐작할 수가 있다. 따라서 동일한 관성모멘트를 가지고 있더라도, 회전반경이 큰 단면은 회전에 대해 더 큰 저항력을 갖고 있음을 알 수 있다.

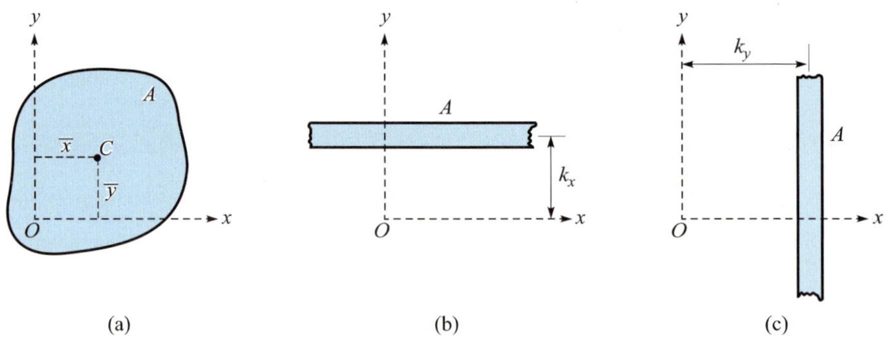

그림 8.5

그림 8.5(c)는 y축에 대해, 그림 8.5(a)의 단면과 동일한 관성모멘트를 가지고 있는 무한길이의 단면으로, 이 단면은 y축으로부터 일정거리 k_y를 두고 y축과 평행한 띠 모양의 단면이다. 이 거리 k_y를 그림 8.5(a) 단면의 y축에 대한 회전반지름이라 한다.

8.6.2 회전반지름의 계산법

x-축에 대한 단면 A의 회전반지름은 단면 A의 x-축에 대한 단면2차모멘트 I_x를 단면적 A로 나눈 값의 자승근이다.

x - 축에 대한 회전반지름

$$k_x = \sqrt{I_x/A} \tag{8-17a}$$

y - 축에 대한 회전반지름

$$k_y = \sqrt{I_y/A} \tag{8-17b}$$

8.6.3 회전반지름의 단위

회전반지름의 단위는 길이의 1승으로, cm, m, in 등이다.

1) 회전반지름 산정 공식 (8−17a)와 (8−17b)의 유도

그림 8.5(b)에 나타낸 띠모양의 면적의 길이는 무한으로, 두께는 0으로 가정할 수 있다. 따라서 자신의 도심축에 대한 관성모멘트는 0이므로, 도심축과 평행한 축인 x축에 대한 관성모멘트는 평행축 정리에 의해 면적과 거리의 자승의 곱인

$$I_x = k_x{}^2 A \quad ①$$

이 된다. 띠모양 단면의 관성모멘트가 그림 8.5(a)의 면적 A의 관성모멘트와 같다고 했음으로, 면적 A의 회전반지름은 면적 A의 관성모멘트 I_x를 구해, 면적 A로 나눠 얻어지는 값의 자승근이 된다. 따라서 식 ①을 k_x로 나타내면 식 (8−17a)가 된다.

그림 8.5(c)의 경우, 띠모양 면적의 y축에 대한 관성모멘트는 식 ②가 되며

$$I_y = k_y{}^2 A \quad ②$$

식 ②를 k_y로 나타내어 식 (8−17b)를 얻는다.

예제 8.9

극관성모멘트의 정의를 이용하여 반지름이 r_0인 원의 극관성모멘트와 회전반경을 구하여라.

미소면적을 띠모양으로 하였다.

- 극관성모멘트

$$dA = (2\pi r)dr$$

$$J = \int_A r^2 dA = \int_A r^2(2\pi r)dr = 2\pi\int_0^{r_0} r^3 dr$$

$$= \left[2\pi\frac{1}{4}r^4\right]_0^{r_0} = \frac{\pi r_0^4}{2}$$

- 회전반경

$$k_x = \sqrt{\frac{I_x}{A}} = \sqrt{\frac{1}{4}\pi r_0{}^4 \frac{1}{\pi r_0{}^2}} = \frac{r_0}{2} = k_y$$

원이므로 I_x와 I_y는 동일하다. 그러므로 I_x와 I_y는 모두 극관성모멘트의 반이 된다.

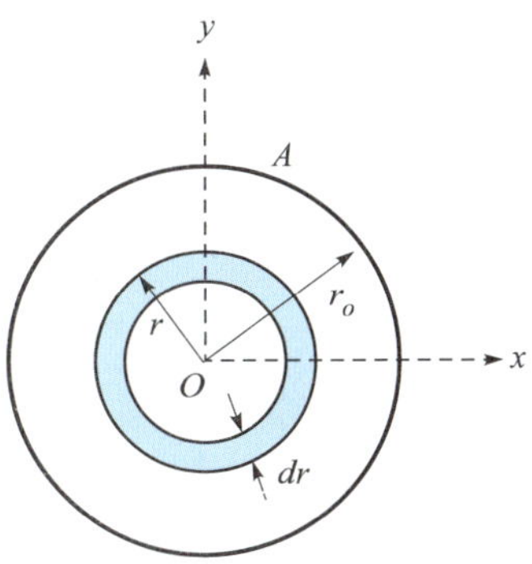

그림 예 8.9

예제 8.10

그림 예 8.10에 나타낸 원환의 극관성모멘트와 회전반경을 구하시오.

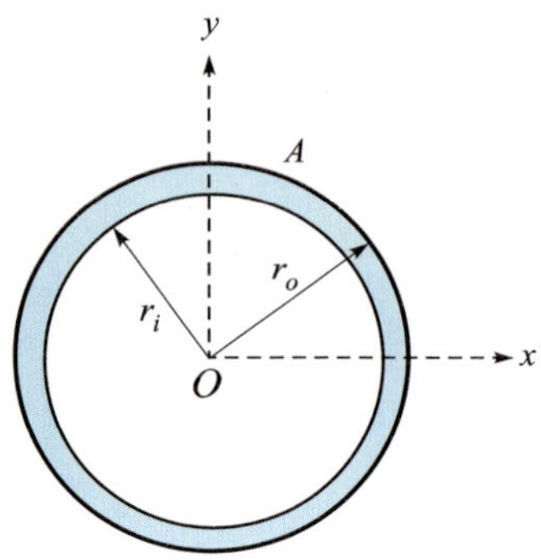

그림 예 8.10

원환의 외경은 r_o, 내경은 r_i이며 미소면적 dA까지의 거리는 r이다.

미소면적은 예제 8.9와 같이 띠모양이다.

1) 극관성모멘트의 정의에 의한 풀이

$dA=(2\pi r)dr$

극관성모멘트의 정의는 원점까지의 거리의 자승과 면적의 곱으로, 원환을 미소원환으로 나누어 미소원환의 극관성모멘트를 전체 원환에 대해 적분하여 구할 수 있다.

$$J=\int_A r^2 dA=\int_{r_i}^{r_o} r^2(2\pi r)dr=2\pi\frac{1}{4}(r_o^4-r_i^4)$$

원에서와 k같이 원환에서도 I_x와 I_y는 동일하다. 그러므로 I_x와 I_y는 모두 극관성모멘트의 반이 됨을 알 수 있다

$$k_x=\sqrt{\frac{I_x}{A}}=\sqrt{\frac{\pi}{4}({r_o}^4-{r_i}^4)\,\frac{1}{\pi}\,\frac{1}{({r_o}^2-{r_i}^2)}}$$

$$=\frac{1}{2}\sqrt{{r_o}^2+{r_i}^2}$$

$$=k_y$$

회전반지름은 정의에 따라 관성모멘트를 면적으로 나눈 값의 자승근이다.

2) 관성모멘트와 극관성모멘트의 관계에 의한 풀이

$$I_x=I_y=\frac{1}{4}\pi({r_o}^4-{r_i}^4)$$

$$J=I_x+I_y=\frac{\pi}{2}({r_o}^4-{r_i}^4)$$

회전반경은 풀이 1)과 동일하다.

원에서는 x축과 y축에 대한 관성모멘트는 동일하며, 원환의 관성 모멘트 $\frac{1}{4}\pi({r_o}^4-{r_i}^4)$는 반지름이 r_o인 원의 관성모멘트에서 빈 공간인 원환 내부면적의 관성모멘트를 뺀 것임을 알 수 있다.

예제 8.11

그림 예 8.11의 반지름 $r = 50\text{mm}$인 반원형 단면의 O점에 대한 극관성모멘트와 x 및 y 축에 대한 회전반경을 구하여라. $b = r/2$이다.

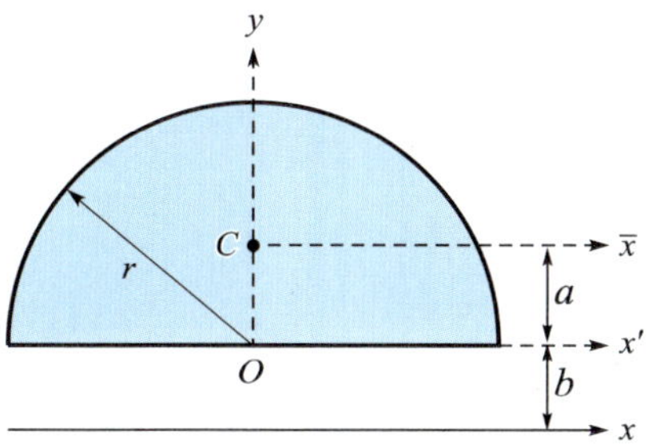

그림 예 8.11

- x'축에 대한 관성모멘트

$$I_{x'} = \frac{1}{2}\overline{I_{원}} = \frac{1}{8}\pi r^4$$

반원에서 원의 중심 O점을 통과하는 축에 대한 관성모멘트는 원의 관성모멘트의 1/2이다.

- 도심축인 $\overline{x}$축에 대한 관성모멘트

$$I_{x'} = \overline{I_x} + Aa^2$$

평행축 정리를 이용한다.

$$\overline{I_x} = I_{x'} - Aa^2 = \frac{1}{8}\pi r^4 - \frac{1}{2}\pi r^2\left(\frac{4}{3}\frac{r}{\pi}\right)^2 = 6.86(10^5)\ \text{mm}^4$$

거리 a는 부록 2에서 얻는다.

- x축에 대한 관성모멘트

$$I_x = \overline{I_x} + A(a+b)^2 = \overline{I_x} + \frac{1}{2}\pi r^2\left(\frac{4}{3}\frac{r}{\pi} + \frac{r}{2}\right)^2 = 9.08(10^6)\ \text{mm}^4$$

- y축에 대한 관성모멘트

$$I_y = (1/8)\pi r^4 = 2.45(10^6)\ \text{mm}^4$$

- O점에 대한 극관성모멘트

$$J_o = I_x + I_y = 1.15(10^7)\ \text{mm}^4$$

- x축에 대한 회전반지름

$$k_x = \sqrt{\frac{I_x}{A}} = 48\ \text{mm}$$

그림 예 8.11과 같이 위치하는 반원의 y축에 대한 관성모멘트는, 원의 관성모멘트의 1/2임을 알 수 있다.

- y축에 대한 회전반지름

$$k_y = \sqrt{\frac{I_y}{A}} = 25\ \text{mm}$$

생각하기!!

x축과 y축에 대한 회전반지름은 각각 48 mm와 25 mm로, y축 주위로 회전시키기보다 x축 주위로 회전시키기 위해 더 큰 힘이 필요한 것을 알 수 있다.

예제 8.12

그림 예 8.12에 나타낸 사분원의 도심축 및 x, y축에 대한 관성모멘트와 극관성모멘트 및 회전반경을 구하여라. $r=50$ mm이다.

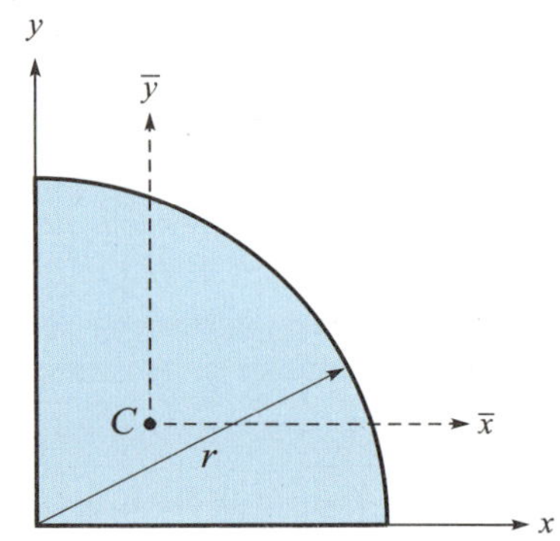

그림 예 8.12

- 사분원의 면적

$$A=\frac{1}{4}\pi r^2=1963\ \text{mm}^2$$

- 사분원의 도심축 $\bar{x}$와 $\bar{y}$축에 대한

부록 3을 이용한다.

(a) 관성모멘트

$$\overline{I_x}=\overline{I_y}=0.0549r^4=343125\ \text{mm}^4$$

(b) 극관성모멘트

$$\overline{J}=\overline{I_x}+\overline{I_y}=0.1098r^4=686250\ \text{mm}^4$$

(c) 회전반경

$$\overline{k_x}=\sqrt{\frac{\overline{I_x}}{A}}=\sqrt{\frac{0.0549r^4}{(1/4)\pi r^2}}=\sqrt{\frac{0.2196}{\pi}}r=0.26r=13\ \text{mm}$$

- 사분원의 경계를 지나는 x축과 y축에 대한

(a) 관성모멘트

$$I_x=I_y=\frac{1}{16}\pi r^4=1227185\ \text{mm}^4$$

(b) 극관성모멘트

$$J = I_x + I_y = \frac{1}{8}\pi r^4 = 2454369\ \text{mm}^4$$

(c) 회전반경

$$k_x = \sqrt{\frac{I_x}{A}} = \sqrt{\frac{\pi r^4}{16}\frac{4}{\pi r^2}} = \frac{1}{2}r = 25\ \text{mm}$$

생각하기!!

1/4원의 도심축에 대한 회전반지름은 $0.26r$이며, 경계를 지나는 축에 대한 회전반지름은 $0.5r$이다. 이것은 1/4원의 경계를 지나는 축의 주위로 회전 시키는 것이 도심축 주위로 회전시키는 것보다 더 큰 힘을 필요로 하는 것을 의미한다.

8.7 합성면적의 관성모멘트

합성면적(composite area)이란 반원, 직사각형, 삼각형과 같은 단순한 기본도형들의 조합으로 이루어진 면적을 말한다. 이러한 단순한 도형들의 기하학적 성질이 부록 2와 부록 3에 나타나 있다.

임의 축에 대한 면적의 관성모멘트는 관성모멘트의 정의에 따라, 단면을 이루고 있는 기본도형 모양의 부분단면들의 관성모멘트의 합으로 구할 수 있다. 구하고자 하는 축을 x축이라 할 때, 이것을 식으로 쓰면 식 (8-18)과 같다.

$$I_x = \Sigma(\overline{I_x} + A y^2) \qquad (8\text{-}18a)$$

식 (8-18a)의 y는 관성모멘트를 구하는 축인 x축으로부터 부분단면들의 도심까지의 거리이며, $\overline{I_x}$는 부분단면의 도심축에 대한 관성모멘트이다.

구하고자 하는 축이 y축인 경우, 전체 단면의 관성모멘트는 식 (8-18b)와 같이 쓸 수 있다.

$$I_y = \Sigma(\overline{I_y} + A x^2) \qquad (8\text{-}18b)$$

8.7.1 합성단면의 도심에 대한 관성모멘트

합성단면의 도심에 대한 관성모멘트를 구하기 위해서는 합성단면의 도심을 먼저 구하여야 한다.

$$\overline{I_x} = \Sigma[\overline{I} + A(\overline{y} - y)^2] \tag{8-19a}$$

여기서, $\overline{I_x}$는 합성단면 전체의 도심의 y좌표인 $\overline{y}$에 대한 관성모멘트이고, $\overline{I}$는 각 기본도형의 자체 도심의 y좌표에 대한 관성모멘트이며, $(\overline{y} - y)$는 전체 합성단면의 도심의 y좌표와 각 기본도형의 도심의 y좌표의 차이다.

합성단면 전체의 도심축 x에 대한 관성모멘트는 y축에 대한 경우와 유사하게 유도된 식 (8.19b)로 구한다.

$$\overline{I_y} = \Sigma[I + A(\overline{x} - x)^2] \tag{8-19b}$$

8.7.2 합성면적의 도심축에 대한 관성모멘트 산정 단계

앞에서 문장으로 설명된 합성면적의 도심축에 대한 관성모멘트를 구하는 방법을 단계별로 정리하여 표 8.1에 나타내었다.

표 8.1

(1)	(2)	(3)	(4)	(5)	(6)	(7)
	A	y	$A \cdot y$	$\overline{y} - y$	$A \cdot (\overline{y} - y)^2$	I
A_1						
A_2						
⋮	⋮	⋮	⋮	⋮	⋮	⋮
	Σ		Σ		Σ	Σ

• 단계 1

전체 단면을 기본도형의 형태인 부분단면으로 나눈다[표 8.1 (1)].

• 단계 2

전체 단면의 도심을 구한다.

① 부분 단면의 면적을 구한다[표 8.1 (2)].

② 기준이 되는 축을 정하고, 이 축으로부터 각 부분단면의 도심까지의 거리를 구한다[표 8.1 (3)].

③ 각 부분단면 면적과 기준축까지의 거리의 곱을 구한다[표 8.1 (4)].

④ (4)열의 합을 (2)열의 합으로 나누어 전체 단면의 도심을 구한다.

$$\bar{y} = \frac{\sum A \cdot y}{\sum A}$$

• 단계 3

도심축에 대한 부분단면들의 관성모멘트를 구한다.

① 단계 2에서 구한 전체 단면의 도심으로부터 각 부분단면의 도심까지의 거리를 빼, 전체 단면의 도심에서 각 부분단면의 도심까지의 거리를 구한다[표 8.1 (5)].

② 축의 평행이동으로 관성모멘트가 증가하는 크기인 $A \cdot (\bar{y} - y)^2$를 구한다[표 8.1 (6)].

③ 각 부분단면들의 자체 도심축에 대한 관성모멘트를 구한다[표 8.1 (7)].

• 단계 4

부분단면들의 관성모멘트를 합하여 전체 단면의 관성모멘트를 구한다.

$$\sum \left[I + A(\bar{y} - y)^2 \right] = \sum (7) + \sum (6)$$

예제 8.13

그림 예 8.13(1)에 나타낸 단면의 수평도심축에 대한 관성모멘트를 구하시오.

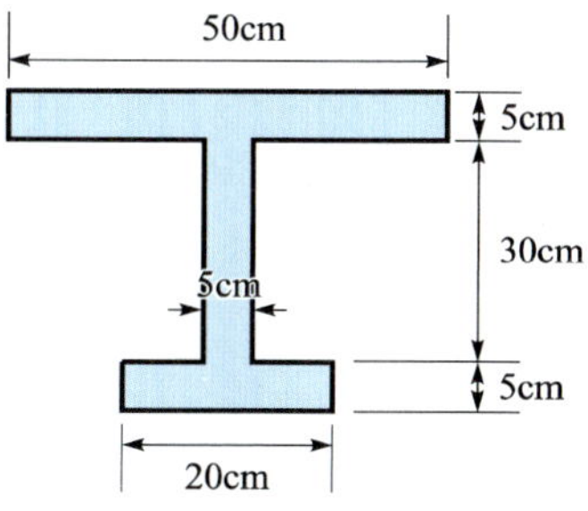

그림 예 8.13(1)

단면을 A_1, A_2, A_3 세 개의 직사각형 부분단면으로 분할하였다.

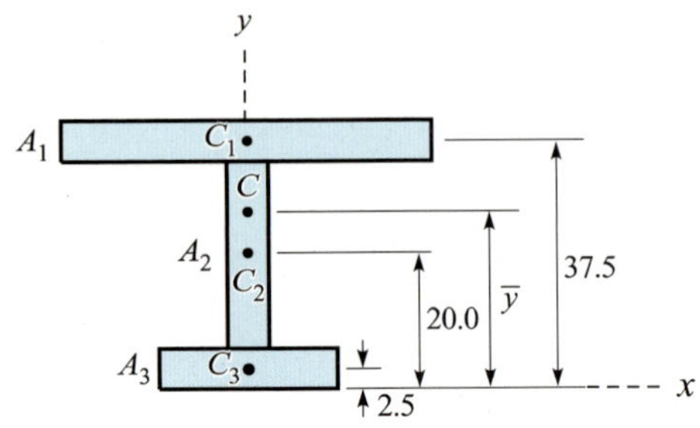

그림 예 8.13(2)

(1)	(2)	(3)	(4)	(5)	(6)	(7)
요소면적	A	y	$A \cdot y$	$\overline{y}-y$	$A \cdot (\overline{y}-y)^2$	I
A_1	250	37.5	9375	−12.3	37516	521
A_2	150	20.0	3000	5.3	4134	11250
A_3	100	2.5	250	22.8	51756	208
Σ	500		12625		93406	11979

- 도심 산정

$$\overline{y} = \Sigma Ay/\Sigma A = \Sigma(4)/\Sigma(2) = 25.3 \text{ cm}$$

- 관성모멘트 산정

$$\overline{I_x} = \Sigma I + \Sigma A(\overline{y}-y)^2 = \Sigma(7) + \Sigma(6) = 105385 \text{ cm}^4$$

예제 8.14

예제 8.13의 단면을 그림 예 8.14와 같이 분할하여 관성모멘트를 구하시오.

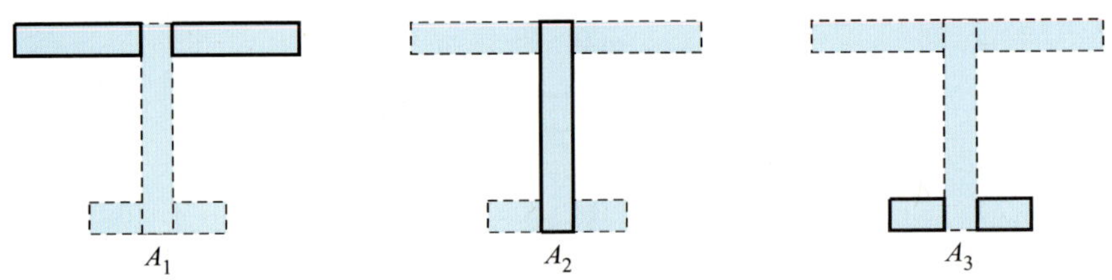

그림 예 8.14

(1)	(2)	(3)	(4)	(5)	(6)	(7)
	A	y	$A \cdot y$	$\bar{y}-y$	$A \cdot (\bar{y}-y)^2$	I_{xi}
A_1	225	37.5	8,438	−12.3	33,764	469
A_2	200	20.0	4,000	5.3	5,513	26,667
A_3	75	2.5	188	22.8	38,817	156
Σ	500		12,625		78,094	27,292

- 도심 산정

$\bar{y} = \Sigma Ay / \Sigma A = \Sigma(4)/\Sigma(2) = 20.13 \text{ cm}$

- 관성모멘트 산정

$\bar{I_x} = \Sigma I + \Sigma A(\bar{y}-y)^2 = \Sigma(7) + \Sigma(6) = 105385 \text{ cm}^4$

예제 8.13에서의 답인 121.8 IN ^{4}과의 차이는 계산 오차이다.

생각하기!!

관성모멘트의 정의식인 식 (8−7a)을 보면 각 부분면적들의 y좌표가 같은 경우, y^2을 적분기호 앞으로 뽑아내어 아래의 식 ①과 같이 쓸 수 있음을 알 수 있다.

$$I_x = y^2 \int_A dA \qquad ①$$

예제 8.15

그림 예 8.15(1) 단면의 (a) 수평도심축 및 (b) x축에 대한 관성모멘트를 구하시오.

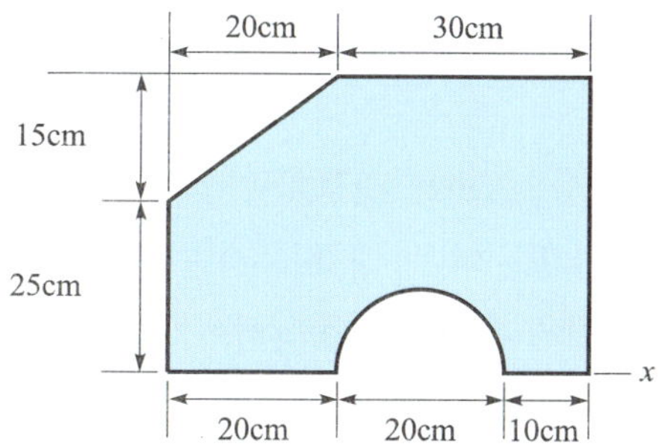

그림 예 8.15(1)

빠지는 부분의 면적과 관성모멘트는 - 값으로 한다.

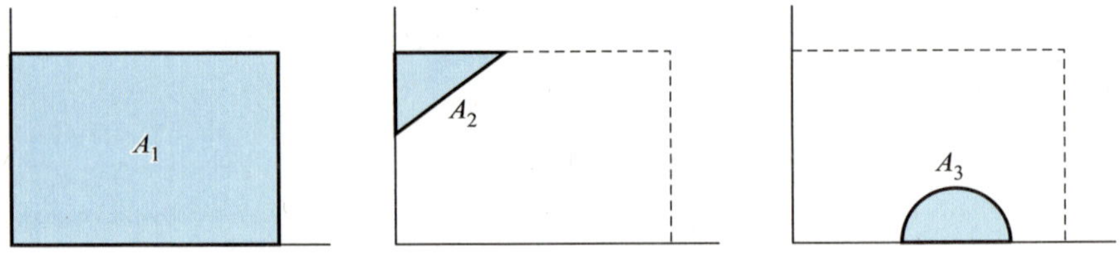

그림 예 8.15(2)

(1)	(2)	(3)	(4)	(5)	(6)	(7)	(8)
	A	y	$A \cdot y$	$\bar{y}-y$	Ay^2	$A\cdot(\bar{y}-y)^2$	$\bar{I}$
A_1	2,000	20	40,000	0.13	800,000	35	266,667
A_2	−150	35	−5,250	−14.87	−183,750	−33,155	−1,875
A_3	−157	4	−667	15.89	−2,829	−39,655	−1,098
Σ	1,693		34,083		613,421	−72,774	263,694

x축에 대한 관성모멘트는 (8)+(6) 또는 $\bar{I_x} + A \cdot \bar{y}^2$ 으로도 동일한 값을 얻음을 확인하고 그 이유를 이해하시오.

- 도심 산정

  $\bar{y} = \Sigma Ay/\Sigma A = \Sigma(4)/\Sigma(2) = 20.13$ cm
- 도심축에 대한 관성모멘트

  $\bar{I_x} = \Sigma I + \Sigma A(\bar{y}-y)^2 = \Sigma(8) + \Sigma(7) = 190919$ cm^4
- x축에 대한 관성모멘트

  $I_x = \bar{I_x} + \Sigma Ay^2 = \Sigma(8) + \Sigma(7) + \Sigma(6) = 877114$ cm^4

8.8 조립단면의 관성모멘트

구조용 강재는 일반적으로 압연형강(rolled section)과 조립형강(built−up section)으로 구분된다.

압연형강은 공장에서 압연에 의해 생산된 단면이다.

압연형강으로는 받기 어려운 더 큰 하중을 지지하기 위해서는 압연형강에 강판 또는 다른 압연형강을 용접이나 볼트로 접합하여 보강시키거나 또는 강판을 용접하여 압연형강의 형태로 만들기도 한다. 이것을 조립형강이라 한다(그림 8.6).

조립단면의 관성모멘트는 합성단면의 경우와 같이 구한다.

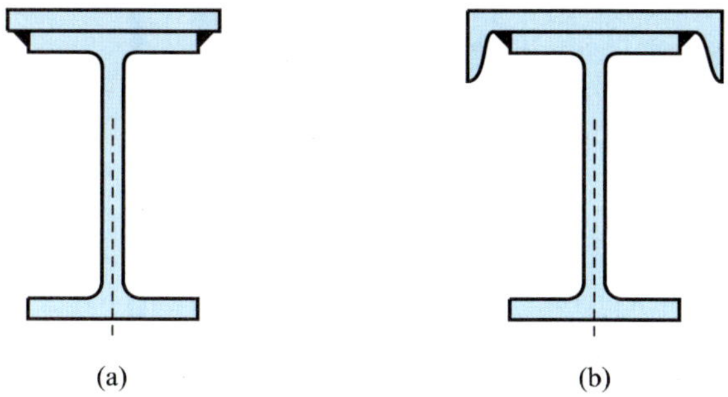

그림 8.6

8.8.1 조립단면의 도심축에 대한 관성모멘트 산정 단계

조립면적의 도심축에 대한 관성모멘트를 구하는 방법은 개념적으로 합성면적에서의 방법과 동일하다. 그러나 정확한 이해를 위해 다시 표 8.2에 나타내었다.

표 8.2

(1)	(2)	(3)	(4)	(5)	(6)	(7)
부분	A	y	$A \cdot y$	$\bar{y}-y$	$A \cdot (\bar{y}-y)^2$	I
A_1						
A_2						
:	:	:	:	:	:	:
	Σ		Σ		Σ	Σ

• 단계 1

전체 단면을 압연형강 또는 강판 등의 부분단면으로 나눈다[표 8.2 (1)].

• 단계 2

전체 단면의 도심을 구한다.

① 부분 단면의 면적을 구한다[표 8.2 (2)].

② 기준이 되는 축을 정하고, 이 축으로부터 각 부분단면의 도심까지의 거리를 구한다[표 8.2 (3)].

③ 각 부분단면 면적과 기준축까지의 거리의 곱을 구한다[표 8-2 (4)].

④ (4)열의 합을 (2)열의 합으로 나누어 전체 단면의 도심을 구한다.

$$\overline{y} = \frac{\sum A \cdot y}{\sum A}$$

• 단계 3

도심축에 대한 부분단면들의 관성모멘트를 구한다.

① 단계 2에서 구한 전체 단면의 도심으로부터 각 부분단면의 도심까지의 거리를 빼, 전체 단면의 도심에서 각 부분단면의 도심까지의 거리를 구한다[표 8-2 (5)].

② 축의 평행이동으로 관성모멘트가 증가하는 크기인 $A \cdot (\overline{y} - y)^2$를 구한다[표 8-2 (6)].

③ 각 부분단면들의 자체 도심축에 대한 관성모멘트를 구한다[표 8.2 (7)].

• 단계 4

부분단면들의 관성모멘트를 합하여 전체 단면의 관성모멘트를 구한다.

$$\sum \left[I + A(\overline{y} - y)^2 \right] = \sum(7) + \sum(6)$$

8.8.2 구조용 압연강재의 표기법

구조용 강재는 압연에 의해 공장에서 생산되거나, 큰 단면이 필요한 경우 여러 형상의 강재를 용접하여 사용하기도 한다.

구조용 압연강재의 단면 표기 방법은 아래와 같다.

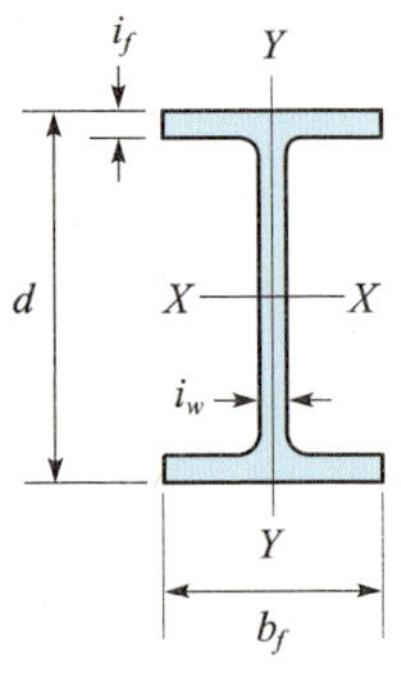

그림 8.7(a)

1) W-형강

예 : W21×83(U.S 단위)

플랜지 폭이 넓은 강재로 공칭높이 d가 21 in 이고, 단위 길이당 무게가 83 lb/ft 이다.

예 : W530×1.21(S.I 단위)

플랜지 폭이 넓은 강재로 공칭높이 d가 530 mm 이고, 단위 무게가 1.21 kN/m 이다.

2) I–형강(예 : S20×75)

미국표준 I–형강 보로 높이가 20 in (d)이고, 무게가 75 lb/ ft 이다.

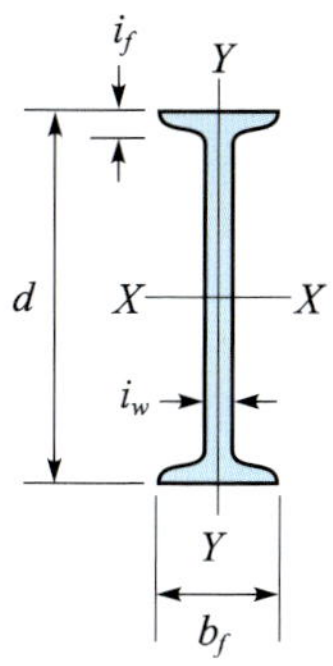

그림 8.7(b)

3) C–형강(예 : C12×30)

미국표준 채널단면으로 높이가 12 in (d)이고, 무게가 30 lb/ ft 이다.

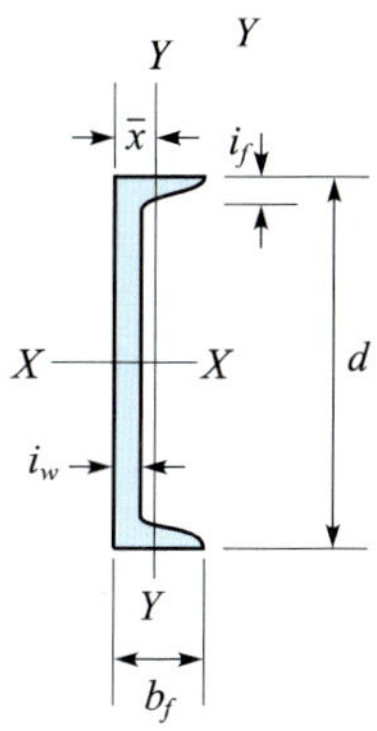

그림 8.7(c)

4) L–형강(예 : L6×6×12)

등변앵글로 변의 길이가 6 in 이고, 두께가 1/2 in 이다.

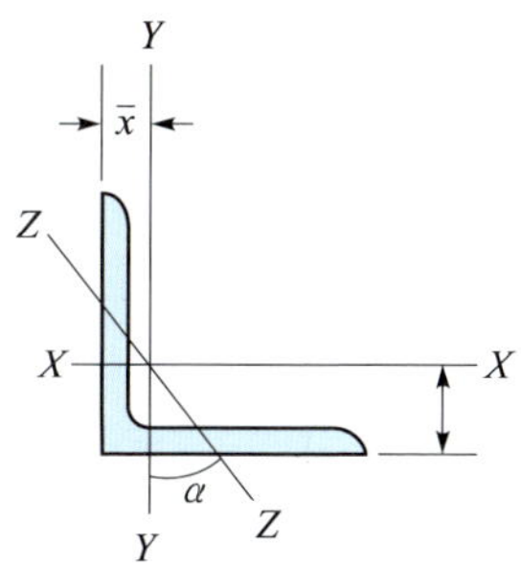

그림 8.7(d)

이러한 조립단면의 관성모멘트는 합성단면의 경우와 같이 구할 수 있다.

chapter 08 연습문제

8.1 다음 도형(빗금친 부분)의 x축에 대한 단면 1차 모멘트는?

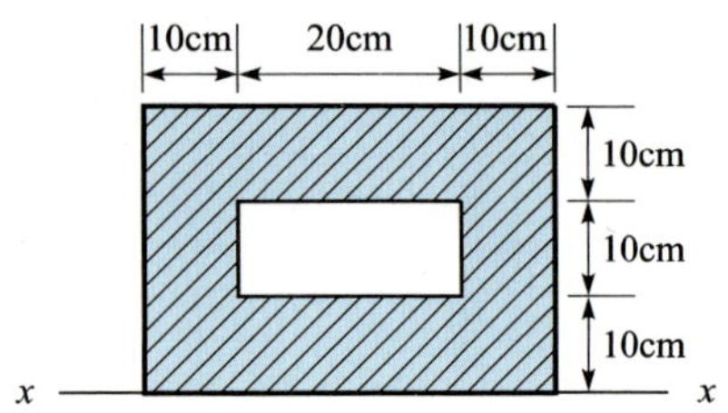

8.2 그림과 같은 반지름 r인 반원의 x축에 대한 단면 1차 모멘트는?

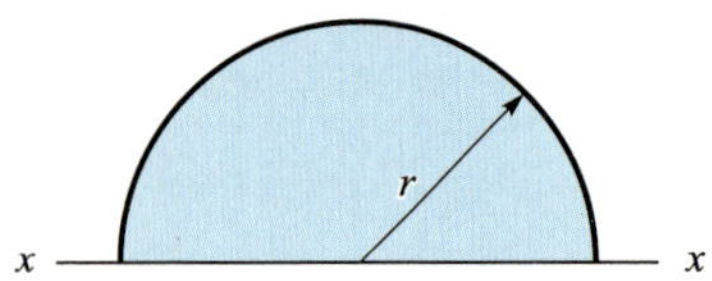

8.3 다음 그림에서 x축의 단면 2차 모멘트는?

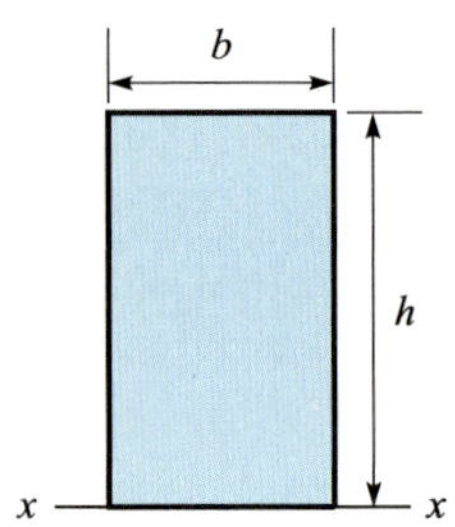

8.4 그림과 같은 정사각형 단면의 대칭축 $x-y$에 대하여 $30°$ 기울어진 $X-Y$축에 대한 단면 2차 모멘트 I_x의 값은?

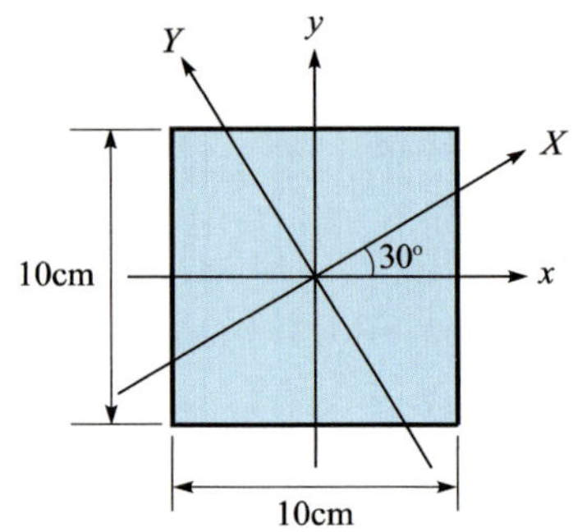

8.5 사다리꼴 단면에서 x축에 대한 단면 2차 모멘트 값은?

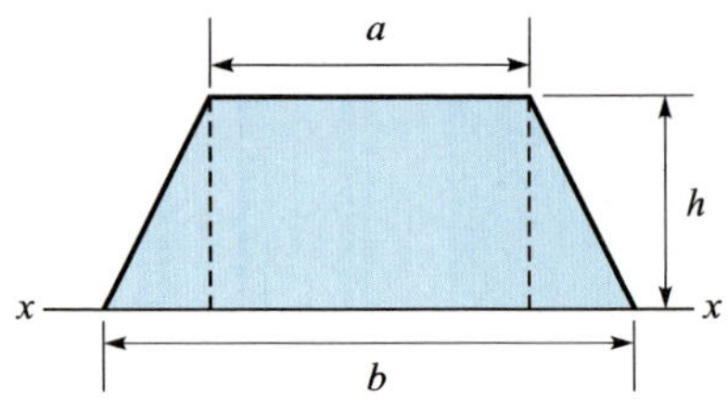

8.6 다음 단면에서 x축에 관한 단면 2차모멘트는?

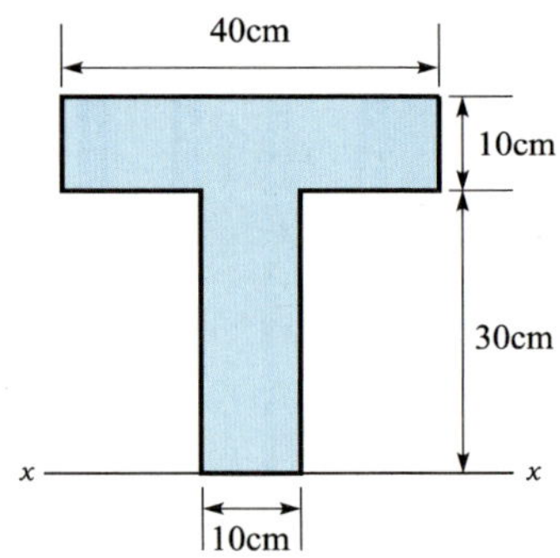

8.7 다음 단면에서 중심축에 대하여 단면 2차 모멘트 I_x는 얼마인가?

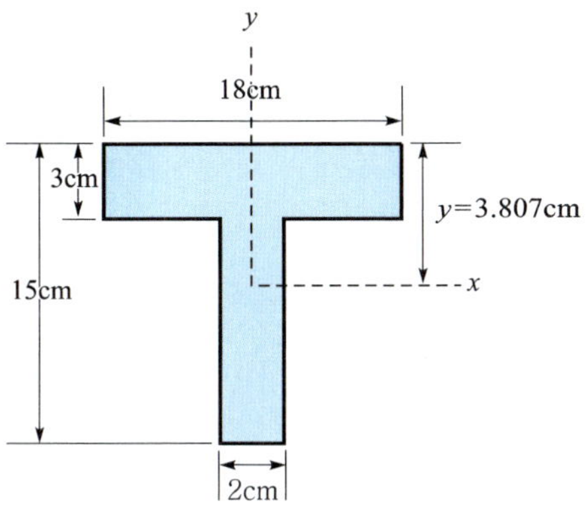

8.8 4분원의 도심을 지나는 X축에 대한 단면 2차 모멘트는?

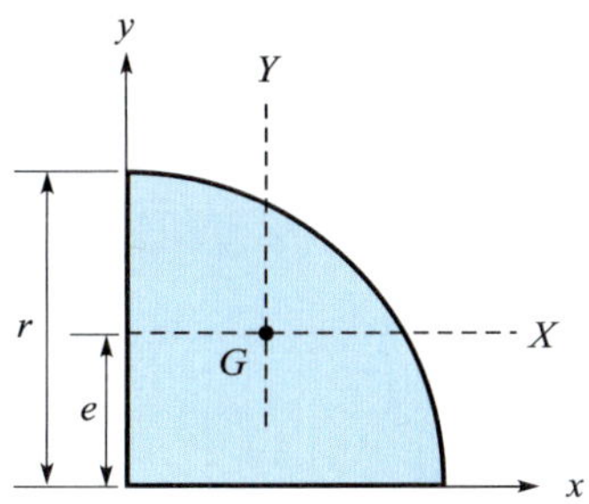

8.9 빗금친 도형의 x축에 대한 단면 2차 모멘트는?

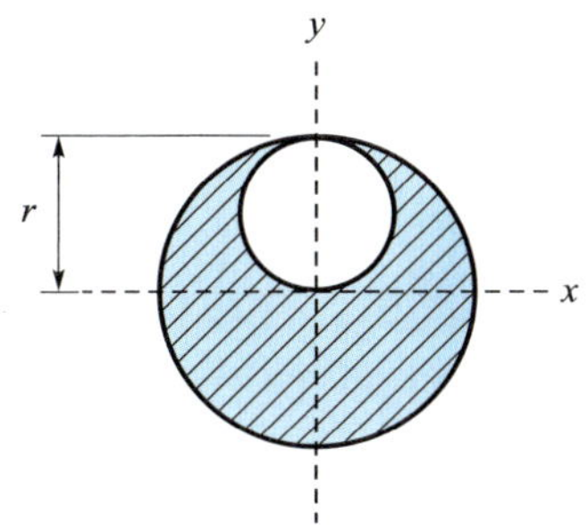

8.10 다음 직사각형 단면에서 최소 회전 반지름의 크기를 구한 값은?

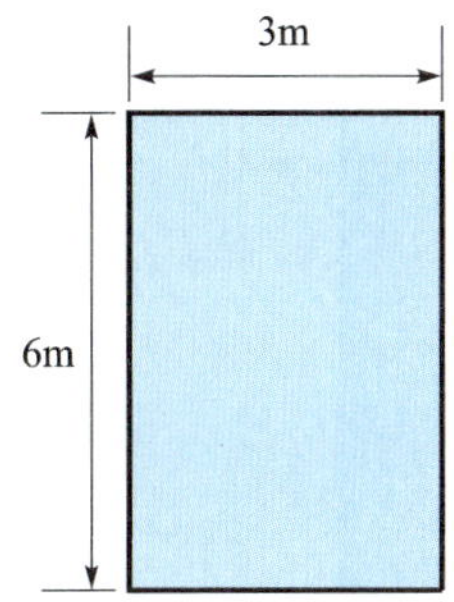

8.11 다음 그림과 같은 삼각형 단면의 단면 2차 반지름을 구한 값은?

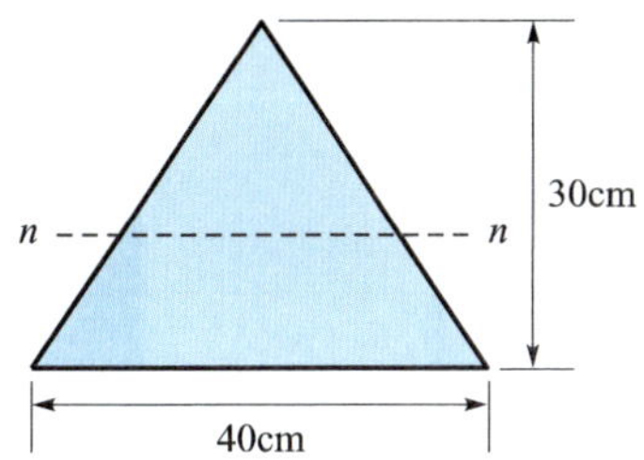

8.12 그림과 같은 직사각형 보에서 중립축에 대한 단면 계수 Z의 값은 얼마인가?

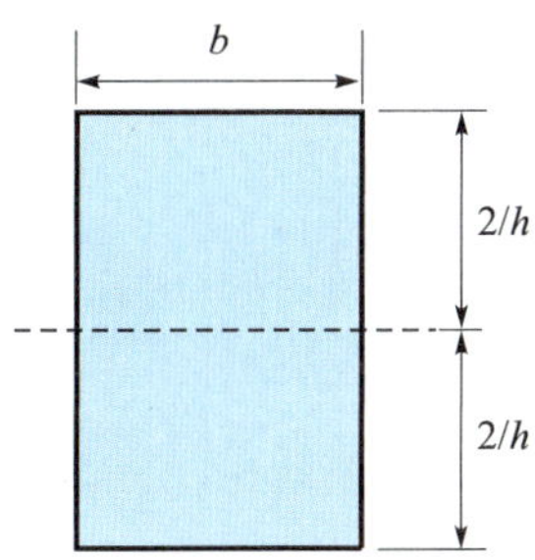

8.13 다음 그림과 같은 단면의 최대단면계수는 얼마인가?(단, 단면의 두께 t는 모두 5 cm이다.)

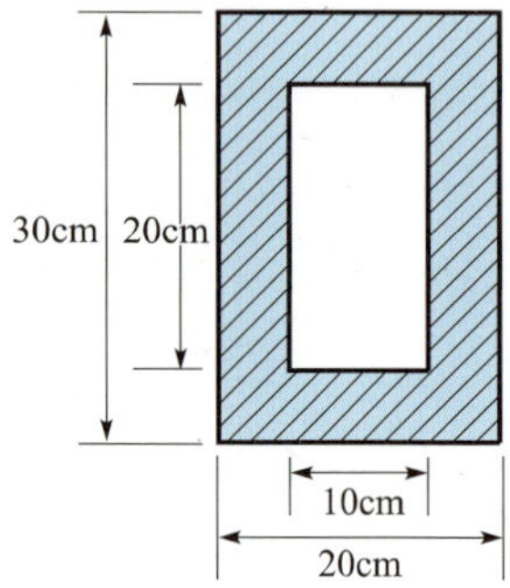

8.14 그림과 같은 원형 단면에서 최대단면계수를 갖는 직사각형 단면을 얻으려면 폭 b와 높이 h의 비를 얼마로 하면 되겠는가?

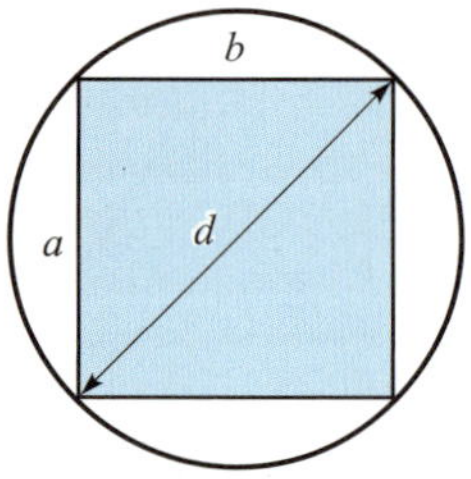

8.15 다음 그림과 같은 직사각형 단면의 도심에 대한 극관성 모멘트는? (단, $h = 2b$이다.)

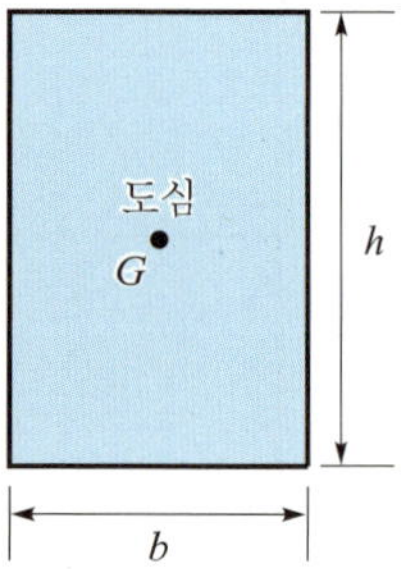

8.16 다음 그림과 같은 단면의 x, y축에 대한 단면 상승 모멘트 I_{xy}는 얼마인가?

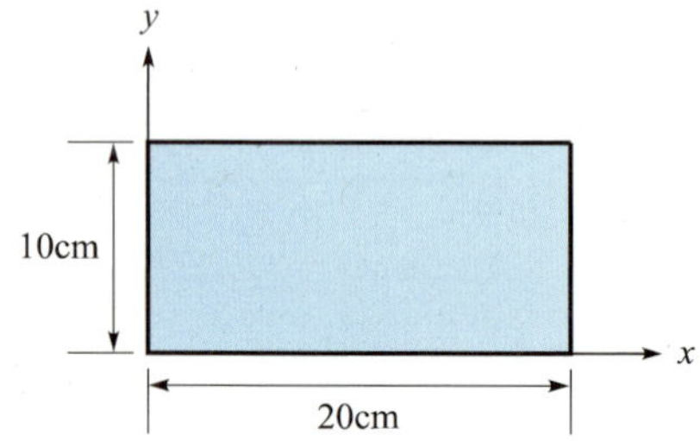

8.17 다음 그림의 도형에서 x, y축에 대한 단면 상승 모멘트는?

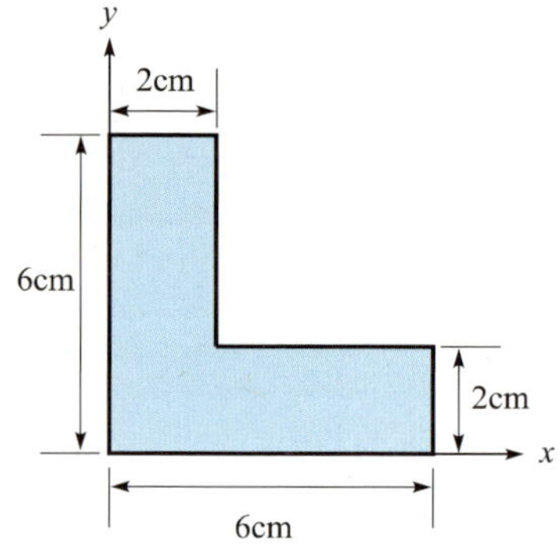

8.18 그림과 같이 길이 10 cm인 선분 AB를 y축을 중심으로 한바퀴 회전시켰을 때 생기는 표면적은?

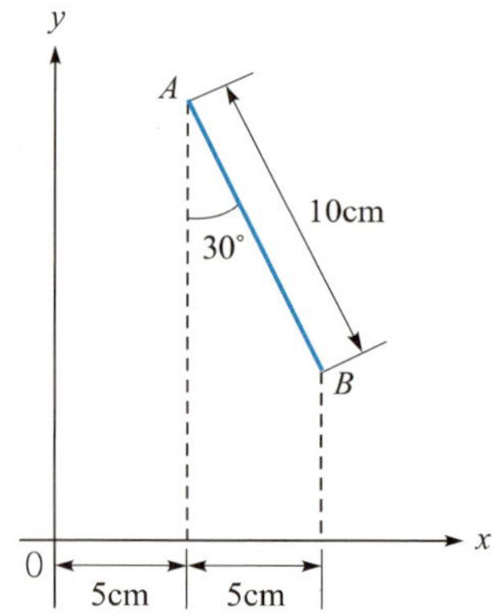

8.19 그림과 같은 삼각형에서 변 a를 회전축으로 180°회전시켰을 때의 체적을 파푸스의 정리를 이용하여 구하여라.

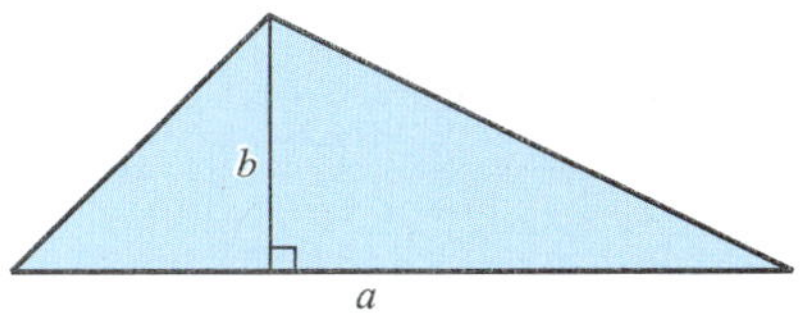

8.20 파푸스의 정리를 이용하여 다음 그림과 같은 반지름 r인 1/4원의 도심의 y좌표 y_c를 구하여라

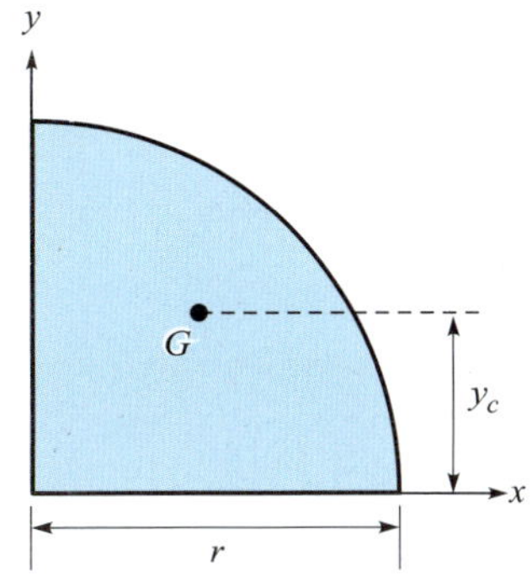

학습목표

- 마찰의 종류를 이해한다.
- 마찰이 적용되는 기계적 분야의 예를 통하여 지식을 습득한다.

CHAPTER 09

마 찰

9.1 개 요

- 마찰력은 두 물체의 접촉면 사이에 발생된 접선저항력이다.
- 마찰력은 물체의 움직임에(혹은 움직이려는) 반대 방향으로 작용한다.

접촉하고 있는 두 물체사이에는 접촉면에 수직인 방향으로만 작용 및 반작용력이 작용함을 우리는 알고 있다. 이러한 경우는 접촉부위가 매우 부드럽다는 가정에서 시작한다.

그러나 실제의 경우에는 접촉면에 평행한 방향으로의 접선력이 발생하게 되는데 이 힘을 마찰력이라 한다. 이 마찰력은 반드시 접하고 있는 두 물체가 접선방향으로 상대운동이 발생할 경우에만 존재하며 그 방향은 움직임의 반대방향으로 작용하여 저항값으로 간주된다.

어떤 경우에는 이 마찰력을 최소화하기 위해서 노력한다. 예를 들자면 베어링, 기어, 배관내부에서의 유체의 흐름, 공기를 가로지르는 비행물체에서다.

반대로 어떤 경우에는 이 마찰력을 최대화하려고 노력한다. 그 예는 자동차의 크러치, 제동장치, 벨트구동장치, 쐐기 등에서 적용한다. 일상적인 모든 시스템에서는 마찰이 항상 존재한다. 물론 그 값이 상대적으로 작은 경우와 가장 이상적인 가정을 한 경우는 무시하기도 한다.

이러한 마찰에 의한 에너지의 손실이나 전환은 열에너지로 바뀌어 비가역적으로 발산되거나 물체의 변형에너지로 전환되기도 한다.

9.2 마찰의 종류

9.2.1 건마찰(dry friction, Coulomb, 마찰)

건마찰은 접촉하고 있는 고체재료의 접촉면이 거칠거나 윤활이 불량한 상태에서 상대 미끄러짐 운동이 발생하거나 발생하려고 할 때 나타난다. 항상 움직임의 반대방향으로 발생한다.

9.2.2 유체마찰(fluid friction)

유체마찰은 유체(액체, 기체)내부의 근접한 여러 층에서 상대속도가 발생하는 경우에 발생한다. 이 문제는 유체역학 분야에서 다룰 것이다.

9.2.3 내부마찰(internal friction)

내부마찰은 고체가 반복하중을 받아서 물체내부에서 작은 입자 간에 발생하는 마찰을 말한다. 매우 탄성이 강한 재료라도 내부마찰 때문에 외력에 의한 변형 후에도 에너지의 손실이 발생하여 원상태로의 복원이 불가능하고 일정한 크기의 영구변형(소성)이 남게 된다. 물론 탄성이 약한 재료는 그 영구 변형 값이 더 클 것이다. 이 분야는 소성가공분야에서 취급하므로 여기서는 주로 건마찰에 관해서만 기술하고자 한다.

9.3 건마찰

9.3.1 마찰기구(mechanism of friction)

마찰력을 관찰하기 위해서 그림 9.1(a)와 같이 질량이 m 인 물체가 거친 표면위에 놓여있고 수평력 P가 작용하는 경우의 간단한 실험예를 생각해 보자. 이 물체에 대한 자유물체도는 그림 9.1(b)에 주어졌다. 자유물체도에서 보는 바와 같이 3개의 힘이 작용하고 있다. 즉, 무게 $W = mg$, 작용력 P 및 접촉면에서의 반력 R이다. 물체가 평형을 유지하기 위해서는 이 3개의 힘이 한 점에서 합쳐지는 상태가 된다. 그림 9.1(c)에서와 같이 반력 R은 수직성분($N = W = mg$)과 수평성분인 마찰력($F = P$)으로 나누어진다.

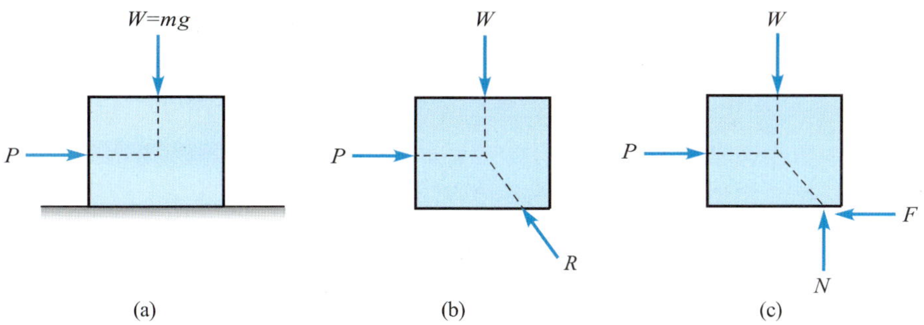

그림 9.1

P가 0인 경우에는 평형을 유지하기 위한 반력의 수평성분 F가 필요 없기 때문에 마찰력이 존재하지 않는다. 그런데, P가 점점 증가하면 그림 9.2와 같이 마찰력 F도 증가하게 되지만 무한대의 값으로 커질 수는 없다. 결국 최대값 F_{max}에 도달하게 되며 이 값을 정지마찰한계치라고 한다.

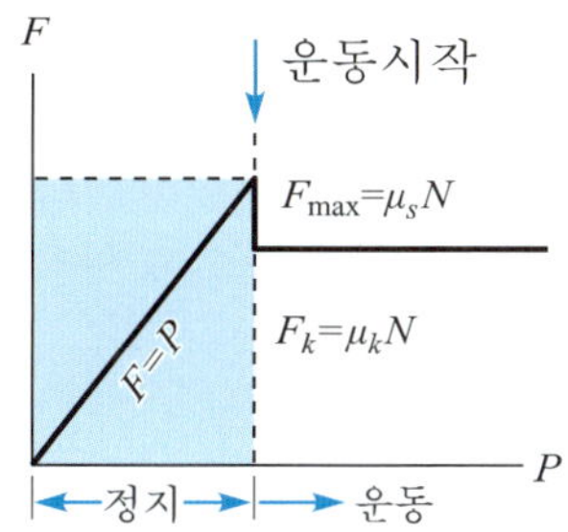

그림 9.2

이렇게 마찰력이 최대값에 도달하게 되는 조건을 운동시작조건이라고 한다. 즉, P가 F_{max}를 초과하는 값으로 증가하더라도 마찰력은 한계값을 초과하여 증가할 수가 없다. 그러므로 이 물체는 더 이상 평형을 유지하지 못하고 작용력 P에 평행한 방향으로 움직임을 시작한다. 물체가 움직이기 시작할 때, 마찰력의 크기는 20~25% 감소하게 되며 이때부터 마찰력은 거의 일정한 값을 유지하면서 물체는 속도가 증가하여 미끄러진다.

물체의 질량을 두 배로 증가시켜 실험을 해보아도 비슷한 결과를 얻게 되며 마찰력의 한계값도 2배에 이른다는 것이 관찰된다. 또한 질량은 갖지만 크기가 다른 물체를 사용해서 실험을 해도 마찰한계치는 같은 값을 갖게 된다. 그러므로 접촉 표면에서의 마찰한계치는 다음과 같이 나타낼 수 있다.

$$F_{\max} = \mu_s N$$

여기서 μ_s 는 정지마찰계수(coefficient of static friction)라고하며 접촉면에서의 재료의 형태에 관련되지만 수직력이나 접촉면적의 크기에는 거의 무관하다.

작용력 P가 점점 증가하면 마찰력도 점점 증가하여 그림 9.3과 같이 반력이 물체의 모서리에 작용하는 값으로 나타나게 되어 물체가 미끄러지기 전에 티핑(tipping)을 하게 된다. 이런 경우는 W와 N에 의한 우력보다는 P와 F에 의한 우력이 매우 클 것이다.

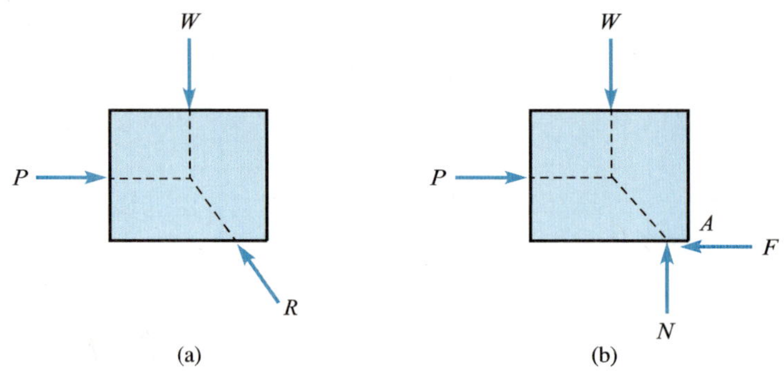

그림 9.3

μ_s 가 접촉면적과는 무관하다는 것을 이해하기 위해서는 마찰력이 어떻게 발생하게 되는지를 먼저 이해하여야 한다. 그림 9.4에서 보는 바와 같이 물체와 접촉면이 전체면적에 비하여 좁은 면적이 거칠게 접촉하고 있지만 수직반력 N은 각각의 작은 반력의 합력이고 또한 마찰력도 많은 작은 마찰력의 총합으로 표시된다. 다만 물체와 접촉면의 접촉면적을 넓히면(좀 더 고르게 가공하여) 분포되어있는 각각의 수직반력과 마찰력은 작아지지만 총합은 변하지 않는다. 그러므로 μ_s 는 변하지 않는다.

명심해야 하는 사항은 수직력 N은 넓게 분포한 작은 수직력의 총합으로서 분포수직력의 중심에 작용하는 것으로 나타낸다. 만약 수직분포하중이 균일한 값이라면 수직력은 당연히 바닥면의 중앙에 작용할 것이다. 그러나 일반적으로 표면의 중앙이나 물체의 중심에 수직반력이 작용하지 않고 정확한 분포상황을 모르기 때문에 모멘트평형조건식을 사용하여 그 위치를 결정한다.

많은 마찰문제에 있어서 물체가 티핑은 거의 발생하지 않기 때문에 힘의 평형만 생각하면 되고 자유물체도에서 어느 위치에 수직반력을 표시할 것인가는 그다지 중요하지 않다. 그래도 항상 물체의 중심에 작용한다고 생각해서는 안 된다.

또한 마찰력은 저항값이지 새롭게 운동을 만들어내는 현상이 아닌 점을 명심해야한다.

정지마찰력은 최대 저항값이다. 즉, 평형조건식을 만족하는 마찰력은 정지마찰 한계값을 초과할 수 없다.

$$F \leq \mu_s N$$

만약 물체가 미끄러지거나 미끄러지려고 한다면 그때의 마찰력은 다음과 같다.

$$F = \mu_k N$$

여기서 μ_k는 운동마찰계수(coefficient of kinetic friction)라고 하며 수직 하중에 무관하며 작은 속도 내에서는 상대속도크기에 무관하다. 빠른 속도에서는 달라진다(유체의 윤활).

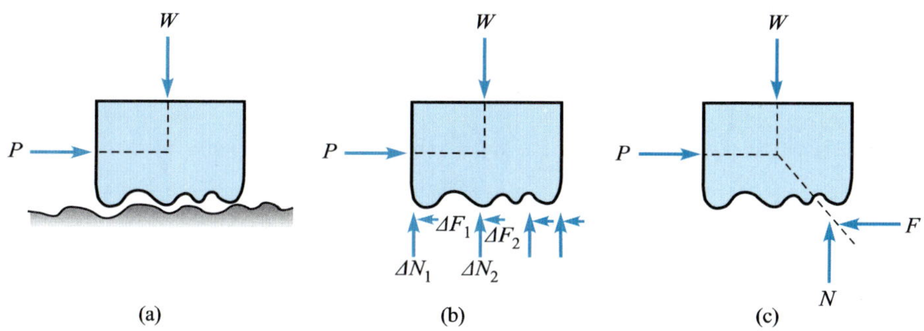

그림 9.4

9.3.2 ABS란?

흔히 자동차에 적용하는 메카니즘 중에 ABS라는 것이 있다. 이는 Anti-Lock Braking System의 약자로서 우리말로는 물림방지제동장치라고 표현하면 될 것이다. 일반적으로 도로를 주행하는 자동차의 바퀴와 도로면의 접촉부위를 관찰하면, 접촉면과 도로는 상대속도가 0이다. 즉, 접촉부위의 바퀴의 속도는 0이다. 그러므로 위의 그림에서와 같이 접촉면에서 최대마찰계수값을 갖게 된다. 이 값에 비례하여 최대저항력이 작용하게 되는데, 급작스럽게 자동차의 바퀴에 제동을 가하면 바퀴가 정지되어 도로면과 상대운동을 하게 된다. 즉, 바퀴가 미끄러지게 된다. 이렇게 되면 갑자기 마찰계수가 정지마찰계수에서 미끄럼마찰계수의 값으로 바뀌면서 작아지게 되므로 이에 따라 저항력도 작아지게 된다. 그러면 자동차를 정지시키기 위한 시간과 거리가 상대적으로 증가하게 되므로 경우에 따라서는 커다란 사고를 발생시키게 된다. 그러므로 공학자들은 아주 짧은 시간이지만 바퀴를 잡았다 풀어줬다 하기를 계속 반복함으로써 자동차가 정지하기 전까지는 항상 미끄럼이 발생하지 않게 해주는 장치를 고안하게 되었다. 이것이 바로 마찰계수의 변화를 이용한 ABS이다.

9.4 쐐기(Wedge)

쐐기는 물체의 위치를 조금 움직이거나 큰 힘을 작용시키기 위해서 사용한다. 그림 9.5(a)는 무게 $W = mg$를 갖는 무거운 물체를 들어 올리거나 고정시키기 위해서 쐐기를 사용하는 것을 보여준다. 바닥면 및 경사면에서의 마찰계수는 μ이다.

힘 P를 작용시켜서 쐐기를 움직여 물체를 들어 올리려면 그림 9.5(b)의 자유물체도에서와 같이 힘의 평형관계를 만족해야 한다.

쐐기에서의 평형관계를 보면 경사면과 바닥면에서 반작용력이 ϕ의 각도로 움직임의 반대방향으로 작용할 것이고 외력 P와 평형을 유지해야 한다. 물론 쐐기의 무게는 무시한다. 물체에서도 또한 힘의 평형을 이루어야 하므로 그림 9.5(c)에서 각각에 대한 힘의 평형이 힘벡터의 합으로 표시되어있다.

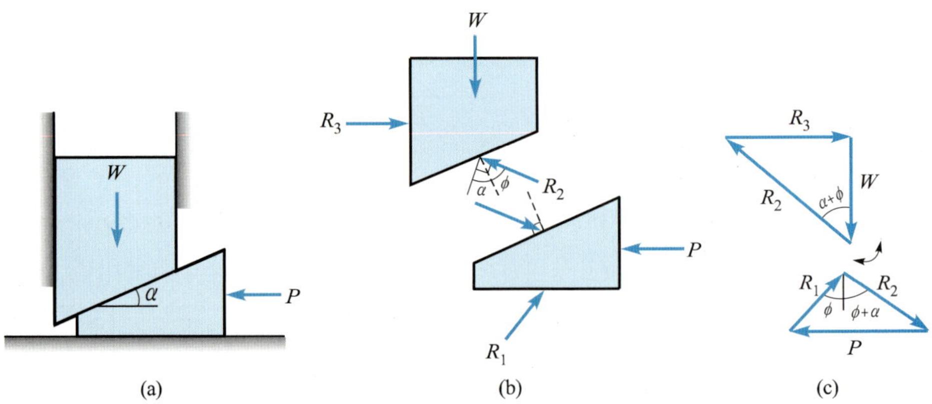

그림 9.5

반력 R_2는 물체의 평형관계에서 무게 mg와 각도 $\phi+\alpha$의 관계에 의하여 쉽게 계산된다. 그 다음의 쐐기에서 P를 연속적으로 구할 수 있다.

9.5 스크루(Screw)

스크루는 물체를 강하게 부착하거나 동력 혹은 운동을 전달하기 위해서 사용한다. 이때, 나사산에 발생하는 마찰력은 스크루의 운동을 결정하는 가장 커다란 요소가 되며 특히 동력을 전달하기 위한 스크루에는 사각나사를 사용한다.

그림 9.6은 축하중 W가 작용하는 경우 모멘트 M을 작용하여 스크류를 회전시켜서 들어 올리려는 사각나사잭을 간단히 보여주고 있다.

여기서 마찰각은 ϕ이며 반력 R과 나사산이 이루는 각도가 되며 나사산각도는 $\alpha=\tan^{-1}(L/2\pi r)$이다. 회전축에 대하여 반력 R이 만드는 모멘트는 다음과 같은 공식으로 나타낼 수 있다. 반력 R은 접촉면에 여러 개가 발생하므로 다 더해주어야 한다.

$$M=[r\sin(\alpha+\phi)]\Sigma R$$

또한 축방향의 힘도 평형을 이루어야 하므로 다음의 공식이 성립된다.

$$W=[\cos(\alpha+\phi)]\Sigma R$$

두 식을 결합하여 위로 들어올리기 위한 최소모멘트는 다음과 같음을 알 수 있다.

$$M=\tan(\alpha+\phi)Wr$$

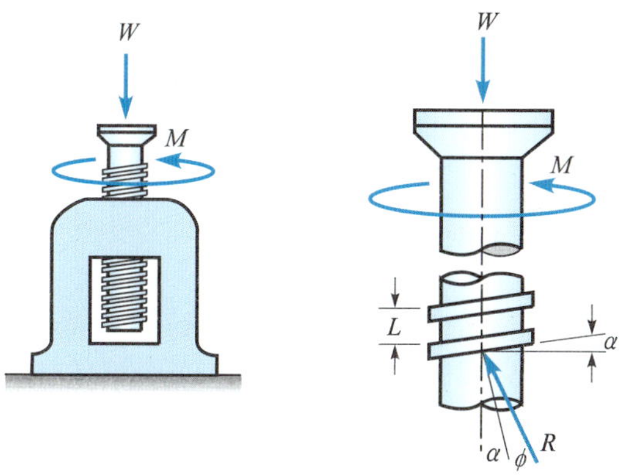

그림 9.6

그림 9.7(a)처럼 $P=M/r$을 정의하면 이 힘은 나사산에 작용시켜 회전을 발생시키는 힘이 된다.

만약 모멘트 M을 제거하면 $\alpha<\phi$의 조건이 만족하는 한, 잠김이 발생하여 나사가 풀리지 않고 잭이 아래로 움직이지 않게 된다. 이 조건하에서 모멘트를 작용시켜 잭을 아래로 움직이기 위해서는 그림 9.7(b), (c)에서와 같이 나사산의 각도의 조건에 따라서 나타나게 되며 공식으로 표시하면 다음과 같다.

$$M=\tan(\phi-\alpha)Wr \qquad \alpha<\phi$$
$$M=\tan(\alpha-\phi)Wr \qquad \alpha>\phi$$

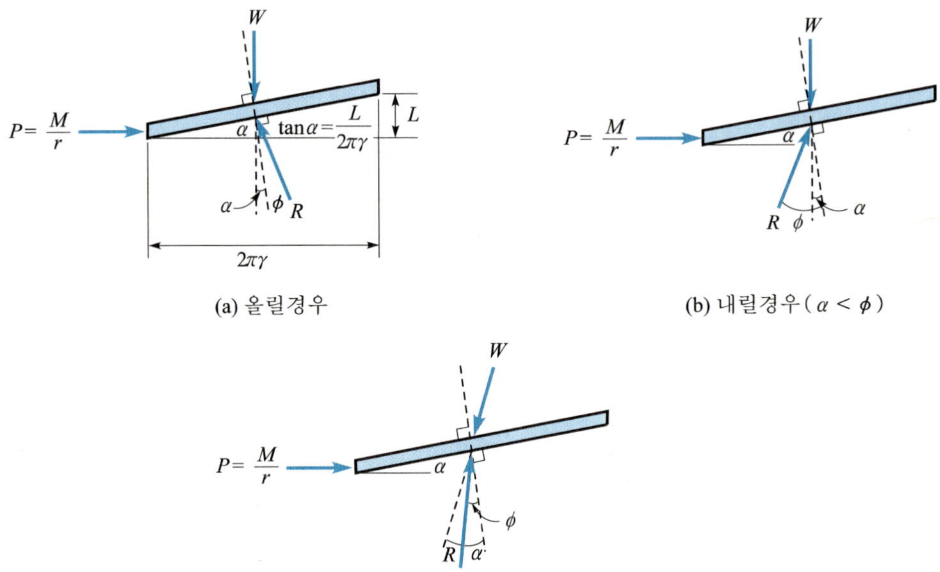

(a) 올릴경우

(b) 내릴경우($\alpha<\phi$)

(c) 내릴경우($\alpha>\phi$)

그림 9.7

9.6 디스크 마찰(Disk Friction)

피봇베어링, 크러치판 및 디스크브레이크는 수직압력하에서 원판표면에 발생하는 마찰력을 이용하여 동력을 전달하거나 운동메카니즘을 이루고 있다.

그림 9.8은 이러한 예를 간단히 보여주고 있다. 이 물체의 축을 베어링이 받쳐주고 있다. 이 경우, 크러치판이 전달할 수 있는 최대 모멘트는 압착판에 작용하는

압력에 의한 마찰력에 의하여 발생하는 모멘트의 총합이 된다.

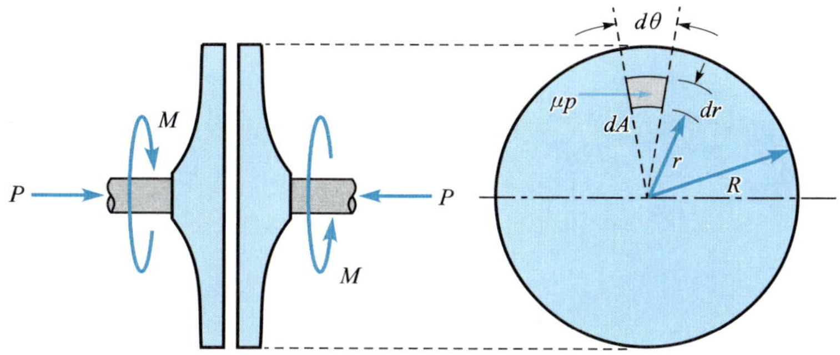

그림 9.8

만약 평판의 임의의 위치에서 압력이 p라면 마찰력은 $\mu p(dA)$이며 여기서 μ는 마찰계수이고 면적 dA는 $r(dr)(d\theta)$가 된다. 이 미소 힘에 의하여 발생하는 미소 모멘트를 다 합치면 전체 모멘트가 될 것이며 다음과 같은 공식으로 표현된다.

$$M = \int \mu prdA$$

이 적분을 계산하기 위해서 몇 가지 가정을 하도록 한다. 즉, 마찰계수는 어디나 균일하고 또한 작용하는 압력은 축방향하중이 전체면적에 고르게 분포한다고 생각한다. 그러면 $P = \pi R^2 p$가 되며 모멘트는 다음과 같다.

$$M = \frac{\mu p}{\pi R^2}\int_0^{2\pi}\int_0^R r^2 dr d\theta = \frac{2}{3}\mu PR$$

위의 공식을 이용하여 다음과 같이 말할 수 있다. 전달 할 수 있는 모멘트는 축의 중심으로부터 $\frac{2}{3}R$의 위치에 압축력에 의한 마찰력 μP를 전달시키는 결과로 나타난다.

9.7 벨 트

원통에 감겨있는 케이블이나 벨트 등에 대한 해석은 마찰력을 이용하는 응용분야에서 매우 중요한 예이다.

그림 9.9는 이것을 보여주고 있다. 그림 9.9(a)에서와 같이 모멘트 M이 작용하

는 경우 장력 T_2는 T_1보다 클 것이며 모멘트평형을 이루고 있어야 한다. 기준점에서 θ만큼 떨어진 위치에서의 작은 영역 $d\theta$에 나타나는 평형관계를 표시한 것이 그림 9.9(b)이다.

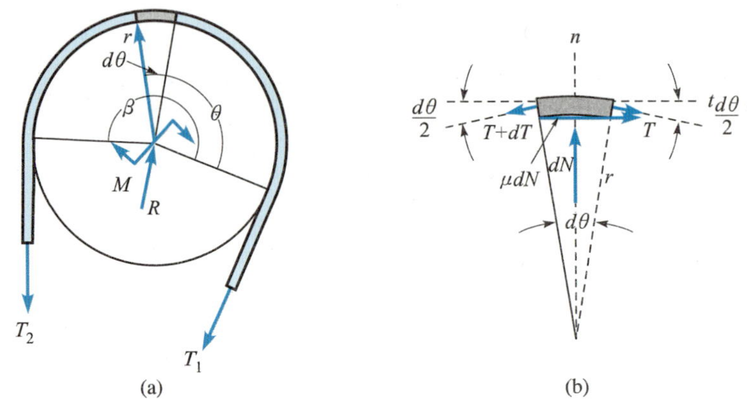

그림 9.9

이것을 상세히 검토하기로 한다.

여기에 발생하는 모든 반력은 변수방정식이 되므로 증분관계식으로 표시한다. 즉, 장력은 T와 $T+dT$이며 수직력은 dN으로 나타낼 수 있다. 또한 마찰력은 $\mu(dN)$으로 표시할 수 있다. 힘은 평형을 이루어야 하므로 접선-법선좌표계를 사용하여 해석한다. 접선방향의 힘의 평형을 계산하면 다음의 공식과 같다.

$$T\cos\frac{d\theta}{2} + \mu dN = (T+dT)\cos\frac{d\theta}{2}$$

혹은

$\mu dN = dT$이다.

법선방향의 힘의 평형은 다음과 같이 정리된다.

$$dN = (T+dT)\sin\frac{d\theta}{2} + T\sin\frac{d\theta}{2}$$

혹은

$dN = Td\theta$이다.

두 식을 결합하면 다음과 같이 정리되며,

$$\frac{dT}{T} = \mu d\theta$$

경계조건을 이용하여 적분을 시행하면,

$$\int_{T_1}^{T_2} \frac{dT}{T} = \int_0^{\beta} \mu d\theta$$

$$\ln\frac{T_2}{T_1} = \mu\beta \text{이다.}$$

지수함수로 표시하면 다음과 같다.

$$T_2 = T_1 e^{\mu\beta}$$

여기서 β는 벨트가 접촉한 각도이고 라디안(radian)으로 표시된다.

작은 장력 T_1을 이용하여 강한 장력 T_2를 버티기 위해서는 마찰계수가 크고 벨트가 접촉한 각도가 커야한다. 즉, 접촉면이 거칠고 벨트가 여러 바퀴 감겨 있을수록 효과가 크다.

예제 9.1

그림 예 9.1(1)에서와 같이 한 소년이 동생이 앉아있는 썰매를 끌거나 밀어주는 두 경우가 있다. 어느 경우가 적은 힘이 필요할까?

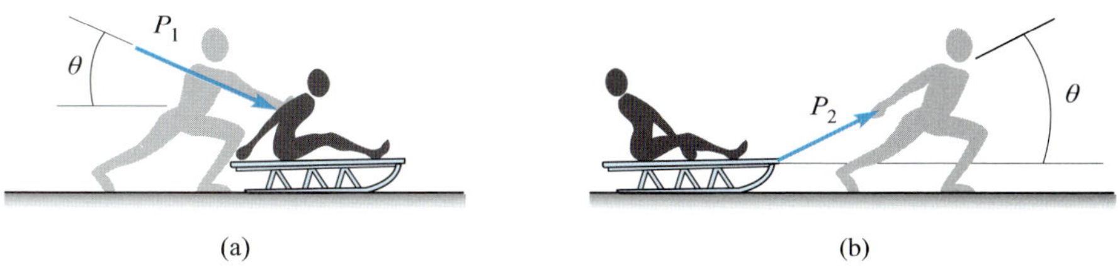

그림 예 9.1(1)

그림 예 9.1(2)는 각각의 경우에 해당하는 자유물체도를 보여주고 있다.
썰매를 미는 경우, 눈 표면에서 썰매에 작용하는 수직반력은 $N_1 = W + P_1\sin\theta$이며
썰매를 끄는 경우, 눈 표면에서 썰매에 작용하는 수직반력은 $N_2 = W - P_2\sin\theta$이다.
당연히 N_2가 N_1보다 작으므로 이에 따른 마찰력은 다음과 같은 비교가 성립된다.

$$F_2 = \mu N_2 = P_2\cos\theta < F_1 = \mu N_1 = P_1\cos\theta$$

즉, $P_2 < P_1$이므로 끄는 것이 더 쉽다.

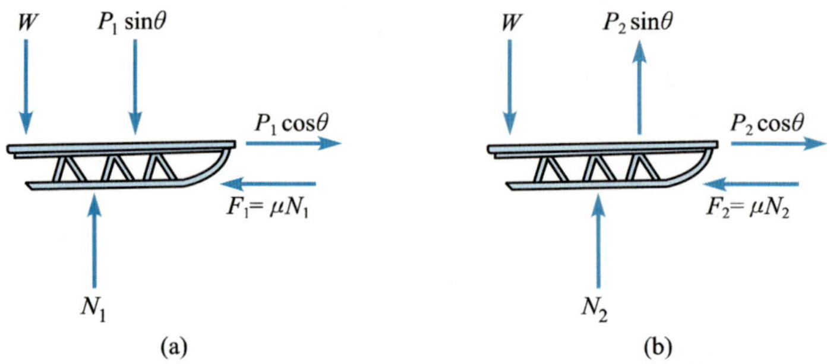

그림 예 9.1(2)

예제 9.2

그림 예 9.2(1)과 같이 40 lb의 박스의 벽면에 20 lb의 박스가 걸쳐있다. 20 lb 박스와 바닥면의 마찰계수는 0.7이고 40 lb의 박스와 바닥면의 마찰계수는 0.4이다. 박스사이의 접촉은 부드럽다고 가정한다. 이 상태로 박스들이 평형상태를 유지할 수 있는지를 점검하라.

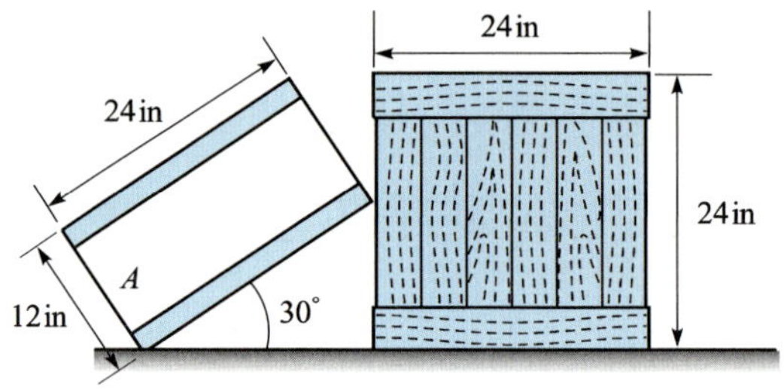

그림 예 9.2(1)

박스사이의 접촉면이 부드러우므로 마찰력은 존재하지 않는다.

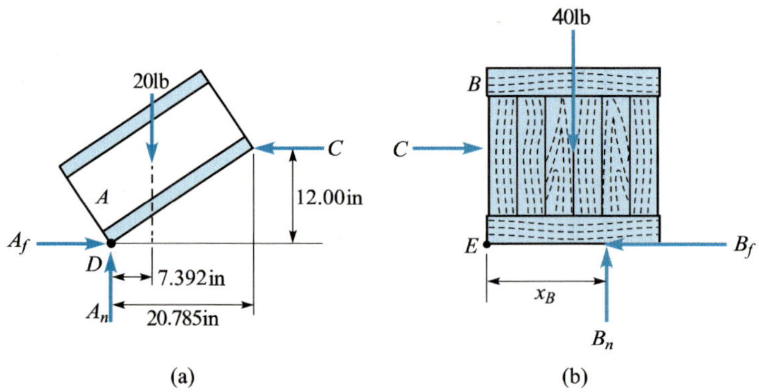

그림 예 9.2(2)

그림 예 9.2(2)의 20lb 무게의 박스의 자유물체도의 평형방정식을 유도하면 다음과 같다.

$$A_f - C = 0$$
$$A_n - 20 = 0$$
$$\sum M_D = C(12) - 20(7.392) = 0$$
$$C = 12.32\text{ lb} \qquad A_n = 20\text{ lb} \qquad A_f = 12.32\text{ lb}$$

접촉면에서 허용 가능한 마찰력은

$F_{max} = \mu_s A_n = (0.7)(20) = 14\text{lb}$이다.

이 값은 위에서 계산된 마찰력보다 큰 값이므로 20lb 박스는 평형상태를 유지할 수 있다. 오른쪽의 40lb 박스의 자유물체도의 평형방정식을 유도하면 다음과 같다.

$$12.32 - B_f = 0$$
$$B_n - 40 = 0$$
$$\sum M_E = x_B B_n - (12)(12.32) - (12)(40) = 0$$
$$B_f = 12.3\text{ lb} \quad B_n = 40\text{ lb} \quad x_B = 15.70\text{ in}$$

접촉면에서 허용 가능한 마찰력은

$F_{max} = \mu_s B_n = (0.4)(40) = 16\text{ lb}$이다.

이 값은 위에서 계산된 마찰력보다 큰 값이므로 40 lb 박스도 평형상태를 유지할 수 있다.

물체의 운동이 어떠할 지를 아직 모르므로 $A_f = \mu_s A_n$의 공식을 직접 적용할 수는 없다.

$F = \mu_s N$ 은 표면사이의 최대마찰력을 나타낸다.

예제 9.3

그림 예 9.3(1)에서와 같이 100 kg의 블럭에 작용하는 마찰력의 크기와 방향을 결정하라. 먼저 500 N이 작용하는 경우를 해석하고 100 N의 힘이 작용하는 경우도 계산하라. 여기서 정지마찰계수는 0.20이고 운동마찰계수는 0.17이다. 단 초기에 블럭은 정지된 상태이다.

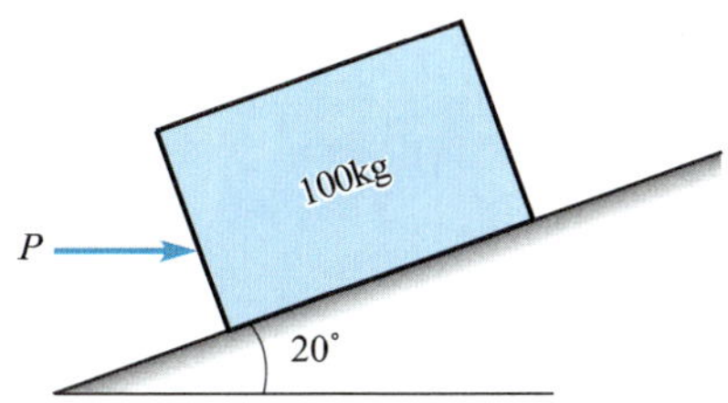

그림 예 9.3(1)

위에서 제시한 조건만으로는 블럭이 정지하고 있을지 미끄러질지를 판단하는 것은 쉽지 않다. 그러므로 먼저 블럭이 아래쪽으로 움직이려는 경향이 있다고 가정하여 미지의 크기인 마찰력이 경사면에 위 방향으로 작용한다고 생각하고 평형방정식을 작성한다. 자유물체도로부터 다음의 관계식을 만들 수 있다.

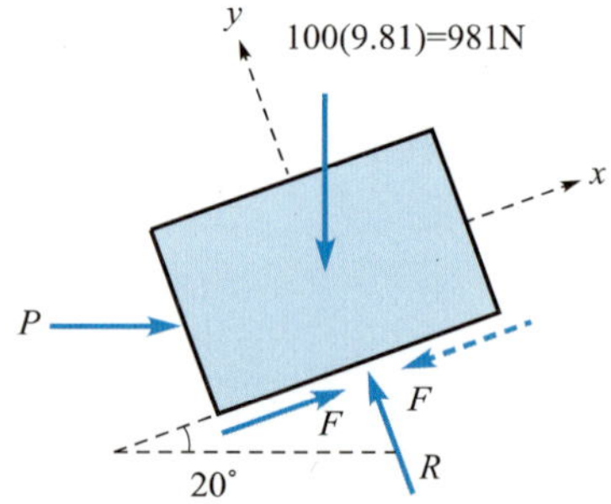

그림 예 9.3(2)

$$\sum F_x = 0;\ P\cos 20° + F - 981\sin 20° = 0$$

$$\sum F_y = 0;\ R - P\sin 20° - 981\cos 20° = 0$$

(a) $P = 500$ N인 경우

위의 첫 번째 공식에 P의 값을 대입하면 $F = -134.3$ N이 된다. 이것은 물체가 정지되어 있다면 마찰력이 반대방향으로 작용해야 한다는 결론에 도달하게 되어, 아래 방향으로 작용하게 된다. 두 번째 공식에 $P = 500$ N을 대입하면 수직하중은 $R = 1093$ N이 된다. 이에 따른 최대정지마찰력은 다음과 같이 계산된다.

$$F_{\max} = 0.2(1093) = 219 \text{ N}$$

이 값은 위에서 계산된 마찰력보다 큰 값이므로 실제 발생할 수 있는 경우이고 올바른 값이다.

(b) $P = 100$ N인 경우

위에서와 같은 방법으로 계산하면 다음과 같은 값이 나온다.

$$F = 242 \text{ N} \qquad R = 956 \text{ N}$$

이에 따른 최대정지마찰력은 $F_{\max} = 0.2(956) = 191.2$ N이다. 모순이 발생하므로 운동마찰력으로 대신하여 계산하여야 하며 다음과 같다.

$$F = 0.17(956) = 162.5 \text{ N(위 방향으로)}$$

예제 9.4

냉장고의 바퀴가 고장이 나서 회전이 불가능하다. 무게는 600 N이고 바닥과 바퀴 사이의 마찰계수는 0.6이라고 가정할 때, 냉장고를 움직일 수 있는 최소 힘을 계산하라. 또한 냉장고가 기울어지지 않도록 하기 위하여 힘을 작용시킬 수 있는 최대 높이를 계산하라

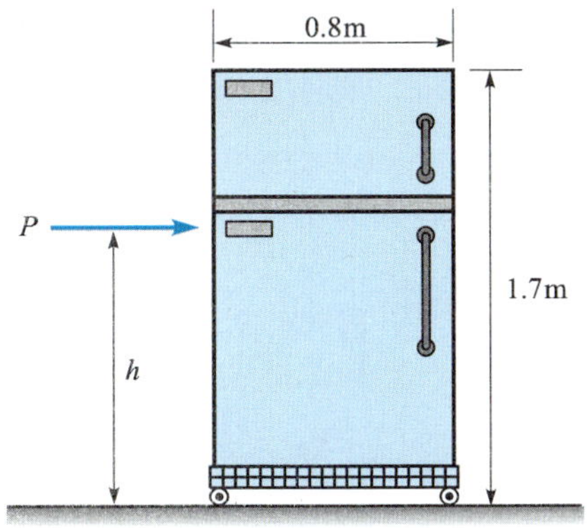

그림 예 9.4(1)

그림 예 9.4(2)의 자유물체도를 이용하여 다음의 평형방정식을 만들 수 있다.

$\sum F_x = P - A_f - B_f = 0$,

$\sum F_y = A_n + B_n - 600 = 0$

$\sum M_B = (0.4)(600) - hP - 0.8A_n = 0$

위의 식을 이용하여 다음의 값을 계산할 수 있다.

$A_n + B_n = 600$

$P = A_f + B_f = 0.6(A_n + B_n) = 360\text{N}$

$h = \dfrac{240 - 0.8A_n}{360}$

$h = 0$이면 $A_n = B_n = 300\text{ N}$이며 무게를 서로 균등히 분배받게 되며 h가 증가함에 따라 A_n은 점점 작아지게 된다. 그런데 이 값은 음의 값을 가질 수 없으므로 기울어지기 바로직전에는 $A_n = 0$이므로 다음의 관계가 성립한다.

$h < \dfrac{240}{360} = 0.67\text{ m}$

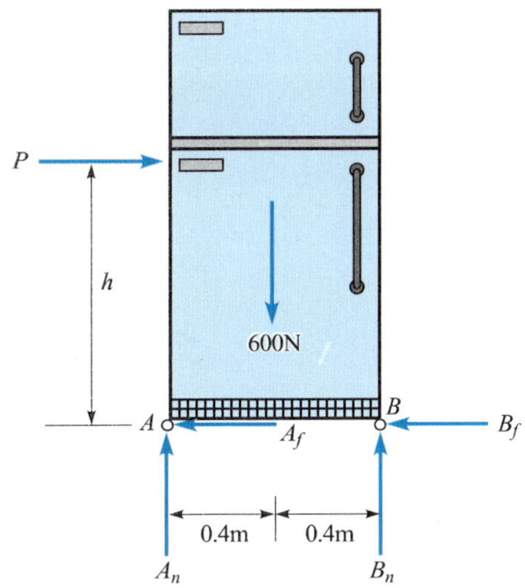

그림 예 9.4(2)

미끄러지려는 상태에서는 $A_f = \mu_s A_n$이며 $B_f = \mu_s B_n$이다.

기울어지려고 할 때에는 냉장고의 모든 무게는 B에 전달된다.

예제 9.5

무게가 13000 N인 자동차가 450 N의 저항력을 이겨내며 시속 50 km의 속도로 달리고 있다. 만약 얼어있는 포장도로를 달리게 되는 경우, 바퀴와 도로사이의 마찰계수가 0.065라면 앞바퀴 굴림과 뒷바퀴 굴림 중 어느 경우가 속도를 계속유지하기에 좋은가?

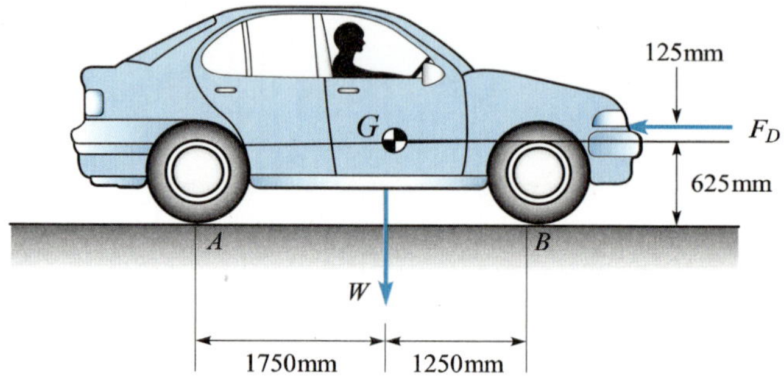

그림 예 9.5(1)

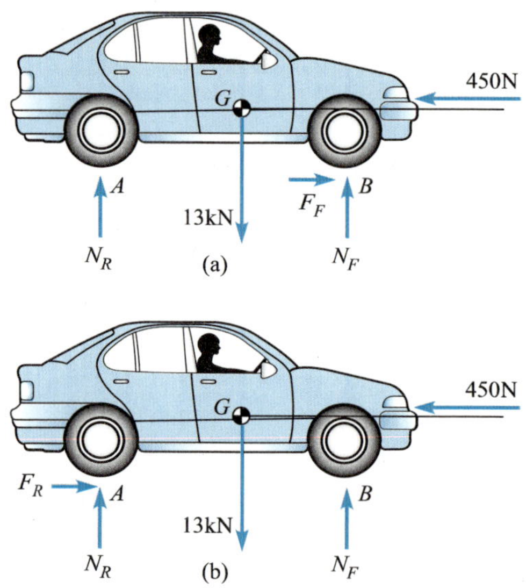

그림 예 9.5(2)

그림에 각각의 경우에 따른 자유물체도가 있다.
앞바퀴 굴림차에 대한 평형방정식은 다음과 같다.

$$\Sigma M_A = N_F(3) + (0.45)(0.75) - 13(1.75) = 0$$

$$N_F = 7.471\ \text{kN}$$

뒤 바퀴 굴림차에 대한 평형방정식은 다음과 같다.

$$\Sigma M_B = -N_R(3) + (0.45)(0.75) + 13(1.25) = 0$$

$$N_R = 5.529 \text{ kN}$$

앞 바퀴 굴림차에 요구되는 마찰계수는

$$\mu = \frac{F_F}{N_F} = \frac{0.45}{7.471} = 0.058 < 0.065 \text{이며}$$

뒤 바퀴 굴림차에 요구되는 마찰계수는

$$\mu = \frac{F_R}{N_R} = \frac{0.45}{5.529} = 0.081 > 0.065 \text{이다.}$$

그러므로 앞 바퀴 굴림차가 요구조건을 충족하므로 속도를 유지할 수 있다.

예제 9.6

그림 예 9.6(1)과 같이 쐐기를 이용하여 350lb의 냉장고를 들어 올리려고 한다. 모든 면에서의 마찰계수는 0.2이다.

(a) 쐐기를 삽입하기위한 최소 힘 P를 구하라.

(b) 만약 $P=0$이면 평형을 유지할 수 있는지를 결정하라.

(c) 그렇지 못한 경우, 평형을 유지하기 위한 힘을 계산하라. 또는 평형을 유지한다면, 쐐기를 제거하기 위한 힘을 계산하라.

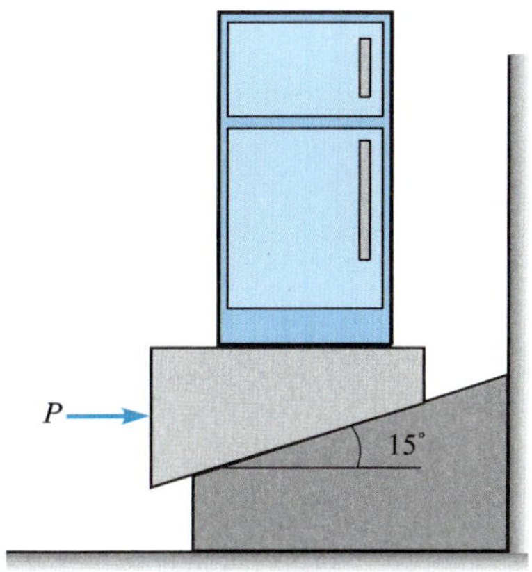

그림 예 9.6(1)

물체가 움직이거나 움직이려고 할 때는 최대정지마찰계수를 사용한다.

(a) 그림 예 9.6(2)은 쐐기와 냉장고에 대한 작용력과 자유물체도를 보여주고 있다. 쐐기의 바닥면에 작용하는 수직력과 마찰력은 정지마찰계수를 이용하여 한 개의 벡터합으로 표시되어 있다. 마찰각은 다음과 같으며

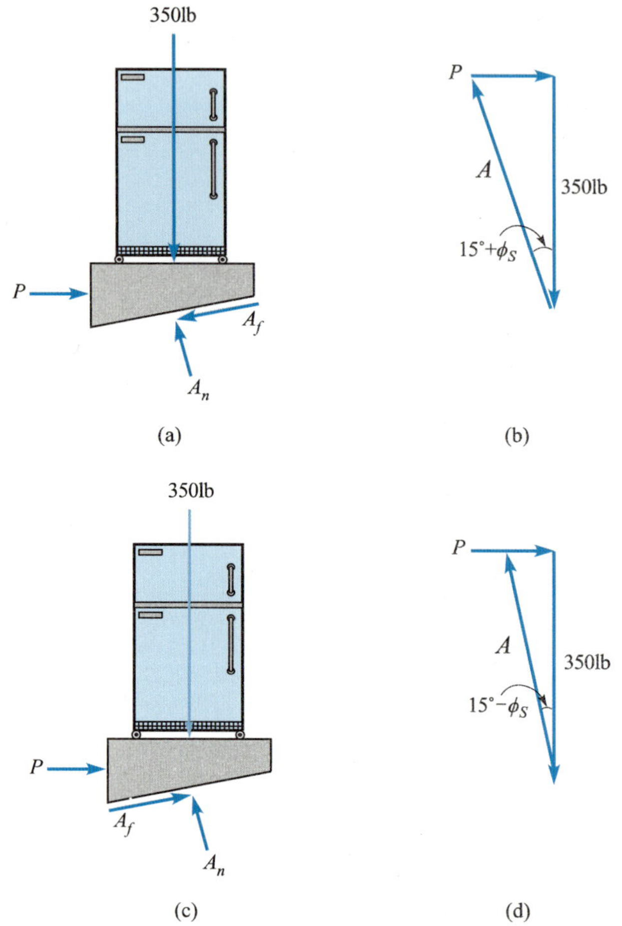

그림 예 9.6(2)

$$\phi_s = \tan^{-1}0.2 = 11.31°$$

경사각을 고려하면 $15° + \phi_s$의 각으로 이루어져야 한다. 이렇게 하여 힘의 합성이 이루어진 후 다음과 같은 공식을 만족하여 힘을 계산한다.

$$\tan(15° + 11.31°) = \frac{P}{350}, \quad P = 173.1 \text{ lb}$$

(b) P가 매우 작은 경우에는 쐐기가 왼쪽으로 움직이려고 한다. 그리고 마찰은 움직임의 반대인 오른쪽으로 작용할 것이다. 힘의 삼각형합성에서 보는바와 같이 경사면의 합력은 수직하중과 $15° - \phi$의 각도를 이루게 된다. 아직까지는 움직이려는 경향을 모

르니까 마찰각 ϕ는 미지수의 값으로 남게 되어 계산해야 한다. 만약 $P=0$이며 평형을 유지해야 한다면 다음의 공식이 성립해야 한다.

$$15-\phi=\tan^{-1}\frac{P}{350}=0,\ \phi=15°$$

그러나 마찰각은 정지마찰각 $\phi_s=11.31°$보다 작아야 하므로 절대 평형상태를 유지할 수 없다.

(c) 반대방향으로의 정지마찰력이 작용하게 되므로 다음의 공식을 만족하는 힘 P를 계산하면 된다.

$$\tan(15°-11.31°)=\frac{P}{350},\ P=22.6\ \text{lb}$$

예제 9.7

그림 9.7(1)과 같은 상태로 물체가 매달려 있는 있으며 케이블과 드럼사이의 정지마찰계수가 0.3인 경우

(a) $\alpha=0$인 경우 물체가 회전을 할 수 없게 되는 최소 및 최대 힘을 계산하라.

(b) 힘 $P=500$ N일 때, 물체가 미끄러지기 전의 최소 각도 α를 계산하라.

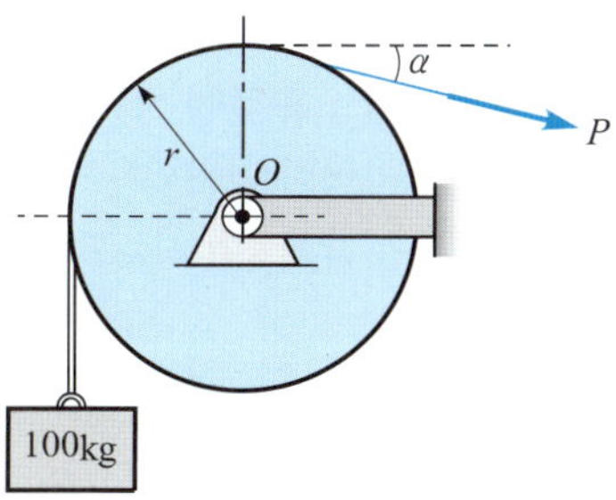

그림 예 9.7(1)

(a) 드럼에 대한 케이블의 미끄럼관련 장력공식은 다음과 같다.

$$T_2/T_1=e^{\mu\beta}$$

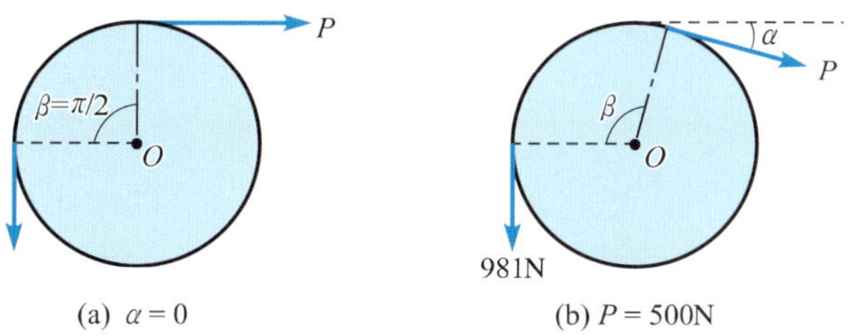

그림 예 9.7(2)

β는 라디안이다.

$\alpha=0$인 경우 접촉각은 90°이다. 물체를 올리려는 최대 정지장력은 $T_2=P_{max}$이고 $T_1=981$ N이다. 그러므로

유도된 공식에서 $T_2>T_1$이다.

$$P_{max}/981 = e^{0.3(\pi/2)},\ P_{max} = 981(1.602) = 1572\ \text{N}$$

물체를 내리려는 최소 정지장력은

$T_1 = P_{min}$ 이고 $T_2 = 981$ N 이다.

$$981/P_{min} = e^{0.3(\pi/2)},\ P_{min} = 981/1.602 = 612\ \text{N}$$

(b) $T_2 = 981$ N 및 $T_1 = P = 500$ N 이며 공식에 따라

$$981/500 = e^{0.3\beta},\ 0.3\beta = \ln\left(\frac{981}{500}\right) = 0.674$$

$$\beta = 2.25\,rad \text{ 또는 } \beta = 2.25\left(\frac{360}{2\pi}\right) = 128.7°$$

$$\alpha = 128.7° - 90° = 38.7°$$

예제 9.8

천장에 매달린 도르래에 케이블을 매달고 사람이 매달려서 케이블의 다른 한쪽을 잡고 있다. 이 경우 평형상태를 유지하기 위하여 당겨야하는 힘을 계산하라. 도르래와 케이블의 마찰계수는 0.5이며 사람의 무게는 80lb이다.

그림의 자유물체도에서 보는 바와 같이 일반적으로 도르래에 케이블은

반 바퀴가 감겨있게 된다. 그러므로 다음의 공식이 성립한다.

$$T_2 = T_1 e^{0.5\pi}$$

또한 수직방향의 힘의 평형방정식은 다음과 같다.

$$\sum F_y = T_2 + T_1 - 80 = 0$$

위의 두 공식을 결합하여 다음의 값을 계산할 수 있다.

$$80 - T_1 = T_1 e^{0.5\pi} = T_1(4.81)$$

$$T_1 = 13.77\ \text{lb}$$

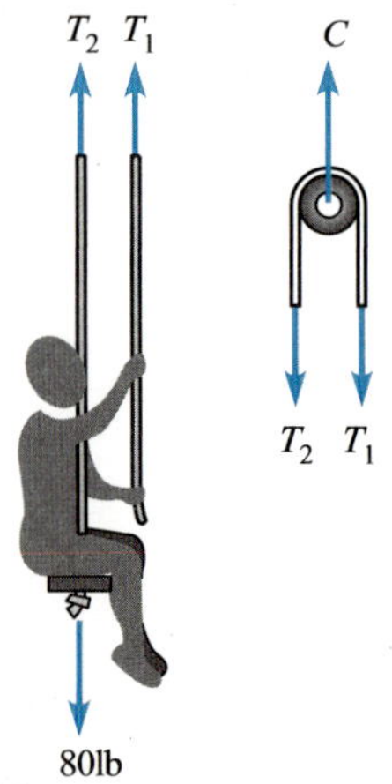

그림 예 9.8

chapter 09 연습문제

9.1 그림과 같은 30° 경사진 언덕에서 4ton의 물체를 밀어 올릴 때 필요한 힘 P는 얼마 이상이어야 하는가?(단, 마찰 계수는 0.3이다.)

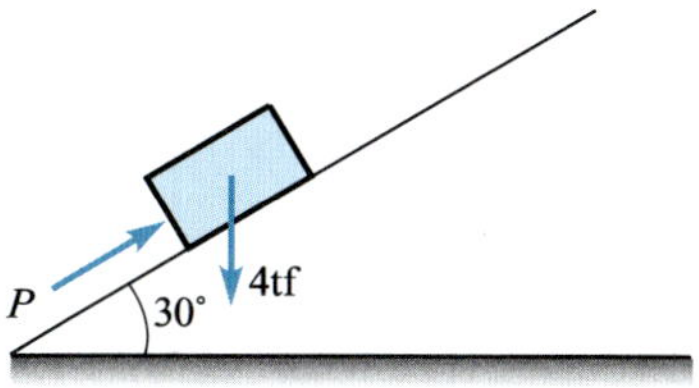

9.2 그림과 같은 물체가 아래로 움직이는지를 검토하고, 움직이지 않는다면 움직이는 데 필요한 힘 P는?(단, 물체와 면과의 마찰계수는 0.7로 한다.)

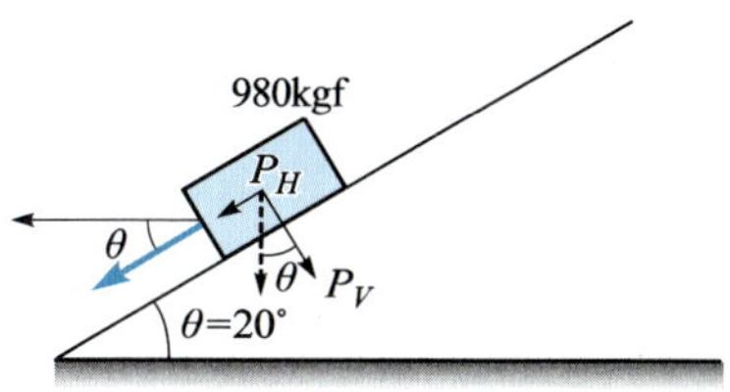

9.3 그림에서 블록 A를 뽑아내는 데 필요한 힘 P는?(단, 마찰계수는 0.4이다.)

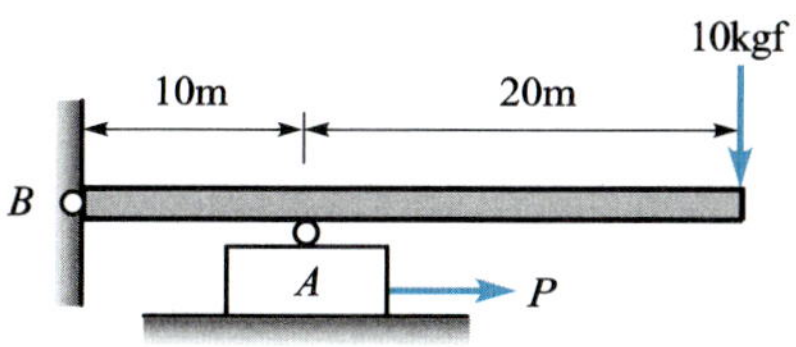

9.4 질량 m인 블록이 미끄러지기 전에 조정가능한 경사봉이 수평방향과 이룰 수 있는 최대각 θ를 결정하라.(단, 블록과 경사면 간의 정마찰계수는 μ_s 이다.)

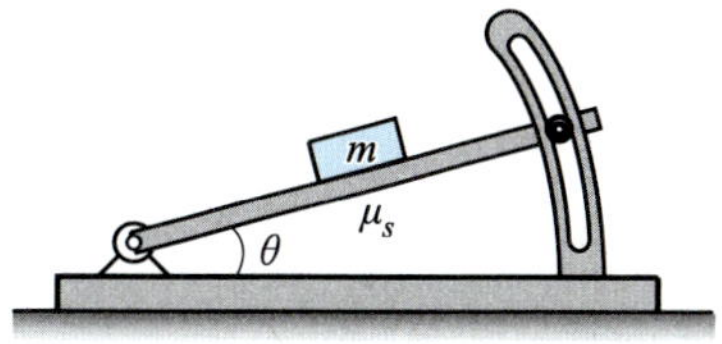

9.5 그림에 보인 질량 100 kg인 블록이 비탈평면 위에서 미끄러져 내려가지도 올라가지도 않을 질량의 값의 범위를 정하라. 접촉면에서 정마찰계수는 0.3이다.

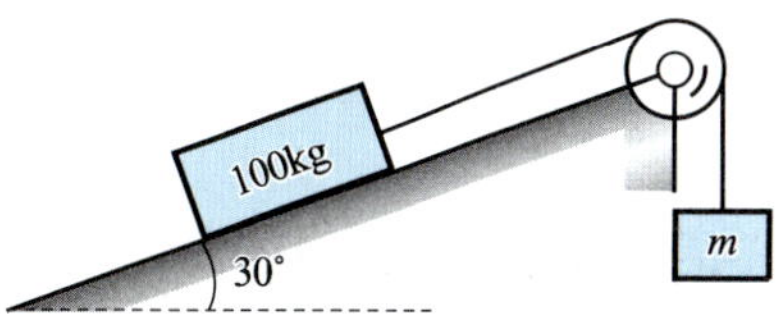

9.6 그림에 표시한 바와 같이 100 kgf의 블록에 작용하는 마찰력의 크기와 방향을 P = 500 N일 때에 대하여 결정하여라.(단, 정마찰계수 = 0.2이고 동마찰계수는 0.17이다. 외력은 초기 블록이 정지한 상태에 작용하였다)

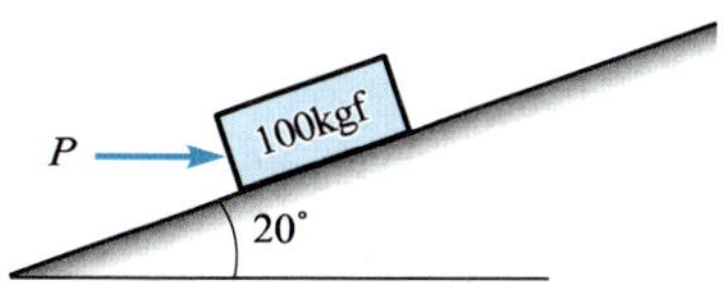

9.7 질량이 25 kg이고 길이가 7.8 m인 균질의 사다리가 그림에서와 같이 매끄러운 벽에 기대어 서 있다. 사다리의 아래쪽 끝은 벽으로부터 3 m 떨어져 있다. 바다면과 사다리끝 사이의 마찰계수는 0.30이다. 점 A에서 사다리에 작용하는 마찰력을 구하라. 사다리의 질량중심은 사다리의 중앙에 위치한다.

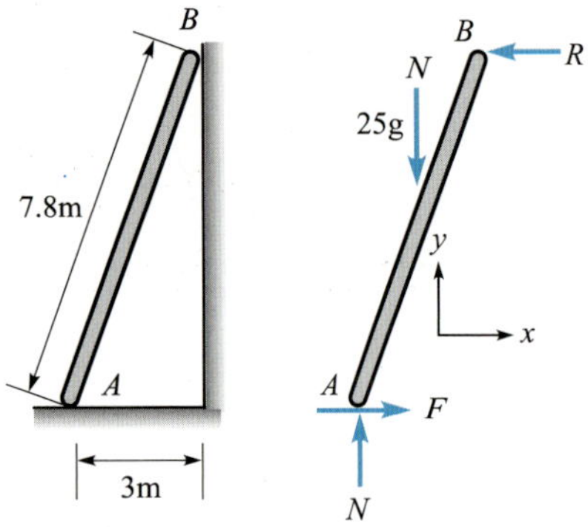

9.8 질량 75 kg인 사람이 사다리를 오른다. 사다리가 미끄러지기 시작할 때 사람과 벽사이의 거리 q를 구하라.

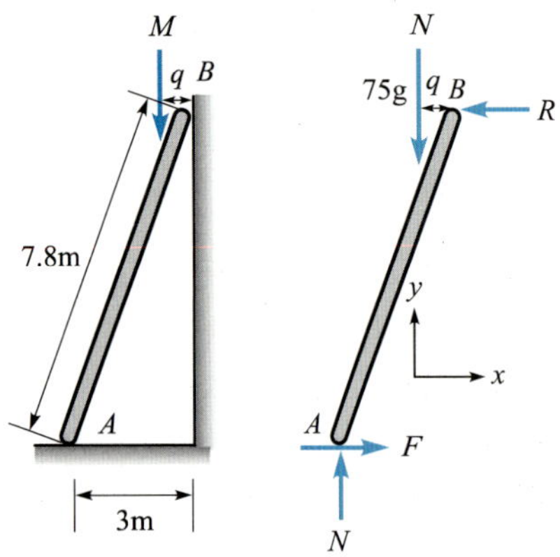

9.9 그림과 같이 상자에 수평력 F를 주어 바닥을 가로질러 밀고자 한다고 가정하자. 만일 힘을 너무 높은 높이 h에서 가한다면 상자는 미끄러지기 전에 기울어질 것이다. 바닥과 상자 사이의 정마찰계수가 μ_s라면 상자가 기울어지기 전에 미끄러지도록 하는 가장 큰 h의 값은 얼마인가?

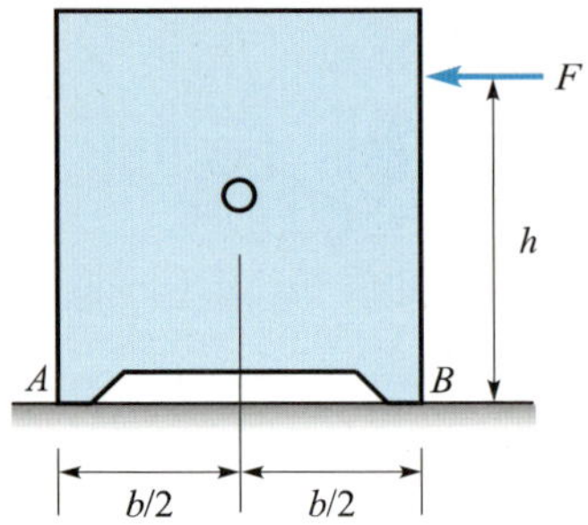

9.10 그림에서 어떤 블록도 미끄러지지 않게 하면서 블록 A에 가해지는 최대의 힘을 구하여라.

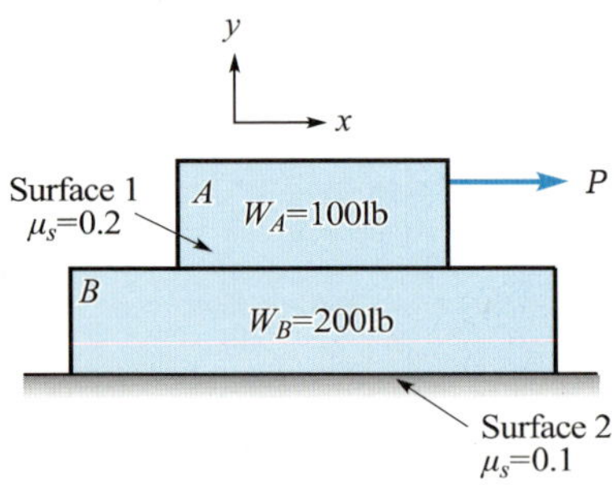

9.11 그림의 시스템은 주어진 위치에서 정적 평형 상태를 이룰 수 있을까? 균일한 바 AB의 중량은 500 lb이고 블록 C의 중량은 300lb이다. A에서의 마찰은 무시할 수 있고, 다른 두 접촉면에서의 정지 마찰 계수는 0.4이다.

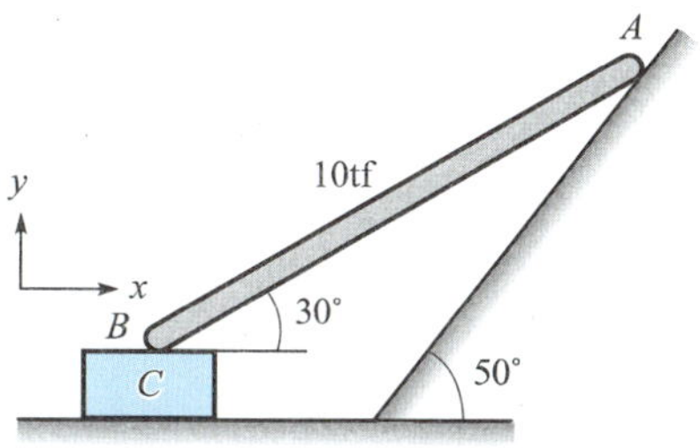

9.12 그림의 시스템이 정적 평형을 유지하기 위한 힘 P의 최소값과 최대값을 구하여라. 균일한 바 AB와 BC는 똑같으며 질량은 각각 100 kg이다. C점에서 바와 평면의 정지 마찰 계수는 0.5이다.

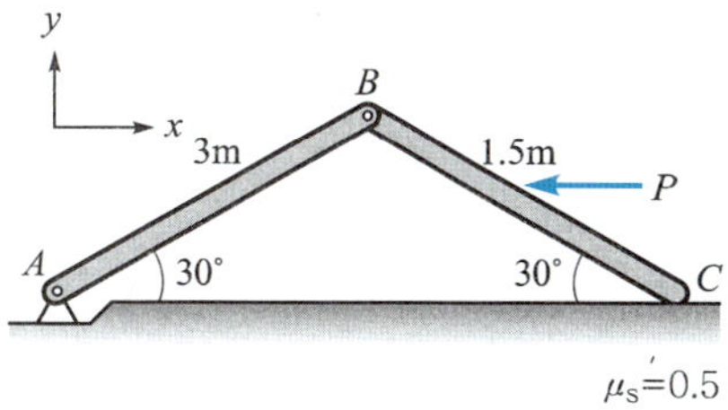

학습목표

- 가상일의 정의를 이해한다.
- 퍼텐셜에너지의 정의와 활용을 습득한다.

CHAPTER 10

가상일(Virtual Work)

10.1 개 요

지금까지의 해석은 물체를 분리시켜서 자유물체도를 작성한 후, 하중의 평형방정식을 적용하여 해석하였다. 이 방법은 물체가 평형을 유지하고 있는 경우 그 값을 알 수 없는 외력의 값을 결정하는데 사용된다.

그러나 물체들이 서로 연결되어 있어서 상대운동을 하는 경우, 각각에 대하여 평형관계식을 성립시켜야 하는데 이 방법은 다소 불편하고 직접적이지 못한 경우가 있다.

이러한 경우에는 힘에 의한 일의 개념을 적용하여 해석하는 것이 더 바람직하며 운동계의 거동이나 평형상태에서의 안정성을 검토하는데 좋은 결과가 나타난다. 이러한 방법을 가상일의 적용이라고 한다.

10.2 일(Work)

10.2.1 힘이 한 일

역학에서는, 물체에 힘이 작용할 경우, 물체가 움직임(이동)이 발생하여야만 일이 발생한다고 한다. 그림 10.1에서처럼 고정힘 $\mathbf{F}$가 작용하여 물체가 직선방향으로 $\mathbf{d}$를 이동했을 경우 힘이 물체에 한 일(혹은 물체가 받은 일)은 벡터에 의한 다음의 스칼라공식으로 주어진다.

$$U = \mathbf{F} \cdot \mathbf{d} = Fd\cos\phi = F_x d_x + F_y d_y + F_z d_z$$

여기서 ϕ는 $\mathbf{F}$와 $\mathbf{d}$와의 사잇각이다. 즉 다음과 같이 설명할 수 있다.

힘 $\mathbf{F}$가 한 일은 힘의 스칼라크기 F와 그 힘의 방향에 대한 변위의 투사크기인 $d\cos\phi$의 곱으로 나타내어진다.

그러나 다음과 같이 표현될 수도 있다.

힘 **F**가 한 일은 힘의 변위의 크기 d와 그 변위의 방향에 대한 힘의 투사크기인 $F\cos\phi$의 곱으로 나타내어진다.

두 가지 경우에 동일한 결과를 얻기 때문에, 일은 스칼라의 값을 나타냄을 알 수 있으며 다음과 같은 공식이 된다.

$$U = F(d\cos\phi) = (F\cos\phi)d$$

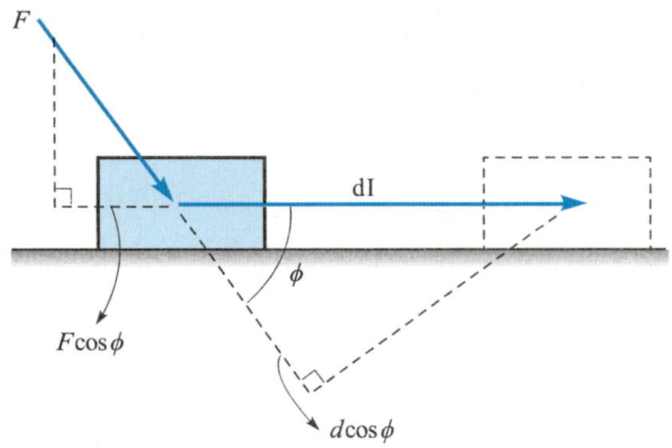

그림 10.1

일은 두 벡터의 내적(스칼라곱)으로 정의하기 때문에 오직 크기만 존재하는 스칼라값이다. 만약 힘의 성분값이 변위와 같은 방향이면 힘에 의하여 만들어진 일은 양(+)이고(즉, 물체가 일을 받음), 힘의 성분값이 변위와 반대방향이면 힘에 의하여 만들어진 일은 음(−)이다(즉, 물체가 일을 외부에 해줌). 물론 힘의 변위방향의 성분크기가 영(0)이거나 힘방향의 변위의 성분크기가 영(0)이면 일은 영(0)이 된다.

일의 단위는 힘과 변위의 곱으로 표현되는데 국제표준단위로는 1Joule = 1 N · m이고 미국 관습단위는 특별히 없으며 ft · lb로 표시한다.

힘이 일정한 값이 아니거나 이동변위가 직선이 아닌 경우에는 위에서 정의한 일은 매우 짧은 이동과정 중에만 적용할 수 있다.

그림 10.2를 참조하면 다음과 같은 작은 양의 일을 정의할 수 있다.

$$dU = \mathbf{F} \cdot d\mathbf{r} = Fds\cos\phi = F_t\, ds = F_x\, dx + F_y\, dy + F_z\, dz$$

여기서 $d\mathbf{r} = dx\mathbf{i} + dy\mathbf{i} + dz\mathbf{k}$이다.

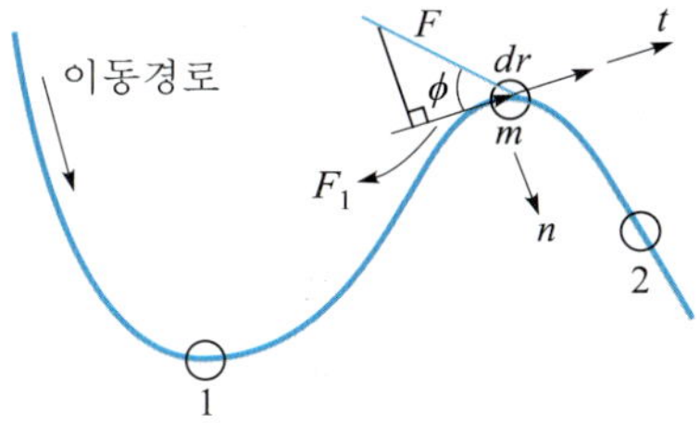

그림 10.2

물체가 이동경로를 따라 1의 위치에서 2의 위치로 이동하는 동안 힘에 의하여 만들어진 일은 적분을 통하여 계산된다.

$$U_{1\to 2} = \int_1^2 dU = \int_{s_1}^{s_2} F_t\, ds = \int_{x_1}^{x_2} F_x\, dx + \int_{y_1}^{y_2} F_y\, dy + \int_{z_1}^{z_2} F_z\, dz$$

그림 10.3에서 보는 바와 같이 힘이 항상 일정한 값을 갖는 경우라면 다음과 같이 표현될 수 있다.

$$\begin{aligned} U_{1\to 2} &= F_x \int_{x_1}^{x_2} dx + F_y \int_{y_1}^{y_2} dy + F_z \int_{z_1}^{z_2} dz \\ &= F_x(x_2 - x_1) + F_y(y_2 - y_1) + F_z(z_2 - z_1) \end{aligned}$$

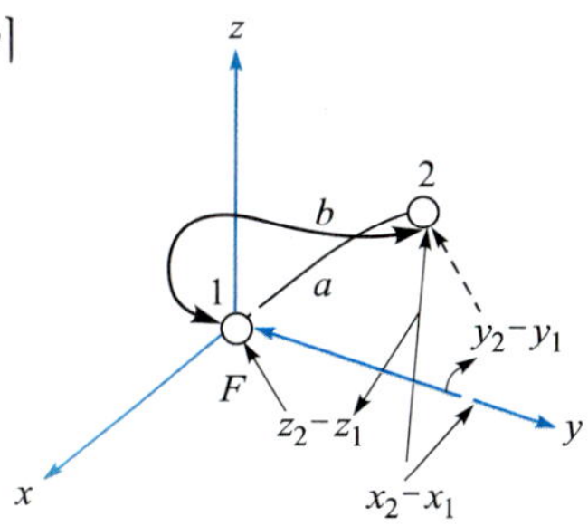

그림 10.3

10.2.2 우력이 한 일

힘뿐만이 아니라 우력도 일을 할 수 있다. 우력이 한 일은 우력을 이루고 있는 각각의 힘에 의한 일을 계산한 후 더하여 결정한다. 그림 10.4(a)와 같이 우력 M이 강체에 작용하는 경우를 생각하여 보자. 아주 짧은 시간동안에 물체는 평행이동과 회전을 할 것이다. A 점의 이동변위를 $d\mathbf{r}$ 이라고 하고 이 변위에 수직한 선분 AB가 될 수 있도록 점 B를 택한다.

그림 10.4(b)와 같이 점 A는 A'으로 이동하고 점 B는 B'으로 이동한 것으로 한다. 그러면 이 이동은 2개의 부분으로 이루어진 것으로 해석할 수 있다. 즉, 선분 AB가 A′B′으로 이동하는 평행이동과 A'을 회전중심으로 B'이 B'으로 $d\theta$ 만큼 회전이동한 것으로 간주할 수 있다.

그림 10.4(c)에서와 같이 선분 AB에 수직한 방향에 크기가 $F = M/b$ 인 한 쌍의 힘에 의한 우력상태로 전환하여 살펴보자. 물체의 평행이동 동안에는 한쪽 힘에 의

해서는 양(+)의 일을 받지만 다른 한쪽의 힘에 의해서는 음(-)의 일을 받게 되므로 전체적인 일의 합은 영(0)이 된다. 그러나 회전운동의 경우를 살펴보면 그 값은 $dU = Fbd\theta$가 된다. 그러므로 물체가 평행이동과 회전을 동시에 한다면 우력은 오직 회전에 관련되어서만 일을 발생하게 된다.

미소회전변위동안에 우력에 의하여 발생되는 일은 다음과 같다.

$$dU = F\,b\,d\theta = M d\theta$$

물체가 일정한 회전각 $\Delta\theta = \theta_2 - \theta_1$이 발생하는 동안에 물체에 작용하는 우력에 의하여 발생하는 일은 다음과 같이 적분을 통하여 계산할 수 있다.

$$U_{1\rightarrow 2} = \int_1^2 dU = \int_{\theta_1}^{\theta_2} M d\theta$$

만약 이 과정동안에 우력 M이 일정하다면 다음과 같은 값이 된다.

$$U_{1\rightarrow 2} = M\int_{\theta_1}^{\theta_2} d\theta = M(\theta_2 - \theta_1) = M\,\Delta\theta$$

벡터의 내적을 이용한 공식은 다음과 같이 나타낼 수 있으며 3차원 공간에서의 계산에 편리하다.

$$dU = \mathbf{M} \cdot \mathrm{d}\boldsymbol{\theta}$$

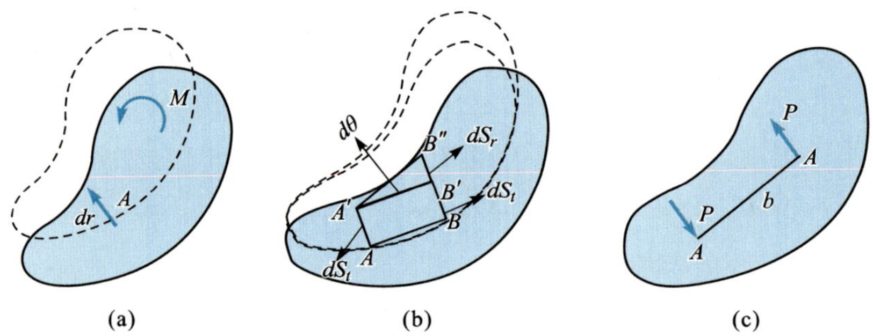

그림 10.4

10.2.3 일과 모멘트의 차이

일과 모멘트의 차원은 동일하나, 완전히 다른 물리량이다. 즉, 일은 동일한 선을 따라 측정된 힘과 거리의 내적(dot product)으로 표시된 스칼라의 값이고 모멘트는 힘과 힘에 직각으로 측정한 거리의 외적(cross product)으로 표시된 벡터의 값이다. 이 두 가지의 값을 명확히 구별하기 위해서 아래의 표 10.1과 같은 단위를 사용한다.

표 10.1

	SI	U.S
일	J	ft−lb
모멘트	N · m	lb · ft

10.2.4 가상일(Virtual Work)

먼저, 작용하는 모든 하중에 의하여 평형상태(즉, 정적인 상태)에 놓여있는 하나의 질점을 생각해 보자.

이러한 시스템에 실제의 놓여있는 상태와는 다른 임의의 아주 작은 변위 $\delta\mathbf{r}$ 을 가정한다. 이 변위는 시스템의 모든 구속조건을 만족해야 하며 이러한 변위를 가상변위(virtual displacement)라고 칭한다. 이 가상이라는 뜻은, 실제로는 존재하지 않지만, 가능한 모든 경우로 가정한다는 뜻이다. 이러한 가상변위 $\delta\mathbf{r}$ 에 의하여 질점에 작용하는 힘 $\mathbf{F}$ 에 의한 일은 가상일이라고 정의하고 다음과 같이 표시된다.

$$\delta U = \mathbf{F} \cdot \delta\mathbf{r} \ \text{ 혹은 } \ \delta U = F\delta r\cos\alpha$$

여기서 α 는 $\mathbf{F}$ 와 $\delta\mathbf{r}$ 사이의 각도이며 $\delta\mathrm{s}$ 는 $\delta\mathbf{r}$ 의 크기이다.

우리가 미소변위에 사용하는 $\mathbf{dr}$ 은 실제로 발생하는 작은 변위를 나타내며 적분이 가능하지만 $\delta\mathbf{r}$ 은 작은 값의 가정된 변위이며 적분이 불가능한 값이다. 또한 가상변위는 물체에 가상회전 $\delta\theta$ 를 발생시키기도 한다. 우력 M 에 의하여 발생할 수 있는 가상일은 다음과 같이 표시할 수 있다.

$$\delta U = M\delta\theta$$

우리는 이 가상일법칙을 이용하여 평형상태에 놓여있는 시스템의 작용력과 반력을 계산할 수 있다.

가상일법칙은 다음과 같이 정의할 수 있다.

질점, 단일 강체 및 이상적인 상태(마찰이 없음)로 연결되고 지지되는 강체계에 작용하는 외력(또는 우력)에 의하여 발생하는 가상일의 크기가 없다면 이것은 평형상태에 놓여있는 것이다. 즉, 다음과 같은 공식으로 표현된다.

$$\delta \mathrm{U} = \sum_{i=1}^{m} \mathbf{F}_i \cdot \delta \mathbf{r}_i + \sum_{j=1}^{n} \mathrm{M}_j \cdot \delta \boldsymbol{\theta}_j = 0$$

10.3 평형상태

10.3.1 질점의 평형상태

그림 10.5는 질점에 여러 개의 서로 다른 크기와 방향의 힘에 의하여 평형상태에 놓여있는 시스템을 보여주고 있다. 만약 질점의 질량을 무시할 수 없다면 무게를 고려해야 한다. 이 평형상태에서 물체가 임의의 가상변위 $\delta\mathbf{r}$을 갖게 된다고 가정하자. 그러면 이 가상변위에 의하여 발생하는 가상일은 다음과 같이 된다.

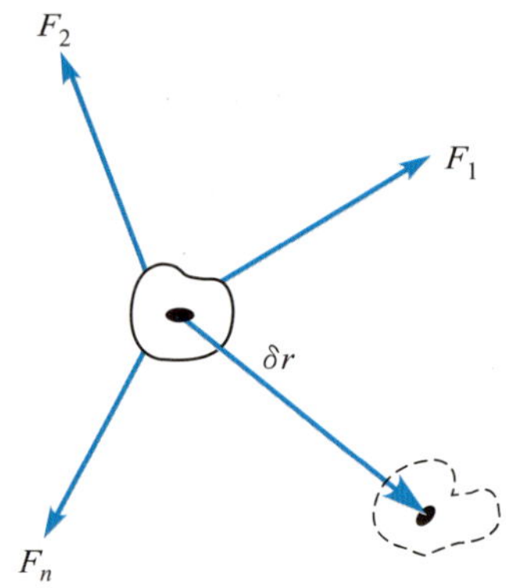

그림 10.5

$$\begin{aligned} dU &= \mathbf{F}_1 \cdot \delta\mathbf{r} + \mathbf{F}_2 \cdot \delta\mathbf{r} + \mathbf{F}_3 \cdot \delta\mathbf{r} + \dots \\ &= \sum \mathbf{F} \cdot \delta\mathbf{r} = \mathbf{R} \cdot \delta\mathbf{r} \end{aligned}$$

여기서 $\mathbf{R}$은 질점에 작용하는 합력을 나타낸다.

$\mathbf{R}$과 가상변위 $\delta\mathbf{r}$을 직교좌표계에 따른 성분값으로 분리하여 표시한 후 정리하면 아래의 공식이 된다.

$$
\begin{aligned}
\delta U &= \mathbf{R} \cdot \delta\mathbf{r} \\
&= (\mathbf{i} \sum F_x + \mathbf{j} \sum F_y + \mathbf{k} \sum F_z) \cdot (\mathbf{i}\, \delta x + \mathbf{j}\, \delta y + \mathbf{k}\, \delta z) \\
&= \sum F_x \delta x + \sum F_x\, \delta y + \sum F_x \delta z = 0
\end{aligned}
$$

위 공식에서 가상변위는 서로가 수직인 좌표축방향으로 임의의 값을 택한 것이므로 평형을 만족하기 위해서는 다음의 조건식을 만족하게 된다.

$$\sum F_x = 0,\ \ \sum F_y = 0,\ \ \sum F_z = 0$$

10.3.2 단일 강체의 평형상태

강체가 평형상태에 있으려면 강체를 구성하는 모든 질점이 평형율 유지하고 있어야 한다. 따라서 가상일법칙에 따라 모든 질점에 작용하는 내력과 외력에 의한 가상일은 영(0)이 되어야 한다. 질점사이의 내력은 서로 크기가 같고 방향이 반대이므로 이 힘에 의한 일은 자연히 영(0)이 되며 오직 외력에 의한 일만 계산하여 나타내면 된다. 강체에 작용하는 모든 외력은 합력 $\mathbf{R}$과 합우력 $\mathbf{M}$으로 표시할 수 있으며 이 외력에 의하여 선형가상변위 $\delta\mathrm{r}$과 회전가상변위에 $\delta\theta$에 의한 가상일은 다음과 같은 공식으로 표현된다.

$$\delta U = \mathbf{R} \cdot \delta\mathbf{r} + \mathbf{M} \cdot \delta\theta$$

위의 공식을 각각의 성분으로 표시하여 나타내면 다음의 공식이 된다.

$$
\begin{aligned}
\delta U &= \mathbf{R} \cdot \delta\mathbf{r} + \mathbf{M} \cdot \delta\theta \\
&= (\sum F_x \mathbf{i} + \sum F_y \mathbf{j} + \sum F_z \mathbf{k}) \cdot (\delta x \mathbf{i} + \delta y \mathbf{j} + \delta z \mathbf{k}) \\
&\quad + (\sum M_x \mathbf{i} + \sum M_y \mathbf{j} + \sum M_z \mathbf{k}) \cdot (\delta\theta_x \mathbf{i} + \delta\theta_y \mathbf{j} + \delta\theta_z \mathbf{k}) \\
&= \sum F_x \delta x + \sum F_y \delta y + \sum F_z \delta z + \sum M_x \delta\theta_x + \sum M_y \delta\theta_y + \sum M_z \delta\theta_z
\end{aligned}
$$

가상일법칙을 적용하면 다음의 조건식을 모두 만족하는 결과를 얻을 수 있다.

$$\sum F_x = 0 \qquad \sum F_y = 0 \qquad \sum F_z = 0$$

$$\sum M_x = 0 \qquad \sum M_y = 0 \qquad \sum M_z = 0$$

예제 10.1

그림 예 10.1(1)과 같이 하중을 받는 보의 경우에 가상일법칙을 적용하여 B점에서의 반력을 계산하라. 단, 보의 무게는 무시한다.

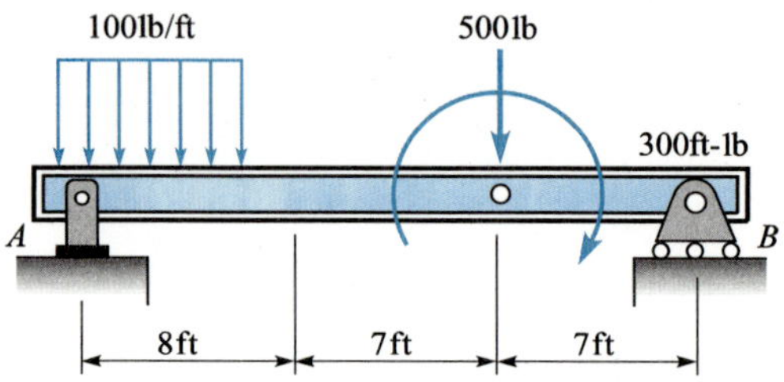

그림 예 10.1(1)

그림 예 10.1(2)는 보의 자유물체도를 보여주고 있다. 여기서 분포하중은 집중하중 800 lb로 대신하여 표시하였다. A점을 고정점으로 하여 보가 시계반대방향으로 가상회전 $\delta\theta$가 발생한다고 가정하면 이때 B, C 및 D점에서 발생하는 가상의 선형변위는 그림 예 10.1(3)에서 보는 바와 같이 각각 $\delta y_B = 22\delta\theta$, $\delta y_C = 15\delta\theta$ 및 $\delta y_D = 4\delta\theta$이다. 이러한 가상변위에 의하여 발생하는 가상일은 각각 다음과 같다.

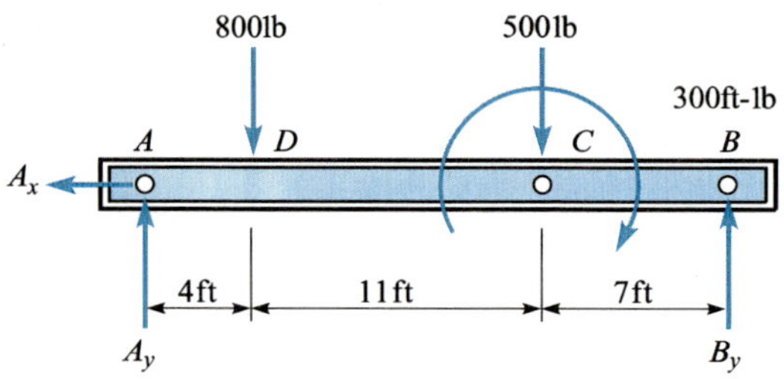

그림 예 10.1(2)

$$\delta U_B = B_y \delta y_B = B_y(22\delta\theta) = 22B_y\delta\theta$$
$$\delta U_C = F_C\delta y_C = -500(15\delta\theta) = -7500\delta\theta$$
$$\delta U_D = F_D\delta y_D = -800(4\delta\theta) = -3200\delta\theta$$
$$\delta U_M = M\delta\theta = -300(\delta\theta) = -300\delta\theta$$

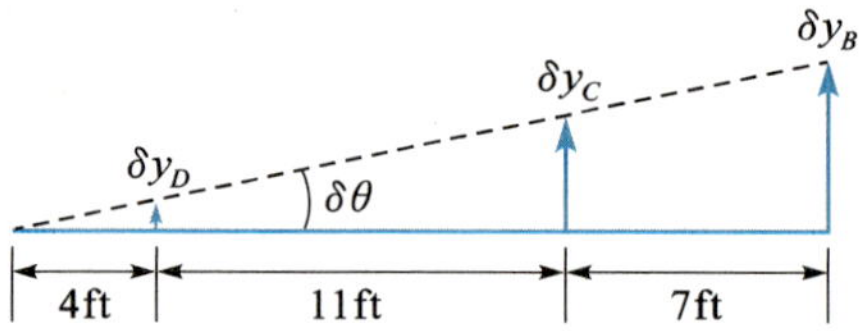

그림 예 10.1(3)

또한 모든 합은 영(0)이 되어야 하므로 다음과 같은 관계식이 성립한다.

$$\delta U_{Total} = (22B_y - 7500 - 3200 - 300)\delta\theta = 0$$

가상회전변위 $\delta\theta$는 영(0)이 아니므로

$22B_y - 7500 - 3200 - 300 = 0$, $B_y = 500$ lb이다(윗방향).

물론 A점을 회전중심으로 한 모멘트평형공식을 이용해도 같은 결과를 얻게 된다.

$$\Sigma M_A = B_y(22) - 500(15) - 300 - 800(4) = 0,\ B_y = 500\ \text{lb}$$

예제 10.2

그림 예 10.2(1)에서와 같이 질량이 100 kg인 막대가 마찰이 없는 바닥과 벽면에 기울어져 있으며 힘 **F**가 B점에 작용하고 있다. 가상일법칙을 적용하여 물체가 평형을 유지하기 위한 힘 **F**의 크기를 계산하라.

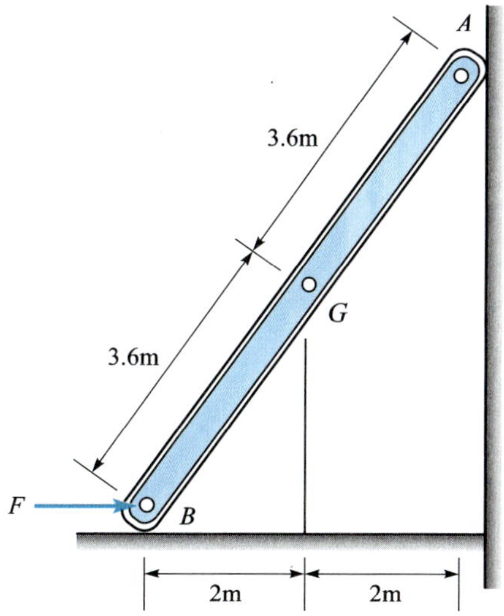

그림 예 10.2(1)

그림 예 10.2(2)는 자유물체도를 보여주고 있으며 그림 예 10.2(c)는 가상변위가 발생한 상태를 보여주고 있다. 여기서 기하학적으로 다음의 관계가 성립한다.

$$(x_B - \delta x_B)^2 + (y_A + \delta y_A)^2 = x_B^2 + y_A^2 = L^2$$

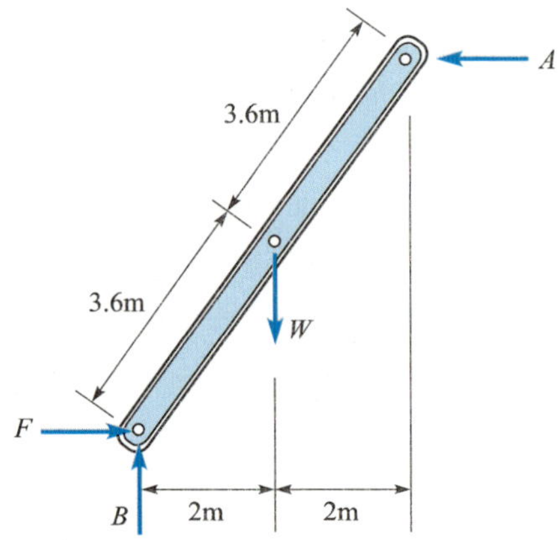

그림 예 10.2(2)

즉 다음과 같다.

$$x_B^2 - 2x_B\delta x_B + \delta x_B^2 + y_A^2 + 2y_A\delta y_A + \delta y_A^2 = x_B^2 + y_A^2$$

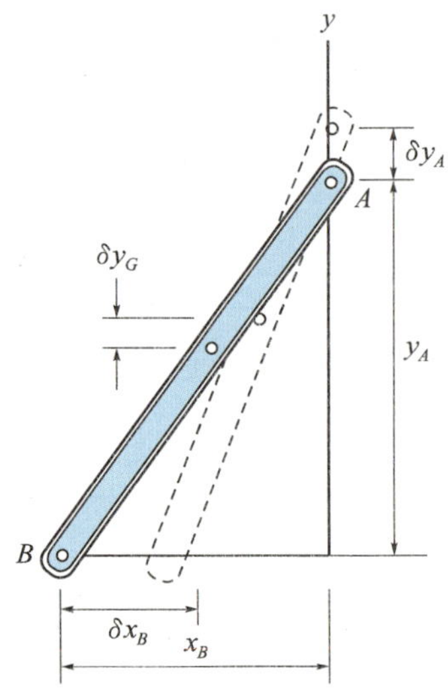

그림 예 10.2(3)

가상변위는 매우 작은 값으로 가정할 수 있으므로 가상변위의 2차항을 무시하여 표시하면 다음과 같이 간략히 할 수 있다.

$$\delta y_A = \frac{x_B}{y_A}\delta x_B$$

또한 막대의 무게중심의 가상변위에 의한 y−방향 성분은 다음과 같다.

$$\delta y_G = \frac{1}{2}\delta y_A = \frac{1}{2}\frac{x_B}{y_A}\delta x_B$$

형상으로부터 다음 값이 결정되며

$$y_A = \sqrt{L^2 - x_B^2} = \sqrt{(7.2)^2 - (4)^2} = 5.987 \text{ m}$$

$$\delta y_G = \frac{1}{2}\frac{4}{5.987}\delta x_B = 0.334\,\delta x_B$$

가상변위동안 힘 A와 B는 일을 발생하지 않으므로 오직 F와 무게 W에 의한 가상일만 생각하면 되고 가상일의 총합은 다음과 같이 된다.

$$\delta U = \delta U_F + \delta U_W = F\delta x_B - 0.334\,W\delta x_B$$
$$= (F - 0.334)\delta x_B = 0$$

그러므로

$$F = 0.334\,W = 0.334(100)(9.81) = 328 \text{ N}$$

예제 10.3

그림 예 10.3(1)에서와 같이 질량이 m이고 길이가 l인 힌지로 연결된 균일막대가 있다. 작용하는 하중이 P인 경우, 평형상태에서의 각도 θ를 계산하라.

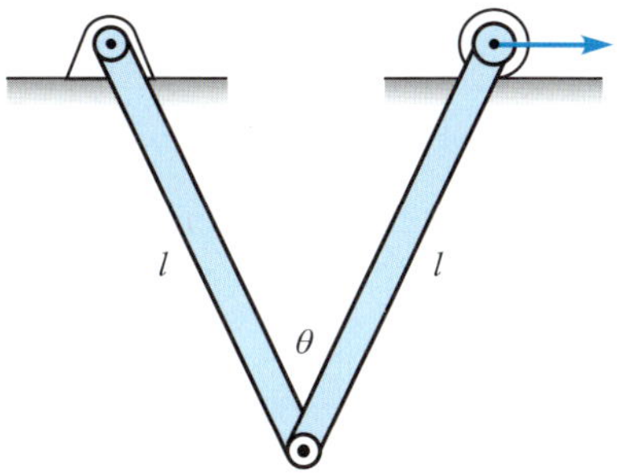

그림 예 10.3(1)

그림 예 10.3(2)와 같이 작용하중 P와 각각의 막대의 중심에 mg의 무게가 작용하는 작용-하중도에서 작용력 이외의 모든 하중은 반력이므로 이 힘들은 가상의 변위 δx 동안에 일을 하지 않는다.

구속조건과 일치하는 방향으로의 가상변위동안에 발생한 모든 외력에 의하여 만들어진 가상일은 0이므로 다음과 같이 기술할 수 있다.

$$\delta U = 0 : P\delta x + 2mg\delta h = 0$$

여기서 발생하는 가상변위를 θ의 함수로 표시되며 다음과 같다.

$$x = 2l\sin\frac{\theta}{2}, \quad \delta x = l\cos\frac{\theta}{2}\delta\theta$$

$$h=\frac{l}{2}\cos\frac{\theta}{2},\quad \delta h=-\frac{l}{4}\sin\frac{\theta}{2}\delta\theta$$

이 공식을 가상일공식에 대입하면

$$Pl\cos\frac{\theta}{2}\delta\theta-2mg\frac{l}{4}\sin\frac{\theta}{2}\delta\theta=0$$

이 식을 정리하면 다음의 관계식이 성립한다.

$$\tan\frac{\theta}{2}=\frac{2P}{mg}\ \text{또는}\ \theta=2\tan^{-1}\frac{2P}{mg}$$

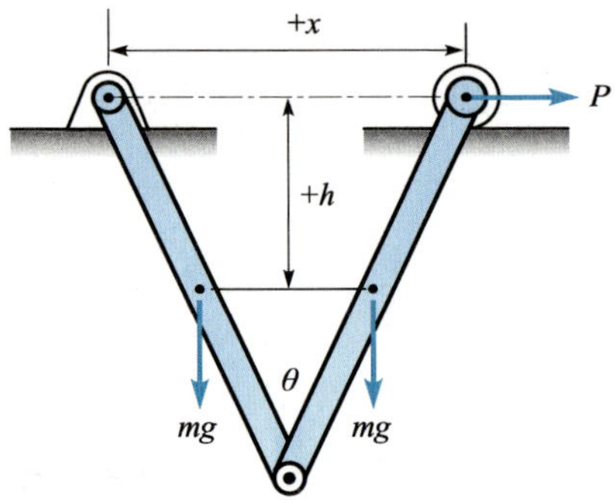

그림 예 10.3(2)

10.4 퍼텐셜 에너지와 안정성(Potential Energy and Stability)

강체를 포함한 모든 변형체에 적용하기 위한 퍼텐셜 에너지를 적용한다.

10.4.1 탄성 퍼텐셜 에너지(탄성에너지)

탄성이란 물체가 외부로부터 힘을 받는 경우 형상이 변하게 되는데 이 힘을 제거하는 경우에 원상태로 돌아가는 성질을 갖고 있음을 나타낸다. 즉, 외부에서 물체에 가한 에너지는 탄성 퍼텐셜 에너지로 물체 내에 축적되어 있다가 원상태로 복원되면서 외부에 일을 해 줄 수 있다.

그림 10.6과 같이 선형탄성(선탄성)인 스프링을 생각해 보자. 선탄성이란 변형길이가 작용하중의 크기에 비례함을 말한다. 작용력은 $F=kx$ 이며 k 는 스프링상수라고 정의한다. 압축을 받는 경우, 스프링에 축적된 선탄성 퍼텐셜 에너지는 스프링에 가해진 일과 같으므로 다음과 같은 공식으로 표현된다.

$$V_e = \int_0^x F\,dx = \int_0^x kx\,dx = \frac{1}{2}kx^2$$

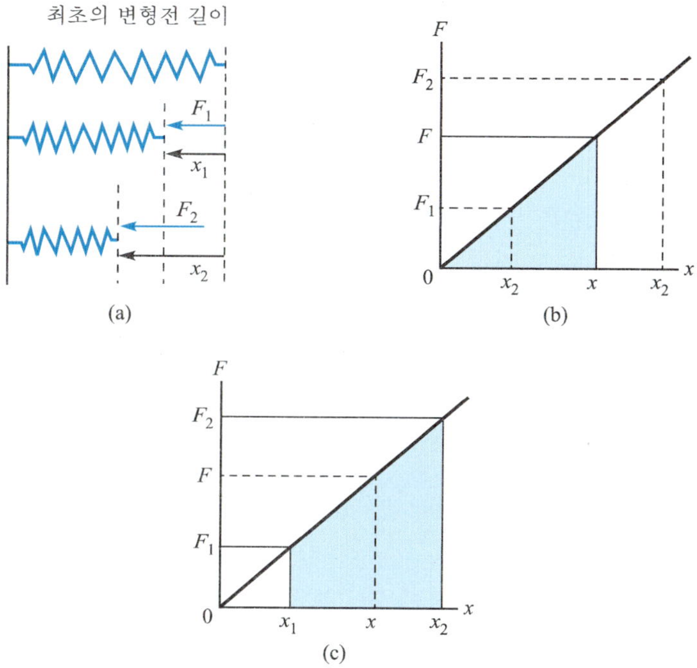

그림 10.6

즉, 스프링의 퍼텐셜 에너지는 $F-x$ 그래프상의 x축을 따른 삼각형의 면적의 크기와 같다. 만약 스프링이 x_1부터 x_2까지 압축이 된다면 퍼텐셜 에너지의 증가량은 다음과 같으며 그래프상의 x_1과 x_2의 수직선에 의하여 이루어지는 사다리꼴의 면적과 같다.

$$\Delta V_e = \int_{x_1}^{x_2} kx\,dx = \frac{1}{2}k\left(x_2^2 - x_1^2\right)$$

스프링의 가상변위 δx 동안에 스프링에 가해지는 가상일은 탄성 퍼텐셜에너지의 가상변화량과 같게 된다.

$$\delta V_e = F\delta x = kx\delta x$$

압축대신에 스프링이 늘어나는 경우에도 같은 관계가 성립하며 다만 변위 x는 음의 값을 갖게 될 뿐이다. 길이방향으로 늘어나는 스프링대신에 비틀림스프링을 사용하는 경우에도 축의 비틀림에 관계되는 비틀림상수(단위 각도를 비틀기 위한 비틀림 모멘트) k_t 를 정의하면 쉽게 적용할 수 있다. 즉, 모멘트는 $M = k_t\,\theta$ 이며 퍼텐셜 에너지는 다음과 같이 성립한다.

$$V_e = \int_0^\theta k_t\,\theta\,d\theta = \frac{1}{2}k_t\,\theta^2$$

10.4.2 중력 퍼텐셜 에너지(위치에너지)

물체에 중력이 작용하여 중력에 의한 일을 다루는 경우, 그림 10.7처럼 위로 가상의 변위 δh 에 의하여 물체는 $\delta U = -mg\,\delta h$ 만큼의 일을 하게 되고(일을 받고 결과적으로 위치가 상승하였다) 반대로 아랫방향으로 δh 만큼 이동하는 경우는 외부로 일을 하게 된다(위치가 감소하였다). 문제의 해석을 용이하게 하기 위하여 임의의 기준위치를 잡고 그에 비교하여 높낮이에 따른 중력 퍼텐셜 에너지를 정의하면 다음과 같다.

$$V_g = mgh$$

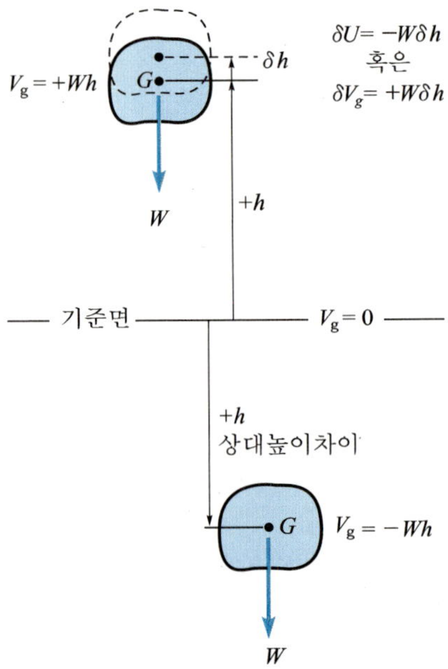

그림 10.7

또한 이에 따른 중력 퍼텐셜 에너지의 가상변화는 아래와 같다.

$$\delta V_g = mg\delta h$$

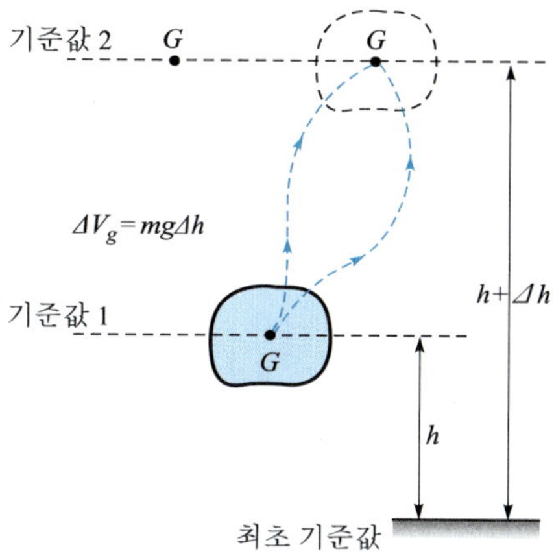

그림 10.8

10.4.3 에너지 방정식

스프링에 의한 일은 축적된 탄성 에너지의 반대 부호값이 되고 중력에 의한 일도 위치에너지의 반대 부호값이 된다. 만약 중력장 내에서 무게가 고려되는 스프링이 수직으로 매달려서 압축변화와 위치변화를 동시에 생각해야 한다면 스프링힘과 무게에 의한 일 $-(\delta V_e + \delta V_g)$와 그 외의 모든 외력에 의한 가상일 $\delta U'$을 전체 가상일로 생각하여 공식에 대입할 수 있다. 즉, 다음의 관계가 성립한다.

$$\delta U' - (\delta V_e + \delta V_g) = 0 \text{ 또는 } \delta U' = \delta V$$

여기서 $V = V_e + V_g$이며 시스템의 전체 퍼텐셜 에너지라고 칭한다. 즉, 시스템의 퍼텐셜 에너지의 가상변화량은 외력에 의한 가상 일 변화량과 같다.

10.4.4 평형상태의 안정성

외력에 의한 일의 발생은 없고 오직 탄성 및 중력 퍼텐셜 에너지의 변화만 존재하는 경우에는 다음과 같이 된다.

$$\delta(V_e + V_e) = 0 \text{ 또는 } \delta V = 0$$

위의 공식은 시스템이 평형상태에 놓여있는 경우에는 항상 만족해야 한다. 위의 조건을 나타내는 수학적 공식은 다음과 같이 표현된다.

$$\frac{dV}{dx} = 0$$

비록 지금은 평형상태이지만 약간의 변화가 발생하는 경우 시스템이 안정상태로 다시 돌아갈지 혹은 불안정상태로 갈지에 대한 판단이 매우 중요한 경우가 있다. 그림 10.8은 그 예를 보여주고 있다. 여기서 나타나는 상태를 수학적으로 표시하면 다음과 같은 공식을 만족하게 된다.

$$\text{평 형}: \frac{dV}{dx} = 0 \qquad \text{안 정}: \frac{d^2V}{dx^2} > 0 \qquad \text{불안정}: \frac{d^2V}{dx^2} < 0$$

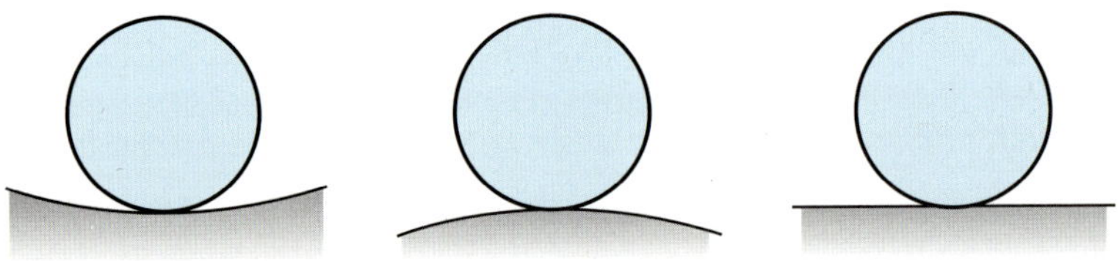

(a) 안정 (b) 불안정 (c) 평형(중립)

그림 10.9

예제 10.4

그림 예 10.4(1)과 같이 길이가 각각 2 ft인 2개의 막대에 100 lb의 추가 매달려있다. θ가 30^o인 상태에서 평형을 유지하고 있기 위한 스프링상수 k를 계산하라. 막대의 질량은 무시하고 $\theta = 0^o$에서 스프링이 초기상태(늘어나지 않음)라고 가정한다. 또한 이 시스템이 안정한지를 보여라.

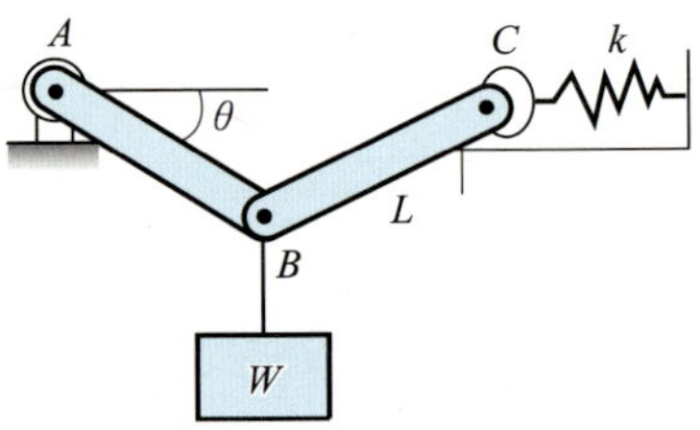

그림 예 10.4(1)

그림 예 10.4(2)의 자유물체도로부터 다음과 같음을 알 수 있다.

$$y_B = -L\sin\theta,\quad x_C = 2L\cos\theta$$

$\theta = 0°$를 기준점으로 한 추의 중력 퍼텐셜에너지와 스프링의 탄성 퍼텐셜에너지 및 총합은 다음과 같게 된다.

$$V_W = W_{y_B} = W(-L\sin\theta) = -WL\sin\theta$$

$$V_s = \frac{1}{2}ks^2 = \frac{1}{2}k(2L - x_C)^2$$

$$= \frac{1}{2}k(2L - 2L\cos\theta)^2 = 2kL^2(1-\cos\theta)^2$$

$$V = V_W + V_s = -WL\sin\theta + 2kL^2(1-\cos\theta)^2$$

평형조건을 계산하기 위해서 총합에너지를 1차미분하면 다음과 같으며

$$\frac{dV}{d\theta} = -WL\cos\theta + 4kL^2(1-\cos\theta)\sin\theta = 0$$

이에 따른 스프링상수 k를 계산한다.

$$k = \frac{W}{4L(1-\cos\theta)\tan\theta} = \frac{100}{4(2)(1-\cos 30^o)\tan 30^o} = 161.6\ \text{lb/ft}$$

또한 안정성을 알기 위하여 2차 미분을 하면 다음과 같다.

$$\frac{d^2V}{d\theta^2} = WL\sin\theta + 4kL^2\cos\theta + 4kL^2\sin^2\theta - 4kL^2\cos^2\theta$$

무게 100 lb, 길이 2 ft, 161.6 lb/ft의 스프링상수 및 $\theta = 30^o$을 적용하면

$\dfrac{d^2V}{d\theta^2} = 1046 > 0$이다.

그러므로 이 시스템은 안정된 상태이다.

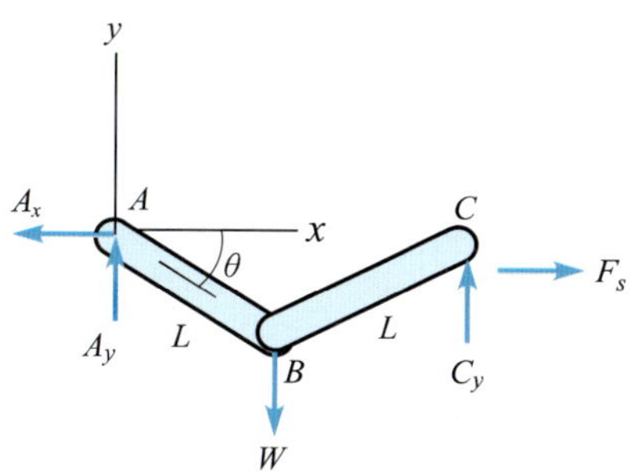

그림 예 10.4(2)

예제 10.5

그림 예 10.5에서와 탄성계수가 2 kN/m 인 스프링에 질량이 10 kg인 추가 매달려 있다. 이 계의 포텐셜에너지 V가 평형상태에서 최소가 되며 안정한 상태인지를 보여라.

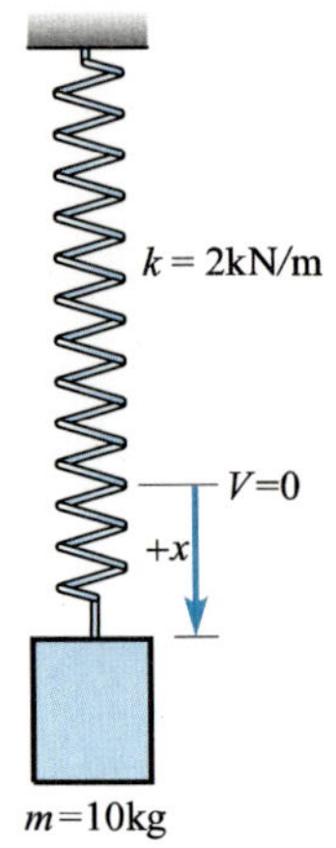

그림 예 10.5(1)

스프링이 늘어지지 않은 상태의 위치에서 포텐셜에너지를 0으로 정한다.
임의의 위치 x에서 탄성 포텐셜에너지는 $V_e = \frac{1}{2}kx^2$이고 중력 포텐셜에너지(위치에너지)는 $V_g = -mgx$이다. 그러므로 전체포텐셜에너지는 다음과 같다.

$$V = V_e + V_g \qquad V = \frac{1}{2}kx^2 - mgx$$

다음의 공식을 만족해야 평형에 도달하게 된다.

$$\frac{dV}{dx} = 0 \qquad \frac{dV}{dx} = kx - mg = 0 \qquad x = \frac{mg}{k}$$

이 예제에서 우리는 쉽게 이 평형상태가 안정한 경우인 것을 알 수 있지만, V의 2차 미분값을 계산해서 증명해보는 것이 좋다.

$$\frac{d^2V}{dx^2} = k > 0$$

실제의 수치값을 사용해서 계산해 보면,

$$V = \frac{1}{2}(2000)x^2 - 10(9.81)x \text{ (joules)}$$

평형상태에서 x의 값은 다음과 같다.

$$x = 10(9.81)/2000 = 0.0490 \text{ m} = 49.0 \text{ mm}$$

위의 공식을 보면 $x = 49$ mm에서 포텐셜에너지가 최소값임을 쉽게 알 수 있다.

예제 10.6

그림 예 10.6에서와 같이 질량이 m인 균일막대의 양 끝이 수평 및 수직으로 자유롭게 움직일 수 있다. $x=0$에서 스프링이 자유상태인 경우 평형위치를 계산하라.

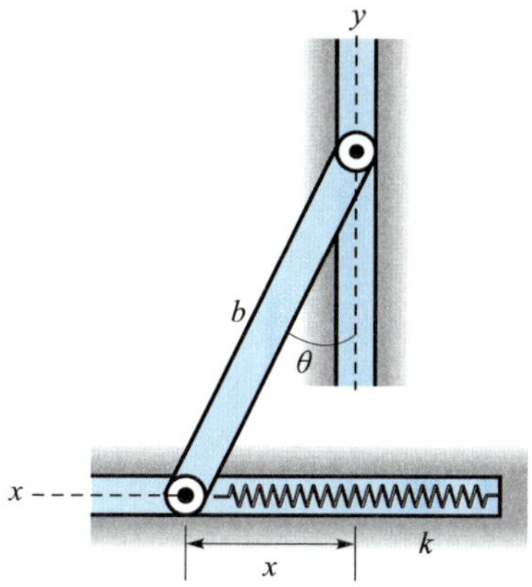

그림 예 10.6

이 시스템에 작용하는 에너지는 탄성포텐셜과 중력포텐셜뿐이다. 각각 다음과 같다.

$$V_e = \frac{1}{2}kx^2 = \frac{1}{2}kb^2\sin^2\theta \qquad V_g = mg\frac{b}{2}\cos\theta$$

전체포텐셜에너지는 다음과 같다.

$$V = \frac{1}{2}kb^2\sin^2\theta + \frac{1}{2}mgb\cos\theta$$

다음의 조건을 만족할 때 평형이 된다.

$$\frac{dV}{d\theta} = kb^2\sin\theta\cos\theta - \frac{1}{2}mgb\sin\theta = \left(kb^2\cos\theta - \frac{1}{2}mgb\right)\sin\theta = 0$$

즉 $\sin\theta = 0$ 또는 $\cos\theta = \dfrac{mg}{2kb}$

각각의 평형조건에 대하여 포텐셜에너지의 2차미분을 계산하여 안정성을 결정할 수 있다.

$$\frac{d^2V}{d\theta^2} = kb^2(\cos^2\theta - \sin^2\theta) - \frac{1}{2}mgb\cos\theta = kb^2(2\cos^2\theta - 1) - \frac{1}{2}mgb\cos\theta$$

(a) $\sin\theta = 0 (=> \theta = 0)$ 인 경우

$$\frac{d^2V}{d\theta^2} = kb^2\left(1 - \frac{mg}{2kb}\right) = \text{안정 if } k > mg/2b = \text{불안정 if } k < mg/2b$$

즉 스프링이 매우 강하다면 막대는 수직의 위치로 돌아간다.

(b) $\cos\theta = \dfrac{mg}{2kb}\left(=> \theta = \cos^{-1}\dfrac{mg}{2kb}\right)$ 인 경우

$$\frac{d^2V}{d\theta^2} = kb^2\left[2\left(\frac{mg}{2kb}\right)^2 - 1\right] - \frac{1}{2}mhb\left(\frac{mg}{2kb}\right) = kb^2\left[\left(\frac{mg}{2kb}\right)^2 - 1\right]$$

즉 위의 값은 항상 음이므로 불안정한 상태를 갖게 된다.

chapter 10 연습문제

10.1 그림과 같이 C점에 200 N의 하중이 작용하는 기구가 $\theta=30°$일 때 평형을 유지하기 위한 지점 B에서의 수평반력 B_x를 가상일법칙을 적용하여 구하라. 기구의 무게는 무시한다.

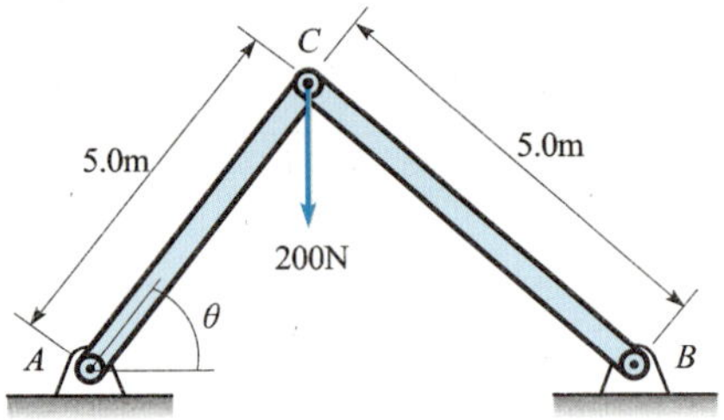

10.2 그림과 같은 캔틸레버보에 100 N/m의 등분포하중이 작용하고 있을 때는 지점 A의 반력을 가상일법칙을 적용하여 구하라. 보의 자중은 무시한다.

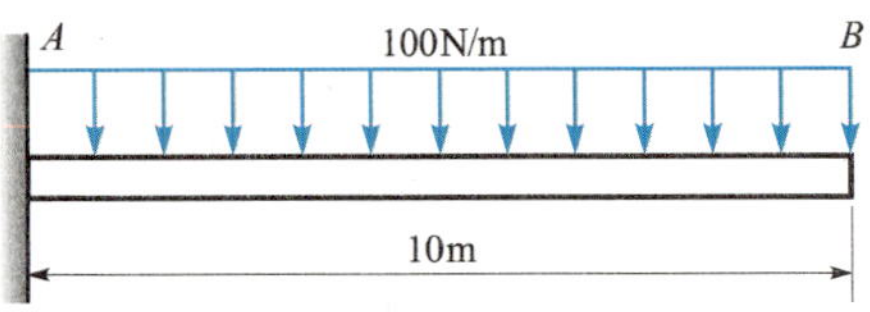

10.3 다음 그림에 나타나 있는 두 요소 링크 기구가 평형을 이루기 위한 각 θ를 구하라.
각 요소의 질량은 10 kg이다.

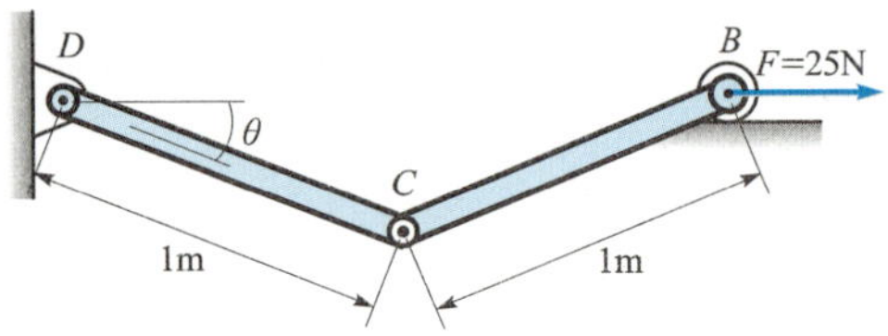

10.4 다음그림과 같은 기구가 평형을 유지하는데 필요한 각 θ를 구하라. 링크의 무게는 무시한다. $\theta=0°$일 때 스프링은 늘어나지 않은 원래의 상태이며 롤러에 의하여 항상 수평 상태를 유지한다.

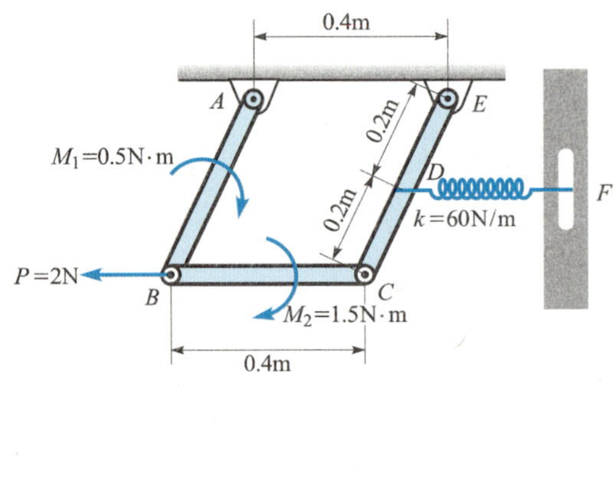

10.5 다음 그림에 나타나 있는 링크 기구의 평형 위치를 구하라. 링크의 무게는 무시한다.

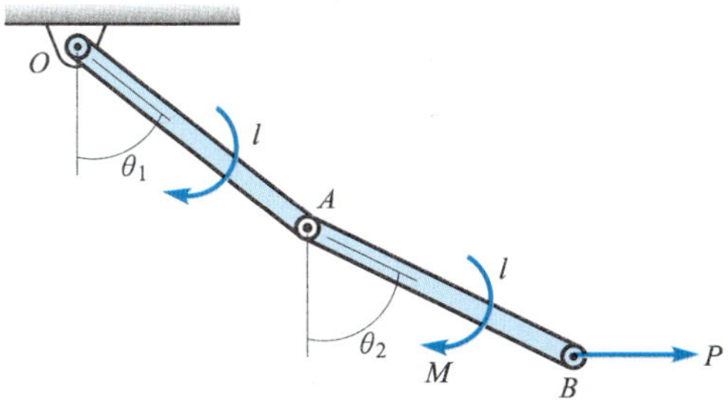

1. 일반적 형상을 갖는 체적의 도심
2. 일반적 모양의 면적의 도심
3. 일반형상면적의 성질
4. 단위환산표

STATICS

부 록

1. 일반적 형상을 갖는 체적의 도심

1) 직육면체(Rectangular Prism)

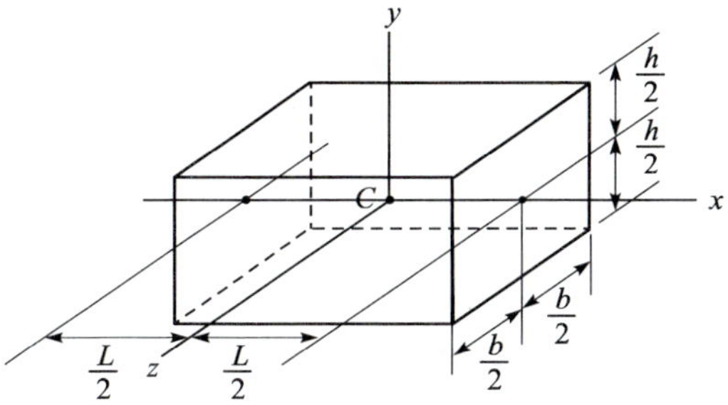

$$V = bhL$$

2) 원통(Cylinder)

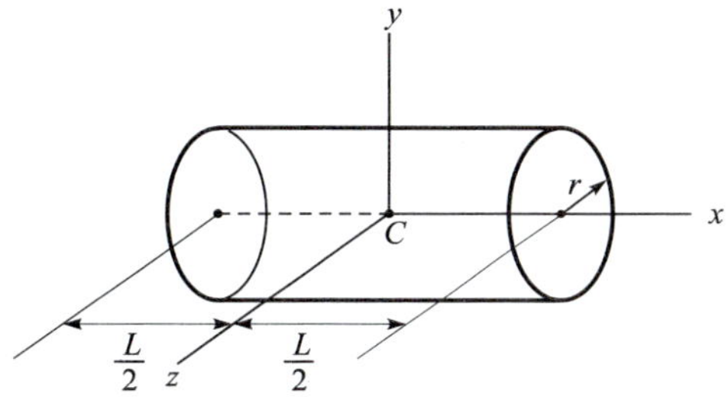

$$V = \pi r^2 L$$

3) 구(Sphere)

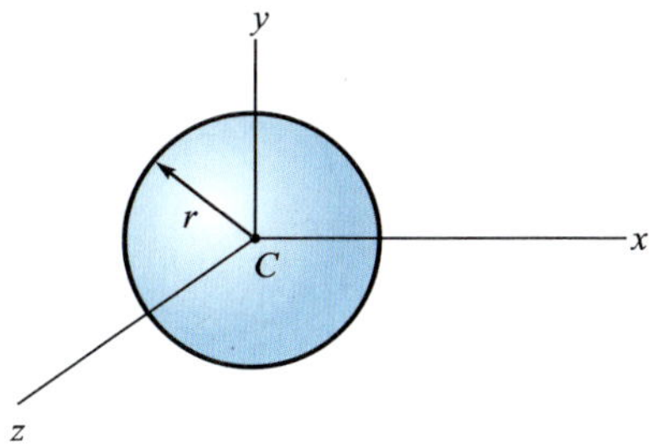

$$V = \frac{4}{3}\pi r^3$$

4) 반구(Hemisphere)

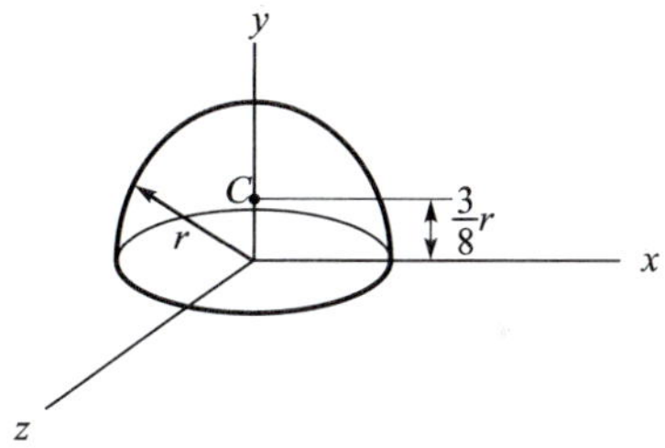

$$V = \frac{2}{3}\pi r^3$$

5) 반원판(Semicircular Disk)

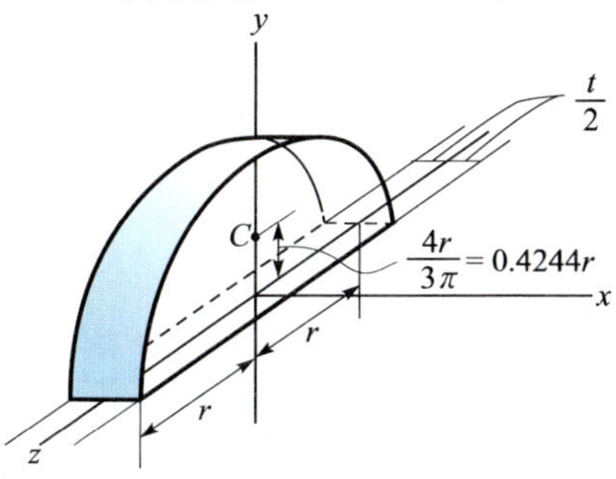

$$V = \frac{1}{2}\pi r^2 t$$

6) 원추(Circular Cone)

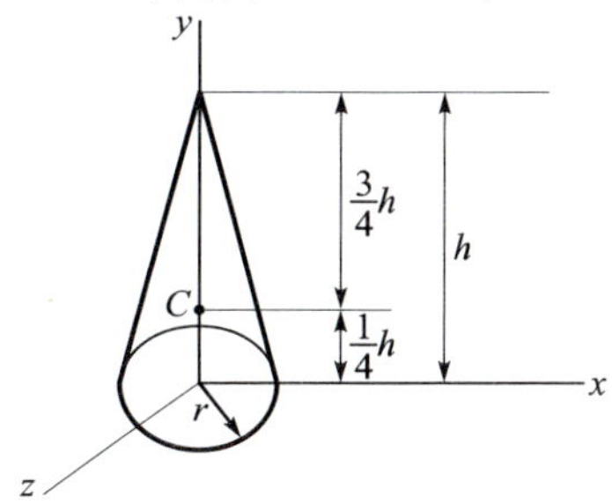

$$V = \frac{1}{3}\pi r^2 h$$

2. 일반적 모양의 면적의 도심

1) 직사각형

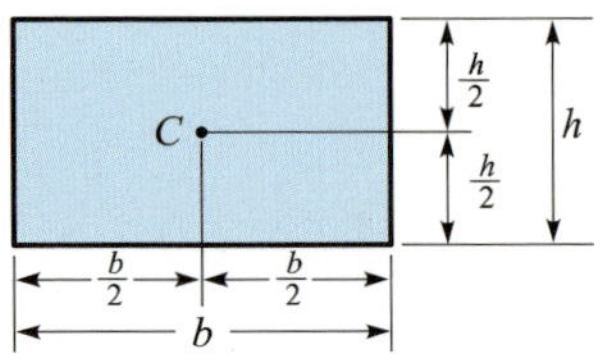

$$A = bh$$

2) 삼각형

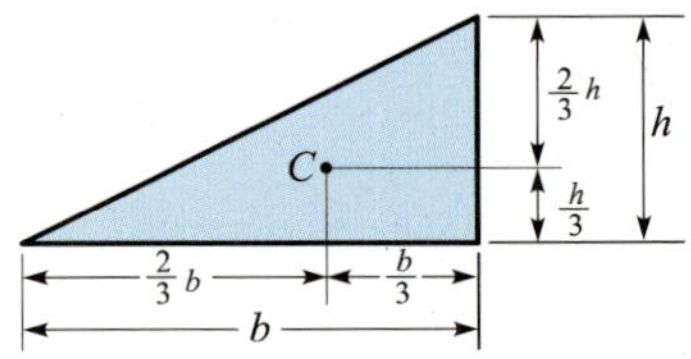

$$A = \frac{1}{2}bh$$

3) 원

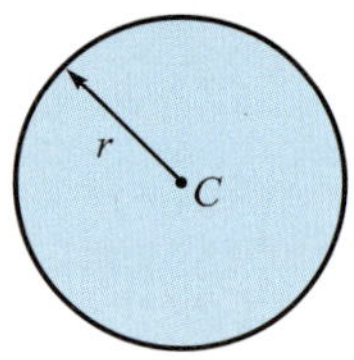

$$A = \pi r^2$$

4) 반원

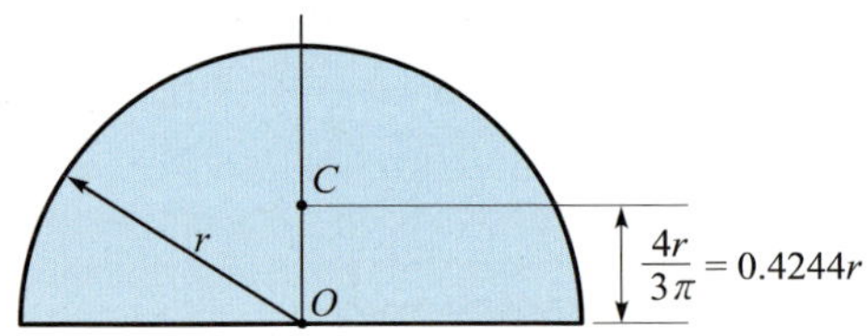

$$A = \frac{1}{2}\pi r^2$$

5) 4분원

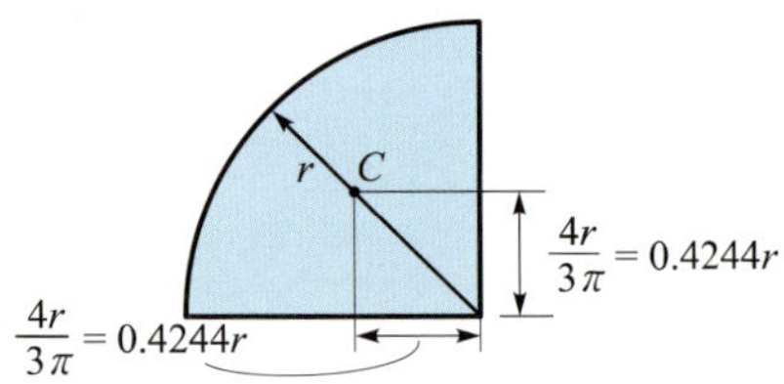

$$A = \frac{1}{4}\pi r^2$$

6) 부채꼴

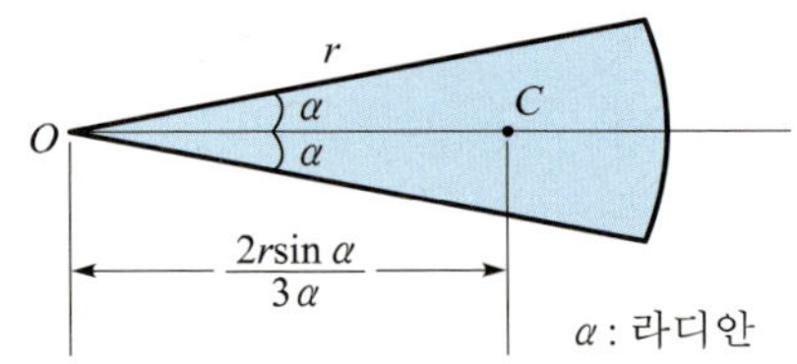

$$A = \alpha r^2$$

7) 포물면적

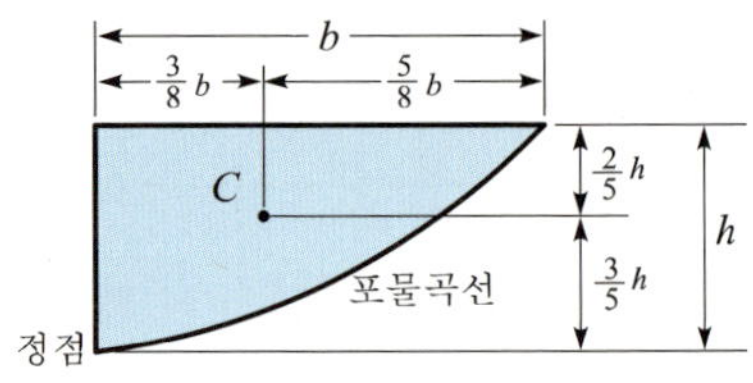

$$A = \frac{2}{3}bh$$

8) 포물형 스팬드럴

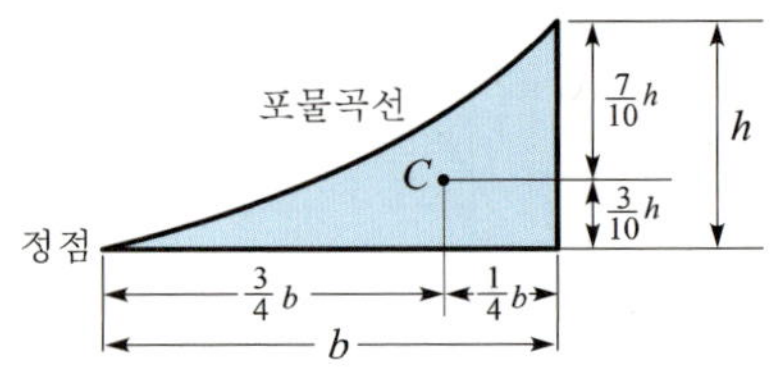

$$A = \frac{1}{3}bh$$

3. 일반형상면적의 성질

1) 직사각형

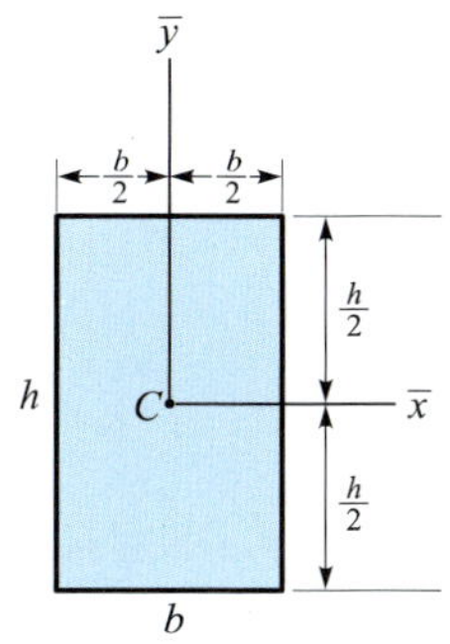

$$A = bh$$
$$\bar{I}_x = \frac{1}{12}bh^3$$
$$\bar{I}_y = \frac{1}{12}b^3h$$
$$\bar{J} = \frac{1}{12}bh(h^2+b^2)$$
$$\bar{r}_x = \frac{h}{\sqrt{12}}$$
$$\bar{r}_y = \frac{b}{\sqrt{12}}$$

2) 삼각형

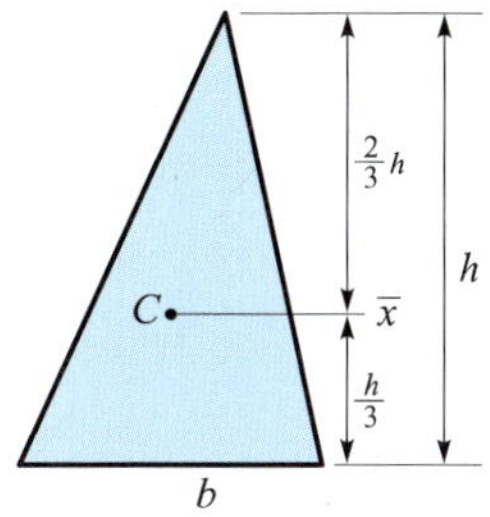

$$A = \frac{1}{2}bh$$
$$\bar{I}_x = \frac{1}{36}bh^3$$
$$\bar{r}_x = \frac{h}{\sqrt{18}}$$

3) 원

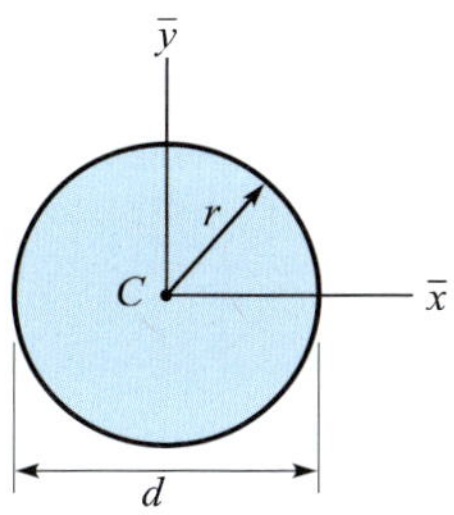

$$A = \frac{1}{4}\pi d^2 = \pi r^2$$
$$\bar{I}_x = \bar{I}_y = \frac{1}{64}\pi d^4 = \frac{1}{4}\pi r^4$$
$$\bar{J} = \frac{1}{32}\pi d^4 = \frac{1}{2}\pi r^4$$
$$\bar{r}_x = \bar{r}_y = \frac{1}{4}d$$

4) 원환

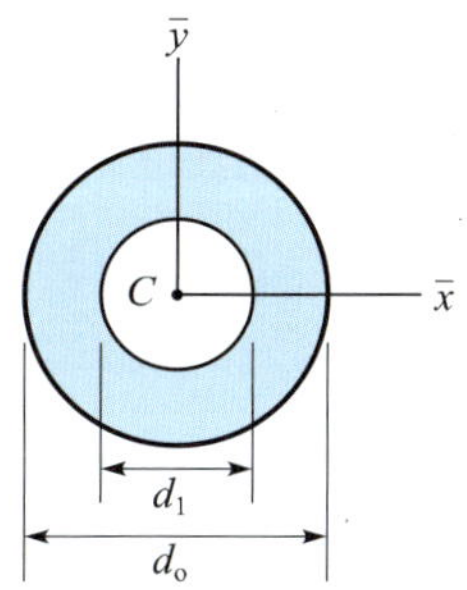

$$A = \frac{1}{4}\pi(d_0^2 - D_1{}^2)$$
$$\bar{I}_x = \bar{I}_y = \frac{1}{64}\pi(d_0{}^4 - D_1{}^4)$$
$$\bar{J} = \frac{1}{32}\pi(d_0{}^4 - D_1{}^4)$$
$$\bar{r}_x = \bar{r}_y = \frac{1}{4}\sqrt{(d_0{}^2 + D_1{}^4)}$$

5) 반원

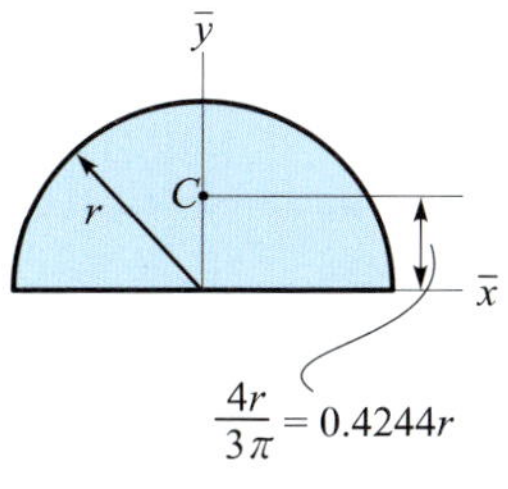

$$A = \frac{1}{2}\pi r^2$$
$$\bar{I}_x = 0.1098r^4$$
$$\bar{I}_y = I_x = \frac{1}{8}\pi r^4$$
$$\bar{J} = 0.5025r^4$$
$$\bar{r}_x = 0.2644r$$
$$\bar{r}_y = r_x = \frac{1}{2}r$$

6) 4분원

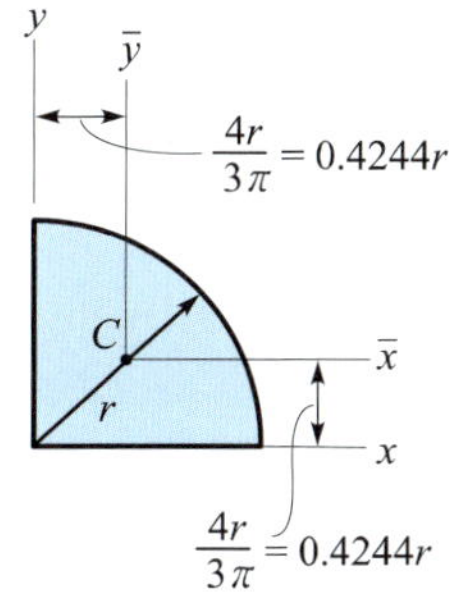

$$A = \frac{1}{4}\pi r^2$$
$$\bar{I}_x = 0.0549r^4$$
$$\bar{I}_y = I_x = \frac{1}{16}\pi r^4$$
$$\bar{J} = 0.1098r^4$$
$$\bar{r}_x = \bar{r}_y = 0.2644r$$
$$r_x = r_y = \frac{1}{2}r$$

4. 단위환산표

	US 단위	US 단위를 SI 단위로 환산할 때의 공식		
길이	inch	1 in	=	25.40 mm
	foot	1 ft	=	0.3048 m
	mile	1 mi	=	1.609 km
면적	square inch	1 in^2	=	645.2 mm^2
	square foot	1 ft^2	=	0.0929 m^2
부피	cubic inch	1 in^3	=	16.39(10(3)) mm^3
	cubic foot	1 ft^3	=	0.02832 m^3
	gallon	1 gal	=	3.785 L
속력	inch per second	1 in/s	=	0.0254 m^3
	foot per second	1 ft/s	=	0.3048 m^3
	mile per hour	1 mi/h	=	1.609 km/h
가속력	inch per square second	1 in/s^2	=	0.0254 m/s^2
	foot per square second	1 ft/s^2	=	0.3048 m/s^2
질량	slug	1 slug	=	14.59 kg
2차관성모멘트	inch to fourth power	1 in^4	=	0.4162(10^6) mm^4
힘	pound	1 lb	=	4.448 N
분포하중	pound per foot	1 lb/ft	=	14.59 N/m
압력(응력)	pound per square inch	1 psi	=	6.895 Kpa
	kilo pound per square inch	1 ksi	=	6.895 Mpa
모멘트	foot pound	1 ft−lb	=	1.356 N−m
일(에너지)	foot pound	1 ft−lb	=	1.356 J
일률	foot pound per second	1 lb−ft/s	=	1.356 W
	horse power	1 hp	=	745.7 W

	SI 단위	SI 단위를 US 단위로 환산할 때의 공식
길이	meter	$1\ m = 39{,}37\ in$
		$1\ m = 3{,}281\ ft$
	kilo meter	$1\ km = 0{,}6214\ mi$
면적	square meter	$1\ m^2 = 1550\ in^2$
		$1\ m^2 = 10{,}76\ ft^2$
부피	cubic milli meter	$1\ mm^3 = 61{,}02(10^{-6})\ in^3$
	cubic meter	$1\ m^3 = 35{,}31\ ft^3$
	liter	$1L = 0{,}2642\ gal$
속력	meter per second	$1\ m/s = 39{,}37\ in/s$
		$1\ m/s = 3{,}281\ ft/s$
	kilo meter per hour	$1\ km/h = 0{,}6214\ mi/h$
가속력	meter per square second	$1\ m/s^2 = 39{,}37\ in/s^2$
		$1\ m/s^2 = 3{,}281\ ft/s^2$
질량	kilogram	$1\ kg = 0{,}06854\ slug$
2차관성모멘트	milli meter to fourth power	$1\ mm^4 = 2{,}402(10^{-6})\ in^4$
힘	newton	$1\ N = 0{,}2248\ lb$
분포하중	kilo newton per meter	$1\ kN/m = 68{,}54\ lb/ft$
압력(응력)	kilo pascal	$1\ kpa = 0{,}1450\ psi$
	mega pascal	$1\ Mpa = 145{,}0\ psi$
모멘트	newton meter	$1\ N-m = 0{,}7376\ ft-lb$
일(에너지)	joule	$1\ J = 0{,}7376\ ft-lb$
일률	watt	$1\ W = 0{,}7376\ ft-lb/s$
	kilo watt	$1\ kW = 1{,}341\ hp$

연습문제 해답

chapter 1 역학의 기본개념 이해

1.1 $W = 7.36$ kN

1.2 686 N, 154.21 lb, 5 ft 9 in

1.3 111.11 m / sec

1.4 30.58 mi / gal

1.5 32.19 ft / s^2

1.6 206.85 kPa

1.7 2402.30 kg/m^3

1.8 (a) $\frac{\pi}{6}$ (b) $\frac{\pi}{4}$ (c) $\frac{7\pi}{18}$ (d) $\frac{13\pi}{18}$ (e) 0.0943
(f) 36° (g) 60° (h) 1.34°

1.9 (a) 유효자리 : 5자리 (b) 유효자리 : 5자리
(c) 유효자리 : 3자리 (d) 유효자리 : 2자리

1.10 (a) 23.4 MN (b) 3.54 km (c) 7.86 μg

1.11 2.444

1.12 $K.E = \frac{[ML/T^2]\ [L/T]}{[L/T^2]} = [ML/T]$

chapter 2 힘의 특성과 효과

2.1 $\vec{F} = (21.65\,i + 12.5\,j)$ kN

2.2 $\vec{F} = (-320\,i + -240\,j)$ lb

2.3 $\vec{F} = (192.84\,i - 229.81\,j)$ N

2.4 $R = 116.62$ lb, $\theta = 30.96°$

2.5 $R = 162.79$ kN, $\theta = 47.49°$

2.6 $R = 14.80$ kN, $\theta = 23.36°$

2.7 $R = 26.20$ kips, $\theta = -57.34°$

2.8 $R = 7.17$ kN, $\theta = 13.06°$

2.9 $M_A = 100$ kN · m (↻)

2.10 $M_A = 22.88$ m · lb (↺)

2.11 $M_B = 5.374$ kN · m (↺)

2.12 $M_O = 2332.05$ m · lb (↺)

2.13 $M_B = 228.56$ kN · m (↺),
$M_O = 128.56$ kN · m (↺)

2.14 D = 4.53 in, M = 453 lb · in (↺)

2.15 D = 0.20 m, M = 68.74 N · m (↺)

2.16 M = 205 N · m (↺), $\theta = 168.69°$

2.17 $D_R = 655$ mm, R = 1000 N (↑)

2.18 $D_R = 593.18$ mm, R = 275 N (←)

2.19 $x_R = 49.1$ mm, $y_R = 252.6$ mm

2.20 $R = 694.62$ N, C = M = 382.01 N · m

chapter 3 평면력계의 평형

3.1

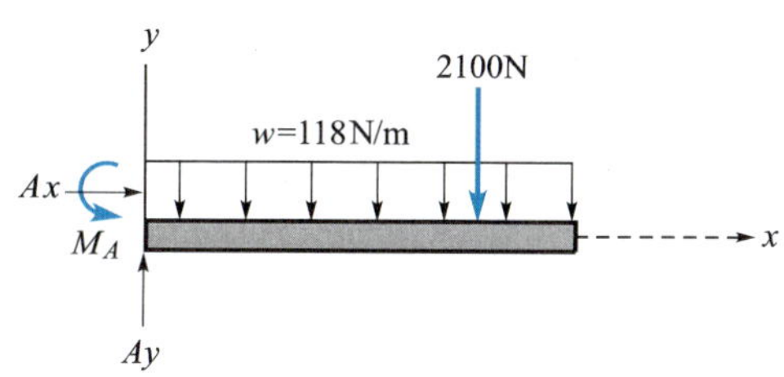

자유물체도 1

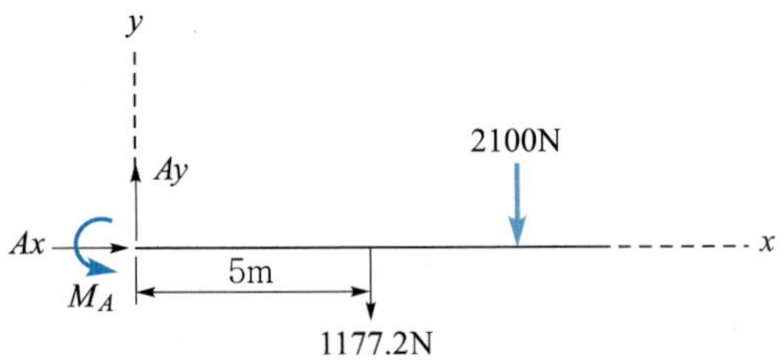

자유물체도 2

3.2 자유물체도

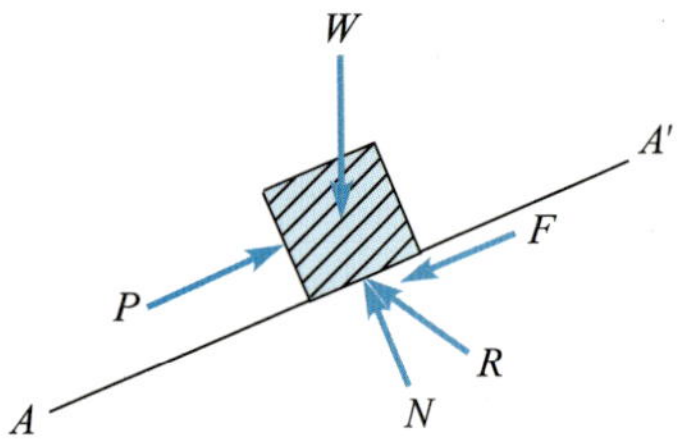

3.3 $\theta = 31°$

3.4 가장 큰 반력이 생기는 지점은 B점이다.
$(R_B = 8.75\text{ tf}\uparrow)$

3.5 $F_C = 16\text{ kN},\ F_B = 28\text{ kN}$

3.6 $R_A = 42\text{ tf}(\uparrow)$

3.7 $S_{BL} = -26.81\text{ tf},\ S_{BR} = 32.64\text{ tf}$
$R_B = S_{BR} - S_{BL} = 59.45\text{ tf}$

3.8 $F_1 + F_2 = 21.18\text{ kgf}$

3.9 $\theta = 36.8°$

3.10 $P = 30.64\text{ tf}$

3.11 $F_2 = 900\text{ kgf}$

3.12 $\overline{AB} = 7\text{ kgf}$

3.13 $A_x = 27.35\text{ kN},\ A_y = 5.97\text{ kN},\ T = 29.11\text{ kN}$

3.14 $A_y = 2.14\text{ kN},\ B_y = 57.86\text{ kN}$

3.15 $\theta = 35.3°,\ F = 5.88\text{ kN}$

3.16 $\theta = 41.6°,\ F = 11.35\text{ kN}$

3.17 $F_{BC} = 2.59\text{ kN},\ F_{AC} = 1.92\text{ kN}$

3.18 $T = 9.90\text{ kN},\ C = 2.40\text{ kN}$

3.19 $M_E = 450\text{ kN}\cdot\text{m},\ E_x = 120\text{ kN},\ E_y = 220\text{ kN}$

3.20 $R_B = 5.31\text{ kN},\ R_A = 5.69\text{ kN}$

3.21 $F_{AC} = 1.31\text{ kN},\ F_{AB} = 23.52\text{ kN}$

3.22 $P > 3000 \times \dfrac{0.4}{0.3} = 4000\text{ N}$

3.23 $A_x = 171.68\text{ kgf}(\leftarrow),\ A_y = 44.15\text{ kgf}(\uparrow),$
$B_x = 171.68\text{ kgf}(\rightarrow)$

3.24 $R_A = 396.5\text{ N}$

3.25 $R_B = 22.5\text{ tf}(\uparrow)$

3.26 $R_B = 27\text{ tf}(\uparrow)$

3.27 $H_A = 4.2\text{ tf}$

3.28 $R_B = 2.667\text{ tf}(\uparrow)$

3.29 $R_B = 37.81\text{ tf}(\uparrow)$

3.30 $R_A = 4.8\text{ tf}(\uparrow)$

3.31 $R_A = 5.357\text{ tf}(\downarrow)$

3.32 $R_B = 150\text{ kgf}(\uparrow),\ R_A = 350\text{ kgf}(\uparrow)$

3.33 $F_1 = 81.96\text{ N},\ F_2 = 57.96\text{ N}$

chapter 4 공간력계의 평형

4.1 $\theta_x = 64.6°,\ \theta_y = 106.6°,\ \theta_z = 31°$

4.2 $F = 433i + 250j - 250\text{ k[N]}$

4.3 $\theta_x = 108.9°,\ \theta_y = 60.9°,\ \theta_z = 144.2°$
$F_x = -20\text{ kN},\ F_y = 29\text{ kN},\ F_z = -49\text{ kN}$

4.4 $F_{xz}=383\text{ N}$, $F_x=331.7\text{ N}$,
$F_y=321.4\text{ N}$ $F_z=191.5\text{ N}$

4.5 $M=M_1+M_2+M_3=(-121.2)i+(60.8)j+(25.6)k$

4.6 $F_x=-433\text{ N}$, $F_y=250\text{ N}$

4.7 $F=1451\text{ N}$, $F_x=832.2\text{ N}$, $F_z=-1025.9\text{ N}$

4.8 $F_1=692.8\text{N}$, $F_4=100\text{N}$

4.9 $F=\dfrac{500}{\cos 66.2°}=1239\text{ N}$

4.10 $\theta_x=74.2°$, $\theta_y=47.1°$, $\theta_z=132.9°$
$F_x=27.2\text{N}$, $F_y=68\text{N}$, $F_z=-68\text{N}$

4.11 $AC=777.9\text{N}$, $BC=-595.9\text{ N}$

4.12 $P=3.66\text{ kN}$, $Q=11.55\text{ kN}$

4.13 $F_x=173.21\text{N}$, $F_y=100\text{ N}$, $F_z=173.2\text{N}$

4.14 $\theta_x=71°$, $\theta_y=119.2°$, $\theta_z=35.6°$

4.15 $|R_o|=563.9\text{ N}$

4.16 $\theta_x=67.5°$, $\theta_y=30°$, $\theta_z=71.3°$

4.17 $R=77.6\text{N}$, $\theta_x=34.4°$, $\theta_y=62.3°$, $\theta_z=108.8°$

4.18 $F_x=172.5\text{ N}$, $F_y=221.8\text{ N}$

4.19 $F_x=212.1\text{ N}$, $F_y=353.6\text{ N}$, $F_z=-282.9\text{ N}$

4.20 $\theta_x=56°$, $\theta_y=35.6°$, $\theta_z=80.7°$

4.21 $F_x=24.75\text{ N}$, $F_y=37.92\text{ N}$

4.22 $T_{AB}=1.96$, $T_{AC}=2.21$, $T_{AD}=7.17$

4.23 $-150i-207j-439.8k$

4.24 $R_x=84\text{ N}$, $R_y=-42\text{ N}$, $R_z=34\text{ N}$

4.25 $F_x=35.1\text{ N}$, $\theta_x=116°$, $\theta_y=28.7°$, $\theta_z=79.9°$

chapter 5 구조해석

5.1 1차 부정정

5.2 2차 부정정

5.3 4차 부정정

5.4 (a) 반력산정 : $A_y=140\text{ kN}$, $E_y=100\text{ kN}$
(b) 단면법 : $F_{FC}=84.85\text{ kN}$(인장)
(c) 단면법 : $F_{GC}=0$

5.5 (a) 반력산정 : $A_y=82.5\text{ K}$, $E_y=87.5\text{ K}$
(b) 절점 A : $F_{AF}=116.67\text{ K}$(인장),
$F_{AB}=-82.5\text{ K}$(압축)
(c) 절점 B : $F_{BC}=-82.5\text{ K}$(압축),
$F_{BF}=-30\text{ K}$(압축)

5.6 (a) 반력산정 : $A_y=160\text{ kN}$, $B_y=190\text{ kN}$
(b) 단면법 : $F_{FD}=-36.06\text{ kN}$, $F_{FG}=233.33\text{ kN}$

5.7 (a) 반력산정 : $A_x=-30\text{kN}$
(b) 절점 C : $F_{CD}=-32.04\text{ K}$, $F_{CA}=11.25\text{ K}$
(c) 절점 A : $F_{AD}=-85.44\text{ K}$, $F_{AB}=110\text{ K}$
(d) 절점 E : $F_{EB}=110\text{ K}$, $F_{ED}=40\text{ K}$

5.8 (a) 반력산정 : $A_y=-150\text{ kN}(\downarrow)$, $B_y=450\text{ kN}$
(b) 절점 A : $F_{AC}=150\text{ kN}$, $F_{AF}=0$
(c) 절점 C : $F_{CF}=-250\text{ kN}$, $F_{CD}=200\text{ kN}$
(d) 절점 G : $F_{EG}=500\text{ kN}$, $F_{BG}=-400\text{ kN}$
(e) 절점 B : $F_{BE}=-450\text{ kN}$, $F_{BF}=-400\text{ kN}$

5.9 (a) 반력산정 : $A_x=-20\text{ K}(\leftarrow)$
(b) 절점 G : $F_{GH}=47.43\text{ K}$, $F_{GF}=-45\text{ K}$
(c) 절점 F : $F_{FH}=30\text{ K}$, $F_{FB}=-45\text{ K}$
(d) 절점 H : $F_{HB}=-47.43\text{ K}$, $F_{HD}=94.86\text{ K}$

5.10 (a) 반력산정 : $B_x=250\text{ kN}$, $A_y=231.25\text{ kN}$,
$B_y=-31.25\text{ kN}$
(b) 절점 A : $F_{AC}=-658.6\text{ kN}$, $F_{AE}=616.67\text{ kN}$
(c) 절점 B : $F_{BE}=312.5\text{ kN}$, $F_{AE}=-156.25\text{ kN}$

(d) 절점 E : $F_{EC}=187.5\text{ kN}$, $F_{EF}=366.67\text{ kN}$

5.11 (a) 반력산정 : $A_x=-15\text{ kN}(\leftarrow)$
(b) 단면법 : $F_{CG}=97.18\text{ kN}$, $F_{GF}=250\text{ kN}$

5.12 (a) 반력산정 : $E_x=-15.81\text{K}(\leftarrow)$
(b) 절점 E : $F_{EF}=15.81\text{K}$
(C) 절점 B : $A_{BA}=47.42\text{K}$

5.13 (a) 반력산정 : $A_x=-179.97\text{ K}(\leftarrow)$,
$A_y=85.78\text{ K}$, $B_x=162.08\text{ K}$
(b) 절점 E : $F_{ED}=-59.63\text{ K}$, $F_{EC}=65.59\text{ K}$
(C) 절점 D : $F_{DB}=-47.70\text{ K}$, $F_{DC}=85.78\text{ K}$

5.14 (a) 반력산정 : $A_x=-387.5\text{ kN}$, $A_y=270\text{ kN}$
$B_x=337.5\text{ kN}$
(b) 절점 F : $F_{FD}=162.25\text{ kN}$, $F_{FE}=-135.0\text{ kN}$
(c) 절점 D : $F_{DE}=-162.25\text{ kN}$, $F_{DC}=230.0\text{ kN}$
(d) 절점 C : $F_{CA}=230\text{ kN}$, $\Sigma F_y=F_{CE}=0$

5.15 (a) 반력산정 : $L_{1y}=130\text{ kN}$, $L_{7y}=260\text{ kN}$
(b) 단면법 : $F_{U1U2}=-346.67\text{ kN}$,
$F_{L2L3}=173.33\text{ kN}$

5.16 (a) 반력산정 : $L_{1Y}=132.5\text{ K}$
(b) 단면법(U2) : $F_{U2L5}=0$
(c) 단면법 : $F_{L5M3}=95.46\text{ K}$

5.17 (a) 반력산정 : $L_{1y}=95\text{ K}$, $L_{9y}=125\text{ K}$
(b) 단면법 : $F_{U2U3}=-225\text{ K}$, $F_{L4L5}=225\text{ K}$
(c) 단면법 : $F_{M3U3}=-39.13\text{ K}$, $F_{M3L5}=39.13\text{ K}$

5.18 F_{CB}방향의 힘이 0이므로 $\overline{BC}$ 부재가 무력부재.

5.19 절점 D, 절점 F, 절점 C에서 살펴보면
$\overline{DE}$, $\overline{EF}$, $\overline{CE}$ 부재가 무력부재.

chapter 6 중심과 도심

6.1 $y_c=6.67$

6.2 $y_c=5.74\text{ cm}$ (위기준)

6.3 $x_c=0.4$, $y_c=1.5$

6.4 $x_c=859.13\text{ mm}$, $y_c=351.67\text{ mm}$

6.5 $x_c=1.35\text{ m}$, $y_c=0.67\text{ m}$

6.6 $x_c=-0.578\text{ cm}$, $y_c=8.70\text{ cm}$

6.7 $x_c=\dfrac{11}{18}a$

6.8 $x_c=8.74\text{ cm}$, $y_c=4.82\text{ cm}$

6.9 $x_c=\dfrac{0.5a^2+0.354b^2}{a+b}$, $y_c=\dfrac{0.354b^2}{a+b}$

6.10 $\dfrac{a}{b}=\dfrac{1}{\sqrt{3}}$

6.11 $x_c=60.96\text{ mm}$, $y_c=15.83\text{ mm}$

6.12 $x_c=20.91\text{ mm}$, $y_c=7.5\text{ mm}$

6.13 $x_c=12.77\text{ mm}$, $y_c=408.2\text{ mm}$

6.14 $x_c=137.42\text{mm}$, $y_c=131.88\text{ mm}$

6.15 $x_c=0$, $y_c=7.98\text{ mm}$

6.16 $x_c=0$, $y_c=20\text{ mm}$

chapter 7 분포하중

7.1 $P=60\text{ N},\ \bar{x}=5.51\text{ m}$

7.2 $W=46111.35\text{ kN}$

7.3 $P=703.125\text{ lb}$

7.4 $P=1300\text{ N},\ \bar{x}=9.62\text{ m}$

7.5 $P=1843.61\text{ kN}$

7.6 $P_1=2.75\text{ m},\ P_2=1.83\text{ m},$
$P=2.29\text{ m}$ (왼쪽으로부터)

7.7 $\theta_x=Cos^{-1}0.537=57.52°,\ w=1849.55\text{ N}$

7.8 수평하중 : $W_h=2.17\text{ m}$, 수직하중 : $W_f=2.75\text{ m}$,
콘크리트 자중 : $A_1=0.75\text{ m}$, 전도 유무 : 전도 無

7.9 $P=84.375\text{ N},\ \bar{y}=3.75\text{ m},\ \bar{z}=2.81\text{ m}$

7.10 $P=4875\text{ N}$

7.11 $P=2014\text{ N},\ \bar{x}=6.51\text{ m}$

7.12 $P=408.32\text{ kN},\ \bar{x}_c=1.27\text{ m},\ \bar{y}_c=1.399\text{ m}$

7.13 $r=1.33\text{ m}$

7.14 전도 유무 : $M_A=2.38$

7.15 $P=4000\text{ N},\ \bar{x}=28.33\text{ cm}$

chapter 8 단면의 성질

8.1 $G_x=15000\text{ cm}^3$

8.2 $G_x=\dfrac{2}{3}r^3$

8.3 $I_x=\dfrac{b\cdot h^3}{3}$

8.4 $I_G=833\text{ cm}^4$

8.5 $I_x=\dfrac{h^3}{12}(b+3a)$

8.6 $I_x=583{,}333\text{ cm}^4$

8.7 $I_x=1263.1\text{ cm}^4$

8.8 $I_X=\dfrac{\pi r^4}{16}-\dfrac{4r^4}{9\pi}$

8.9 $I_x=\dfrac{11}{64}\pi r^4$

8.10 $r_{\min}=\dfrac{h}{2\sqrt{3}}=1.73\text{m}$

8.11 $r_n=7.07\text{ cm}$

8.12 $Z=\dfrac{b\cdot\ h^2}{6}$

8.13 $I_x=2555.5\text{ cm}^3$

8.14 $b:h=1:\sqrt{2}$

8.15 $I_P=\dfrac{5}{6}b^4$

8.16 $I_{xy}=10{,}000\text{ cm}^4$

8.17 $I_{xy}=68\text{ cm}^4$

8.18 $A=471.239\text{ cm}^2$

8.19 $V=\dfrac{\pi ab^2}{6}$

8.20 $y_c=\dfrac{4r}{3\pi}$

chapter 9 마 찰

9.1 3.04 tf 이상

9.2 $P > \dfrac{310}{\cos 20°} = 330\ \text{kgf}$

9.3 $P > (V \cdot \mu) = 30 \times 0.4 = 12\ \text{kgf}$

9.4 $\mu_s = \tan\theta_{\max}$ 또는 $\theta_{\max} = \tan^{-1}\mu_s$

9.5 $m = 62.4\ \text{kg}$

9.6 $F = 134.3\ \text{N}$ 하향

9.7 $F = 51.0\ \text{N}$(A에서 우측으로)

9.8 $q = 0.622\ \text{m}$ (벽으로부터의 거리)

9.9 $h = \dfrac{b}{2\mu_s}$

9.10 $p = 20\ \text{lb}$

9.11 시스템은 평형을 유지할 수 없다는 결론을 내릴 수 있다. B부분에는 충분한 마찰이 있지만, C아래의 마찰력은 한계치 보다 크다.

9.12 최대값 $P = 1630\ \text{N}$, 최소값 $P = 530\ \text{N}$

chapter 10 가상일

10.1 $B_x = 173\ \text{N}$

10.2 $A_y = 500\ (\text{N})$

10.3 $\theta = \tan^{-1}\dfrac{98.1}{50} = 63.0°$

10.4 $\theta = 36.3°$

10.5 $\theta_1 = \cos^{-1}\left(\dfrac{M}{Pl}\right)$, $\theta_2 = \cos^{-1}\left(\dfrac{M}{Pl}\right)$

찾아보기

ㅂ

ㅅ

ㅇ

MEMO

MEMO

MEMO

MEMO

▌저자 소개

허 영	수원대학교 건설환경공학과 명예교수
노병철	상지대학교 건설환경공학과 교수
박선준	동신대학교 토목환경공학과 교수
엄장섭	창신대학교 디지털도시건설과 명예교수
양승현	전북대학교 지역건설공학과 명예교수
양주경	청운대학교 토목환경공학과 교수
윤일로	경북대학교 건설방재공학과 교수
이재하	한국해양대학교 건설공학과 교수
이태규	우송대학교 철도건설시스템학부 교수
장대성	우송대학교 철도차량시스템학과 명예교수
장일영	금오공과대학교 토목공학과 교수
정건희	호서대학교 토목공학과 교수
홍석우	동의대학교 토목공학과 교수

알기쉬운 정역학 정가 22,000원

저자 : 허 영 · 노병철 · 박선준 · 엄장섭 · 양승현 · 양주경 · 윤일로
이재하 · 이태규 · 장대성 · 장일영 · 정건희 · 홍석우

발행인 : 임해진
발행처 : 도서출판 구미서관

발행 : 2015년 1월 20일 초판 1쇄
2016년 2월 20일 초판 2쇄
2020년 7월 29일 초판 3쇄
2025년 3월 14일 초판 4쇄

등록 : 1979년 6월 29일 No.9–6호

주소 : 서울시 마포구 신촌로 2길 5-15 구미빌딩
전화 : 02-333-1101
팩스 : 02-335-2201
http://www.goomibook.com

ISBN : 978-89-8225-273-0 (93530)

저자와의 협의하에 인지를 생략합니다.
파본이나 잘못된 책은 교환하여 드립니다.